연료전지 공학

Designing & Building Fuel Cells

Colleen S. Spiegel 저
김용태 역

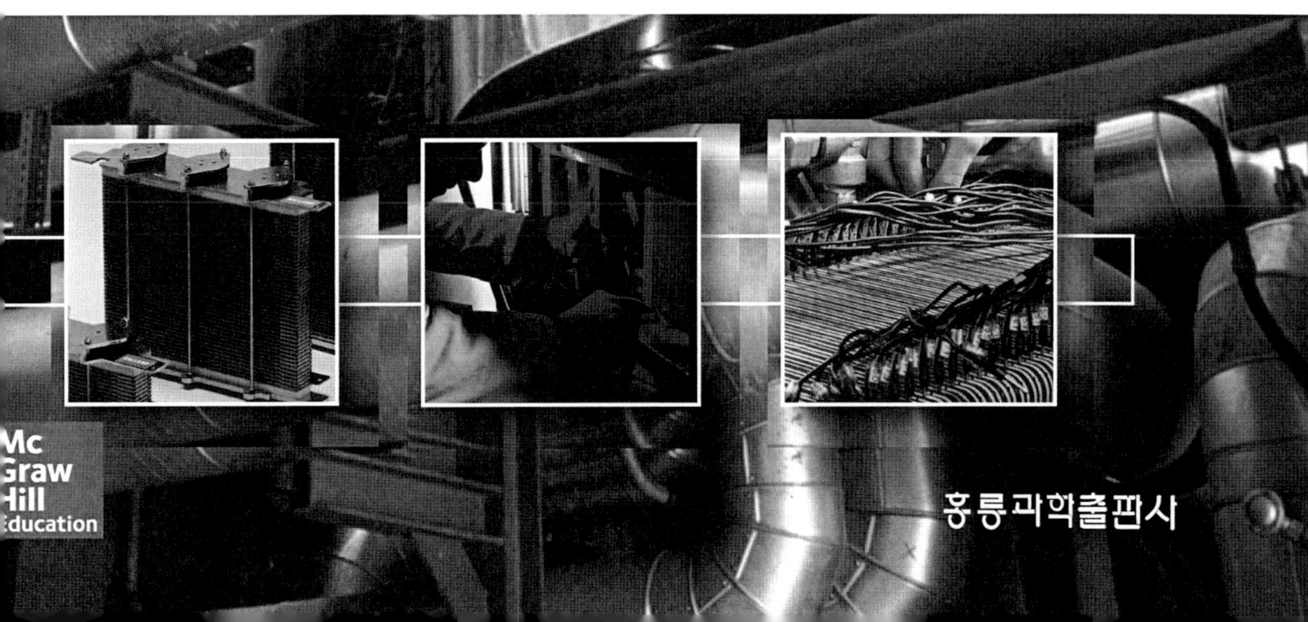

홍릉과학출판사

McGraw-Hill Education Korea

Designing and Building Fuel Cells, 1st Edition.

1 2 3 4 5 6 7 8 9 10 HR 20 13

Original: Designing and Building Fuel Cells, 1st Edition. © 2007
By Colleen Spiegel
ISBN 978-0-07-148977-5

This book is exclusively distributed by Hong Reung Science Publishing Co.

When ordering this title, please use ISBN 978-89-97570-94-2 93500

Printed in Korea

머리말

최근 전 세계적으로 연료전지에 대한 관심이 고조되면서 국내에서도 기계공학과, 화학공학과, 재료공학과, 전기공학과 등 관련 학과를 중심으로 연료전지에 대한 학부 또는 대학원 강의를 개설하는 대학이 늘고 있는 실정입니다. 연료전지는 다학제적 접근이 필요한 연구대상으로 이를 이해하기 위해서는 대부분의 학생이 개념이해에 어려움을 느끼는 열역학, 화학과에서도 고학년 선택 과목 정도로 다루어지는 전기화학, 그리고 지루한 수학적 전개과정이 이어지는 전달현상, 전산유체역학에 시스템 설계/제어까지 도무지 일관성이라고는 찾아보기 힘든 개별 주제들을 다루어야 하기 때문에 한 학기 정도의 강의를 통해서 학생들이 이해하기에는 여러모로 어려운 부분이 많습니다.

저도 일선에서 학생들에게 연료전지를 소개하면서 강의 범위 설정에 어려움을 느끼고 있던 차에 본서의 원서인 Designing & Building Fuel Cells를 접하게 되었고 연료전지의 모든 부분을 다루면서도 취사선택이 용이하도록 집필되어 있어서 다년간 강의 교재로 활용하여 왔습니다. 다만 생소한 내용을 원서로 이해하는 데 곤란을 느낀다는 학생들의 목소리가 있어 부족한 실력임에도 불구하고 번역작업에 착수하였습니다. 가능한 한 부드럽게 읽힐 수 있도록 가다듬었습니다만 아무래도 미비한 점이 많을 것으로 생각되며 미리 양해를 부탁드립니다. 오류 사항을 발견하실 경우 이메일(yongtae@pusan.ac.kr)로 알려주시면 감사하겠습니다.

본서에서 다루는 주제는 다음과 같이 취사선택할 수 있습니다.

1. 연료전지에 대한 개략적인 또는 교양 수준에서의 이해가 필요한 경우
   챕터 1, 2, 3, 4, 11, 12, 13, 14, 15 등을 선택하여 다루면 큰 부담이 없습니다. 책의 집필 순서와는 다소 차이가 있습니다만 기초 분야를 다루지 않기 때문에 배경 지식이 없어도 수월하게 내용을 파악할 수 있습니다. 다만 연료전지의 핵심적이고 본질적인 부분은 거의 다뤄지지 않게 됩니다.
2. 연료전지 작동 메커니즘에 대한 이해가 필요한 경우
   챕터 5, 6, 7, 8, 9 등이 어렵지만 반드시 다뤄져야 합니다. 내용이해에 곤란을

겪는 경우 열역학, 유체역학, 전기화학, 전달현상에 대한 복습이 필요하며 연료전지를 제대로 이해하기 위해서 매우 중요한 부분입니다.

3. 연료전지 연구(주로 재료 관련)를 시작하고자 하는 경우
   챕터 11, 12, 17 등을 통해 전반적인 내용을 빠르게 파악하실 수 있습니다만 좀 더 상세한 연구현황 파악을 위해서는 해당 분야 최신 리뷰논문의 정독이 필요합니다.
4. 연료전지 연구(주로 시스템 관련)를 시작하고자 하는 경우
   챕터 13, 14, 16, 17 등을 통해 전반적인 내용을 빠르게 파악하실 수 있습니다만 좀 더 상세한 연구현황 파악을 위해서는 해당 분야 최신 리뷰논문의 정독이 필요합니다.
5. 연료전지 연구를 진행하고 있는 경우
   세부 인접 분야 내용을 파악하기 위해서 적절한 챕터를 참고용으로 활용하실 수는 있겠습니다만 개론서이기 때문에 연구에 직접적으로 도움이 될만한 전문적인 내용을 담고 있지는 않습니다.

본서를 번역함에 있어서 많은 분들의 도움을 받았습니다. 우선 번역작업에 있어서 대학원 연구실 연구교수 및 박사과정 학생들(최보현 박사, 김태준, 송한나, 김준혁, 박신애, 이은경, 정창식, 구정훈, 윤수원, 김대석, 최문열, 김진영, 김정곤)의 직접적인 도움을 받았으며 이에 감사드립니다. 특히, 번역 전반에 있어서 여러 번거로운 일들을 처리하느라 김태준 군이 많은 고생을 해주었습니다. 또한, 더뎌지는 번역작업에도 불구하고 인내를 갖고 기다려주신 홍릉과학출판사 관계자 분들께도 감사드립니다. 마지막으로 길고 지루한 번역 작업을 옆에서 응원해준 와이프와 딸내미에게도 고맙다는 말을 전합니다.

2012년 겨울 Argonne에서

차 례

Chapter 03 연료전지 종류

Chapter 04 연료전지 응용처

Chapter 05 연료전지 기초 열역학

Chapter 06 연료전지 전기화학

Chapter 14 연료전지 시스템 설계

Chapter 15 연료의 종류, 수송 및 처리 공정

Chapter 01

연료전지 소개

최근 환경 친화적이면서도 효율적인 에너지 생산을 추구함에 따라 대체 연료와 에너지 자원에 대한 관심이 증가하고 있다. 그 중 하나인 연료전지는 오래전에 발견된 에너지 변환 기술이지만 상용화를 위해서 광범위하게 연구되기 시작한 것은 비교적 최근의 일이다. 현재 에너지원으로 주로 사용되는 화석 연료에 대한 의존성이 증가하면서 극심한 대기오염과 석유자원의 개발을 더욱 촉진시키고 있다. 대기오염은 인간을 포함한 많은 생물의 건강에 해를 끼칠 뿐만 아니라 지구의 대기를 변화시켜 지구온난화 등에 영향을 준다. 특히 지구온난화 현상은 세계 인구의 급격한 증가에 따라 필요한 전기의 생산을 늘리기 위한 화석 연료 사용 증가로 인해 더욱 가속화될 것으로 예측된다. 이러한 건강과 환경적인 부분을 논외로 한다고 하더라도 사용가능한 화석 연료 매장량 자체가 급속도로 감소하고 있기 때문에 오염물질의 방출이 적고, 에너지 효율이 높으며, 아직도 증가하고 있는 세계 인구에 무한정으로 공급이 가능한 에너지 자원을 필요로 하고 있다. 연료전지는 이러한 조건들을 충족시킬 수 있는 가장 유망한 기술 중 하나로 알려져 있다.

태양광, 풍력, 수력, 바이오 에너지, 지열 에너지 등 다양한 대체 에너지 기술들은 각각의 장단점을 가지고 있으며, 지속적으로 연구 개발이 진행되고 있다. 그러나 대부분의 대체 에너지 기술들은 휴대용 전자기기나 차량용 시스템 등에 적합하지 않으며 배터리나 슈퍼커패시터 같은 휴대용 에너지 기술들도 차량용, 군사용, 미래의 전자기기에 적용하는 것에는 한계점을 가지고 있다.

결국, 다양한 분야에의 적용가능성 측면에서 볼 때 태양광 또는 수력 발전과 결합된 수소 연료전지를 이용하는 것이 가장 이상적이라고 생각된다. 수소는 다른 연료들과는 달리 일산화탄소 또는 다른 오염물질을 생성하지 않으며, 연료전지에 공급되면 산소와 결합하여 물을 형성하고 에너지와 열을 배출한다.

연료전지는 수소, 메탄올, 화석 연료, 바이오매스 등의 다양한 연료를 이용하여 에너지를 생산할 수 있다. 메탄올, 에탄올, 메탄, 화석 연료를 개질하여 수소를 만들어내는 방법은 수소 생산 기반을 갖추기 전까지의 과도기적 방법으로 사용될 수 있다. 또한 바이오매스와 메탄이 포함된 도시의 폐기물, 하수 오물, 임업 잔류물, 매립 쓰레기, 농업 폐기물과 동물 배설물 등에서도 수소를 얻을 수 있다.

연료전지는 효율이 높고 소규모 분산발전이 가능하다. 대형 발전소에서 화석 연료를 사용하여 생산하는 전기는 대부분 고압 송전선을 통해 먼 곳까지 공급된다[1]. 이러한 발전소들은 큰 발전용량 때문에 매우 효율적인 것처럼 보이지만, 장거리를 송전할 경우, 유럽에서는 7~8%, 미국에서는 10%의 손실이 송전 중에 발생한다고 알려져 있다[1]. 이러한 장거리 송전의 또 다른 문제점은 항상 적절한 송전이 보장되지 않는다는 것이다. 만약 몇 개의 대형 발전소에서 발전하는 것이 아니라 에너지가 필요한 곳에서 발전한다면 보다 안정된 전기 공급이 이루어질 수 있을 것이다. 연료전지는 대규모 송전설비가 필요 없고 에너지가 필요한 곳이면 어디에서든지 사용될 수 있다.

화석 연료는 공급의 제한이 있고 지구상의 일부 지역에만 존재하므로 전쟁 및 지역 갈등의 원인이 되기도 한다. 제한된 공급에 비해 많은 수요는 화석 연료의 가격을 크게 상승시키며, 저유가 시대의 종말을 가속화하고 있다. 연료전지와 같은 대체에너지 기술은 화석 연료를 개질하여 수소를 얻는 것을 제외하면 지속가능하다는 장점이 있다. 이 장에서는 다음과 같은 연료전지의 기초에 대해 자세히 설명할 것이다.

- 연료전지의 정의
- 연료전지의 필요성
- 연료전지의 역사
- 연료전지의 작동 메커니즘

연료전지의 기초에 대해 배움으로써 연료전지 운전 시 일어나는 다양한 물리/화학적 메커니즘뿐만 아니라 환경, 산업문제의 해결에 있어서 연료전지가 가지는 의미에 대해서도 이해할 수 있을 것이다.

1.1 연료전지란 무엇인가?

연료전지는 반응물의 화학에너지를 높은 효율로 전기 에너지와 열로 직접 변환시켜주는 전기화학 장치이다. 쉽게 말하면 연료전지는 발전을 위한 에너지 변환 장치이다. 연료전지의 기본적인 구조는 양면에 다공성 애노드와 캐소드가 붙어있는 전해질로 이루어져 있다. 그림 1-1에 연료전지 내부의 반응물/생성물, 이온 전달 유동에 대한 개략도가 나타나 있다.

일반적인 연료전지에서 기체 상태의 연료가 애노드에 지속적으로 공급되는 동안 캐소드에는 산화제(공기 중의 산소)가 지속적으로 공급되며, 전기화학 반응을 통해 전극에서 전류를 발생시킨다.

연료전지의 장점은 다음과 같다.

- 연료전지는 시스템 크기 대비 높은 운전효율을 가진다.
- 연료전지는 쉽게 다양한 형태로 설계할 수 있다.
- 다양한 종류의 연료를 사용할 수 있다.
- 연료전지는 온실가스의 배출이 없거나 매우 적다.
- 연료전지에는 구동부품이 없다(일부 연료전지 발전 시스템이 가지는 펌프 또는 압축기 제외). 즉, 소음이 적고 진동이 거의 없으며 고도의 운전 신뢰성을 가진다.
- 배터리에 비해 연료전지는 거의 즉시 재충전이 가능하다.

모든 연료전지 시스템들이 가지는 공통적인 한계점 :

- 높은 제작비용, 순수한 수소의 대량생산, 저장 및 운송 기술

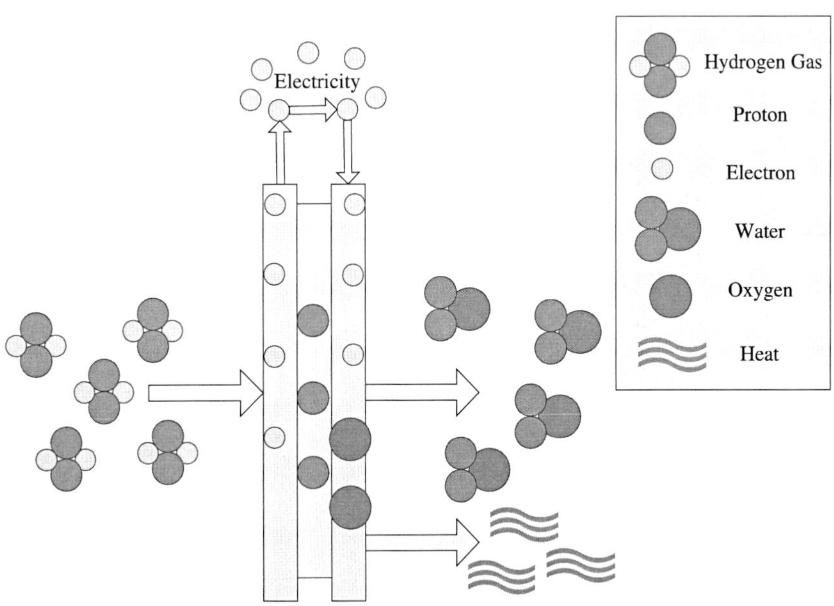

그림 1-1 단일 PEMFC의 구성

- 순수한 수소를 사용하지 않는다면 개질 기술이 필요하다.
- 순수한 수소를 제외한 다른 연료를 사용할 경우, 촉매와 전해질의 피독으로 인해 연료전지의 성능이 시간에 따라 감소한다.

1.1.1 배터리와 연료전지의 비교

연료전지와 배터리는 연료와 산화제 사이의 전기화학 반응을 통해 직접 에너지를 발생시키는 전기화학 장치이다. 배터리는 에너지 저장 장치이며, 사용 가능한 최대 에너지는 배터리 내에 저장된 연료와 산화제, 즉 반응물의 양에 의해 결정된다. 이차전지의 경우 충전하는 동안 반응물을 다시 만들어낸다. 반면 연료전지는 연료와 산화제가 전극에 공급되는 양에 따라 지속적으로 전기를 생산하는 에너지 변환장치이다[7]. 그림 1-2는 배터리와 연료전지의 차이를 보여준다.

배터리는 내부에 저장된 반응물이 고갈되면 더 이상 전기의 생산이 불가능하기 때문에 배터리의 수명은 한정될 수밖에 없다. 게다가 사용하지 않을 때에도 아주 느리게 전기화학 반응(자가방전)이 일어나 배터리의 수명을 단축시킨다. 이러한 과정에서 배터리의 전극들도 사용되기 때문에 전극의 수명이 곧 배터리 자체의 수명에 영향을 미친다고 할 수 있다.

이에 비해 연료전지는 반응물이 외부에서 공급되는 에너지 변환 장치이다. 연료는 연료전지의 외부에 저장되며, 연료와 산화제가 공급되는 한 지속적으로 전기를 생산할 수 있고[1], 연료와 산화제가 무제한으로 공급된다면 이론적으로 생산할 수 있는 에너지에는 제한이 없다. 또한, 연료전지에서는 자가방전이 없으며, 사용하지 않을 경우 구성요소에 부식이 발생하지 않는다.

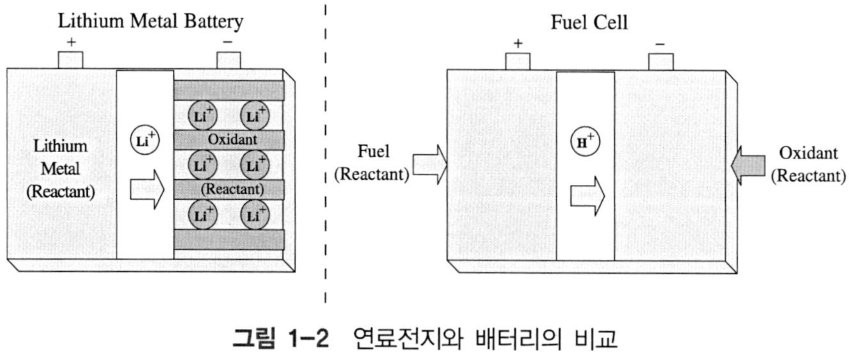

그림 1-2 연료전지와 배터리의 비교

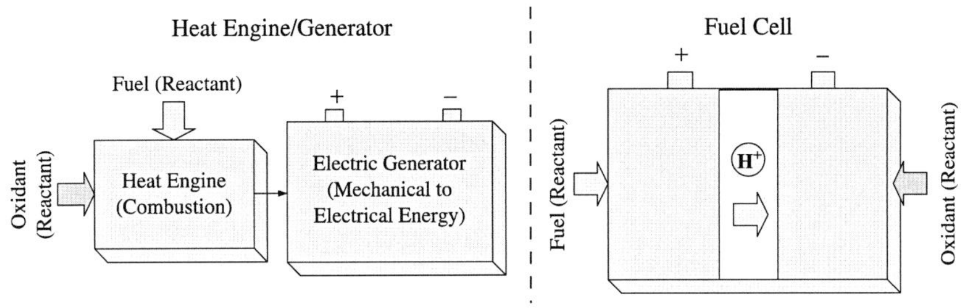

그림 1-3 연료전지와 열기관/발전기의 비교

1.1.2 열기관과 비교

열기관도 마찬가지로 화학 에너지를 전기 에너지로 변환하지만 여러 중간 단계를 거친다. 먼저 화학 에너지는 연소를 통해 열로 변환되고, 열에너지는 열기관에 의해 역학적 에너지로 변환되며, 마지막으로 역학적 에너지가 발전기에 의해 전기 에너지로 변환된다[1]. 최대 효율은 Carnot 법칙에 의해 제한되는데, 에너지 변환과정이 고온과 저온 사이에서 작동하는 열기관에 의해 이루어지기 때문이다[1]. 또한, 열기관은 구동 부품들을 가지므로 시간에 따라 마모된다. 따라서 원활한 운전을 위해 구동 부품들의 규칙적인 정비가 필요하다. 그림 1-3은 연료전지와 열기관/발전기의 비교를 보여준다.

연료전지는 열기관과는 달리 운전 시 구동 부품이 없기 때문에 신뢰성이 높으며 소음이 적다. 따라서 유지비용이 적으므로 우주와 수중에서의 임무에 유리하다. 연료전지에서 일어나는 전기화학 과정은 Carnot 법칙이 적용되지 않으므로 고효율을 얻기 위해 높은 온도가 필요하지 않으며, 연료전지의 효율은 출력에 크게 좌우되지 않는다. 차량용 동력원, 분산 발전, 열 생산, 휴대용 등 모든 용도에 적용이 가능한 점이 연료전지의 매력적인 장점이다.

1.2 연료전지는 왜 필요한가?

기존의 발전 방식들은 대량의 오염 물질들을 배출하며 공급에 한계가 있는 화석연료에 의존하고 있다. 따라서 바이오연료, 수력, 배터리, 태양광, 바이오 에너지, 지열 에너지 등 다양한 대체 에너지에 대한 접근이 이루어지고 있다.

연료전지는 지속적인 전기 에너지 공급이 불가능한 제품에 특히 유용하다. 예를 들어 노트북을 사용하는 데 있어서 가장 귀찮은 것은 배터리를 두 시간 후 교체해야 하

표 1-1 일반적인 연료전지와 다른 에너지원들의 비교

	Weight	Energy	Volume
Fuel Cell 	9.5 lbs	2,190 Whr	4.0 L
Zinc-Air Cell 	18.5 lbs	2,620 Whr	9.0 L
Battery 	24 lbs	2,200 Whr	9.5 L

는 것이다. 표 1-1에 일반적인 PEMFC와 배터리의 크기, 에너지 양, 무게에 대해 나타내었다. 다양한 이유들로 인해 연료전지가 필요한 분야들을 다음 절에서 설명한다.

1.2.1 휴대용

수년 내에 노트북, 휴대폰, 캠코더 등의 휴대용 전자장비들은 더욱 긴 작동시간을 위해 더 많은 양의 에너지를 필요로 할 것이다. 연료전지는 배터리에 비해 확장성이 크고 쉽게 재충전이 가능하다. 휴대전화 기술은 급속하게 발전하고 있으나 신기술을 제한하는 것은 전력이다. 소비자들이 요구하는 모든 기능을 제공하기 위해 더 많은 에너지가 필요하다. 또한, 군대에서도 새로운 군사용 장비에 장시간 사용이 가능한 휴대용 에너지를 필요로 하며, 연료전지는 저소음, 저발열로 발전이 가능하여 군사용으로 확실한 장점이 있다.

1.2.2 수송용

연료전지는 자동차 시장으로의 진입이 용이한 많은 장점들을 가지고 있다. 화석 연료의 가용량은 한계가 있으므로 불가피하게 가격이 상승할 것이며, 전 세계의 많은 국가가 환경오염 물질들의 배출을 제한하기 위한 법조항을 만들어 더욱 엄격하게 관리하고 있다. 미국 자동차 시장에 연료전지 자동차의 진입을 장려하는 새로운 헌법조항의 예로 캘리포니아 주의 ZEV(Zero Emission Vehicle) 조항을 들 수 있다. 이는 매년 캘리포니아에서 판매되는 자동차 중 일부는 위 조항을 충족해야 한다는 것을 의미한다. 연료전지 차량은 다른 연료로 운행되는 차량보다 더 높은 연료 효율을 나타낸다. 또한, 작은 이륜차, 사륜차, 보트, 스쿠터, 무인차량 등 다양한 용도의 차량에 적절하도록 다양한 출력의 연료전지를 만들 수 있다.

1.2.3 정치형

정치형 연료전지는 가정이나 회사에 충분한 에너지와 전기를 공급해서 에너지 절약을 가능하도록 해준다. 이와 같은 연료전지는 기존의 전력 공급망에 되팔기에 충분한 에너지를 생산할 수도 있으며, 기존의 전력 공급망을 이용할 수 없는 곳이나 연결 비용이 많이 소요되는 곳에 위치한 거주지역과 사업체에도 에너지 공급이 가능하다. 연료전지는 다른 발전기에 비해 신뢰성이 높으므로 아주 짧은 시간이라도 전력 공급이 중단될 경우 손실에 의한 비용이 발생하는 대다수의 기업체들에게 유리하다.

1.3 연료전지의 역사

연료전지가 과학계에 알려진 것은 벌써 약 150년 가량 전의 일이다[4]. 그러나 19세기에 들어서야 최소한의 연구가 진행되었고 20세기 후반에 이르러서 활발하게 연구되기 시작하였다. 1800년대에 최초의 연료전지에 대한 개념과 설계가 시작되었고 1839년에 William Grove는 실제로 최초의 연료전지를 개발하였다[4]. 19세기에는 다양한 연료전지 이론들이 제안되었고, 20세기에 이러한 이론들의 실용화에 관한 연구가 진행되었으며, 광범위한 연료전지 연구는 1960년대 NASA에 의해 시작되어 이후 활발하게 연구되었다. 최근 10년 동안 연료전지는 다양하게 연구되었고 마침내 상용화에 근접하게 되었다. 그림 1-4에서 연료전지 역사의 개요를 보여주고 있다.

1800년에 William Nicholson과 Anthony Carlisle는 전기로 물을 분해하면 산소와 수소가 발생하는 것을 발견하였다[4]. William Grove는 1839년에 연료전지를 첫 번째로 선보였는데, Nicholson과 Carlisle의 노트를 바탕으로 역과정을 통해 "물의 재구성"이 가능하다는 것을 생각하고 이 장치를 "가스 배터리"라 하였다. 이는 산소

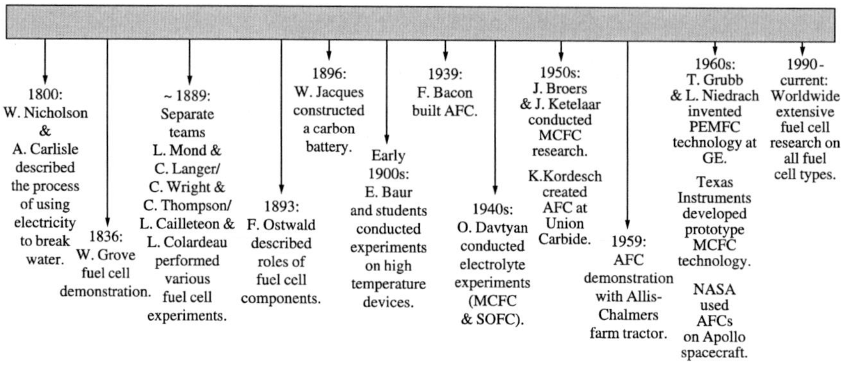

그림 1-4 연료전지의 역사

와 수소를 공급받는 묽은 황산 전해질 용액에 잠긴 분리된 백금 전극을 통해서 작동된다. 실험 후 밀봉된 용기는 물과 가스를 포함하고 있었으며 산소와 수소를 흘려주는 양쪽의 관의 수위가 상승되었다(산소와 수소가 소모되어 물이 생성). "Grove cell"로 불리는 이 전지는 질산에 담긴 백금 전극과 황산아연에 담긴 아연 전극을 사용하여 약 1.8 V의 전압에 12 A의 전류를 생성하였다[4].

Friedrich Wilhelm Ostwald(1853~1932)는 물리 화학자로 1893년 연료전지의 구성요소들이 가지는 역할을 실험을 통해서 밝혀내었으며 연료전지가 어떻게 작동하는지에 대한 이론적인 이해에 큰 기여를 하였다[4].

Ludwig Mond(1839~1909)는 소다 제조와 니켈 정제에 일생을 바친 화학자이다. 1889년에 Mond와 그의 조교 Carl Langer는 석탄에서 추출된 가스를 사용하여 수많은 실험을 수행했다. 그들은 얇은 다공성 백금 전극과 액체 전해질을 사용하였으며 실험에 많은 어려움을 겪었으나 0.73 V에서 평방피트(전극면적)당 6 A를 달성하였다[4].

Charles R. Alder Wright(1844~1894)와 C. Thompson은 비슷한 시기에 유사한 연료전지를 개발하였다. 그들은 한 챔버에서 다른 챔버로 가스가 누출되는 것을 막는 방법을 찾는 데 어려움을 겪었으며 이외에 다른 문제들로 인하여 1 V의 퍼텐셜조차 도달하지 못하였다. 하지만 그들은 연구비가 더 있었더라면 다양한 전자제품에 전기를 공급할 수 있는 강하고 더 좋은 연료전지를 만들 수 있었을 것이라고 아쉬워했다[4].

프랑스의 Louis Paul Cailleteton(1832~1913)과 Louis Joseph Colardeau은 이와 비슷한 결론에 도달했으나 "귀금속"이 필요하기 때문에 실용적이지 않다고 생각했다. 게다가 석탄의 가격이 매우 저렴해서 새로운 고효율 시스템을 개발하더라도 전기 가격을 크게 줄이지는 못할 것이라는 많은 논문들이 발표되었다[4].

전기 기술자이자 화학자인 William W. Jacques(1855~1932)는 이러한 비평에 주목하지 않고 1896년에 "탄소 전지"를 만들어 과학계를 놀라게 했다[4]. 알칼리 전해질에 공기가 주입되어 탄소 전극과 반응하는 방식이었으며 그는 82%의 효율을 달성할 것이라고 생각했으나 실제로는 8%의 효율만 얻었다[4].

1900년대 초, 스위스의 Emil Baur(1873~1944)와 제자들이 다양한 형태의 연료전지에 대해 고온 장치들, 점토로 만들어진 고체 전해질과 금속 산화물 등을 사용하여 실험을 실시하였다[4].

구소련의 O. K. Davtyan는 1940년대에 전해질의 전도도와 기계적 강도를 증가시키기 위해 많은 실험을 하였으며, 실제로 좋은 결과를 얻지는 못했지만 현재의 용융 탄산염, 고체 산화물 연료전지 연구에 이론적 기반을 제공하였다.

1.3.1 PEMFC (고분자 전해질 연료전지)

Thomas Grubb와 Leonard Niedrach는 1960년대 초반에 General Electric 사에서 PEMFC 기술을 개발하였다. GE는 미 육군 통신대와 미 해군 함정국(전자과)을 위한 소형 연료전지를 개발하였다[4]. 이 연료전지는 물과 리튬 수소화물을 섞을 때 생성되는 수소를 연료로 운전되었으며, 백금 촉매의 가격은 비쌌기 때문에 작은 크기에도 불구하고 경제적이지 못했다.

NASA에서는 초기 우주계획인 Gemini 프로젝트의 일환으로 최초의 PEMFC 기술을 연구하였다. 배터리는 이보다 빠른 Mercury 프로젝트부터 사용되었으나 Apollo 프로젝트는 더욱 지속성이 뛰어난 전원을 필요로 하였다. 불행하게도 첫 번째로 개발된 PEMFC는 내부의 멤브레인을 통한 산소 누출과 오염으로 실패가 반복됨에 따라 GE는 연료전지를 재설계하여 새로운 모델을 제작하였으며 Gemini 비행을 위해 큰 용량으로 제작되었다. 거듭된 실패로 인해 Apollo 프로젝트와 우주 왕복선 계획의 책임자는 알칼리 연료전지를 이용하기로 결정하였다[4].

그러나 GE는 1970년에 PEMFC 개발을 계속 하였고 미국 해양 산소발전소를 설립하게 된 PEM 물 전기분해 기술을 고안했다. 1980년대 초, 영국 해군은 잠수함에 PEMFC를 사용하였고, 최근 10년 동안 PEMFC는 차량용, 정치형, 휴대용 에너지 시장을 겨냥하여 여러 회사들에 의해 광범위하게 연구되고 있다.

1.3.2 SOFC (고체 산화물 연료전지)

Emil Baur와 H. Preis는 1930년대 후반 고체 산화물 전해질로 실험을 하였다. 최초의 설계에서는 전기 전도성이 없었고 원치 않았던 화학 반응들이 많이 발견되었다. 1950년대까지 고체 산화물과 용융 탄산염 연료전지는 비슷한 발전 역사를 가지고 있다. 1940년대 러시아의 O. K. Davtyan는 산화물 전해질로 실험을 진행했으나 의도하지 않은 화학 반응들이 나타났으며 수명도 짧았다[4].

그후 네덜란드 헤이그의 Central Technical Institute, 펜실베니아의 Consolidation Coal Company, 뉴욕의 GE에서 고체 산화물에 대한 연구에 박차를 가하였다. 이러한 연구들을 통해 높은 내부 저항, 용융, 반도체특성으로 인한 단락 등과 같은 고체 산화물의 문제점들이 발견되었다. 많은 연구자들은 이러한 문제들 때문에 MCFC(용융 탄산염 연료전지)가 SOFC보다 더 빠르게 상용화 될 수 있는 전망이 있다고 믿기 시작하였다. 최근에는 에너지 생산 비용이 증가하고 새로운 물질들이 개발됨에 따라 SOFC의 개발이 활기를 띄고 있으며 약 40개의 회사가 현재 SOFC 기술을 연구하고 있다.

1.3.3 MCFC (용융 탄산염 연료전지)

1930년대 스위스의 Emil Baur와 H. Preis는 고온의 고체 산화물 전해질을 이용한 실험을 하였다. 그러나 이 또한 전도도 문제와 원하지 않은 화학 반응이 일어나는 등의 많은 난관에 부딪치게 되었다. 1940년대에 O. K. Davtyan은 이에 관하여 더욱 깊게 연구해보았지만 그 성과는 크지 않았다. 1950년대 후반까지 네덜란드 과학자 G. H. J. Broers와 J. A. A. Ketelaar는 문제를 해결하기위해 노력했지만 성공하지 못하였다. 대신 그들은 용융 탄산염 전해질에 집중하기로 결정하고 6개월에 걸쳐 성공적으로 연료전지를 만들었다. 그러나 용융된 전해질이 개스킷과 반응을 일으켜 부분적으로 손실이 일어난다는 것을 발견했다[4].

1960년대에 Ft. Belvoir에 있는 미 육군 기동장비 연구개발 센터(MERDC)에서는 Texas Instruments 사가 제작한 다양한 MCFC를 평가하였다. 이 연료전지들은 100~1,000 W의 출력을 가지며 가솔린 개질기로부터 수소를 공급받아 운전될 수 있도록 설계되었다.

1.3.4 PAFC (인산 연료전지)

PAFC는 다른 연료전지들에 비해 발전 속도가 느린 편이다. G. V. Elmore와 H. A. Tanner는 35%의 인산과 65%의 실리카 분말의 전해질로 실험을 하였다. 그들은 6개월 동안 아무런 문제없이 0.25 V에서 90 mA/cm^{2}의 전류 밀도로 작동하는 산성 전지에 대해 실험 결과를 "Intermediate Temperature Fuel Cells"이라는 제목의 논문으로 발표하였다[4].

1960년대와 70년대에 들어서 전극 물질의 개발과 다른 연료전지들이 가지는 문제들이 PAFC에 대한 관심을 다시금 불러 일으켰다. 1960년대에 미 육군은 일반적인 연료를 사용하여 운전이 가능한 PAFC를 연구했다.

Union Carbide 사의 Karl Kordesch와 R. F. Scarr는 탄소 종이에 테플론으로 접착된 탄소 층을 촉매 지지체로 하여 제작한 얇은 전극을 사용하였다. Pratt & Whitney 사와 미국 가스협회가 협력하여 만든 합자회사 TARGET에서는 1969년에 발전용량이 15 kW이던 연료전지 발전소를 1983년에는 5 MW까지 향상시키는 발전을 이루었다[4].

1.3.5 AFC (알칼리 연료전지)

Francis Thomas Bacon(1904~1992)은 1939년에 니켈전극을 이용한 알칼리 전해질 연료전지를 제작하였다. 그는 산성 전해질 대신에 수산화칼륨 전해질을 사용하였고 Grove가 사용하기 시작한 고체 전극 대신 다공성의 "가스 확산 전극"을 사용하였다. 또한, 전극에서 발생하는 "flooding 현상"으로부터 전해질을 보호하기 위하여 가스를 가압하여 사용하였다[4]. 그는 AFC가 제2차 세계대전 당시 영국 해군 잠수함에서 사용하던 위험한 배터리를 대체할 수 있을 것이라고 생각하였다. 그후 20년 동안 산성 전해질 대신에 수산화칼륨을 전해질로 사용한 AFC에 대한 대규모의 입증실험을 시도하였다. 첫 번째는 1959년에 1,008개의 단위 전지로 구성된 스택으로 동력을 얻는 Allis-Chalmers 사의 농장용 트랙터였으며[4], 3,000파운드의 무게를 끌어당길 수 있었다[4]. Allis-Chalmers 사는 수년간 연료전지 연구를 계속 하였으며, 연료전지로 작동되는 골프카트, 잠수정, 지게차를 선보였다.

1950년대 후반부터 1960년대에 Union Carbide 사에서도 AFC로 실험을 진행하였다. Karl Kordesch와 그의 동료들은 1930년대에 G. W. Heise와 E. A. Schumacher의 설계를 기초로 하여 탄소로 만든 가스 확산 전극을 사용한 AFC를 제작하였다. 그들은 미 육군을 위해 연료전지로 동력을 얻는 이동용 레이더와 오토바이를 만들어 냈다. 같은 시기에 독일의 Eduard Justi는 가스 확산 전극을 고안했다[4].

1960년대 초 Pratt & Whitney 사에서는 Bacon의 특허에 대한 사용권을 취득하였고 미 항공우주국(NASA)의 아폴로 우주선에 AFC를 전원으로 사용하는 계약을 수주하였다[4].

연료전지의 기술적인 장벽들은 지난 세기 동안 이루어낸 연구, 개발을 바탕으로 세계 과학자들의 네트워크를 통해 해결되어 가고 있다. 연료전지는 우주 계획에 20년 넘게 사용되어 왔으며 기술의 상용화가 급속도로 이루어지고 있다.

1.4 연료전지는 어떻게 작동하는가?

연료전지는 마이너스로 대전된 전극(애노드), 플러스로 대전된 전극(캐소드), 전해질로 이루어져 있다. 수소는 애노드에서 산화되고, 산소는 캐소드에서 환원된다. 프로톤은 전해질을 통해 애노드에서 캐소드로 이동하고, 전자는 외부회로를 통해 캐소드로 이동한다. 캐소드에서 산소는 프로톤, 전자와 반응하여 물을 생성하고 열을 발생시킨다. 애노드와 캐소드는 모두 빠른 전기화학 반응을 얻기 위해 촉매를 사용한다. 그림 1-5는 연료전지의 개략도를 보여준다.

그림 1-5는 일반적인 연료전지(PEMFC)에서 발생하는 다음 반응들을 보여준다.

Anode : $H_2(g) \rightarrow 2H^+ (aq) + 2e^-$

Cathode : $^1/_2O_2(g) + 2H^+ (aq) + 2e^- \rightarrow H_2O(l)$

Overall : $H_2(g) + {}^1/_2O_2(g) \rightarrow H_2O(l)$ + electric energy + waste heat

반응물은 확산 또는 대류를 통해 전기화학 반응이 일어나는 전극의 촉매 표면으로 이동하게 된다. 연료전지의 반쪽 전지(half cell) 반응은 각 연료전지의 형태별로 다를 수도 있지만(제3장 참고) 전체 연료전지의 반응은 위의 반응식과 비슷하다. 연

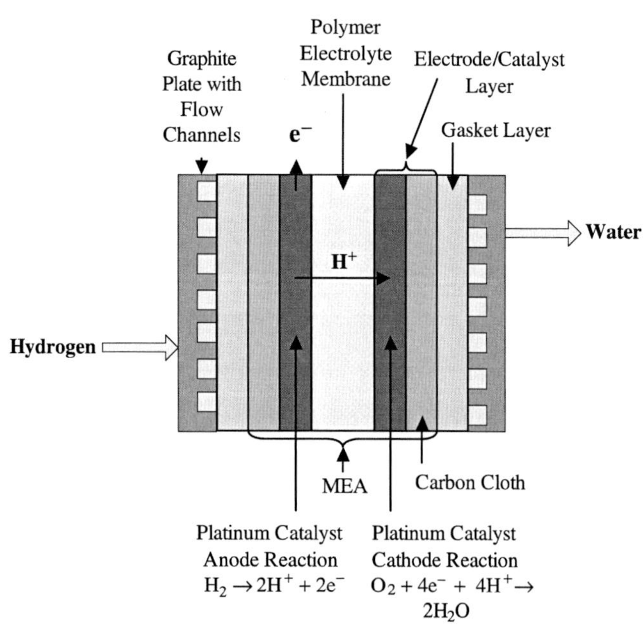

그림 1-5 연료전지의 개략도

료전지에서 생성된 물과 폐열은 제거되지 않을 경우 연료전지의 운전에 있어서 중요한 문제점을 야기할 수도 있기 때문에 지속적으로 제거되어야 한다.

단원요약

연료전지는 독창적이고 매력적인 시스템이지만 최적의 성능을 위해서는 정확한 시스템을 선택해서 설계해야하며 성능 평가를 위한 모델링이 필수적이다. 성능, 가격, 신뢰성을 향상시키기 위해 전기화학, 재료, 제작기술, 질량 및 열전달 등의 전반적인 분야에 대한 이해가 필요하다. 이 책에서는 연료전지를 제작하고 설계하는 데 필요한 기초 지식들을 제공할 것이다.

연습문제

1. 연료전지와 배터리, 연료전지와 열기관의 차이점에 관해 서술하시오.
2. William Grove는 일반적으로 연료전지를 발명하였다고 여겨진다. 그의 가스 배터리는 어떠한 점에서 최초의 연료전지로 인정되는가?
3. 연료전지의 전극, 전해질, 촉매 층의 역할에 대해 서술하시오.
4. 연료전지의 각 종류별로 역사를 간단히 서술하시오.
5. 왜 연료전지를 필요로 하고, 어디에 사용할 수 있는가?

참고문헌

[1] Li, Xianguo. *Principles of Fuel Cells*. 2006. New York: Taylor & Francis Group.

[2] O'Hayre, Ryan, Suk-Won Cha, Whitney Colella, and Fritz B. Prinz. *Fuel Cell Fundamentals*. 2006. New York: John Wiley & Sons.

[3] Barbir, Frano. *PEM Fuel Cells: Theory and Practice*. 2005. Burlington, MA: Elsevier Academic Press.

[4] *Collecting the History of Fuel Cells*. http://americanhistory.si.edu/fuelcells/index.htm. Smithsonian Institution, 2006. Last accessed September 15, 2006. Last updated December 2005.

[5] Stone, C. and A.E. Morrison. "From Curiosity to Power to Change the World." *Solid State Ionics*, 152-153, pp. 1-13.

[6] "Fuel Cells." Energy Research Center of the Netherlands(ECN). http://www.ecn.nl/en/h2sf/additional/fuel-cells-explained/. Last updated September 18, 2006.

[7] Mikkola, Mikko. "Experimental Studies on Polymer Electrolyte Membrane Fuel Cell Stacks." Helsinki University of Technology, Department of Engineering Physics and Mathematics, Masters Thesis, 2001.

[8] Applyby, A., and Foulkes.F. *Fuel Cell Handbook*. 1989. New York: Van Nostrand Reinhold.

Chapter 02

연료전지와 수소 경제

과학자, 에너지 분석가, 정책입안자 등 많은 전문가들은 수소가 미래의 연료로서 아주 중요한 에너지원이라 믿는다. 현재 널리 쓰이고 있는 화석 연료는 고갈되어 가고 있으며 앞으로 전 세계의 에너지 수요를 지탱할 수가 없고 유가 상승 현상이 발생함에 따라 수소 에너지와 같은 대체 에너지 기술에 대한 연구, 개발이 더욱 더 활발해지고 있다. 이 가운데 연료전지는 다른 대체 에너지들과 비교해서 가장 실현 가능성이 높은 시스템으로 각광받고 있다. 현재 수소는 상업적으로 일부에서 소량 사용하고 있지만 수소를 공급, 수송, 저장할 수 있는 대규모의 시스템은 아직 미비한 실정이다. 수소는 다양한 에너지원으로부터 생성되어 다양한 방법으로 수송, 저장되고, 사용 가능한 에너지 형태로 변환된다. 연료전지가 상용화되기 위해서 해결되어야 할 가장 큰 문제는 수소를 공급하고 저장하는 기반시설이 필요하다는 것이지만 아직 이러한 시스템들이 갖추어지지 못하였다.

이 장에서는 수소 경제의 현재와 미래에 대해 다룰 것이며 다음과 같은 주제들에 대해 중점적으로 설명하고자 한다.

- 수소의 특성
- 전 세계 에너지 수요
- 수소 경제의 발달
- 수소의 생산, 공급, 저장
- 수소 기반시설에 대한 투자

이 장과 제15장에서 상기의 주제들에 대해 상세하게 설명할 것이다.

2.1 수소의 특성

수소는 다른 원소들과 다른 독특한 성질을 가지고 있다. 가장 가볍고 풍부한 원소로서 산소와 함께 연소될 때 다량의 에너지를 방출하며 무게 대비 에너지가 높다. 가연성이 커서 공기 중에서 4~75%의 부피를 차지할 때 점화되고, 표준 온도와 대기압에서는 낮은 에너지 밀도를 가진다. 수소는 압축하거나 액화시켜 저장하는 방법으로 체적을 크게 줄일 수 있다. 표 2-1에 연료전지에서 연료로 사용이 가능한 수소, 메탄, 메탄올, 에탄올, 프로판, 휘발유 등의 관련 물성치들을 비교하여 나타내었다. 지구상의 수소는 다른 원소들과 결합된 화합물 형태로 존재하므로 천연가스 개질, 석탄 가스화, 탄화수소 화합물의 개질/산화, 바이오매스 등의 다양한 방법으로 생산한다.

수소가 미래 에너지원으로 각광받고 있는 이유는 다음과 같다.

표 2-1 수소와 다른 연료의 비교([14], [15])

Property	Hydrogen	Methane	Methanol	Ethanol	Propane	Gasoline
Molecular Weight (g/mol)	2.016	16.043	32.04	46.0634	44.10	~107.0
Density (kg/m^3) 20°C and 1 atm	0.08375	0.6682	791	789	1.865	751
Normal Boiling point (°C)	−252.8	−161.5	64.5	78.5	−42.1	27–225
Flash Point (°C)	<−253	−188	11	13	−104	−43
Flammability Limits in Air (Volume %)	4.0–75.0	5.0–15.0	6.7–36.0	3.3–19	2.1–10.1	1.0–7.6
CO_2 Production per Energy Unit	0	1.00	1.50			1.80
Autoignition Temperature in Air (°C)	585	540	385	423	490	230–480
Higher Heating Value (MJ/kg)	142.0	55.5	22.9	29.8	50.2	47.3
Lower Heating Value (MJ/kg)	120.0	50.0	20.1	27.0	46.3	44.0

- 수소는 신재생에너지원을 사용하여 다양한 방법으로 얻을 수 있다. 수소를 생산하는 데 사용되는 가장 풍부하고 깨끗한 원료는 물이다.
- 수소는 기체, 액체, 고체의 다양한 형태로 저장이 가능하고 메탄올, 에탄올, 금속 수화물과 같은 다양한 화합물 형태로도 저장할 수 있다.
- 수소는 높은 효율로 전기로 변환할 수 있다.
- 다른 연료와 마찬가지로 안전하게 수송하고 저장할 수 있다.

연료전지에 쓰이는 수소를 비롯한 연료들은 탄화수소를 이용해서 저렴하고 쉽게 얻을 수 있다. 수소는 산업체, 가정, 수송용, 휴대용 장치 등 여러 분야에 에너지를 제공할 수 있는 연료이다. 자동차에 사용되는 석유계 연료를 대체할 수 있고 기존 전력 공급 망이 도달하기 힘든 먼 지역까지 에너지를 공급할 수 있는 에너지원이다. 수소를 사용하는 주요 장점 중 하나는 화석 연료에 비해 친환경적임과 동시에 수소를 생산하는 기술 또한 청정하다는 것이다. 다음의 방법들로 수소를 생산한다면 생산과정에서 오염 물질을 생성하지 않는다.

- 원자력, 신재생에너지를 이용해 생산한 전기를 사용한 전기분해로 수소 생산
- 새로운 탄소 포집, 저장 기술과 결합된 화석 연료의 증기개질로 수소 생산
- 바이오매스를 사용한 열화학, 생물학 기술로 수소 생산

탄화수소를 통한 수소 생산의 가장 큰 단점은 오염물질과 이산화탄소가 발생한다는 것이다. 수소를 사용하는 가장 큰 이유는 이산화탄소를 줄이는 것이므로 이산화탄소가 발생하면 그 의미가 사라지게 된다. 수소를 생산하는 데 있어서 최고의 방법은 물의 전기분해이며, 이산화탄소, 질산화물, 황산화물 등이 생성되지 않지만 발전소에서 생성된 전기를 이용하여 물을 분해하는 경우에는 다른 방법에 비해 비용이 많이 든다는 단점이 있다. 세계적으로 생산되는 수소의 양은 약 4천만 톤 가량이다. 생산된 수소는 암모니아, 요소 등의 화학제품 제조, 석유화학 제품의 제조, 음식의 공급원료, 전기공업 및 야금 공정 산업 등에 사용된다.

2.1.1 수소 연료의 안전성

수소를 연료로 사용함에 있어서 가장 큰 문제는 안전성이다. 일반적으로 알려진 것과 다르게 수소는 가솔린이나 다른 화석 연료에 비해 가연성이 낮은 연료이다. 다른 연료와 마찬가지로 수소는 저장이나 수송이 제대로 되지 않으면 위험하게 된다. 특히, 고압이나 초저온 상태로 수소를 수송하면 위험이 뒤따르게 되는데, 이러한 위험들은 수송 시 적절한 처리와 통제로 위험을 방지할 수 있다.

Hindenberg 사고와 수소 폭탄으로 인해 수소가 위험하다고 생각되고 있다. 그러나 Hindenberg 사고의 조사 결과 비행선의 화재 원인은 수소가 아닌 알루미늄 비행선 내부에 채워진 페인트인 것으로 밝혀졌다. 수소는 작은 분자이기 때문에 작은 구멍이나 연결부에서 다른 기체 연료나 액체 연료보다 누출되기 쉽기 때문에 같은 조건에서의 천연가스보다 1.26~2.8배 빠른 속도로 누출된다. 천연가스의 에너지 밀도는 수소보다 3배 정도 높으므로 천연가스 누출은 수소 누출보다 더 심한 에너지의 손실을 가져온다. 수소는 가솔린, 프로판, 천연가스 등 다른 연료보다 더 가볍기 때문에 누출될 시에 다른 연료에 비해 매우 빠르게 확산되는 경향이 있다. 폭발이 발생할 경우를 고려해볼 때 다른 연료들에 비해 수소의 단위당 폭발 에너지가 가장 낮다.

그러나 액화 수소일 경우에는 안전에 대한 문제들이 달라진다. 액화수소가 유출되면 화재가 일어날 수 있다. 액화수소는 기름 유출과 유사한 성질을 띠지만 급속하게 확산되어 사라진다. 압력 밸브가 고장 나면 액체가 급속하게 기화되기 때문에 폭발이 일어날 수 있다. 이는 밸브와 적절한 제어 장치를 수소 저장 시스템에 설치함을 통해 막을 수 있다.

수소가 차량에 탑재될 때 폭발과 독성 등의 잠재적인 위험이 뒤따른다. 연료전지나 연료 저장에 사용되는 수소가 발화의 원인이라고 볼 수 있다. 연료전지는 소량의 수소와 산소가 존재하고 얇은 전해질 층에 의해 두 연료가 분리되어 있으므로 수소 연료보다 낮은 위험성을 지닌다. 또한, 연료전지 시스템에는 연료 혼합, 누출 또는 기타 사고들에 따라 연료 공급선을 차단할 수 있는 안전 제어 장치가 있다. 수소 시스템을 설계할 때는 다음과 같은 안전 요소를 고려해야 한다.

- 저장 탱크의 결함 또는 날카로운 물체에 의한 충격으로 인한 파열
- 연료전지 반응물이 전지 내부에서 혼합
- 제어 실패나 파손에 의한 대량 누출
- 저장 탱크 보강재의 피로파괴 또는 압력 강하 밸브에 의한 누출

상세한 알고리즘을 바탕으로 한 통제 시스템과 함께 다음과 같은 다양한 방법으로 이러한 위험 요소를 제거할 수 있다.

- 저장 탱크와 장치들에 대한 철저한 점검
- 밸브를 1개 이상 설치
- 충격, 진동, 넓은 온도 범위에 적절한 장치 설계
- 수소 또는 산소 감지기 또는 누출 탐지기 설치
- 전기 스파크의 발생 원인을 제거하여 점화 방지

• 연료 공급선을 다른 장비들과 분리되도록 설계

수소는 점차 모든 분야에 광범위하게 사용될 것이고 이에 따라 수소를 사용하는 시설들의 장치 개발과 운전에 대한 국제적인 기준이 정해져야 한다. 안전 요구사항이 동일해짐에 따라 수소를 사용하는 데 있어서 소비자의 신뢰도 증가할 것이다.

2.2 세계 에너지 수요

연료전지의 필요성과 가능성을 이해하기 위해서 세계 에너지 수요를 검토해 볼 필요가 있다. 그림 2-1은 현재와 1980년대부터 2030년까지 예상되는 세계 에너지 소비량을 나타낸다. 2003년부터 2030년까지 세계의 에너지 소비량은 매년 2.0%씩 증가할 것으로 예상된다[1]. 2003년에 421×10^{15} BTU(영국 열량 단위)이던 세계 에너지 소비량은 2015년에 563×10^{15} BTU, 2030년에는 722×10^{15} BTU로 증가할 것이다[1]. 2003년~2030년까지의 급격한 에너지 수요의 증가는 중국, 인도를 포함한 아시아, 중남미, 아프리카, 중동, 유라시아의 에너지 수요 증가를 반영한 결과이다. 이 지역들에서 필요로 하는 에너지 소비량은 매년 평균 5.0%씩 증가하고 있다.

그림 2-2는 분야별 에너지 소비에 대해 나타내고 있다. 에너지를 사용하는 분야는 해당 지역의 경제 발전도에 따라 달라진다. 그림 2-2에 나타난 것처럼 전 세계적으로 산업 분야의 에너지 수요는 연평균 2.4%로 가장 급속하게 증가한다[1]. 2003년~2030년까지 가정에서의 에너지 사용량이 연평균 1.7%씩 증가하고, 상업용 에너

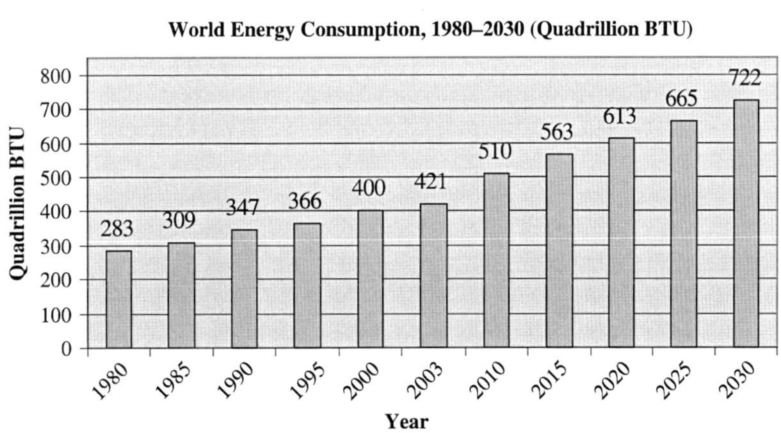

그림 2-1 세계 에너지 소비, 1980~2030[1]

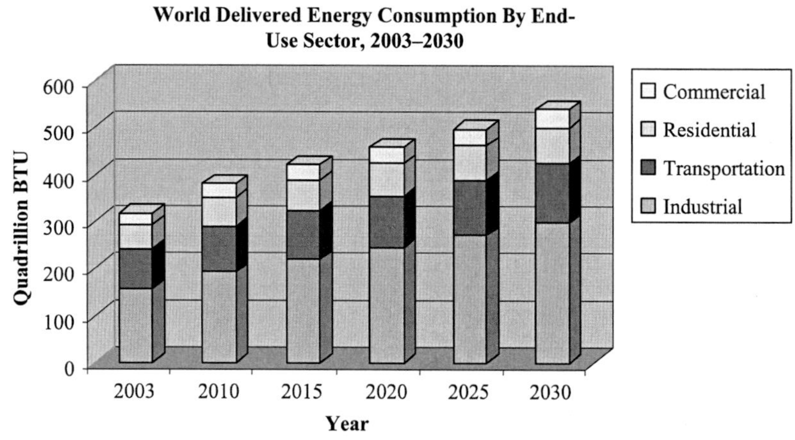

그림 2-2 분야별 세계 에너지 소비, 2003~2030([1])

지 사용량은 연평균 1.8%씩 증가할 것이다. 수송 분야의 에너지 사용량이 매년 1.4%의 느린 성장이 예상되는데[1], 이는 유가 상승 때문이다. 앞서 언급한 바와 같이 2003년~2030년까지 에너지 수요의 급격한 증가는 중국, 인도를 포함한 아시아, 중남미, 아프리카, 중동, 유라시아의 수요량을 반영한 결과이다. 미국, 캐나다, 대부분의 유럽, 호주 등에서는 에너지의 수요가 매년 0.6%씩 느리게 증가할 것으로 예상된다.

그림 2-1, 2-2에 나타난 것처럼 에너지의 수요가 급속하게 증가하고 있기 때문에 미래를 대비한 저공해 발전 기술을 갖추는 것이 중요하다.

2.3 수소 경제의 발달

현재 세계 에너지 수요의 대부분을 화석 연료가 채우고 있다. 화석 연료를 쉽게 채취하고 저장하며 수송할 수 있는 이유는 기반시설을 건설하고 유지하기 위해 많은 비용을 투자하였기 때문이며, 그에 따라 현재의 연료 공급 시스템과 기술은 지난 2세기 동안 비약적인 발전을 할 수 있었다. 화석 연료를 사용하는 데 있어서 장점도 있지만 우리 눈으로 확인할 수 있을 정도로 환경을 오염시키는 단점도 있다. NO_x와 SO_x의 배출로 인한 대기오염, 화석 연료 유출로 인한 수질오염, 토양오염, 대기 중 이산화탄소 축적 등 많은 환경문제가 화석 연료로 인하여 발생한다. 이러한 오염물질들은 지구 온난화를 발생시키고 지구의 많은 생물을 멸종시킬 수 있다.

환경에 악영향을 끼치는 것 이외에도 화석 연료는 고갈될 위험에 처해있어 다른 형태의 에너지를 사용하는 것이 불가피해질 것이다.

수소를 생산, 저장, 수송하는 기술은 이미 수년 동안 사용되고 있다. 탄화수소 개질 시 생성되는 오염물질과 이산화탄소를 포집하는 방법 등의 여러 기술들이 이미 사용되고 있다. 연료전지는 자동차를 제조하는 대부분의 대기업들에 의해 폭넓게 연구되고 있고 현재 세계 곳곳에서 시제품들이 시운전되고 있다. 외딴 지역에 전기를 공급할 수 있는 연료전지도 상용화가 거의 완료되었으며, 휴대용 연료전지 또한 상용화되기 위한 실증 작업이 거의 완료되었다. 주요 정유회사와 석탄 회사들은 지난 10년 이상 탄소의 포집과 저장에 대해 연구, 개발하고 있다.

수소 경제가 실현되기 위해서는 많은 예산과 함께 기술의 발전이 필요하다. 현재 기술로 수소를 공급하는 것은 기존의 화석연료에 비해 많은 비용이 들며, 많은 기술적 문제들이 남아있다. 연료전지가 저렴하고 안전한 에너지원이 되기 위해서는 신재생에너지를 통한 수소 생산, 탄소 포집 및 저장, 수소 공급과 저장 기반시설 등의 제반 산업이 발전되어야 한다.

수소가 저렴하고 효율적인 대체 에너지로 자리 잡기까지 시간이 얼마나 걸릴지는 예측하기 어려우며, 수소 시스템이 하루아침에 자리 잡을 수는 없을 것이다. 따라서 "수소 경제"가 실현되기 전, 순차적으로 진행되어 수십 년이 걸릴지도 모르는 화석연료에서 수소로 전환되는 기간에 필요한 임시방편이 고려되어야 한다. 화석 연료가 주요 에너지원으로 남아 있는 동안에는 탄소의 포집과 저장기술이 중요해질 것이다. 정부의 강력한 정책으로 연료의 전환을 확실히 뒷받침할 수 있다.

2.4 수소의 생산, 공급, 저장

전 세계의 많은 국가들이 수소의 사용, 생산, 비용에 대한 목표를 설정하였다. 예를 들어 미국의 에너지성(Department of Energy)에서는 2015년까지 수소의 생산비용을 갤런당 2~3달러로 낮추는 것을 목표로 하고 있는데, 목표를 달성하기 위해서는 수소의 가격을 현재의 절반 정도로 감소시켜야 한다. 수소를 생산하는 데 있어서 가장 저렴한 방법은 천연가스의 증기 개질이다. 하지만 생산된 수소를 저장하고 수송하고 보급할 수 있는 기반 시설을 갖추는 데 많은 비용이 든다. 수소 기반 시설 구축에 따르는 비용을 다른 연료(메탄올 등)의 기반 시설의 구축에 따르는 비용과 비교하는 연구가 활발히 진행되어왔고 그 결과 수소 기반 시설이 다른 연료의 기반시설보다 비용이 더 적게 든다는 것이 밝혀졌다. 수소는 가압 용기에 압축해서 저장하거나 액화시켜 저온 액체 수소 탱크에 저장한다. 이러한 저장 기술들은 지금도 사용하고 있지만 저장량이 작기 때문에 필요한 수의 저장 탱크를 제조하고 생산하는 데 많은 비용이 소요된다. 파이프를 통해서 수소를 수송할 수 있지만 단거리에서만 사용이 가능하다. 현재 미국과 유럽에 수소 파이프 수송 시스템이 존재하지만 200 km 이상의 파이프라인은 존재하지 않는다. 장거리 수소 수송은 기차나 트럭을 이용하는 것이 더 쉽다. 수소가 현실적인 대체 에너지가 되기 위해서는 비용의 절감이 필수적이다.

2.4.1 수소 생산 기술

현재 수소는 석유, 천연가스, 석탄 등의 다양한 화석 연료로부터 생산되며, 정유 공장에서 수소 처리와 수소 첨가 분해 등을 통해 원유를 정제하는 데 사용하거나 암모니아, 메탄올 등의 다양한 화합물을 만드는 화학 회사나 야금 공정 등에 사용된다. 수소를 생산하는 기술에는 천연가스의 증기 개질, 탄화수소의 부분적 산화 및 석탄 가스화 등이 있지만 이러한 방법들로는 화석 연료에 대한 의존도를 줄일 수 없다.

수소의 생산을 위해 개발 중인 물의 전기분해를 통한 수소의 생산은 효율적이지만 많은 전기가 필요하다. 이러한 문제는 수소를 분해하기 위해 필요한 전기를 태양 에너지를 통해 생산함으로써 해결할 수 있으며, 전기와 수소의 대량 생산이 가능하다. 그 외에도 수력 발전, 원자력 발전, 열분해, 열화학적 방법, 광분해 등의 방법을 통해 수소를 생산할 수 있다. 이러한 기술들은 각각 다른 개발단계에 있으며 일부는 연구가 중단되었다. 수소를 생산할 때 가장 일반적으로 쓰이는 방법은 다음과 같으며 더 상세한 내용은 제15장을 참고하기 바란다.

증기 개질 화석 연료를 증기 개질하는 것은 저렴한 비용으로 수소의 대량생산이 가능하다. 우선 다음과 같은 반응식에 따라 메탄은 수증기와 반응하여 일산화탄소와 수소를 생성하며 생성된 일산화탄소는 촉매를 거치면서 수증기와 반응하여 이산화탄소와 수소를 생산하게 된다.

$$CH_4 + H_2O \rightarrow CO + 3H_2$$
$$CO + H_2O \rightarrow CO_2 + H_2$$

수소를 생산하는 방법 가운데 천연가스를 증기 개질하는 것이 가장 저렴하지만 원유를 정제하여 휘발유를 생산하는 것보다 2~3배 더 비싸다. 최근에는 증기 개질의 효율 개선과 생산 비용 절감에 대한 많은 연구가 진행되고 있다.

부분 산화 수소를 생산하기 위한 다른 방법으로 부분 산화가 있는데, 산소와 탄화수소의 반응을 통해 수소와 이산화탄소를 생성하는 방법이다. 부분 산화는 앞서 설명한 증기 개질보다 변환 효율이 낮으며, 현재 상업적 수소 생산량의 대부분을 증기 개질 방법이 차지하고 있다.

석탄 가스화 석탄 가스화는 수소를 생산하는 방법 중 가장 오래된 방법으로 천연가스가 상용화되기 전에 도시가스를 생산하는 데 쓰였다. 석탄을 기체 상태까지 가열한 뒤 촉매를 사용하여 증기와 반응시켜 합성가스를 생성한다. 이 합성가스는 수소나 다른 화합물을 생산하기 위해 사용되거나 연소시켜 전기를 생산한다. 현재 석탄 가스화에 대한 연구개발은 질소나 황산화물, 수은, 일산화탄소 등의 오염물질들을 감소시키는 데 집중되고 있다.

바이오매스 농업 부산물이나 동물성 잔류물 등의 다양한 바이오매스들은 열분해와 기화 공정을 통해 수소를 생산할 수 있다. 이 물질들은 탄소가 주로 포함된 합성 가스를 생성한다. 화석 연료 대신 바이오매스를 사용하면 이산화탄소가 발생하지 않지만, 화석 연료를 사용하여 수소를 생산할 때보다 비용이 많이 든다. 바이오매스로부터 수소를 생산하기 위해서는 발효, 혐기성 소화, 신진 대사 등의 기술들이 사용되며, 기존의 수소 생산 기술들에 비해서는 경쟁력이 떨어진다.

물의 전기분해 물을 전기분해하여 수소를 생산하는 것은 전기의 가격 때문에 고 순도의 수소가 필요할 때를 제외하면 거의 사용되지 않는다. 전기분해를 통한 수소의 생산이 친환경적인지 아닌지는 물을 분해할 전기를 어떤 방법으로 얻었는가에 달려 있다. 만약 원자력 또는 풍력, 태양광, 바이오매스와 같은 신재생에너지원으로 전기를 얻는다면 수소의 생산과정에서 오염물질의 배출이 없다. 전기나 원자력 발전으로 전기분해가 이루어진다면 비용을 크게 감소시켜야만 기존 에너지원들과의 경쟁력을 확보할 수 있을 것이다. 태양전지로 전기를 얻어 수소를 생산하는 차량용 수소 충전소가 이미 몇 군데 설치되어 있다.

금속 수소화물 응용 금속 수소화물을 형성하는 수소의 특성 또한 에너지 변환에 적용이 가능하다. 수소가 방출되기 위해서는 열이 공급되어야 한다. 충전과 방전과정 중에 발생하는 열은 물질의 수화, 수소 압력, 열이 공급되거나 방출할 때의 온도 등에 영향을 미친다.

2.4.2 수소 저장 시스템

수소를 저장하기 위해 다양한 기술이 사용되고 있다. 가장 일반적인 수소 저장 시스템은 압축 저장 탱크로서 다양한 용량과 압력 범위에서 사용이 가능하다. 그외 다양한 수소 저장 시스템들을 이 절에서 설명할 것이며, 더 세부적인 내용은 제15장을 참조하길 바란다.

대규모의 지하 저장 시스템 이 방법은 수소를 동굴이나 대수층, 석유나 천연가스의 채굴이 끝난 공간에 저장한다. 지하 저장은 천연가스 시스템과 비슷한 형태이지만 3배 이상의 비용이 들 것으로 예상된다. 수소의 지하 저장 시스템에 있어서 기술적인 문제는 많지 않을 것으로 예상되며 지하 저장 시스템이 이미 실용화 된 곳도 있다. 독일의 도시 Kiel은 지하에 도시가스를 저장한다. 프랑스의 가스회사 Gaz de France는 지하에 천연가스를 저장한다. 영국의 Imperial Chemical Industries 사는 Teeside 지역의 소금 광산에 수소를 저장한다.

차량용 압축 수소 탱크 이 탱크는 허용 압력이 20 bars 이상인 초경량 복합재료로 제작하며 연료전지 자동차와 버스의 시제품에 사용되고 있다.

액화 수소 저장 수소를 액상으로 저장하면 압축가스 저장에 비해 더 많은 양의 수소를 저장할 수 있다. 액화 수소 연료는 액화 시에 많은 에너지가 필요하고, 액체 수소를 초저온으로 유지하기 위한 시스템이 필요하다. 따라서 액화 수소 저장 시스템은 압축가스 시스템에 비해 비용이 많이 들고 불편하다는 단점이 있다. 그러나 일부 수소 자동차의 시제품에서 액체 수소를 연료로 사용한다.

금속 수소화물 저장 일부 금속은 금속이나 합금의 격자 사이의 공간에 수소를 저장할 수 있다. 금속 수화물의 수소 저장량은 액화 수소와 비슷하며, 금속이나 합금의 질량을 고려할 때 압축 수소와 비슷하다. 저장 과정 중에 열이 방출되며 반드시 제거해야 한다. 수소 방출 과정에서는 수소가 저장 탱크로 옮겨져야 한다.

새로운 수소 저장 시스템 극저온의 활성 탄소, 탄소 나노튜브, 유리 구체 등에 수소를 저장하는 새로운 수소 저장법들이 개발되고 있으며 기존의 수소 저장법보다 높은 에너지밀도를 가진다. 이러한 수소 저장 기술들은 여전히 연구 개발 단계에 머물러 있으며 언제 상용화될지는 불분명하다.

2.4.3 세계의 수소 충전소

세계의 수소 충전소의 수를 표 2-2에 나타내었다. 목록에 있는 국가들은 1990년

표 2-2 세계의 수소 충전소(2000년 이후 집계, [5])

Location	No. of refueling stations
United States	60
Australia	1
Austria	1
Belgium	2
Canada	9
China	6
Denmark	9
France	2
Germany	20
Greece	1
Iceland	1
India	1
Italy	6
Japan	18
Luxemburg	1
Netherlands	1
Portugal	2
Singapore	2
South Korea	2
Spain	3
Sweden	3
Switzerland	1
United Kingdom	1
Norway	10

대 이후로 충전소를 차츰 설치하고 있다. 독일 등의 일부 국가에서는 다음과 같은 이유들 때문에 향후 5년 동안 수소 충전소의 도입이 급속하게 이루어질 전망이다.

- 연료전지 자동차 제조회사들은 틈새시장을 겨냥한 자동차 생산은 하지 않을 것이다.
- 비용 절감을 위해서는 자동차 산업과 연료 공급원 모두 대량 생산할 필요가 있다.
- 소비자들은 공급이 원활한 연료를 원할 것이다.
- 브라질과 아르헨티나에는 대체 연료 자동차 시장이 있다. 브라질에서는 에탄올을 사용하고 아르헨티나에서는 천연가스를 사용한다. 연구에 따르면 대체 연료 차량과 연료 충전소의 도입이 빠를수록 소비자들이 신기술을 받아들이기가 쉽다.

수소 충전소는 미국의 캘리포니아에 가장 많이 설치되어 있으며, 그 다음은 독일, 일본의 순서로 많이 설치되어 있다. 위의 국가들은 연료전지와 수소 기반 시설에 대한 연구에 편성된 예산이 많은 나라라는 공통점이 있다.

2.5 수소 기반 산업의 투자

앞서 언급하였듯이 석유 기반 산업에서 수소 기반 산업으로 성공적으로 전환하기 위해서는 에너지 공급 시스템의 획기적인 변화가 불가피하다. 공급자는 수소의 저장, 공급, 수송의 기반 시설을 구축해야 하고 소비자는 연료전지 차량 등의 연료전지 제품 구매에 대한 관심을 가져야 한다. 수소 기반 시설 구축에 필요한 총 비용은 언제, 얼마나 빠르게 짓느냐에 따라 달라진다. 단순히 차량용 연료로 사용되는 석유만 수소로 대체한다고 하더라도 기반 시설의 전환 비용은 약 1조 달러 정도이다. 현재 사용되는 모든 차량(8억대 정도)을 연료전지 차량으로 교체하는 비용은 연료전지 차량이 일반적인 차량보다 2,500달러 정도 더 비싸다고 가정할 경우 약 2조 달러가 예상된다. 그외 나머지 수소 기반 시설을 구축하는 데 드는 비용이 약 8조 달러 정도로 예상된다.

수소 경제로 전환하는 데 있어서 가장 큰 장애물은 비용이므로 수소 경제로의 전환을 시작하기 위해서는 석유의 가격이 아주 비싼 지역이나 환경에 대한 관심이 높은 지역부터 수소 기반 시설이 구축되어야 한다. 유가나 환경에 대한 요인과 함께 정부의 장려 정책이 더해진다면 수소 시장 발전에 도움을 줄 것이다. 수소의 수요와 공급이 증가함에 따라 수소 장치들과 연료전지의 가격이 대량생산을 통해 낮아질 것이며 점차 수소가 일반적인 연료로 사용될 것이다.

수소 경제가 자리 잡기 위해서는 정부의 장기적이고 강력한 정책을 통해 수소 공급 업체와 장비 제조사들의 생산과 투자를 장려해야 하며 이를 통해 새로운 에너지원에 관한 소비자의 신뢰도 커질 것이다. 그림 2-3에 현재 에너지원들이 사용되는 구조와 미래에 수소를 만드는 기술 및 에너지원들이 사용되는 구조를 동시에 나타내었다. 처음에는 기존에 사용되던 방법으로 수소를 생산하는 것이 가장 좋은 방법이다. 천연가스와 석탄은 수소를 생산하는 데 주요 자원으로 사용되고 있으며 앞으로도 과도기의 연료로서 계속 사용될 것이다.

수소는 전기, 가스, 석유 등과 같은 기존 에너지들과 경쟁하게 될 것이다. 연료전지는 풍력이나 태양광 발전 등의 신재생에너지들이 가지는 발전의 불연속성을 보완할 수 있으며, 발전소나 변전 시스템이 고장 난 경우에 대비한 비상용 전원으로 안전하게 전력을 공급하는 것이 가능하다.

2.5.1 정부 지원

수소 경제로의 전환이 시작되기 위해서는 다음 2가지 중요 분야에 대한 정부의 지

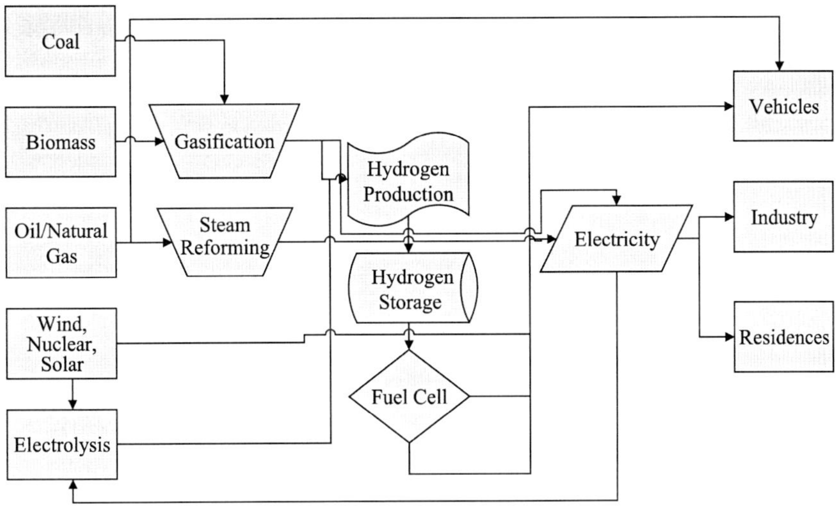

그림 2-3 수소와 관련된 에너지 시스템

원이 필요하다.

- 연료전지의 연구와 개발
- 수소 기반 시설에 투자를 촉진하도록 장려

지난 10년 동안 연료전지의 연구에 대한 정부, 공기업, 개인의 투자가 눈에 띄게 증가하고 있다. 많은 국가에서는 앞으로 10년~20년 내에 수소 경제로의 전환이 시작되기를 기대하고 있으며 국제적 계획과 개인-공동 분야 계획의 결합을 통해 가속화 시키려는 노력을 하고 있다. 국제 에너지 기구는 수소 분야에 사용되는 예산이 1년에 10억 달러 정도일 것이라고 예측한다[17]. 이 금액이 매우 많은 것처럼 보이지만 실제로 각국의 정부들이 다른 에너지 기술의 연구 개발에 투자하는 금액의 15% 정도에 불과하다[4]. 수소 프로그램은 미국, 일본, 유럽 연합에서 가장 활발하게 진행되고 있으며, 이 국가들이 사용한 수소 관련 예산은 전 세계 수소 관련 예산의 약 2/3이다. 미국은 2003년에 수소 프로그램에 대한 예산을 5년간 170억 달러로 증가시켰으며 일본은 2005년에 수소 연구 예산으로 3억 2천 달러를 할당했다[4]. 유럽의 총 예산은 2011년까지 280억 유로에 달할 것으로 예상된다[4]. 그밖에 중국, 브라질, 인도에서도 자국의 수소 프로그램을 시작하였다.

2.5.2 수소의 장기적인 전망

수소 경제로의 전환이 얼마나 빨리 일어날지 예측하는 것은 어렵지만 앞으로 수십 년 이상 걸릴 것이다. 현재 건설 및 운전 중인 기반 시설들의 운전 및 폐기까지는 최소 10~20년은 걸릴 것으로 예상된다. 자동차는 일반적으로 10년~20년 사용하면 폐기하지만 발전소와 파이프라인은 적어도 10년간은 계속 건설될 것이다. 미국 에너지 정보 관리국의 '2005 국제 에너지 전망'과 IEA의 '2005 세계 에너지 전망 프로젝트'에 의하면 수소 기술의 획기적인 발전이 일어나지 않는다면 수소가 세계 에너지의 총 수요의 일부만 충족시킬 수 있을 것이라 예상하였다.

2.5.3 연구 개발의 핵심

해마다 10억 달러 가량의 공공 예산으로 많은 국가들이 연료전지 개발 프로그램을 실행하고 있다. 이 예산의 절반 정도는 연료전지에, 나머지는 생산, 수송, 저장에 쓰이고 일부는 가스터빈과 내연기관에 투자되고 있다.

지난 몇 년간 미국과 유럽 연합의 투자가 크게 증가하였으며 총 투자 금액 또한 급격히 증가하였다. 일부 국가에서는 연료전지, 수소 공급, 수소 기반 시설 등에 집중적으로 투자하였다. 투자에 대한 국가의 초점은 기존에 무엇을 제조해왔는지 또는 어떤 천연 자원을 가지고 있는지에 따라 달라진다. 예를 들어, 독일의 경우 차량 제조에 강점이 있으므로 대부분 차량용 연료전지에 대해 연구가 진행된다.

미국 미국 정부는 주로 에너지성(DOE)에 의해 진행되고 있는 수소, 연료전지, 기반 시설 프로그램을 통해 수소와 연료전지에 대한 연구를 하고 있다[4]. 미국 정부의 전략은 위험이 큰 연구 개발에 집중하는 것이다. 정부는 2003년에 'Hydrogen Fuel Initiative'로 알려진 프로그램을 통해 예산을 12억 달러 증가시켰다. 에너지성에서는 수소 경제로의 전환을 다음과 같은 4단계로 결정하였다.

1. 정부와 민간에서 연구 개발을 이끌고 산업 표준을 개발할 것이다. 2015년에 정부는 가까운 시일 내에 상용화가 될 것인지, 연구 개발은 언제까지 계속되어야 하는지를 결정해야 한다[4].
2. 2010년 초에 정부는 수소의 사용을 지원하기 위해 기존의 기반 시설의 수정을 시작할 것이다.
3. 정부는 연료전지 제조와 수소 공급을 위한 대규모 기반 시설의 건설을 시작할 것이다.
4. 수소 경제는 2025년에 실현되기 시작할 것으로 예상된다.

그림 2-4는 미국의 수소 경제 일정표를 보여준다.

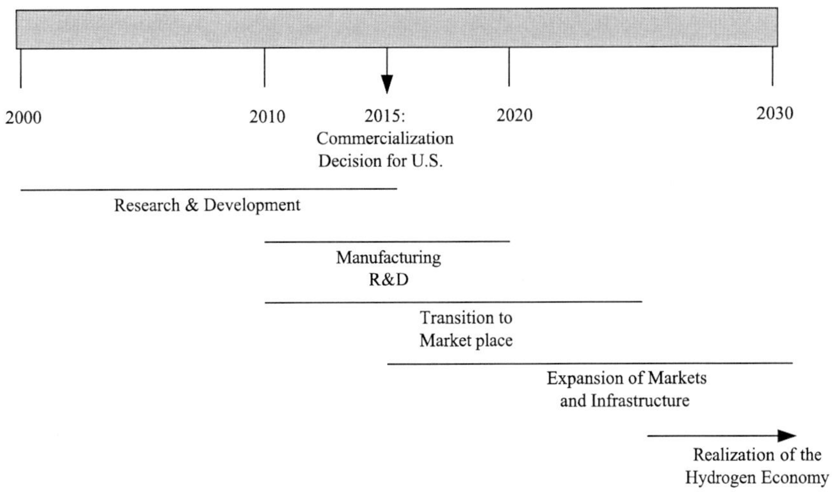

그림 2-4 미국 수소 경제 일정표([4], [13])

일본 일본은 대규모 수소 연구 개발 프로그램이 처음 시작된 국가이다. 2002년에 종료된 첫 번째 프로그램은 10년간 1억 6천5백만 달러가 사용되었다[4]. 2003년 시작된 새로운 수소 프로젝트(NEP)는 상용화에 집중하게 되며 2005년에는 3억 2천만 달러로 예산이 증가할 것이다[4]. 일본 정부는 연료전지가 향후 20년까지는 개발과 상용화에 집중할 것이라고 예상한다. NEP는 연료전지 자동차, 수소 충전소, 정치형 전원의 도입을 2010~2020년에 추진하는 것으로 목표하고 있다. NEP는 수소 경제로의 전환에 대해 다음과 같은 3단계를 설정하였다.

1. 첫 단계는 연료전지 기술 개발과 표준 설정에 주력하였고 2005년에 완료되었다.
2. 2010년에 종료된 도입 단계에서는 차량 판매의 가속화와 함께 수소 충전 기반 시설이 건설될 것이다.
3. 2011~2020년은 확산 단계이며, 도입 단계에서 시작된 기반 시설의 건설이 계속될 것이다.

그림 2-5에 일본의 수소 경제 계획이 나타나있다.

유럽 연합 수소와 연료전지의 연구 개발에 대한 유럽 연합의 예산은 2002~2006년까지 진행되었던 '신재생에너지 여섯 번째 계획'으로 편성되었으며, 개인 투자로 이루어진 1억 2천만 달러의 자금을 가지고 있었다. 2011년에는 전체 자금이 28억 유로에 달할 것으로 예상된다. 생산 프로젝트에 13억 유로가 배정되고 지역 사회에서 최종적으로 사용하기 위한 프로젝트에 15억 유로가 배정된다[4]. 유럽 연합의 모든 수

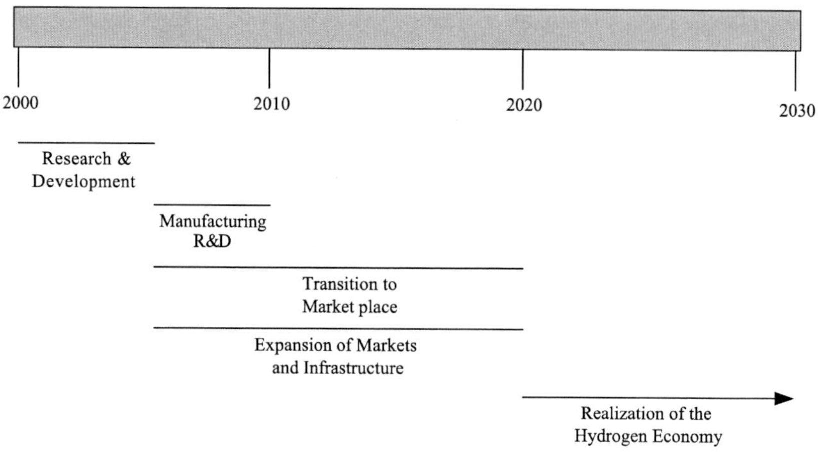

그림 2-5 일본 수소 경제 일정표

소 프로젝트는 Quick Start 계획을 지원하기 위해 자금이 조성되었다. 이 프로그램은 개인의 투자를 모으고 연료전지의 상용화를 가속화 하는 데 주력할 것이다. 또 다른 생산 관련 프로젝트는 전기와 수소를 생산함과 동시에 그 과정에서 생성되는 이산화탄소를 분리하고 저장 하는 대규모 실증 시설의 건설을 목표로 하고 있다. 이러한 프로젝트들은 집중형과 분산형 수소 기반 시설, 수소 자동차, 수소 충전 시설 등을 통해 수소 사회로 나아가는 것을 계획하고 있다. 수소를 생산하는 방법으로 풍력과 바이오매스 등을 이용하는 연구도 포함될 것이다.

그 외 국가들의 프로그램 호주, 캐나다, 프랑스, 독일, 이탈리아, 한국, 중국, 인도, 러시아, 브라질 등 많은 국가들이 수소 경제를 위한 프로젝트들을 수행하고 있으며 보통 민간 업체와 협력하여 실시된다.

- **호주** : 호주는 에너지를 생산할 때 생성되는 이산화탄소를 감소시키고 호주가 가지고 있는 풍부한 화석 연료 자원을 오염물질의 배출없이 가공하는 방법을 찾는 것을 목표로 삼고 있다. COAL21 프로그램에 따라 석탄 가스화를 통해 수소를 생산하는 것에 초점을 맞추고 있다.
- **캐나다** : 캐나다의 연구 개발은 신재생에너지와 연료전지의 생산에 초점을 맞추고 있다. 1993년 Ballard 사의 연료전지 버스와 Hydrogenics 사의 알칼리 수전해조 등의 개발에 성공했다. 공공 예산은 연간 약 2천5백만 달러 정도이고 총 지출은 2억 달러 이상이다.
- **프랑스** : PEMFC, SOFC, 탄소 포집과 결합된 석탄 가스화 기술, 태양광 및 원

자력, 바이오매스 및 화석 연료의 개질과 저장에 대한 연구 개발이 이루어지고 있으며 총 연구 개발 자금은 현재까지 약 4천8백만 달러 정도이다.

- **독일** : 독일은 수소와 연료전지 개발에 있어서 선도국이며, 연료전지는 독일의 국가적 연구 개발 분야의 핵심이다. 유럽 전체 연료전지 연구의 75% 가량이 독일에서 진행되고 있으며 전체 예산은 연간 약 4천1백만 달러 정도로 추정된다.
- **이탈리아** : 수소와 연료전지 연구의 예산은 2000년부터 매년 평균 3천만 유로 정도가 편성되었고 그 중 60% 가량은 수소 생산과 연료전지에 사용되었다.
- **한국** : 한국은 1998년이 되어서야 수소와 연료전지 개발에 대한 정부 예산이 투입되었음에도 불구하고 이미 중요한 연료전지 개발국 중 하나로 급부상하였다. 2004~2011년까지의 프로그램은 5억 8천6백만 달러의 예산이 편성되었다[4]. 2012년까지 신재생에너지와 전기분해를 통한 수소생산 시스템, 370 MW의 정치형 연료전지 개발, 10,000대의 연료전지 차량도입을 목표로 하고 있다.
- **중국** : 중국은 에너지 확보와 극심한 환경오염 문제를 해결하기 위해서 연구 개발이 시작되었다. 연간 공공 예산은 민간단체에 의해 사용되는 것과 합쳐 수천만 달러에 달한다. 상하이 시에서는 2010년까지 1,000대의 연료전지 차량을 도입할 예정이다[4].
- **인도** : 인도는 2007년까지 대학과 국립연구소에서 진행될 수소와 연료전지 연구를 위해 25억 루피(5천 8백만 달러)를 예산으로 책정하였다. 뉴델리에서는 50대의 버스에 디젤에 소량의 수소를 혼합한 연료를 사용하기 위한 프로젝트가 계획되었다. 인도 정부의 목표는 2010년까지 1,000대의 수소 차량을 도입하는 것이며 자동차 회사들은 앞으로 5년 동안 연료전지 차량의 개발과 실증작업에 적어도 5십억 루피(1억 1천6십만 달러)를 투자할 것으로 예상된다[4].
- **러시아** : 러시아는 오랫동안 연료전지에 대해 연구해왔으며 현재 국가적인 프로그램도 논의 중이다. 수소 연구는 2003년 러시아 과학 아카데미와 Norilsk Nikel 사가 연료전지 개발 프로그램을 채결하면서 증가하였다. 총 예산은 1억 2천만 달러이고, 2005년에 3천만 달러의 예산이 책정되었다.
- **브라질** : 브라질의 수소 연구 개발 프로그램의 목표는 연료전지 자동차와 전력 수급이 어려운 지역을 위해 연료전지를 상용화하는 것이다. 연구는 전기분해에 의한 수소생산, 저장 기술, 그리고 천연가스, 에탄올, 바이오매스의 개질에 집중되어 있다.

민간 산업 수소와 연료전지 연구 개발을 위한 민간 업체들의 투자는 공공 예산보다 더 많다. 국제 에너지기구(IEA)[17]는 연구 개발에 매년 3~4십억 달러가 투자되고 있으며 이는 정부 예산의 4배 정도로 추정된다. 주요 투자자들은 정유, 가스 회사, 자동차 회사, 전기 및 가스시설 회사와 발전소 회사들이다. 민간 업체들이 참여한 가장 큰 프로젝트는 2002년에 미국 에너지성(DOE)과 General Motors, Ford, Daimler-Chrysler가 협력하여 추진한 "FreedomCAR and Fuel Partnership"이다. 이 프로그램의 목표는 화석 연료를 제외한 수소 또는 다른 에너지원에 의해 작동하는 차량을 개발하는 것이다. 2003년에 BP America, ChevronTexaco Corporation, Conoco-Phillips, Exxon, Mobil Corporation, Shell Hydrogen 같은 에너지 회사들이 추가로 참가하였다[17]. 또한, 미국 정부는 세계 최초로 무공해 수소 생산 발전소를 설치하는 것을 목표로 하는 "FutureGen" 프로젝트의 민간 투자를 조성하고 있다. 총 예산은 9억 5천만 달러이며 그중 2억 5천만 달러는 민간 투자에서 충당될 것이다[4]. 또 다른 민간/정부 기관 연합의 성공적인 예로는 자동차 회사, 에너지 회사, 연료전지 개발사, 정부 기관들이 참여한 'California Fuel Cell Partnership'이다. 이 프로그램의 목표는 연료전지 차량의 개발과 수소 충전 기반 시설을 확충하는 것이다.

단원요약

기존의 화석 연료에 기반을 둔 경제에서 수소 경제로의 전환은 불가피해 보이며 성공적으로 전환하기 위해서는 프로판이나 메탄올을 연료로 사용하거나 화석 연료로부터 수소를 생산하는 등의 과도기가 필요할지도 모른다. 수소 경제가 빠른 시일 내로 실현되기 위해서는 적절한 기반 시설들이 빨리 자리 잡는 것이 중요하다. 처음에는 수소를 화석 연료로부터 생산하지만 미래에는 원자력, 바이오, 풍력, 태양광 등으로부터 수소를 생산할 것이다. 지금도 수소의 생산, 이용, 저장을 위한 기술은 이미 사용되고 있으며 기술 향상이 꾸준히 이루어지고 있으므로 수소를 사용하는 데 있어서 기술적인 문제는 고려하지 않아도 된다. 기반 시설들이 구축된 후에는 태양 에너지를 이용하여 무공해와 저비용으로 수소를 생산할 수 있는 기술에 대해 더 많은 연구와 개발이 필요하다.

연습문제

1. 수소는 다른 연료들에 비해 어떠한 장점을 가지는가?
2. 수소 경제의 장점/단점들은 무엇인가?
3. 수소의 안전성에 대한 평가가 적절하다고 생각하는가?
4. 만약 당신이 현재의 경제에서 수소 기반 경제로의 전환을 위한 계획을 세워야

한다면, 수소 생산, 저장, 공급을 위해 어떤 기술들을 선택할 것입니까? (제15 장에서 이 질문의 답에 추가적인 정보를 얻을 수 있다)

5. 수소 경제로의 전환을 준비하기 위해 정부는 어떠한 일을 하고 있는가?

참고문헌

[1] Energy Information Administration. Official Energy Statistics from the U.S. Government. http://www.eia.doe.gov/. Last accessed September 15, 2006.

[2] O'Hayre, Ryan, Suk-Won Cha, Whitney Colella, and Fritz B. Prinz. *Fuel Cell Fundamentals*. 2006. New York: John Wiley & Sons.

[3] Barbir, Frano. *PEM Fuel Cells: Theory and Practice*. 2005. Burlington, MA: Elsevier Academic Press.

[4] *The Hydrogen Economy: A Non-Technical Review*. 2006. United Nations Environment Program E.

[5] "World Wide Hydrogen Fueling Stations." *Fuel Cells 2000*. http://www.fuelcells.org/info/charts/h2fuelingstations.pdf. Last accessed September 18, 2006.

[6] Barber, David B. "Nuclear Energy and the Future: The Hydrogen Economy or the Electricity Economy?" March 24, 2005. http://www.iags.org/barber.pdf. Last accessed September 12, 2006.

[7] Barreto, L., A. Makihira, and K. Riahi. "The Hydrogen Economy in the 21st Century: A Sustainable Development Scenario." *Florida International Journal of Hydrogen Energy*. 2002.

[8] Brown, Lester R. *Eco-Economy: Building an Economy for Earth*. "Chapter 5: Building the Solar/Hydrogen Economy." 2001. New York: W.W. Norton & Co.

[9] Crabtree, George W., Mildred S. Dresselhaus, and Michelle V. Buchanan. "The Hydrogen Economy." *Physics Today*. American Institute of Physics. December 2004.

[10] Bossel, Ulf. "Does a Hydrogen Economy Make Sense?" European Fuel Cell Forum. http://www.efcf.com. April 7, 2005. Last Accessed September 11, 2006.

[11] Rifkin, Jeremy. *The Hydrogen Economy*. 2002. Penguin Putnam.

[12] Yacobucci, Brent D. and Aimee E. Curtright. *A Hydrogen Economy and Fuel Cells: An Overview*. CRS Report for Congress. January 14, 2004.

[13] "Roadmap on Manufacturing R&D for the Hydrogen Economy." Based on the Results of the Workshop on Manufacturing R&D for the Hydrogen Economy, Washington D.C. July 13-14, 2005. December 2005.

[14] U.S. Department of Energy Hydrogen Analysis Resource Center. "Comparative Properties of Hydrogen and Fuels." http://hydrogen.pnl.gov.

[15] *Perry's Chemical Engineers' Handbook*, 7th ed. 1997. McGraw-Hill.

[16] Wurster, Reynold. "Pathways to a Hydrogen Refueling Infrastructure Between Today and 2020." L-B-Systemtechnik GmbH. http://www.hyweb.de/. Last accessed September 13, 2006.

[17] "Hydrogen & Fuel Cells: AReview of National R&D Programs." International Energy Agency. OECD/IEA. 2004.

Chapter 03

연료전지 종류

이 장에서는 현재 연구되고 있는 다양한 종류의 연료전지들을 사용된 전해질 또는 연료를 기준으로 다음과 같이 9가지로 분류하였다.

- 고분자 전해질 연료전지(PEMFC)
- 알칼리 연료전지(AFC)
- 인산형 연료전지(PAFC)
- 고체 산화물 연료전지(SOFC)
- 용융 탄산염 연료전지(MCFC)
- 직접 메탄올 연료전지(DMFC)
- 아연 공기 연료전지(ZAFC)
- 프로톤 세라믹 연료전지(PCFC)
- 바이오 연료전지(BFC)

PEMFC(고분자 전해질 연료전지 또는 프로톤 교환 전해질 연료전지라고도 함)와 DMFC는 사용되는 연료와 구조상의 일부 차이점을 제외하면 거의 유사하며 연료전지 종류에 대한 구분에 따라 따로 분류되지 않는 다음과 같은 유사한 형태의 연료전지들이 있다.

- 직접 수소화붕소 연료전지
- 금속 수소화물 연료전지
- 개미산 연료전지
- 직접 에탄올 연료전지
- 재생 연료전지
- 미생물 연료전지
- 효소 연료전지

직접 수소화붕소 연료전지와 금속 수소화물 연료전지는 분류 상 AFC에 속하며 각각 수소화붕소 나트륨 용액과 금속 수소화물을 연료로 사용한다. 개미산 연료전지는 PEMFC와 거의 같지만 연료로 개미산을 사용하고 백금 대신에 팔라듐을 촉매로 사용한다. 직접 에탄올 연료전지(DEFC)는 PEMFC, DMFC와 매우 유사하나 연료로 에탄올을 사용하기 때문에 새로운 이름이 주어졌다. 재생 연료전지는 PEMFC의 일종으로 PEMFC와 전해조가 한 장치에서 가역적으로 작동한다. 전해조는 단일 스택에 포함되거나 2개의 분리된 스택으로 만들 수도 있다. 재생 연료전지에 PEMFC가 일반적으로 사용되지만 다른 연료전지들도 사용될 수 있다. 바이오 연료전지의 일반적인 2가지 형태는 미생물 연료전지와 효소 연료전지이다. 바이오 연료전지(BFC), 프로톤 세라믹 연료전지(PCFC), 직접 수소화붕소 연료전지, 직접 에탄올 연료전지, 개미산 연료전지는 여전히 연구 단계에 머물러 있으며, 다른 연료전지들은 상용화에 근접해 있다. 이 장에서 설명할 연료전지의 종류별 세부사항들을 표 3-1에 요약하였다.

3.1 PEMFC

PEMFC(Polymer Electrolyte Membrane Fuel Cell)는 높은 출력 밀도를 제공하면서도 무게와 부피가 작다. 그림 3-1에서 보이는 것과 같이 PEMFC는 음으로 대전된 전극(애노드), 양으로 대전된 전극(캐소드), 전해질인 멤브레인으로 이루어져 있다. 수소는 애노드에서 산화되고 산소는 캐소드에서 환원되며 프로톤은 전해질을 통해 애노드에서 캐소드로 이동하고 전자는 외부 회로를 따라 캐소드로 이동한다. 캐소드에서는 산소와 애노드로부터 전달된 프로톤(H^+), 전자가 반응하여 물을 형성하고 열이 발생한다.

PEMFC에서 연료 유동 채널의 연료는 전해질의 양 면에 위치한 전기 전도성의 기체 확산층(GDL)을 통해 전극으로 전달된다. 일반적으로 기체 확산층은 공극률이 0.3~0.8 정도이며 분리판으로부터 반응물을 전극의 반응 사이트들로 공급하고, 전극의 반응 사이트들로부터 생성물을 분리판으로 배출한다[8]. 애노드에서 전기화학적 산화 반응을 통해 생성된 전자들은 분리판/내부 인터커넥터를 지나 외부 회로를 통해 캐소드로 이동하는 반면에 이온들은 전해질을 통과해 캐소드로 전달된다. 외부 회로를 통해 캐소드로 전달된 전자들은 전해질을 통과한 이온들과 캐소드에서 만나 전기화학적 환원 반응을 하며 전극의 전체 반응식은 다음과 같다.

표 3-1 연료전지의 종류

Fuel cell system	Proton exchange membrane fuel cell (PEMFC)	Direct methanol fuel cell (DMFC)	Solid oxide fuel cell (SOFC)	Alkaline fuel cell (AFC)	Phosphoric acid fuel cell (PAFC)	Liquid molten carbonate fuel cell (MCFC)	Zinc–air fuel cells (ZAFC)	Protonic ceramic fuel cell (PCFC)	Biological fuel cell (BFC)
Fuel	H_2	$CH_3OH + H_2O$	CO, H_2	H_2	H_2	H_2/CO/ reformate	Zinc Oxide	CO, H_2	carbohydrate and hydrocarbon
Oxidizer	O_2, air	O_2, air	O_2, air	O_2, air	O_2, air	CO_2, O_2, air	O_2, air	O_2, air	O_2, air
Most Common Electrolyte	Perflourosulfonic acid membrane (Nafion by DuPont)	Perflourosulfonic acid membrane (Nafion by DuPont)	Yttria stabilized zirconia (YSZ)	Potassium hydroxide	Liquid phosphoric acid	Lithium, sodium and/or potassium carbonate soaked in a matrix	Potassium hydroxide	10% yttrium barium cerate (BCY10) protonic ceramic	Phosphate solution
Electrolyte Thickness	~50–175 μm	~50–175 μm	~25–250 μm	N/A	N/A	0.5 to 1 mm	N/A	~460 μm	Varies
Ion Transferred	H+	H+	O^{2-}	OH^-	H+	CO_3^{2-}	OH^-	O^{2-}	H+
Most Common Anode Catalyst	Pt	Pt/Ru	Nickel/YSZ	Pt or Ni	Pt	Nickel	Zinc	Platinum, nickel coating	Microorganism/enzyme
Anode Catalyst Layer Thickness	~10 to 30 μm	~10 to 30 μm	~25 to 150 μm	N/A	~10 to 30 μm	0.20 to 1.5 mm	N/A	Varies	Varies
Bipolar-Plate/Interconnect Material	Graphite, titanium, stainless steel, and doped polymers	Graphite, titanium, stainless, steel and doped polymers	Doped $LaCrO_3$, $YcrO_3$, Iconel alloys	N/A	Graphite, titanium, stainless steel, and doped polymers	Stainless steel	N/A	Stainless steel	Graphite, electrically conductive polymer stainless steel

표 3-1 연료전지의 종류(계속)

Fuel cell system	Proton exchange membrane fuel cell (PEMFC)	Direct methanol fuel cell (DMFC)	Solid oxide fuel cell (SOFC)	Alkaline fuel cell (AFC)	Phosphoric acid fuel cell (PAFC)	Liquid molten carbonate fuel cell (MCFC)	Zinc–air fuel cells (ZAFC)	Protonic ceramic fuel cell (PCFC)	Biological fuel cell (BFC)
Operating Tempera-ture	Room tempera-ture to 100°C	Room tempera-ture to 100°C	600 to 1000°C	Room Tempera-ture−250°C	150 to 220°C	620 to 660°C	700°C	500 to 700°C	Room temperature 1 atm
Operating Pressure (atm)	1 to 3	1 (anode), 1 to 3 cathode	1 atm	1 to 4	3 to 10	1 to 10	1 atm	1 atm	
Major Contam-inants	CO < 100 ppm, sulfur, dust	CO < 100 ppm, sulfur, dust	<100 ppm sulfur	CO_2	CO <100 ppm, sulfur, dust, NH_3	H_2S, HCl, As, H_2Se, NH_3, AsH_3, dust	N/A	CO < 100 ppm, sulfur, dust	N/A
Maximum Fuel Cell Efficiency (current)	~58%	~40%	~65%	~64%	~42%	~50%	N/A	~55 to 65%	~40%
Primary Applica-tions	Stationary, portable, and vehicular	Portable elect-ronics or as an APU	Stationary and distrib-uted power, or as an APU	Space programs, portable power	Stationary power	Stationary power	Portable and vehicular power	Stationary and distributed power, or as an APU	Many utility Applications

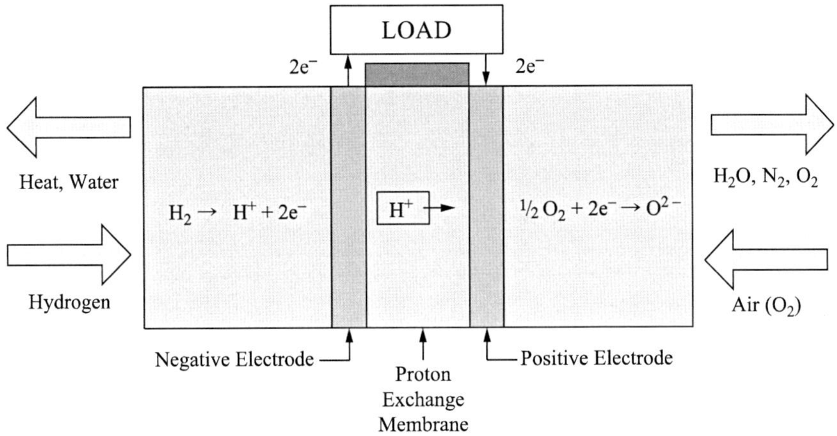

그림 3-1 PEMFC

Anode : $H_2(g) \rightarrow 2H^+(aq) + 2e^-$

Cathode : $^1/_2O_2(g) + 2H^+(aq) + 2e^- \rightarrow H_2O(l)$

Overall : $H_2(g) + {}^1/_2O_2(g) \rightarrow H_2O(l)$

일반적으로 PEMFC에서 사용하는 전해질은 1960년대에 우주선에 사용하기 위해 DuPont 사에서 제작한 플루오르화된 테프론 기반의 물질이다. DuPont 사의 전해질은 Nafion이라는 이름으로 유명하며, 가장 많이 사용되는 종류는 1135, 115, 117 등이다. Nafion 멤브레인은 플루오르화된 고분자로 구성되며 화학적/열적 안정성이 뛰어나다. 전극은 박막 형태로 멤브레인에 접착되고 가능한 한 적은 양의 백금을 담지하기 위해 노력하고 있다. 백금 이용 효율을 향상시키기 위해 멤브레인의 미세 고분자 입자를 다공성의 탄소 지지체에 섞어 촉매와 고체 고분자 전해질 사이의 접촉 면적을 증가시킨다[9].

3.2 AFC

AFC(Alkaline Fuel Cell)는 NASA의 우주 임무에 사용되었고 70% 이상의 효율을 가지며 운전 가능한 온도 범위는 상온~250℃이다[11]. 전해질은 매트릭스에 알칼리 수산화칼륨 수용액을 함침하여 사용한다(캐소드의 반응이 산성 전해질보다 알칼리 전해질에서 더 빠르기 때문에 성능이 더 좋음). 몇몇 회사에서는 가격을 줄이고 운전의 융통성을 개선하는 방법을 시험하고 있다. 일반적으로 AFC의 출력 범위는 300 W

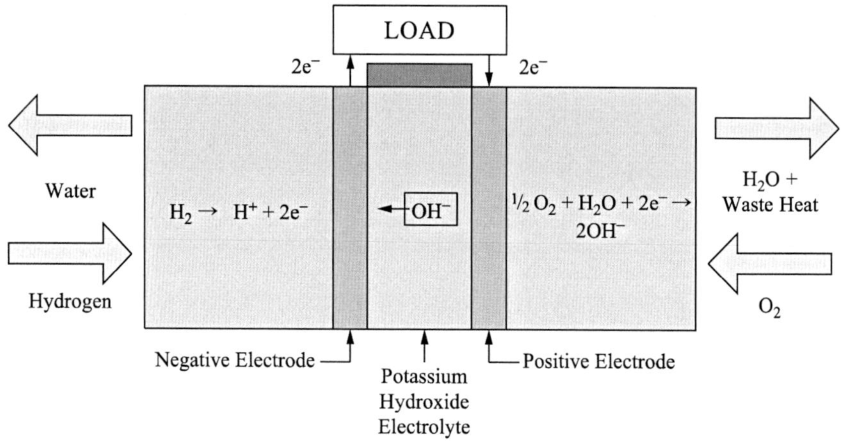

그림 3-2 AFC

~5 kW이며[10] 화학 반응식은 다음과 같다.

Anode : $2H_2(g) \rightarrow 4(OH)^-(aq) \rightarrow 4H_2O(l) + 4e^-$

Cathode : $O_2(g) + 2H_2O(l) + 4e^- \rightarrow 4(OH)^-(aq)$

Overall : $2H_2(g) + O_2(g) \rightarrow 2H_2O(l)$

그림 3-2에 AFC의 반응에 대해 그림으로 나타내었다. AFC의 또 다른 장점은 촉매로 니켈 등의 비귀금속을 사용할 수 있으므로 가격이 저렴해진다는 것이다. 단점은 공기 중의 이산화탄소에 매우 취약하기 때문에 순수한 수소와 산소만 공급해야 한다는 것이다. 이산화탄소는 시간이 지남에 따라 수산화칼륨 전해질의 성능을 감소시켜 심각한 문제를 일으킨다. 일반적으로 사용되는 두 가지의 해결책은 수산화칼륨 전해질을 지속적으로 교체하거나 이산화탄소 분리기를 사용하는 것이다. 이러한 문제들로 인해 AFC는 널리 사용되지는 않았다.

3.3 PAFC

PAFC(Phosphoric Acid Fuel Cell)는 현재 상업적으로 운전이 가능한 연료전지 중 하나이다. 대부분의 PAFC 발전소들은 50~200 kW의 출력을 가지나 1 MW와 5 MW의 발전용량을 가지는 큰 발전소도 있다. 현재 운전되고 있는 가장 큰 PAFC 발전시설은 용량이 11 MW이며, 기존 발전소들과 같은 교류 출력을 가진다[11].

PAFC는 40% 이상의 발전 효율을 가지는 매우 효율적인 연료전지이다. PAFC에서 생성되는 증기의 약 85%가 열병합 발전에 이용된다. 이러한 효율은 미국의 전체 전력 효율이 약 35%인 것과 비교할 때 매우 높은 값이다. PAFC의 운전 온도의 범위는 150~220℃이며, 저온에서 PAFC는 이온 전도도가 저하되고 애노드의 백금 촉매가 일산화탄소(CO)에 피독되어 성능이 저하될 수 있다[11].

PAFC의 장점 중 2가지는 85%에 가까운 열병합 발전 효율을 가진다는 것과 연료로 순도가 낮은 수소를 이용할 수 있다는 것이다. PAFC는 약 1.5% 정도의 일산화탄소 농도에 대해 내성이 있으므로 다양한 종류의 연료를 사용할 수 있다. PAFC의 단점은 촉매로 백금을 사용한다는 것(대부분의 연료전지와 동일)과 크고 무겁다는 것, 그리고 다른 연료전지들보다 낮은 전류와 전력을 생산한다는 것이다[12].

PAFC는 가장 완성된 형태의 연료전지이며, 미 에너지성(DOE)과 ONSI(현재 United Technologies Company(UTC) Fuel Cells 사)와 더불어 Gas Research Institute(GRI), 전자회사, 에너지 서비스 업체, 소비자 연합 등이 공동으로 상용화에 성공하였다[54]. PAFC의 화학 반응은 다음과 같다.

Anode : $H_2(g) \rightarrow 2H^+(aq) + 2e^-$

Cathode : $^1/_2O_2(g) + 2H^+(aq) + 2e^- \rightarrow H_2O(l)$

Overall : $H_2(g) + {}^1/_2O_2(g) \rightarrow CO_2 \rightarrow H_2O(l) + CO_2$

그림 3-3에 PAFC를 나타내었다.

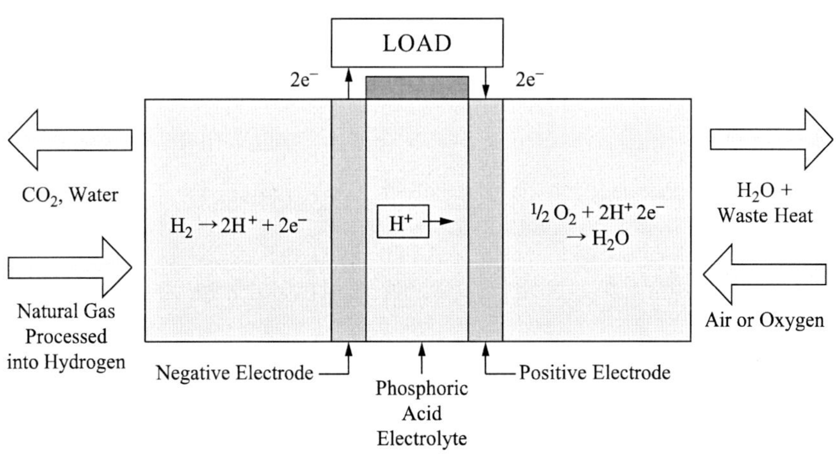

그림 3-3 PAFC

3.4 SOFC

SOFC(Solid Oxide Fuel Cell)는 규모가 크고 많은 전력을 사용하는 산업체나 대규모 발전소 등에 적용할 수 있는 잠재력이 크며, 일부 개발자들은 차량용 SOFC와 보조 동력장치(APU)를 개발하고 있다. SOFC는 산소 이온(O_2)의 전도성을 가지는 Y_2O_3-안정화 ZrO_2 등으로 제작된 비공극성 고체 전해질을 사용한다. 애노드는 일반적으로 Co-ZrO_2 또는 Ni-ZrO_2 접합체로 구성되고 캐소드는 Sr이 도핑된 $LaMnO_3$로 만들어진다. SOFC의 기본 구조는 그림 3-4에 나타나 있는 것과 같지만 주로 원통형, 양극형, 평판형의 3가지 형태로 만들어지고 있다. 운전 온도는 1,000℃까지 올릴 수 있고, 출력이 100 kW일 때 열병합 발전의 경우 전력 생산 효율은 60~85%이다. 애노드, 캐소드 그리고 전체 반응식은 다음과 같다.

Anode : $H_2(g) + O^{2-} \rightarrow H_2O(g) + 2e^-$

Cathode : $^1/_2O_2(g) + 2e^- \rightarrow O^{2-}$

Overall : $H_2(g) + {}^1/_2O_2(g) \rightarrow H_2O(g)$

SOFC는 다양한 방법으로 제작할 수 있으며 원통형 SOFC는 상용화에 근접해 몇몇 회사에서 실제로 생산되고 있다. 원통형 SOFC에서 최대 출력은 200 kW 정도이며 일본에는 2개의 25 kW급 SOFC가 운전 중이고 유럽에서는 100 kW 발전시설을 시운전하고 있다.

전력 연구소(EPRI)에서는 세라믹, 고체 전해질(산화 이트륨-안정화 산화지르코

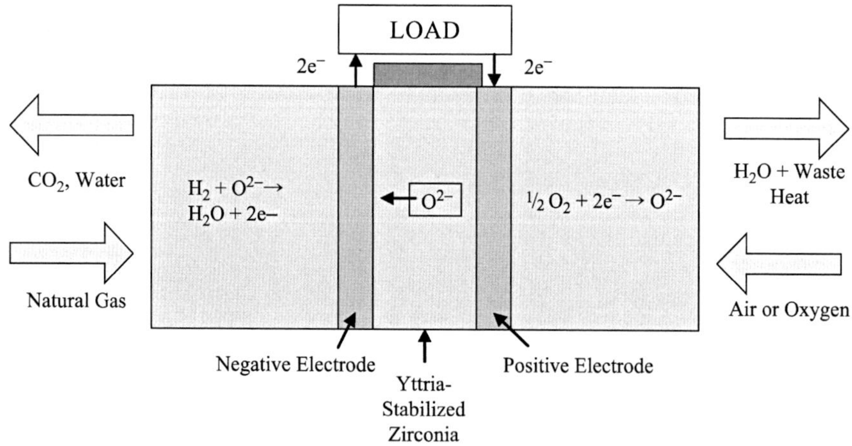

그림 3-4 SOFC

늄)을 사용한 SOFC는 작게는 2 kW 이하의 가정용에서부터, 크게는 10~25 MW의 대규모 발전소에 이르기까지 폭넓게 적용할 수 있는 가능성을 가진 유일한 연료전지라고 여겨진다. 비록 SOFC가 MCFC보다 고온에서 운전됨에도 불구하고 이론적 효율은 MCFC보다 낮지만 SOFC에서 발생하는 폐열(850~1,000℃)은 가스 터빈을 가동하거나 열병합 발전과 결합시킬 수 있기 때문에 전체 에너지 효율을 매우 매력적인 수준으로 올릴 수 있다. SOFC에서 발생하는 열은 내부 연료 개질기 등의 장치에 충분한 열을 제공할 수 있을 정도로 고온이기 때문에 천연가스를 연료전지에 적합한 수소로 개질하는 데 사용될 수 있다.

소형 가스 터빈과 결합된 SOFC는 250 kW~25 MW의 발전량을 가지며 전력망 보조전력 또는 산업 시설 내 발전소에 적합할 것으로 예상되는 고효율 시스템이다. 또한, 현재 전력 생산 단가와 정면에서 경쟁할 수 있는 잠재력을 지니고 있다[11].

3.5 MCFC

미국의 두 개 거대 기업, Fuel Cell Energy 사와 M-C Power Corporation 사에서는 MCFC(Molten Carbonate Fuel Cell)의 상용화를 추진하고 있다. MCFC는 전해질로 리튬, 나트륨 용액 또는 탄산염화 칼륨을 매트릭스에 함침시켜 사용한다. MCFC는 약 620~660℃에서 열병합 발전으로 운전될 때 60~85%의 높은 효율을 가진다[11]. 높은 운전 온도는 고효율, 다양한 연료 사용, 비귀금속 촉매 사용 등을 가능하게 하는 커다란 장점이며, 전해질의 충분한 이온 전도도를 달성하기 위해서도 필요하다.

MCFC는 연료로 수소, 일산화탄소, 천연가스, 프로판, 매립식 쓰레기 처리가스, 선박용 디젤, 석탄 가스화 생성물을 사용할 수 있다. 발전 시설에 적용하는 것을 목표로 하는 10 kW~2 MW급의 MCFC는 다양한 연료의 이용 가능성을 시험하고 있으며, 전 세계 각지에 설치된 정치형 MCFC의 실증 작업이 성공적으로 수행되고 있다. MCFC의 단점은 고열로 인한 부품들의 부식과 고장이다. MCFC의 애노드, 캐소드, 그리고 전체 반응식은 다음과 같다[29] :

Anode : $H_2(g) + CO_3^{2-} \rightarrow H_2O(g) + CO_2(g) + 2e^-$

Cathode : $^1/_2O_2(g) + CO_2(g) + 2e^- \rightarrow CO_3^{2-}$

Overall : $H_2(g) + {}^1/_2O_2(g) + CO_2(g) \rightarrow H_2O(g) + CO_2(g)$

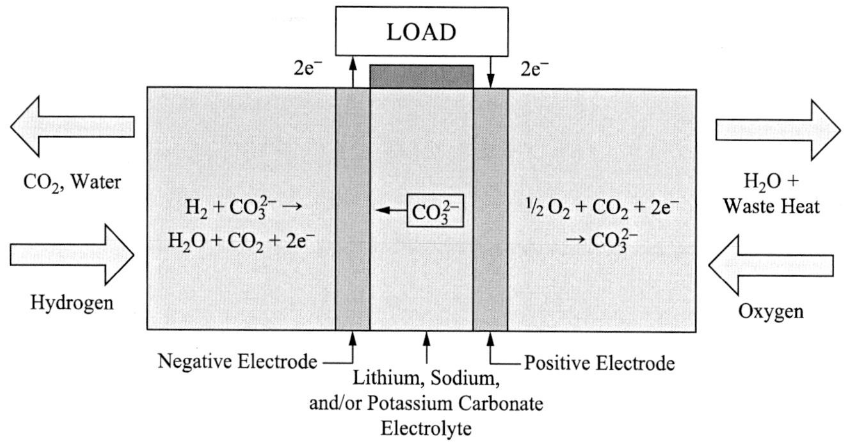

그림 3-5 MCFC

그림 3-5는 MCFC의 개략도를 보여준다.

3.6 DMFC

휴대용 연료전지에 대한 거대한 잠재적 시장은 메탄올을 직접 연료로 사용할 수 있는 연료전지에 대한 관심을 불러 일으켰다. 액체 연료로 운전하는 것은 수소보다 "안전한" 연료라는 인식이 있고, 연료를 쉽게 충전할 수 있기 때문에 연료전지 기술의 상용화가 촉진될 것으로 기대하고 있다[12].

DMFC(Direct Methanol Fuel Cell)는 PEMFC와 동일한 고분자 전해질을 사용하지만 연료는 수소가 아닌 메탄올이다. 연료인 메탄올은 애노드를 통과하며 프로톤, 전자, 물로 분해된다. 메탄올의 장점은 폭넓은 용도와 가솔린 또는 바이오매스로부터 쉽게 제조가 가능하다는 점이다. 비록 무게당 에너지 밀도가 수소의 1/5이지만 액체이기 때문에 250기압에서 수소와 비교할 때 부피당 4배 이상의 에너지를 생성한다[9]. DMFC에서 일어나는 화학 반응은 다음과 같다.

Anode : $CH_3OH(l) + H_2O(l) \rightarrow CO_2 + 6H^+ + 6e^-$

Cathode : $6H^+ + {}^3/_2O_2 + 6e^- \rightarrow 3H_2O(l)$

Overall : $CH_3OH(l) + {}^3/_2O_2(g) \rightarrow CO_2(g) + 2H_2O(l)$

저위 발열량(LHV)을 기준으로 E는 1.170 V로 수소의 1.185 V보다 작다. 메탄올 1

몰당 6개의 전자가 전달되는데, 이것은 PEMFC에서 수소 1몰당 2개의 전자보다 훨씬 유리하다고 보여진다. 그러나 이는 메탄올을 개질한 수소 1몰과의 비교이며 이론적으로 메탄올을 개질하면 수소 분자 3몰이 생성되므로 전자의 총 수는 동일하다.

DMFC의 중요한 문제점은 메탄올이 산화될 때 전극을 피독시키는 탄화수소계 중간 생성물이 생성된다는 것이다[12]. 또한, 애노드에서 메탄올 산화가 캐소드에서 산소의 반응만큼 느리고 고출력에서 큰 과전위가 요구되며, 전해질을 통한 다량의 메탄올 크로스오버(메탄올 분자가 전해질을 통해 캐소드로 직접 확산)가 발생한다는 문제점이 있다. 따라서 전체 메탄올의 30%가 이를 통해 손실되기 때문에 출력이 크게 감소된다[12].

DMFC의 성능은 대략 180~250 mW/cm^{2}으로 작은 휴대용 전원을 제외하고 다른 용도에는 부적합하다. 백금의 담지량은 4 mg/cm^{2}으로 대부분의 수소-공기 PEMFC보다 훨씬 많은 양이다[9].

많은 회사와 연구소에서 다음과 같은 목표들을 달성하기 위해서 DMFC를 연구하고 있다.

1. 더 높은 선택성을 갖도록 멤브레인을 개량한다(전도도 대비 크로스오버 비).
2. 메탄올 산화를 향상시키기 위해서 애노드를 개량한다.
3. 메탄올 탈착과 산소 환원 반응(ORR) 활성을 증가시키고 백금 사용량을 줄이기 위해 캐소드를 개량한다.
4. 고온에서 사용이 가능한 멤브레인에 대한 연구
5. MEA의 내구성 증가
6. 신뢰성이 높은 MEA 제조법을 확립한다.
7. 전기 삼투에 영향을 미치는 요인들에 대한 이해를 향상시킨다.

DMFC의 효율은 약 40%일 것으로 예상되며 일반적으로 상온~100℃의 온도 범위에서 운전이 가능할 것이다. 비교적 낮은 운전 온도는 소형~중형 용도에 유리하다. 실제로 많은 회사들이 전장에서 군용 장비에 전원으로 사용할 DMFC 시제품 제작에 참여하고 있다. 그림 3-6은 DMFC의 개략도이다.

3.7 ZAFC

그림 3-7에 나타나 있는 것처럼 ZAFC(Zinc Air Fuel Cell)는 가스 확산 전극

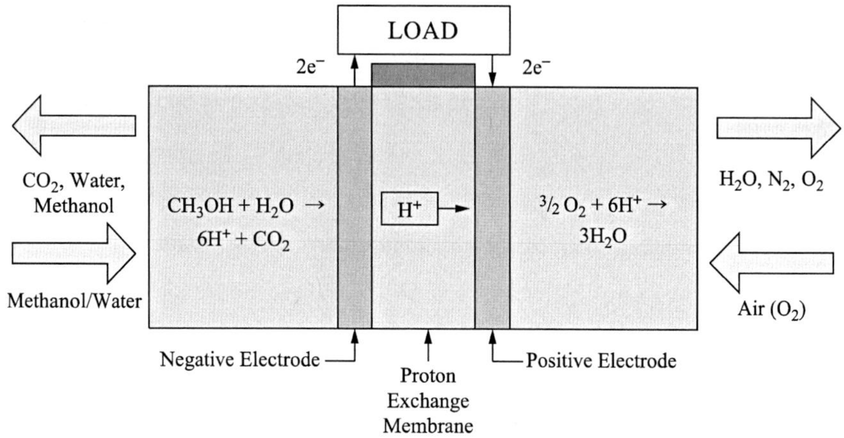

그림 3-6 DMFC

(GDE), 전해질에 의해 분리되어 있는 아연 애노드, 그리고 몇 가지 형태의 기계적 분리판으로 구성된다. 다른 연료전지들과 마찬가지로 GDE는 산화제를 통과시켜주는 침투성 멤브레인이다. 애노드에서 OH 이온과 물(산소로부터 생성)은 아연과 반응하여 산화아연을 생성함으로써 전기적 전위를 만든다. ZAFC는 원하는 출력을 얻기 위하여 직렬 또는 병렬로 연결할 수 있으며, 전기화학 과정은 PEMFC와 비슷하지만 연료 충전 과정은 배터리와 비슷하다[7].

ZAFC는 연료를 자동적으로 재생하는 아연 "연료탱크"를 포함하는데, 연료인 아연은 작은 펠릿의 형태로 만들어져 소모되고 전자를 방출하여 부하를 작동시킨다. 대

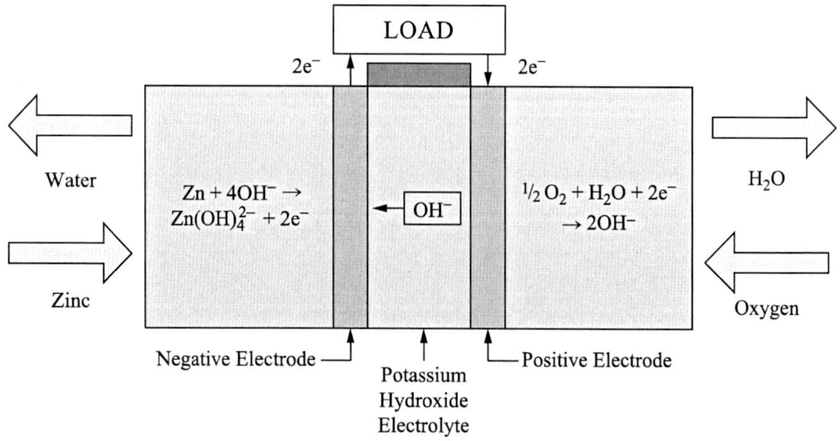

그림 3-7 ZAFC

기 중 산소는 부하로부터 전자를 받아들이고 이 과정에서 아연산염 칼륨(Potassium Zincate)이 생성되며, 아연산염 칼륨을 전기분해하여 아연 펠릿과 산소로 재생한다. 이 재생 과정은 외부 에너지원(태양전지 등)에 의해 전력을 얻어 무한히 반복할 수 있다[7].

때로는 ZAFC가 재생 연료전지라고 불리기도 하는데, 재생 연료전지는 생성물 또는 부산물의 배출이 없으며 연료의 추가적인 공급이 필요없는 연료전지이다. 연료전지에서 사용한 산소는 전해조에 의해 다시 대기로 방출된다. 아연 재생 연료전지(ZRFC)의 경우 효율은 30~50%이고 수소 재생 연료전지의 효율은 약 20~40%이다[7]. ZAFC에서 진행되는 화학 반응은 다음과 같다.

Anode : $Zn(g) + 4OH^-(aq) \rightarrow Zn(OH)^{2-}{}_4 + 2e^-$

Cathode : $^1/_2O_2 + H_2O + 2e^- \rightarrow 2OH^-$

Overall : $Zn + 2OH^- + ^1/_2O_2 + ^1/_2H_2O \rightarrow Zn(OH)^{2-}{}_4$

ZAFC는 연료전지와 배터리의 하위 기술로 분류되는데, 다른 배터리 기술에 비하여 큰 비에너지를 가진다는 장점이 있다. ZAFC는 전기자동차(EV)의 전원으로 사용되며 비슷한 무게의 다른 배터리를 사용하는 전기자동차들에 비해 주행 가능 거리가 길다. 또한, 아연이 풍부한 원소이기 때문에 ZAFC의 가격도 저렴하다. 따라서 ZAFC는 전기자동차용, 군사용 등 폭넓은 용도에 사용할 수 있는 가능성을 지니고 있다.

3.8 PCFC

PCFC(Protonic Ceramic Fuel Cell)는 고온에서 높은 프로톤 전도도를 나타내는 세라믹 전해질을 사용한 새로운 형태의 연료전지이다[5]. 다른 프로톤 전도 연료전지들(PEMFC, DMFC 등)보다 더 높은 온도에서 프로톤이 전해질을 통해 전도되므로 다른 연료전지들과 근본적으로 다르다. PCFC는 고온(700℃)에서 운전되기 때문에 MCFC, SOFC와 동일한 반응속도와 열역학적 장점을 가짐과 동시에 PEMFC, PAFC와 같은 프로톤 전도의 장점을 가지고 있다[5].

탄화수소계 연료로 높은 효율을 달성하기 위해서는 높은 운전 온도가 필요하다. PCFC는 고온에서 운전할 수 있고 애노드에서 화석 연료를 전기화학적으로 산화시킬 수 있어 비용이 많이 드는 수소 생산의 중간 단계인 개질 과정이 필요 없다. 탄화수소 연료는 수증기와 함께 애노드의 표면에 흡착된 다음 수소 원자가 탈착되어 전해질에 흡착된다. 반응에 의한 주요 생성물은 이산화탄소이다. PCFC를 연구하고 있는 주요 회사는 CoorsTek 사이다.

PCFC에서는 다른 고온형 연료전지들과는 달리 애노드에서 전기 에너지를 생산하기 위한 수소 산화 반응이 진행된다. 캐소드에 남은 연료는 공기의 유동에 의해 제거되어 연료의 완전한 사용을 가능하게 한다[6]. 탄화수소 연료를 사용할 때 다양한 경로의 반응들이 일어날 수 있으나 PCFC에서는 연료의 희석이 발생하지 않아서 SOFC처럼 생성되는 물에 의해 연료가 희석되어 스택에서 배출되는 연료를 값비싼 후처리 과정을 통해 재사용할 필요가 없다. 게다가 PCFC는 고체 전해질을 사용하므로 PEMFC처럼 멤브레인이 건조되는 문제가 없고, PAFC처럼 액체 전해질이 새어나오지 않는다. 프로톤과 산화지르코늄 전해질의 반응은 다음과 같다.

Protonic Electrolyte:

Anode : $CH_4 + 2H_2O \rightarrow CO_2 + 8e^- + 8H^+$

Cathode : $8H^+ + 8e^- + 2O_2 \rightarrow 4H_2O$

Zirconia Electrolyte:

Anode : $CH_4 + 4O^{2-} \rightarrow CO_2 + 2H_2O + 8e^-$

Cathode : $2O_2 + 8e^- \rightarrow 4O^{2-}$

그림 3-8은 PCFC의 개략도이다.

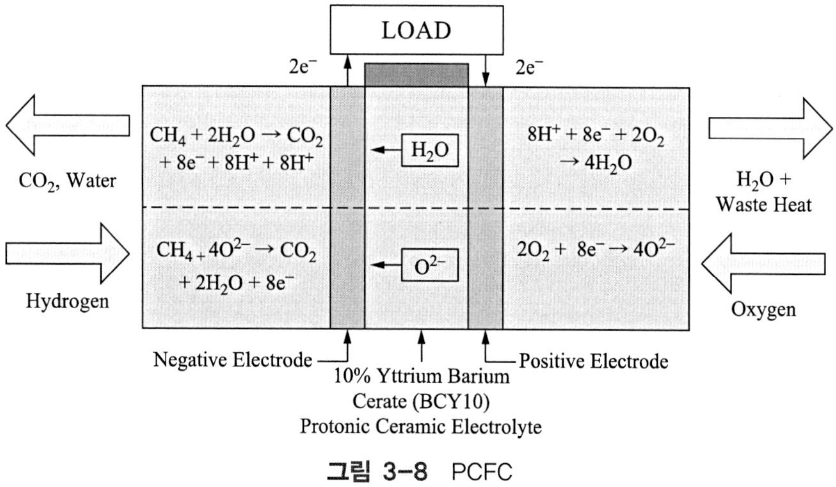

그림 3-8 PCFC

3.9 BFC

BFC(Biological Fuel Cell)는 생화학적 에너지를 직접 전기로 변환하는 장치이다. BFC에서는 촉매로 미생물 또는 효소를 사용하여 포도당과 메탄올과 같은 탄수화물의 산화환원 반응이 일어난다. 그림 3-9에서 나타난 것과 같이 BFC는 다른 연료전지와 유사하지만 촉매가 미생물 또는 효소라는 것이 차이점이다. 따라서 촉매로 값비싼 금속을 필요로 하지 않고 일반적으로 중성 용액과 상온에서 운전된다. BFC의 용도로는 (1) 새로운 저출력 에너지원의 개발, (2) 전극과의 직접적인 상호작용을 하는 센서 제작, (3) 일부 화학제품의 전기화학적 합성 등이 있다.

BFC에 대한 연구, 개발을 통해 미생물의 선택, 전자 전달의 개선을 위한 여러 가지 매개체 이용, 반응 속도의 향상에 대한 몇 가지 영역에서 큰 폭의 기술 향상을 가져왔다. 또한 효과적인 반응을 위해서 다양한 유형의 전극들이 연구되었다. 그림 3-9는 BFC의 개략도이다.

박테리아 세포에서 미토콘드리아는 nicotinamide adenosine dinucleotide phosphate(NADH) 또는 nicotinamide adenosine dinucleotide phosphate(NADPH)와 같은 형태로 화학 에너지를 축적하거나 방출하는 에너지 저장소와 같은 역할을 한다. NADH와 NADPH는 기질에서 대사 생성물로 전자가 이동되는 경로의 역할을 하며, NADH/NAD의 비는 산소의 한계가 심각해질 때 증가한다[14].

기질의 대부분은 적절히 제어된 박테리아의 물질대사를 통해 전기 활성 물질로 바뀐다[13]. 그러나 앞서 언급한 것처럼 생물학적 반응은 묽은 액상 매체에서 일어

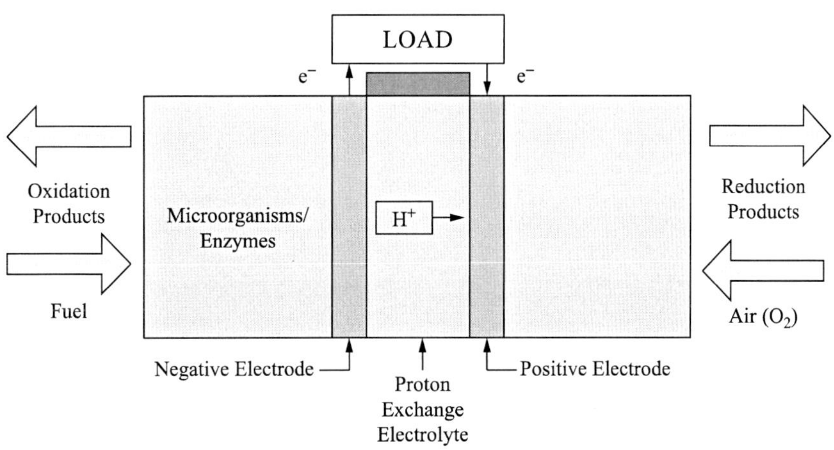

그림 3-9 BFC

나므로 다른 전하 전달 반응에는 적절하지 않다. 이 전기 활성 물질들로부터 전극으로 전자가 전달되는 과정은 느리므로 전자 전달 및 전극 반응을 개선하기 위해서는 적절한 산화환원 반응의 매개물질이 필요하다[4].

토론토에 있는 Helinski 대학에서 전자 전달을 개선하기 위해 매개물질로 2-hydroxy-1, 4-naphtho-quinone(HNQ)를 사용한 연구를 진행하였다. 이 매개물질들이 시스템에 존재할 때 세포막 반응기의 색깔이 변하는데[13], 이는 세포막 반응기의 물질대사 활동과 연료전지 애노드에서의 전자 이동에 의한 결과이다. 이를 통해 간단한 연료전지의 모니터링과 제어에 대한 함수를 얻을 수 있다[14].

BFC의 실험적인 평가를 통해 다음과 같은 몇 가지 결론을 얻을 수 있었다. 첫째, 복잡한 반응으로 인해 화학적 연료전지에 비해 효율(15~25%)이 낮다. 둘째, BFC의 크기가 줄어들 때 전류 밀도당 애노드 체적은 증가한다. 마지막으로 출력은 박테리아가 고정되는 경우에 증가한다. 연구 개발의 다음 단계는 효소 연료전지일 것이다. 효소의 반응이 더 간단하기 때문에 박테리아를 효소로 대체하면 반응을 제어하는 것이 더 쉬워진다. Helinski 대학의 연구에 따르면 효소 연료전지(EFC)의 효율은 50% 이상일 것으로 예상된다[13]. 실험결과, 기질이 포도당일 때 EFC의 효율이 40~55%에 도달했으며 전류 밀도는 BFC에 비해서 두드러지게 향상되었다.

단원요약

이 장에서는 PEMFC, AFC, PAFC, SOFC, MCFC, DMFC, ZAFC, PCFC, BFC 같은 주요 연료전지들에 대해 간략하게 다루고 있다. PCFC와 BFC는 여전히 연구 개발 단계에 있는 새로운 형태의 연료전지이다. ZAFC는 연료전지 또는 배터리에 관한 논문에서 종종 언급된다. 이러한 연료전지들의 분류는 사용되는 전해질과 연료를 기준으로 하여 나눠진다. 연료전지의 전해질은 연료전지 시스템의 운전 온도, 구성 재료, 단위 전지와 스택의 설계 등의 변수들을 결정한다. 이에 따라 각 연료전지별로 중요한 특성, 장점, 단점들이 결정된다. 모든 연료전지들은 순수한 수소에 의해 원활하게 운전될 수 있으나 고온형 연료전지들은 탄화수소 연료 또는 일산화탄소 역시 사용될 수 있다. 현재 연구 중인 모든 연료전지들 중에서, PEMFC는 휴대용, 보조용, 차량용, 소형 정치형으로 사용하기에 가장 적합한 것으로 보이고, SOFC는 대규모 정치형 발전시설에 가장 적합한 것으로 여겨진다.

연습문제

1. 저온형 연료전지와 비교하여 고온형 연료전지의 장점은 무엇인가?
2. 만약 연료로 가솔린을 사용하고 외부 개질기를 사용하지 않는다면 어떤 연료전지를 선택하겠는가?
3. 당신은 자동차에 어떤 연료전지를 선택하겠는가? 발전기에는? 휴대폰에는? 그 이유는?
4. 현재 어떤 연료전지가 상용화 되었는가?
5. 각각의 연료전지에 따른 화학 반응, 물질, 운전 조건의 주요 차이점을 논하시오.

참고문헌

[1] Malone, E. et al. 2004. "Freeform Fabrication of Zinc-Air Batteries and Electromechanical Assemblies." *Rapid Prototyping Journal*, Vol. 10, No. 1, pp. 58-69.

[2] O'Hayre, Ryan, Suk-Won Cha, Whitney Colella, and Fritz B. Prinz. *Fuel Cell Fundamentals*. 2006. New York: John Wiley & Sons.

[3] Barbir, Frano. *PEM Fuel Cells: Theory and Practice*. 2005. Burlington, MA: Elsevier Academic Press.

[4] Shukla, A. K., P. Suresh, S. Berchmans, and A. Rajendran. "Biological Fuel Cells and Their Applications." *Current Science*, Vol. 87, No. 4. August 25, 2004.

[5] Coors, W.G. "Protonic Ceramic Fuel Cells for High-Efficiency Operation with Methane." *Journal of Power Sources*, Vol. 118, Issue 1-2, 2003, pp. 150-156.

[6] Coors, W.G. "Steam Reforming and Water-Gas Shift by Steam Permeation in a Protonic Ceramic Fuel Cell." *Journal of the Electrochemical Society*, Vol. 151, Issue 7, 2004, pp. A994-A997.

[7] Smedley, S. "ARegenerative Zinc-ir Fuel Cell for Industrial and Specialty Vehicles." Fifteenth Annual Battery Conference on Applications and Advances (Cat. No.00TH8490), 1999, pp. 65-70.

[8] Mikkola, Mikko. "Experimental Studies on Polymer Electrolyte Membrane Fuel Cell Stacks." Helinski University of Technology, Department of Engineering Physics and Mathematics, Masters Thesis, 2001.

[9] Lin, Bruce. "Conceptual Design and Modeling of a Fuel Cell Scooter for Urban Asia." Princeton University, Masters Thesis, 1999.

[10] "Fuel Cell Basics." *Fuel Cells 2000*. Last accessed September 13, 2006. http://www.fuelcells.org/basics/how.html.

[11] Rossi, Ç et al. "A New Generation of MEMS based Microthrusters for Microspacecraft Applications." Proc. *MicroNanotechnology for Space Applications*. Vol.1. April 1999.

[12] Hirschenhofer, J.H. et al. The Fuel Cell Handbook, 4th ed. 1998. Reading, PA: Parsons Corporation.

[13] Halme, Aarne, Xia-Chang Zhang, and Niko Rintala. "Study of Biological Fuel Cells." Automation Technology Laboratory, Helinski University of Technology, 1998.

http://www.automation.hut.fi/research/bio/sfc00pos.htm. Last accessed September 19, 2006.
[14] Heller, Adam. "Biological Fuel Cell and Method." TheraSense, Inc. U.S. Patent # 6,294,281. September 25, 2001.

Chapter 04

연료전지 응용처

일반적으로 연료전지는 종류에 따라 다양한 용도로 사용된다. 예를 들어 특정 연료전지는 작은 휴대용 기기와 보조전원, 자동차, 정치형 전원의 용도로 더 적합하다. 앞서 이용 목적에 따른 연료전지들에 대해 설명하였고 일부 용도에 사용하기 위한 연료전지는 이미 상용화되었다. 연료전지의 설계는 용도에 따라 약간 달라지며, 필요한 출력, 물과 열 수지(balance), 효율, 크기, 무게, 연료 공급 등에 따라 달라진다.

이 장에서 다음과 같은 주제들을 중점적으로 설명할 것이다.

- 휴대용 전원
- 보조 전원
- 수송용 전원
- 정치형 전원

연료전지의 기본적인 용도와 각 용도별로 사용되는 연료전지 기술에 대한 상세한 내용을 설명할 것이다.

4.1 휴대용 전원

휴대용 연료전지 시스템은 다음과 같은 2개의 출력으로 분류할 수 있다: (1) 배터리를 대체할 100 W 이하, (2) 1 kW까지 가능한 휴대용 발전기. 휴대용 연료전지의 가장 큰 장점은 작고 경제적이며 가볍다는 점이다. 또한, 효율적이며 장시간 지속적으로 사용이 가능하고 재충전 없이 오랜 시간 작동할 수 있다. 대부분의 이차전지(충전 가능한)는 충전하기 위해서 콘센트에 플러그를 꽂아야 하는 AC 충전기 등과 같은 충전 시스템을 가지고 있다. 이러한 장치들은 무겁고 비실용적이며 요구 전력을 충족시키지 못하기 때문에 군사용 또는 휴대용 전자기기의 전원으로는 적합하지 않다. 휴대용 연료전지의 몇 가지 용도는 다음과 같다.

- 노트북
- 전동 공구
- 휴대전화
- 비디오카메라
- 군용 장비
- 배터리 충전기
- 컴퓨터
- 무인 센서
- 무인 항공기와 잠수정

연료전지에서 가장 큰 문제점은 연료의 종류와 저장이다. 수소는 저장용기의 부피로 인해 휴대용 연료전지에 적합하지 않다는 문제가 있다. 금속 수소화물, 메탄올, 개미산, 에탄올과 같은 다른 연료들은 저장용기의 부피가 작기 때문에 휴대용 연료전지의 연료로 적합하다. 메탄올과 에탄올은 연료전지에 직접 연료로 공급하거나 연료전지에 부착된 개질기를 통해 개질하여 사용할 수도 있다. 표 4-1에 현재 휴대용 연료전지를 연구하고 있는 회사들을 정리하였다. 표에서 알 수 있듯이 휴대용 연료전지의 일반적인 형태는 DMFC이다.

휴대용 연료전지의 상용화 초기에 가장 매력적인 시장은 군용 장비이다. 이는 군용 장비의 경우 성능의 향상과 경량화가 이루어진다면 가격이 다소 비싸더라도 구매가 이루어지기 때문이다. 군용 장비에서 선호되는 연료는 JP-8과 같이 손쉽게 구할

표 4-1 휴대용 연료전지의 예

Manufacturer	Fuel type	Fuel cell used	Power	Model
MTI MicroFuel Cells	Methanol	DMFC	Up to 30 W	Mobion cord-free power packs Mobion-30
Medis Technologies	Ethanol or methanol	Direct fuel cell(no proton membrane)	1.3 W	"24/7" power packs
Smart Fuel Cell, GmbH	Methanol	DMFC	40 W	N/A
PolyFuel	Methanol	DMFC	15 to 40 W	N/A
Direct Methanol Fuel Cell Corporation	Methanol	DMFC	1 W to 1.4 kW	N/A

수 있는 것이지만, 연료를 개질하는 데 많은 어려움이 있다. 휴대용 연료전지의 개발을 위해서 수많은 스택 구성들이 시도되어 왔는데, 처음에는 자동차에 사용하던 스택을 크기만 줄인 것인 반면, 최근에는 MEMS(Micro-Electrical Mechanical System) 기술을 기반으로 설계하여 새로운 광식각 기술을 활용하여 제작한다(총 부피는 1 cm^3 이하). 제11~14장에서 휴대용 연료전지에 사용되는 일반적인 재료들과 설계들에 대해 설명할 것이다.

4.2 보조 전원

보조 전원 시스템은 1차 전원이 끊어지거나 방해될 때 전력을 공급하는 장치이다. 보조 전원용 연료전지에 요구되는 특성은 다른 용도의 연료전지와는 크게 다르며, 다양한 크기와 형태의 연료전지가 사용되지만 보통 수소를 연료로 사용한다. 보조 전원용 연료전지는 수소 기반 시설의 구축에 크게 영향을 받지 않기 때문에 다른 용도의 연료전지들과 비교했을 때 상대적으로 빨리 상용화될 수 있다. 보조 전원은 다음과 같은 곳에 사용된다.

- 컴퓨터 시스템
- 통신 시스템
- 제조 공정
- 보안 시스템
- 가정용
- 변전소

보조 전원용 연료전지 시스템의 효율은 휴대용과 수송용에 비해 크게 중요하게 고려하지 않지만 연료전지의 크기를 결정하는 중요한 인자이다. 보조 전원에서 중요한 조건은 전력의 공급 중단에 즉각 대응하는 데 걸리는 응답시간이다. 연료전지는 연료가 지속적으로 공급되는 경우 이러한 요구 조건을 충족할 수 있으며 응답시간의 공백을 줄이기 위해 연료전지의 설계에 따라 배터리와 결합하여 하이브리드화 할 수도 있다. 표 4-2는 상업적으로 이용 가능한 보조 전원용 연료전지의 예를 보여준다.

압축된 수소를 연료로 사용하는 PEMFC는 가장 일반적인 보조 전원용 연료전지이다. 1~500 kW의 전력 범위에서 보조 전원 시장은 현재 매년 그 규모가 커지고 있다[5]. 보조 전원용 연료전지 시스템은 전력 공급이 중단되는 시간 동안 충분히 운전

표 4-2 상업적인 보조 전원용 연료전지의 예

Manufacturer	Fuel type	Fuel cell used	Power	Model
ReliOn (formerly Avista Labs)	Compressed hydrogen	PEMFC	1 to 1.2 kW	T-1000, Independence 1000
Ballard Power Systems	Compressed hydrogen	PEMFC	1 to 5 kW	Nexa Power Module, Mark 1020 ACS
Plug Power Corp.	Compressed hydrogen	PEMFC	0.5 to 500 kW	GenCore Systems
Nuvera	Compressed hydrogen, natural gas, propane	PEMFC	2 to 25 kW	PowerFlow, Avanti

가능한 수소 저장소를 갖춰야 하며, 수소 저장용기, 수소 발생기, 프로판, 천연가스와 같은 다양한 연료를 이용할 수 있다. 하지만 보조 전원용 연료전지 시스템이 전기 사용이 가능한 곳에 설치되어 있다면 반드시 다른 연료와 함께 사용되어야 하는 것은 아니다. 전해조는 수요에 따라 수소를 생산할 수 있기 때문에 보조 전원용 연료전지의 연료 공급원으로 적절한 선택이 될 수도 있다. 전해조는 태양전지, 풍력, 원자력, 또는 발전소에서 생산된 전기를 사용하여 수소를 생산할 수 있다. 전해조는 계획된 시간동안 요구되는 양의 수소를 생산하기 위해 충분한 크기로 제작되어야 한다. 4.2.1절에는 기본적인 전해조의 설계에 필요한 계산이 되어있다. 제15장에서 전해조의 설계에 대해 자세히 설명할 것이다.

4.2.1 기본적인 전해조 계산

전해조는 다양한 형태들이 있고, 다양한 전해질을 사용할 수 있는데 일반적으로 사용되는 전해질은 프로톤 교환 멤브레인(PEMFC에 사용되는 것과 같은)이다. 압축 수소 저장탱크에 수소를 저장하는 전해조 시스템에선 효율과 수소의 압력이 설계에 필요한 가장 중요한 변수이다. 전해조에 필요한 전력은[3] :

$$P_{EL} = \frac{P_{FC} \cdot \tau_{FC} \cdot CF_{FC}}{\eta_{FC,sys} \cdot \eta_{EL,sys} \cdot \tau_{EL} \cdot CF_{EL}} \tag{4-1}$$

여기서, $P_{FC,norm}$는 연료전지의 공칭 전력(kW), τ_{FC}와 τ_{EL}은 연료전지와 전해조 모드로 운전되는 시간(hours), CF_{FC}와 CF_{EL}은 공칭 전력과 평균 전력의 비로 정의되는 연료전지와 전해조의 용량 계수이며, $\eta_{FC,sys}$와 $\eta_{EL,sys}$는 연료전지와 전해조의 시스템 효율이다.

전해조의 효율은 다음과 같이 나타낼 수 있다[3] :

$$\eta_{EL} = \frac{1.482}{V_{el\_cell}} \frac{i_{el} - i_{loss}}{i_{el}} \tag{4-2}$$

여기서, V_{el_cell}은 전해조의 단위 전지 전압, i_{el}은 전해조 전류 밀도(Acm^{-2}), i_{loss}는 전류와 수소의 손실(Acm^{-2})로 낮은 압력과 높은 운전 전류 밀도에서는 무시할 수 있다. 전해조 시스템 효율은[12] :

$$\eta_{EL,sys} = \frac{1.482}{V_{el\_cell}} \frac{i_{el} - i_{loss}}{i_{el}} \frac{\eta_{DC}}{1 + \zeta} \tag{4-3}$$

여기서, η_{DC}는 전력 변환 효율(AC/DC 또는 DC/DC)이고, ζ은 전해조에 의해 소모되는 기생 전력과 정미 전력 사이의 비이다.

연료전지의 설계에 사용되는 식은 전해조의 설계에도 사용할 수 있으며(제5~10, 13, 15, 16장에서 설명함) 정확한 모델링과 설계를 위해 제13장에 나타나 있는 식을 사용해 계산할 수 있다. 물과 수소의 유량은 제16장에 있는 식을 물이 공급되고 수소가 배출되는 형태로 변형하여 계산할 수 있다. PEM 멤브레인이 사용되는 경우 멤브레인의 수분 함량은 제8장 또는 제10장의 식을 사용하여 계산할 수 있다. 전력/전압은 제6장에 있는 식을 사용하여 계산할 수 있다. 전해조에 의해 생산된 수소는 수소 저장용기에 저장되고 다음 식은 압축 수소 용기 내 수소의 압력을 계산하기 위해 사용된다.

$$P_b - P_{bi} = z*\frac{n_{H_2}RT_b}{m_{H_2}V_b} \tag{4-4}$$

여기서, P_{bi}는 용기에 들어 있는 최초의 H_2의 압력, n_{H_2}는 수소의 몰 수이며, m_{H_2}는 수소의 분자량이고, z는 수소의 압축인자(압력이 2,000 psi, 상온일 때 일반적으로 1), T_b는 용기의 온도이고, V_b는 용기의 부피이다. 수소로 용기를 채우는 과정이 느리므로 온도는 대개 일정하다고 가정한다[13].

4.3 수송용 전원

연료전지는 다양한 수송 수단의 전원으로 사용할 수 있으며 다음과 같은 형태들을 이 절에서 다루게 될 것이다.

- 승용차
- 버스
- 다목적 차량
- 스쿠터와 자전거

위와 같은 형태의 차량에 연료전지를 사용한 시험 차량이 다수 만들어졌다. 각 차량 종류에 따라 사용된 연료전지에 대해 4.3.1~4.3.4절에서 설명할 것이다.

4.3.1 승용차

대부분의 자동차 제조사들은 적어도 십년 이상 연료전지 자동차를 개발하여 왔고 적어도 1대 이상의 시제품을 선보였다. 자동차용 연료전지 기술을 개발하는 이유는 효율이 높고, 오염 물질의 배출이 적거나 없으며, 연료를 수입하지 않고 자체적으로 생산이 가능하기 때문이다. General Motors, Toyota, Honda 등의 자동차 제조사들은 그들만의 연료전지 기술을 연구 개발하고 있으며, Ford, Mazda, Daimler Chrysler, Hyundai, Fiat, Volkswagen 등의 제조사들은 Ballard, DeNora, UTC 등의 연료전지 회사로부터 연료전지를 구입하여 사용한다.

표 4-3은 주요 자동차 제조사들이 선보인 연료전지 차량들이다. 표에서 보이는 것과 같이 많은 자동차 회사에서 1990년대 후반에 첫 번째 연료전지 차량을 선보였다. 대부분은 압축 수소를 연료로 사용하도록 제작되었지만, 몇몇 제조사들은 메탄올과 같은 대체 연료를 사용하는 연료전지 차량도 제작하였다. 일반적으로 사용되는 연료전지는 PEMFC와 DMFC이며, 연료전지 차량의 약 79%는 독자적으로 제작하는 대신 연료전지 회사에서 개발한 연료전지를 사용하였다.

차량용 연료전지는 다음의 특성들 중 하나 이상을 가지고 있다.

- 기존의 배터리는 주로 차량의 시동을 위해서 사용되었지만 연료전지는 차량의 모든 동력을 제공할 수 있는 크기로 제작된다.
- 연료전지는 일반적으로 일정한 전력을 공급하므로 가속과 전력 급증 시를 대비하기 위해 주로 배터리, 울트라커패시터 또는 슈퍼커패시터 등의 장치들을 탑재한다.
- 어떤 경우 연료전지는 보조 전원으로 사용되는데, 배터리가 차량에 동력을 공급하며 연료전지는 배터리를 충전하는 역할만 한다.
- 연료전지는 차량의 전기장치 중의 일부 또는 전부를 작동시킬 수 있으며 때로는 추진력을 얻기 위해 다른 엔진과 함께 사용될 수 있다.

표 4-3 주요 자동차 제조사들이 제작한 연료전지 자동차(Fuel cell 2000 기준)

Manufacturer	Year(s) demonstrated	Fuel type	Fuel cell used	Power	Fuel cell supplier	Name of vehicle(s)
Ford	1999 to 2002	Compressed hydrogen, methanol	PEMFC, DMFC	75 to 85 kW	Ballard	P2000 HFC, Focus HCV, THINK HC5, Advanced Focus FCV
General Motors	1997 to 2005	Compressed hydrogen, liquid hydrogen, methanol, metal hydrides, gasoline	PEMFC, DMFC	50 to 100 kW	GM	Sintra, Zafira, Precept FCEV, Hydrogen 1, 3, Chevy S-10, Autonomy, HV-wire, Diesel hybrid military truck, Sequel, Phoenix
Toyota	1996 to 2003	Compressed hydrogen, methanol metal hydrides, gasoline	Hybrid PEMFC, DMFC	20 to 90 kW	Toyota	RAV 4 FC-EV, FC-HV3-5, FINE-S
Honda	1999 to 2003	Compressed hydrogen, metal hydrides, methanol	PEMFC/PMFC with batteries/ PEMFC with ultracapacitors, DMFC	60 to 85 kW	Ballard/Honda	FCX, FCX-V1 – FCX- V4, Kiwami
Nissan	1999 to 2003	Compressed hydrogen, methanol	DMFC, PEMFC	10 to 85 kW	Ballard/UTC	R'nessa, Effis

표 4-3 주요 자동차 제조사들이 제작한 연료전지 자동차(Fuel cell 2000 기준) (계속)

Manufacturer	Year(s) demonstrated	Fuel type	Fuel cell used	Power	Fuel cell supplier	Name of vehicle(s)
Mazda	1997 to 2001	Metal hydride/ methanol	DMFC, PEMFC	20 kW	Ballard	Demio, Premacy FC-EV
Daimler Chrysler	1994 to 2003	Compressed hydrogen, liquid methanol, liquid hydrogen, chemical hydride	DMFC, PEMFC	50 to 85 kW	Ballard	NECAR 1-5.2, Jeep Commander 2, Jeep Teo
Volkswagen	1999 to 2002	Compressed hydrogen, methanol, liquid hydrogen	PEMFC with battery, PEMFC with capacitors, DMFC	15 to 75 kW	Ballard/Paul Scherer Institute	EU Capri, HyMotion, HyPower
Hyundai	2000 to 2004	Compressed hydrogen	PEMFC	75 to 80 kW	UTC	Santa Fe SUV, Tucson
Mitsubishi	2001 to 2003	Methanol / compressed hydrogen	PEMFC with Battery, DMFC	40 to 68 kW	Ballard	Spaceliner, Grandis FCV

Suzuki	2001 to 2003	Compressed hydrogen	PEMFC	Unknown	GM	Covie, Mobile Terrance
BMW	2000	Gasoline/ liquid hydrogen	PEMFC	5 kW	UTC	Series 7 (745H)
Audi	2004	Gaseous hydrogen	PEMFC	66 kW	Ballard	A2
Kia	2004	Compressed hydrogen	PEMFC with battery	80 kW	UTC	Sportage
Renault	1997	Liquid hydrogen	PEMFC with battery	30 kW	Nuvera	EU FEVER
ESORO	2001	Compressed hydrogen	PEMFC with battery	6.4 kW	Nuvera	Hycar
Daihatsu	1999 to 2001	Methanol/ compressed hydrogen	PEMFC with battery	16, 30 kW	Toyota	MOVE EV-FC, MOVE FCV-K2
Fiat	2001 to 2003	Compressed hydrogen	PEMFC with battery	7 kW	Nuvera	Seicento Electtra H2 Fuel Cell
PSA Peugeot Citron	2001 to 2002	Compressed hydrogen	PEMFC with battery	30 to 55 kW	Nuvera/H-Power	Peugeot HydroGen, Fuel Cell Cab

그림 4-1은 연료전지 시스템의 주요 구성요소를 보여주고 있다. 차량용 연료전지 스택의 운전 온도는 60~80℃이다. 100℃ 이상의 운전 온도는 열전달을 향상시키고 스택의 냉각 시스템을 간단하게 만들 수 있다는 장점이 있지만 대부분은 100℃ 이하로 운전 온도가 제한되는 고분자 멤브레인을 가진 PEMFC 또는 DMFC를 사용한다.

해결해야 할 문제점 지난 십년간 연료전지의 상용화를 위해 상당한 노력을 기울여 왔으나 여전히 상용화되기 위해서는 다음과 같은 문제점을 안고 있다.

- 현재의 연료전지 제작 방법으로 대량생산하기에는 비용이 많이 든다. 연료전지의 생산 비용을 낮추기 위한 새로운 기술, 대량 생산 방법, 새로운 물질이 개발되어야 한다.
- 수소 이외에 다른 연료를 사용하는 경우에는 촉매의 CO(일산화탄소) 피독이 문제가 되므로 시간이 지남에 따라 촉매를 교체하거나 재생할 필요가 있다.
- 연료 탱크의 크기와 무게
- 장시간 운전에 견뎌낼 수 있는 강하고 효율적인 연료전지 시스템

수소 연료전지는 어떠한 오염물도 생성하지 않으며 유일한 반응 생성물은 순수한 물이다. 연료전지 시스템에 의해 생성된 물의 양은 내연기관에 의해 생성된 양과 동일하다. 만약 수소가 아닌 다른 연료를 사용하더라도 방출되는 오염물의 양은 내연기관에서 방출되는 오염물의 양보다 훨씬 적을 것이다.

차량용 연료전지 시스템에는 다양한 연료들을 사용할 수 있으며 연료 공급 기반 시설, 연료의 가격, 연료 저장비용, 환경 위해성, 국가 에너지 정책과 같은 요인들에

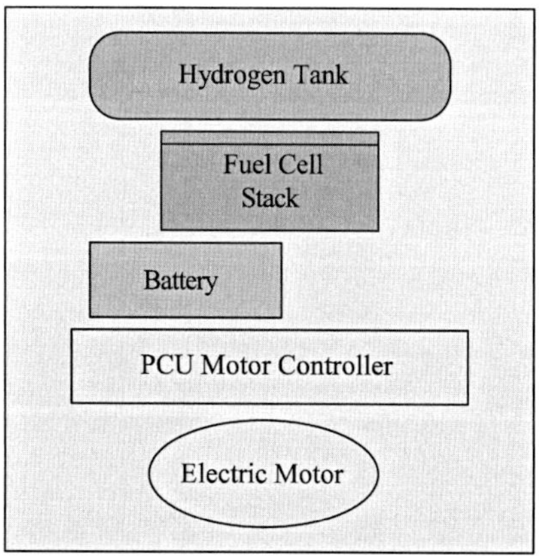

그림 4-1 연료전지 차량에 탑재된 연료전지 시스템의 개략도

따라 연료를 선택한다.

연료전지 차량의 도입에 있어서 가장 큰 장애물은 수소 기반 시설이 부족하다는 것이다. 새로운 연료 기반 시설을 설치하는 것은 극단적으로 비용이 많이 든다(그러나 메탄올 또는 에탄올 기반 시설 구축에 비하면 비용이 적게 든다)[16]. 하지만 이미 미국, 일본, 독일에는 수백 개의 수소 충전소가 있다(제2장 표 2-2 참고). 제2장에서 설명한 바와 같이 천연가스에서 생성된 수소는 휘발유보다 가격이 더 저렴할 수 있다. 심야 전력과 같은 저렴한 전기나 태양광 발전을 통한 물의 전기분해로 수소를 생산하지 않는다면 휘발유를 사용하는 것보다 비싸다.

적절한 수소의 저장은 연료전지 차량을 상용화하는 데 있어서 중요한 요소이다. 수소는 압축가스, 액체, 금속 수소화물 등과 같은 다양한 형태로 저장할 수 있다. 신차의 평균 연비는 20~30 mpg(miles per gallon)이며, 현재 내연기관 자동차는 보통 10~16갤런 또는 30~45리터의 휘발유를 저장한다. 연료전지는 휘발유 차량에 비해 효율이 2배 정도 높기 때문에 200~400 L에 해당하는 5~8 kg 정도의 수소를 저장하면 된다. 액화 수소 탱크는 저장 시 부피를 대폭 줄일 수 있지만 매우 낮은 온도에서 저장되어야 하기 때문에 별도의 에너지를 필요로 한다[3].

일부 자동차 제조사들은 수소의 저장과 관련된 문제로 다른 연료를 사용하기도 했으나 대부분의 제조사들은 여전히 수소를 최고의 연료로 선택하고 있다. 다른 대안으로 수소를 차량에 탑재되는 개질기를 통해 생산함으로써 다양한 종류의 연료를 연료전지에 곧바로 사용할 수 있으며 수소 저장 문제와 수소 기반 시설의 부족 문제도 해결할 수 있다. 그러나 내부 개질 장치를 가진 연료전지 차량을 상용화하는 것에는 다음과 같은 많은 문제점들이 있다[3] :

- 차량은 오염물질을 방출하게 된다.
- 개질된 수소는 순도가 높지 않으므로 연료전지의 효율을 감소시킨다.
- 내부 개질 시스템은 전체 시스템의 복잡성, 크기, 무게, 비용 등을 증가시킨다.
- 연료 불순물에 의해 내구성이 감소한다.

다음 절은 차량용 연료전지 시스템을 설계할 때 고려해야 할 몇 가지 기본적인 계산에 대해 설명할 것이다.

기본적인 차량용 연료전지 계산 차량용 엔진에 필요한 출력은 차의 무게, 정면의 단면적, 항력 계수, 롤링 저항 계수, 구동계의 효율과 같은 많은 요인들에 의해 결정된다. 또한, 필요한 출력은 차량의 속도, 가속도, 도로 경사도에 따라 바뀐다. 연료 소비율($f_{sp\_fuel\_cons}$)(g kWh^{-1})로 나타낸 자동차 엔진의 효율 계산을 위한 식은 다음과

같다 :

$$f_{sp\_fuel\_cons} = \frac{3.6 \times 10^6}{\eta_{vehicle\_sys} LHV_{fuel}} \tag{4-5}$$

여기서, LHV_{fuel}은 연료의 저위 발열량(kJ/kg)이고, $\eta_{vehicle_sys}$는 차량의 효율, 여기서는 연료전지 시스템의 효율, 정지 마찰 효율, 전기 구동계의 효율이다.

휘발유 내연기관의 연료 소비율은 약 240 g kWh^{-1}이다. 수소 1 g은 저위 발열량을 기준으로 휘발유의 2.73 g과 동일한 에너지를 가진다. 수소가 휘발유의 발열량보다 월등해 보일지라도 연료전지와 내연기관은 두 기술이 서로 상이하고 동력 특성 또한 매우 다르기 때문에 효율은 단순 비교할 수 없다[3].

차량용(또는 다른 종류의 차량) 연료전지를 설계할 때 경사각은 차량에 큰 영향을 주는 요인으로 연료전지 시스템은 경사로에서 차량을 움직이기 위해 충분한 힘을 제공할 수 있도록 설계되어야 한다. 차량에 작용하는 힘들은 다음과 같다 : 공기 저항, 바퀴의 회전 저항, 지면에서 차량으로 작용하는 중력과 수직력. 이러한 힘들은 그림 4-2에 나타나 있는 것처럼 차량의 자유 물체도를 통해 설명될 수 있다.

차량이 일정한 속도를 유지하기 위해서는 나머지 힘의 합이 0이 되어야 한다. 차량의 가속이 필요한 경우에 그 질량의 전위 가속도는 손쉽게 계산될 수 있다. 다양한 요구 출력은 자동차 움직임에 필요한 총 기계 출력($P_{req\_vehicle}$)으로 요약된다 :

$$P_{req\_vehicle} = m_{veh}a_{veh}v_{veh} + m_{veh}gv_{veh}\sin\theta + m_{veh}gv_{veh}C_{RR}\cos\theta + \frac{1}{2}\rho_{air}C_D A_F v_{veh}^3 \tag{4-6}$$

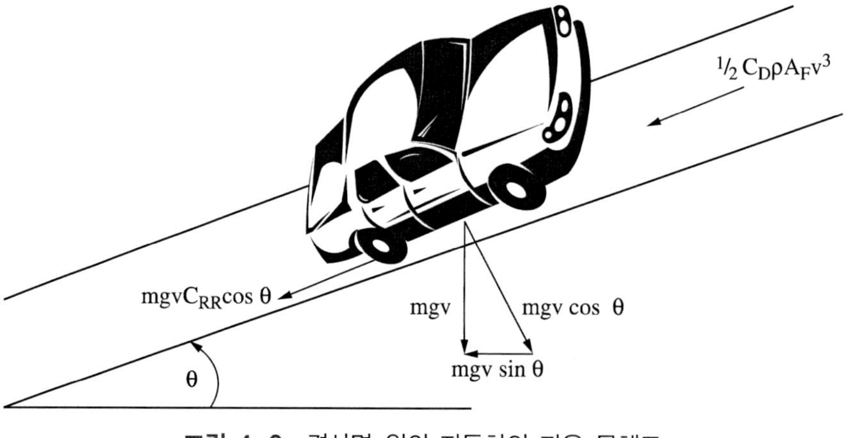

그림 4-2 경사면 위의 자동차의 자유 물체도

여기서, m_{veh}는 차량의 총 질량, θ는 경사각, a_{veh}는 차량의 가속도, V_{veh}는 차량의 속도, C_{RR}은 타이어 회전 저항계수, ρ_{air}는 공기의 밀도, C_D는 항력 계수, A_F는 차량 전면의 면적이다. 항력 계수(C_D)는 유동에 대한 물체의 저항을 간단하게 나타낸 것으로 무차원 수이다. C_D는 자전거인 경우에 1.2, 자동차의 경우 0.20 정도로 다양하다.

차량 연료 효율(B_e)(in g m^{-1})은 :

$$B_e = \frac{\int f_{sp\_fuel\_cons} v_{speed} \times P_{req\_vehicle}}{3.6 \times 10^6 \int v_{speed} dt} \tag{4-7}$$

여기서, $f_{sp_fuel_cons}$는 식 (4-5)의 비 연료 소비량(g kWh^{-1})이고, v_{speed}는 차량의 속도(m s^{-1})이다.

시스템의 비효율성을 고려하여 최종적으로 차량의 출력을 계산할 수 있다.

$$P_{vehicle\_output} = \frac{P_{req\_vehicle}}{\eta_{drivetrain}} + P_{auxiliary} + P_{parasitics} \tag{4-8}$$

여기서, $P_{auxiliary}$는 헤드라이트, 계기판, 그외 다른 내부 시스템과 같은 보조시스템에 필요한 출력이고, $\eta_{drivetrain}$은 전동 모터와 제어 보조시스템의 효율, $P_{parasitics}$는 송풍기, 팬 등과 같은 연료전지 시스템에 필요한 기생 전력이다.

내연기관을 대체할 연료전지 시스템은 내연기관과 비슷한 크기와 무게를 가져야 한다. 스택의 크기는 공칭 단위 전지 전압과 스택 전압의 효율에 따라 달라진다. 스택의 비체적(m^3/kW)은[3] :

$$V_s = 0.1\frac{n_{cells} d_{cell} + 2d_{ep}}{\alpha_{act} n_{cells} V_{cell} i} \tag{4-9}$$

여기서, n_{cells}은 스택의 단위 전지의 수, d_{cell}은 냉각 공간을 포함하는 단위 전지의 두께(m), d_{ep}는 엔드 플레이트의 두께, α_{act}는 단위 전지 활성 면적과 분리판 면적의 비, V_{cell}은 공칭 전력일 때 단위 전지의 전압(V), i는 공칭 전력일 때의 전류 밀도(Acm^{-2})이다.

단위 전지 전압인 V_{cell}과 전류 밀도 i는 분극 곡선에 의해 그 관계를 확인할 수 있다. 제13장에서 승용차를 비롯한 다른 형태의 차량들에 사용되는 연료전지의 스택 설계에 필요한 식에 대해 상세히 설명할 것이다.

4.3.2 버스

버스는 상업용 차량 시장에 연료전지를 빠르게 도입할 수 있는 최적의 후보이다. 버스와 승용차의 차이점은 요구 출력, 사용 가능한 공간, 운전 제어, 충전소 등이다. 버스는 승용차보다 더 큰 출력을 필요로 하고 잦은 정차와 출발로 인해 내구성이 떨어진다. 그럼에도 불구하고 연료전지 버스의 평균 연비는 디젤 버스보다 약 15% 더 높다[10]. 또한, 버스는 중앙 시설에서 충전할 수 있어 수소 충전이 훨씬 더 쉽다. 또한, 버스의 내부 면적이 넓기 때문에 대량의 수소를 쉽게 차량에 저장할 수 있다. 일반적으로 수소는 버스 지붕에 위치한 압축 기체 실린더에 저장되는데, 수소가 공기보다 가볍고 엔진 구성요소와 거리가 떨어져 있기 때문에 안전한 저장 위치이다.

연료전지 버스는 기존의 디젤 버스와 비교하여 오염 물질의 배출이 전혀 없다는 커다란 장점을 가지므로 인구 밀도가 높고 환경오염이 심각한 도시에서 특히 매력적이다. Clean Urban Transport for Europe(CUTE) 프로그램의 연료전지 버스는 현재 Amsterdam, Barcelona, Hamburg, London, Luxembourg, Madrid, Porto, Reykjavik, Stockholm, Stuttgart 등에서 운행되고 있다. California에 있는 Sunline transit 수년간 연료전지 버스를 운행하고 있다[11].

표 4-4는 주요 버스 제조사들에서 제작한 연료전지 버스들의 사양을 보여준다. 표에 나타나 있는 것과 같이 많은 버스 제조사들은 1990년대 초에 첫 번째 연료전지 버스를 선보이기 시작했다. 승용차용 연료전지와 마찬가지로 압축 수소가 연료로 가장 많이 사용되며 메탄올과 아연도 연료로 사용되었다. 사용되는 연료전지의 종류는 일반적으로 PEMFC이지만, DMFC, PAFC, ZAFC 등도 적용되었다. 지금까지 선보인 모든 연료전지 버스는 연료전지 회사에서 개발한 연료전지를(버스 제조사에서 개발하지 않음) 사용하였다.

연료전지 버스를 상용화하는 데 있어서 주요한 장애물은 연료전지의 가격과 수명이다. 현재 연료전지 버스는 소량 생산되기 때문에 기존의 내연기관 버스보다는 생산 단가가 매우 높다.

4.3.3 다목적 차량

대부분의 다목적 차량들은 납축전지를 사용함에 따라 잦은 충전과 내구성 문제를 가지고 있기 때문에 승용차보다 연료전지의 적용이 더 빠를 것으로 기대된다. 다목적 연료전지 차량은 저렴한 운전 및 유지비용, 줄어든 정지시간, 운행거리의 증가 등과 같은 장점을 가진다. 또한, 연료전지로 운행되는 다목적 차량은 오염 물질을

표 4-4 제조사별 연료전지 버스 및 사양(*Fuel cell*, 2000)

Manufacturer	Year(s) demonstrated	Fuel type	Fuel cell used	Power	Fuel cell supplier	Model
Bus Manufacturing U.S.A., Inc.	1994 to 1995	Methanol	PAFC	50 kW	Fuji Electric	30-foot transit bus
NovaBus Corporation (a subsidiary of Volvo)	1998 to 2001	Methanol compressed hydrogen, zinc	PEMFC, DMFC, ZAFC	100 kW	UTC/Ballard/ Arotech	40-foot heavy-duty transit buses, 15.3 meterlong double-decker
New Flyer Industries Ltd.	1993 to 2006	Compressed hydrogen	PEMFC	90 to 205 kW	Ballard/ Hydrogenics	Full-sized, 40-foot, H40LF models
Enova Systems	2004	Compressed hydrogen	PEMFC	20 kW	Hydrogenics	N/A
EvoBus: a Daimler Chrysler company	1997 to 2003	Compressed hydrogen	PEMFC	205 kW	Ballard	Nebus, Zebus, Mercedes Benz Citaro
Gillig Corporation	2004	Compressed hydrogen	PEMFC	205 kW	Ballard	N/A
Irisbus: a Renault V.I.and Iveco Co.	2001	Compressed hydrogen	PEMFC	60 kW	UTC fuel cells	40 foot

표 4-4 제조사별 연료전지 버스 및 사양(*Fuel cell*, 2000) (계속)

Manufacturer	Year(s) demonstrated	Fuel type	Fuel cell used	Power	Fuel cell supplier	Model
MAN	2000 to 2006	Compressed hydrogen, liquid hydrogen	PEMFC	30 to 68 kW	Ballard/Nuvera	Bavria I",40-foot MAN low floor
Neoplan	1999 to 2000	Compressed hydrogen	PEMFC	40 to 80 kW	Nuvera/ Proton Motor Fuel Cell GmbH	N8012 – 33-seat bus
Thor Industries (ThuderPower LLC)	2001	Compressed hydrogen	PEMFC	75 kW	UTC	30 ft. Low Floor El Dorado National E-Z Rider
Van Hool	1995 to 2006	Compressed hydrogen, liquid hydrogen	PEMFC, PAFC	78 to 120 kW	UTC/Elenco	18 meter City Bus, 40 foot
Macchi-Ansaldo (EC project EQHHPP)	1997	Liquid hydrogen	PEMFC	45 kW	Nuvera	Full size regular floor city bus
Hino Motors Ltd. (Toyota subsidiary)	2001 to 2005	Compressed hydrogen	PEMFC	160 to 180 kW	Toyota, Nuvera	FCHVBUS1, FCHVBUS2

배출하지 않기 때문에 실내에서도 운행될 수 있다. 이러한 다목적 차량에는 다음과 같은 것들이 있다.

- 골프 카트
- 잔디 정비 차량
- 지게차
- 공항 카트
- 휠체어
- 무인 차량
- 보트
- 소형 비행기
- 잠수함
- 소형 군용 차량

표 4-5는 연료전지 다목적 차량들의 개요를 보여준다. 표에서 볼 수 있듯이 많은 제조사들이 2000년 초반에 첫 번째 연료전지 다목적 차량들을 선보이기 시작하였지만 연료전지 승용차와 버스보다는 늦었다. 연료전지 자동차와 마찬가지로 압축 수소가 연료로 가장 일반적으로 사용되며 메탄올, 금속 수소화물, 수소화붕소나트륨도 연료로 사용된다. 가장 일반적으로 사용되는 연료전지는 PEMFC이고 DMFC, AFC도 사용된다.

4.3.4 스쿠터와 자전거

많은 인구를 가진 국가에서는 스쿠터와 자전거가 일반적인 교통수단이다. 이런 국가들에서 연료전지를 사용한 스쿠터나 자전거는 하나의 대안으로서 이미 성공적으로 시연된 바 있다. 요구 전력이 매우 작으며, 연료로 압축 수소나 메탄올을 사용한 시제품들이 실험되었지만 수소 저장 문제를 해결하기 위해서 금속 수소화물이나 전해조를 연료로 사용하는 것도 고려되고 있다.

표 4-6은 지금까지 소개된 연료전지 스쿠터와 자전거의 개요를 보여준다. 표에서 볼 수 있듯이 많은 제조사들이 2000년대 초반에 첫 번째 연료전지 스쿠터와 자전거를 선보이기 시작하였다. 차량용 연료전지들과 마찬가지로 연료로는 주로 압축 수소가 사용되었으며 메탄올, 금속 수소화물, 아연이 사용되기도 한다. PEMFC가 가장 일반적으로 사용되는 연료전지 형태이며, DMFC, ZAFC 또한 사용되고 있다.

표 4-5 다목적 차량 및 사양

Manufacturer	Year(s) demonstrated	Fuel type	Fuel cell used	Power	Model
Aerovironment/ NASA Dryden Flight Research Center	2003	Compressed hydrogen	PEMFC	10 to 25 kW	Helios–unmanned aerial vehicle
Anuvu, Inc./ Millennium Cell, Duffy Electric Boats, Seaworthy Systems	2003	Hydrogen from sodium borohydride	PEMFC	41.5 kW	Fuel cell boat
Astris Energi	2001	Compressed hydrogen	AFC	1 kW	Freedom golf cart
Besel S.A./ MEYRA, ONCE	2003	Metal hydride onboard hydrogen storage	PEMFC	N/A	Wheelchair
Cellex Power Products/BOC/ Wal-Mart	2004	Compressed hydrogen	PEMFC	N/A	Forklift
Deere & Company/ Hydrogenics,/ Dynatek	2003 to 2005	Compressed hydrogen	PEMFC	20 kW	Commercial Work Vehicle (CWV), ProGator™
EIVD/MW-Line/Paul Scherrer Institute (PSI)	1999 to 2003	Compressed hydrogen	PEMFC	300 W to 3 kW	Hydroxy 3000 – Fuel Cell Boat, Hydroxy 300
FASTec/ ATP/UQM Technologies, NASA, American Ghiles Aircraft, Giner Electrochemical Systems, Satcon Technology Corp., Diamond Aircraft, Analytic Energy Systems, Lockwood Aviation, Lynntech	2001 to 2005	Compressed hydrogen	PEMFC	2 to 75 kW	Fuel cell–powered electric plane
H2 Logic ApS/ A. Flensborg - Herning A/S	2005	Low pressure hydride storage	PEMFC	N/A	H2 Truck

표 4-5 다목적 차량 및 사양(계속)

Manufacturer	Year(s) demonstrated	Fuel type	Fuel cell used	Power	Model
HaveBlue LLC, Texaco Ovonic Hydrogen Systems, Hydrogenics, Catalina Yachts	2004	Metal hydride onboard hydrogen storage	PEMFC	10 kW	X/V-1 Sailboat
Howaldts werke-Deutsche WerftAG (HDW)	2002 to 2006	N/A	N/A	300 kW	U 33 Class 212 A submarine
Hydrogenics	2004	Compressed hydrogen	PEMFC	10 to 65 kW	Airport tow tractor, forklift
Kurimoto/ APFCT	2003	Compressed hydrogen	PEMFC	250 W	Fuel cell wheelchair
Los Alamos National Laboratory (LANL)/ Ergenics	2003	Metal hydride onboard hydrogen storage	PEMFC	140 W	Personal mobility vehicle
Manhattan Scientifics/ U.S. Army ERDC/ CERL,FC*Tec*, Concurrent Technologies Corporation	2003	Compressed hydrogen	PEMFC	700 W	Fuel cell Segway
MTU Fried-richshafen, Ballard Power Systems	2003	Compressed hydrogen	PEMFC	4.8 kW	"No. 1" Yacht
Proton Motor Fuel Cell, Linde and STILL	2004	Compressed hydrogen	PEMFC	N/A	Fuel cell lift truck
Quantum Fuel Systems Technologies, U.S. Army TARDEC	2004	Compressed hydrogen	PEMFC	10 kW	Quantum AMV "Aggressor" military vehicle
Research Centre Jülich, Ministry for Science and Research of the Federal State of North Rhine-Westphalia	2004	Methanol	DMFC	1.3 kW	JuMOVe fuel cell electric vehicle

표 4-5 다목적 차량 및 사양(계속)

Manufacturer	Year(s) demonstrated	Fuel type	Fuel cell used	Power	Model
Siemens/KWU	1999	Compressed hydrogen	PEMFC	10 kW	Forklift
Toyota Industries Corp.	2005	Compressed hydrogen	PEMFC	30 kW	Forklift
Vehicle Projects, LLC, DoT Volpe Center, DoD, TTCI, Nuvera, NAC, Aero-Vironment, WSRC, HERA Hydrogen Systems	2002 to 2004	Metal hydride	PEMFC	17 kW to 1.2 MW	Army locomotive, mine locomotive, mine loader

4.4 정치형 전원

정치형 전원을 위한 연료전지는 수송용 연료전지보다 더 큰 상용화 가능성을 가지고 있다. 정치형 연료전지 시스템은 사용되는 연료전지와 연료의 선택, 스택의 가열과 냉각에서 다른 연료전지 시스템과 다르다. 다양한 정치형 시스템들이 개발되고 있으며 앞으로 더 많은 곳에서 사용이 가능하다.

- 1차 전원으로서 기존의 전력망을 대체하거나 또는 전력망을 설치할 수 없는 장소에서 사용 가능
- 추가적인 전력 제공
- 태양전지, 배터리, 커패시터, 풍력 터빈과 함께 하이브리드 시스템을 구성하여 1차 또는 2차 전원 제공
- 전력망을 통한 공급이 중단된 경우 보조 또는 전력 발전

독립된 시스템은 전력 수요가 급증하는 경우 추가 전력이 필요할 수도 있기 때문에 배터리나 슈퍼커패시터와 조합하여 사용하며, 연료전지는 적정한 전력을 제공할 수 있도록 설계된다.

표 4-7은 지금까지 선보인 정치형 연료전지 시스템들을 보여준다. 많은 제조사들에서 1990년대부터 정치형 발전 시설을 제작하기 시작하였다. 다른 연료전지들과는 달리 가장 많이 사용되는 연료는 천연가스이며, 프로판, 압축 수소, 바이오 가스, 메

표 4-6 스쿠터와 자전거의 사양

Manufacturer	Year(s) demonstrated	Fuel type	Fuel cell used	Power	Model
Asia Pacific Fuel Cell Technologies (APFCT)	2002 to 2003	Metal hydride onboard hydrogen storage	PEMFC	35 to 58 kW	ZES IV, ZES III
Besel S.A./ Derbi	2003 to 2004	Metal hydride onboard hydrogen storage	PEMFC	N/A	Scooter
Bombardier Recreational Products	N/A	N/A	N/A	N/A	Urban transport vehicle – Embrio
ECN/Piaggio & C SpA, Selin Sistemi SpA and Com-missiariat a l' Energie Atomique	2004	Compressed hydrogen	PEMFC	12 kW	FRESCO scooter
FAAM/Beijing Fuyuan	2003	Metal hydride onboard hydrogen storage	PEMFC	400 W	Camaleo hydrogen bicycle
Honda	2004	Compressed hydrogen	PEMFC	N/A	Fuel cell scooter
Hydrogenics	TBD	Compressed hydrogen	PEMFC	5 kW	GEM hybrid mini-car
Intelligent Energy/ Seymourpowell	2005	Compressed hydrogen	PEMFC	1 kW	ENV – fuel cell motorbike
Manhattan Scientifics/ Aprilia s.P.a.	2000 to 2002	Compressed hydrogen	PEMFC	600 W to 3 kW	Mojito FC scooter, Enjoy FC bicycle, Hydrocycle
Masterflex AG/ Veloform	2004	Metal hydride stored hydrogen	PEMFC	250 W	Fuel cell bike
MES-DEA, Aprilia	2004	Compressed hydrogen	PEMFC	2 to 3 kW	Aprilia Atlantic Zero Emis-sion fuel cell scooter

표 4-6 스쿠터와 자전거의 사양(계속)

Manufacturer	Year(s) demonstrated	Fuel type	Fuel cell used	Power	Model
Palcan Fuel Cells Ltd., MOU with Celco Profil S.R.L.	2002 to 2003	Metal hydride onboard hydrogen storage	PEMFC	500 W to 2 kW	Scooter, E-bike
PEM Tech-nologies, Inc.	2003	Compressed hydrogen	PEMFC	1 kW	PemPo-wer-04 3-wheel Motorcycle, PemPower-03 2-wheel motorcycle
Peugeot, MES-DEA	2004	Compressed hydrogen	PEMFC	1.5 kW	Quark concept vehicle
Powerzinc Electric	2002 to 2003	Zinc	ZAFC	N/A	Motorcycle, fuel cell/ electric bicycle, scooter
University of Tasmania, Technical University of Nurenburg, Germany	2004	Metal hydride onboard hydrogen storage	PEMFC	N/A	Fuel cell scooter
Vectrix, Parker Hannifin, Protonex, and NGen	2003 to 2004	Methanol	DMFC	500 to 800 W	Scooter, fuel cell/ electric hybrid scooter
Yahama Motor Company, Yuasa Cor-poration	2003	Methanol	DMFC	500 W	Fuel cell motorcycle

탄올, 석유계 연료, 도시가스, 합성 가스, 소화조 가스, 매립 쓰레기 가스 등도 사용된다. 정치형 전원에 사용되는 가장 일반적인 연료전지는 PEMFC이고, SOFC, MCFC, AFC, PAFC를 사용하기도 한다. 가장 많은 정치형 연료전지 발전소를 가진 국가는 미국, 독일, 일본이다. 표 4-7에서 나타나 있듯이 대부분의 정치형 연료전지의 출력은 500 W~5 MW이다.

표 4-7 정치형 연료전지의 사양

Manufacturer	No. of stations	Year(s) started	Fuel type	Fuel cell used	Power	Location
Accumetrics Corporation	8	2002 to 2005	Natural gas/ propane	SOFC	2 to 10 kW	U.S.: 7; Japan: 1
American Fuel Cell Corp.	16	N/A	Natural gas	N/A	3 kW	Various locations
Ansaldo Fuel Cells Spa Cells Spa	6	1998 to 2006	Biogas/ Diesel/ Natural Gas	MCFC	100 to 500 kW	Italy: 3; Spain: 2; Turkey: 1
Apollo Energy Systems Inc.	1	2002	N/A	AFC	10 kW	U.S.: 1
Astris Energi Inc.	1	N/A	N/A	AFC	N/A	Italy: 1
Ballard	25	1999 to 2005	Hydrogen, oil, natural gas, methane, town gas	PEMFC	1 to 250 kW	U.S.: 2; Canada: 3; Japan: 14; Germany: 4; Switzerland: 1; Belgium: 1
Bharat Heavy Electricals Ltd. (BHEL)	1	2000	Hydrogen	PAFC	50 kW	India: 1
Brennstoffzellen-technik GmbH (ZBT)	1	2005	Natural gas	PEM	4 kW	Germany: 1
Ceramic Fuel Cells Ltd. (CFCL)	6	2005 to 2006	Natural gas	SOFC	1 kW	Australia: 2; Germany: 2; New Zealand: 2
Dais Analytic	5	1999 to 2000	Natural gas	PEMFC	3 kW	Germany: 5
DCH Technologies	2	2002	Natural gas or hydrogen	PEMFC	1.5 to 5 kW	U.S.: 2
European Fuel Cell GmbH	2	2005	Natural gas	PEMFC	1.5 kW	Germany: 1; U.K.:
Fuel Cell Tech-nologies (FCT)	19	2002 to 2005	Biogas, natural gas, methanol	SOFC	5 kW	U.S.: 9; Canada: 5; Sweden: 1; Belgium: 1; Brazil: 1; Japan: 1; Germany: 1

표 4-7 정치형 연료전지의 사양 (계속)

Manufacturer	No. of stations	Year(s) started	Fuel type	Fuel cell used	Power	Location
FuelCell Energy	65	1996 to 2006	Natural gas, methanol, synthesis gas, methane, digester gas	MCFC	3 kW to 2 MW	U.S.: 39; South Korea: 2; Japan: 9; Germany: 15
Fuji Electric	35	1991 to 2004	Town gas, methane, digester gas	PEMFC, PAFC	1 kW to 5 MW	Japan: 30; Sweden: 2; Italy: 1; Spain: 1; Netherlands: 1
GenCell	1	2005	Natural gas	MCFC	40 kW	U.S.: 1
General Electric	1	2002	Natural gas	PEMFC	5 kW	U.S.: 1
Global Thermoelectric	4	2001 to 2003	Natural gas, methane, propane	SOFC	2 to 5 kW	U.S.: 3; Canada: 1
GM	3	2001 to 2004	Hydrogen, gas, methane, natural	PEMFC	78 kW	U.S.: 3
H-Power Corp.	25	2000 to 2003	Natural gas, hydrogen, propane	PEMFC	500 W to 4.5 kW	U.S.: 13; Canada: 1; France: 7; Japan: 2; Sweden: 1; Finland: 1
Hydrogenics Corp.	9	2002 to 2005	Hydrogen	PEMFC	5 to 25 kW	U.S.: 5; Japan: 2; Canada: 2
IdaTech	21	1998 to 2005	Natural gas, propane, methanol	PEMFC	1.2 to 6 kW	U.S.:16; France: 2; Germany: 2; Europe: 1
Industrial Research laboratory (IRL)	1	2002	Hydrogen	AFC	6 kW	Australia: 1

Intelligent Energy	1	2003	Hydrogen	PEMFC	2 kW	U.K: 1
Ishikawajima-Harima Heavy Industries (IHI)	11	1996 to 2005 gas natural gas	Waste gas, LP	PEMFC, MCFC 1 MW	1 kW to	Japan: 11
Ishikawajima-Shibaura Machinery Co. (ISm)	1	2005	Natural gas	PEMFC	1 kW	Japan: 1
M-C Power Corporation	3	1995 to 2002	Natural gas	MCFC, SOFC	75 to 250 kW	U.S.: 3
Minaton (Russian Ministry of Atomic Energy)	1	2003	Natural Gas	SOFC	1 kW	Russia: 1
Matsushita Electrical Industrial Co.	4	2002 to 2004	Natural gas	PEMFC	1 to 1.3 kW	Japan: 4
Mitsubishi Electric Corp.	2	2002	Natural gas	PEMFC	1 kW	Japan: 2
Mitsubishi Heavy Industries (MHI)	10	1993 to 2006	LP gas, natural gas, city gas	PEMFC, SOFC	10 to 200 kW	Japan: 10
Mosaic Energy	2	2000 to 2001	Natural gas, naptha	PEMFC	3 to 5 kW	Japan: 1; U.S.: 1
MTU CFC Solutions	5	2002 to 2004	Biogas, landfill gas	MCFC	300 kW	Austria: 1; Slovak Republic: 1; Spain: 2; Germany: 1
Nuvera	10	2001 to 2006	Biogas, natural gas, ethanol	PEMFC	3.3 to 15 kW	U.S.: 7; Japan: 1; Germany: 2
Plug Power, Inc.	150	1998 to 2005	Hydrogen, propane, natural gas, petroleum gas	PEMFC	500 W to 7 kW	U.S.: 84; Japan: 10; Germany: 23; France: 6; Austria: 5; Luxemberg: 2; Puerto Rico: 1; Iceland: 1; U.K.: 4; Netherlands: 10

표 4-7 정치형 연료전지의 사양 (계속)

Manufacturer	No. of stations	Year(s) started	Fuel type	Fuel cell used	Power	Location
Proton Energy Systems	1	2004	Hydrogen	PEMFC	1 kW	U.S.: 1
ReliOn	27	2002 to 2005	Hydrogen, methanol, natural gas, propane	PEMFC	200 W to 4 kW	U.S.: 24; New Zealand: 1; Bahamas: 1; Italy: 1
Sanyo Electric Company	6	2001 to 2005	Town gas	PEMFC, SOFC	750 W to 100 kW	Japan: 6
Schatz Energy Research Center	1	1999	Hydrogen	PEMFC	100 W	U.S.: 1
Siemens Power Generation, Inc	22	1986 to 2005	H2 + CO, natural gas, jet fuel, diesel fuel	SOFC	3 kW to 1 MW	U.S.: 8; Italy: 2; Japan: 4; Germany: 3; Canada: 3; Norway: 1; Austria: 1
Smart Fuel Cell	1	2005	Methanol	DMFC	120 W	Germany: 1
Sulzer Hexis	28	1997 to 2003	Hydrogen, natural gas, city gas, biogas	SOFC	1 kW	Germany: 15; France: 1; Switzerland: 6; Austria: 1; Netherlands: 2; Japan: 1; Spain: 1

Teledyne Energy Systems Inc.	3	2002 to 2005	Hydrogen, natural gas	PEMFC	5 to 12 kW	U.S.: 3
Tokyo Gas	1	1998	City gas	SOFC	N/A	Japan: 1
Toshiba	10	2000 to 2005	Petroleum gas, biogas, town gas	PEMFC	1 to 700 kW	Japan: 10
Toyota	1	2001	N/A	PEMFC	1 kW	Japan: 1
UTC Power	175	1983 to 2006	Natural gas, dimethyl esther, digester gas, petroleum gas, hydrogen, methane, landfill gas	PAFC	40 kW to 4.5 MW	U.S.: 116; Japan: 15; Germany: 20; Canada: 2; France: 2; Austria: 1; U.K.: 1; Russia: 1; Brazil: 4; China: 1; Italy: 3
Zentrum für Sonnenenergie- und Wasserstoff-Forschung (ZSW) (Center for Solar Energy and Hydrogen Research)	1	2003	N/A	PEMFC	500 W	France: 1
ZTEK Corp.	4	1994 to 2005	Natural gas, hydrogen	SOFC	1 to 25 kW	U.S.: 2; U.K.:1; Japan: 1

기본적인 정치형 연료전지에 대한 계산 정치형 연료전지 시스템을 평가하고 비교하기 위하여 연료전지 시스템의 모든 구성요소마다 그리고 시스템 전체의 효율을 계산해야 한다. 연료전지 시스템의 총 효율은 다음과 같이 구할 수 있다.

Total efficiency = (electric power output thermal output) / fuel consumption

$$\eta_{total} = \frac{P_{net} + Q_{net}}{HHV_{fuel}*n_{fuel}} \tag{4-10}$$

여기서, P_{net}와 Q_{net}는 각각 정미 전력과 열의 양이고, n_{fuel}은 연료전지 시스템으로 공급된 연료의 양이다. 또한, 연료전지 시스템의 총 효율은 각 구성요소들의 효율을 곱한 값과 기생 전력과 연료전지 총 전력 생산량의 비(ξ_p)를 다음 식으로 계산하여 구할 수 있다:

$$\eta_{total} = \sum \eta - \xi_p \tag{4-11}$$

정치형 연료전지의 전기 효율은:

$$\eta_{electrical} = \frac{P_{net}}{HHV_{fuel}*n_{fuel}} \tag{4-12}$$

$$P_{net} = P_{AC} - P_{aux\_equipment}$$

$$P_{aux\_equipment} = P_{compressor} + P_{pump} + P_{control} \tag{4-13}$$

여기서, P_{AC}는 발전된 AC 전력, $P_{aux_equipment}$는 보조 장비에 필요한 전력, $P_{compressor}$는 압축기에 필요한 전력, P_{pump}는 펌프에 필요한 전력, $P_{control}$은 제어 시스템에 필요한 전력이다.

정치형 연료전지 시스템의 열효율은:

$$\eta_{thermal} = \frac{Q_{net}}{HHV_{fuel}*n_{fuel}} \tag{4-14}$$

정치형 연료전지 시스템이 별도의 연료 개질기를 사용할 경우 연료 개질기의 효율은:

$$\eta_{fuel\_processor} = \frac{HHV_{H_2}*n_{H_2}}{HHV_{fuel}*n_{fuel}} \tag{4-15}$$

정치형 연료전지 시스템의 DC/AC 효율은 :

$$\eta_{DC/AC} = \frac{P_{AC}}{P_{stack}} \qquad (4-16)$$

사용된 보조 장치들의 효율은 :

$$\eta_{aux\_equipment} = \frac{P_{stack} - P_{aux\_equipment}}{P_{stack}} \qquad (4-17)$$

연료전지 스택의 효율은 :

$$\eta_{stack} = \frac{P_{net}}{HHV_{H_2} * n_{H_2}} \qquad (4-18)$$

정치형 연료전지 시스템의 경제성 정치형 연료전지 시스템이 가격 경쟁력을 갖기 위해서는 기존 발전소의 발전 단가와 경쟁할 수 있어야 한다. 시스템의 가격은 운전 기간 동안 전기 비용을 절약할 수 있는 수준에서 결정되어야 상용화가 가능하다. 연료전지 시스템의 비용 절감 효과를 알아보기 위해서 전기 구입 가격과 매년 절약 가능한 금액 사이의 간단한 계산을 통해 자본회수 기간을 구할 수 있다. 하지만 이자 손실 비용, 인플레이션, 전기와 가스 가격의 변화 등의 손실과 변화를 고려하지 않았다. 간단한 자본회수 기간의 계산은 다음 식과 같다.

SPT = purchase price of fuel cell system / annual savings on electricity

$$SPT = \frac{P_{fc,norm} * C_{fc}}{AEP * COE - \dfrac{C_{ng}}{\bar{\eta}_{fc}}} \qquad (4-19)$$

여기서, $P_{fc,norm}$은 연료전지 시스템의 공칭 전력(kW), C_{fc}는 연료전지 시스템의 공칭 전력의 kW당 가격($ kW^{-1}), AEP는 공칭 전력의 kW당 연간 전기 생산량(kWh yr^{-1}), $\bar{\eta}_{fc}$는 연료전지 시스템의 평균 연간 효율, COE는 전기 가격($ kWh^{-1}), C_{ng}는 천연가스의 저위 발열량을 기준으로한 천연가스 가격이다($ kWh^{-1}).

연간 생산된 전기량(AEP)과 연간 평균 효율은 부하의 흐름에 따라 달라지며 부하는 용도, 요일, 계절에 따라 변한다. 연료전지 시스템은 전력 발전량의 최소~최대 범위에 따라 크기가 달라진다. 연료전지 시스템에 의해 연간 발전되는 전기의 양(AEP)은 [15] :

$$AEP = P_{fc\_time} * h_{year\_operating} \tag{4-20}$$

여기서, P_{fc_time}은 주어진 시간 동안 연료전지의 전력, $h_{year_operating}$은 1년 중 연료전지의 운전시간(hours)이다. 이 식은 부하의 변동 흐름을 알고 있을 경우에만 사용할 수 있다. 용량 인자(capacity factor)인 CF는 그 기간에 실제로 생산된 전기 양과 전체 기간의 공칭 전력에서 생산될 수 있었던 전기 양과의 비이므로 쉽게 구할 수 있다.

매년 생산되는 전기의 양(kW)은

$$AEP = h_{year\_operating} * CF * P_{fc,norm} \tag{4-21}$$

여기서, CF는 용량 인자이다.

부하는 일정한 용량 인자를 가진다. 연료전지는 부하에서 필요로 하는 전력을 제공하기 위해 충분한 크기로 제작되며 25%의 용량 인자를 가지고 운전하도록 설계된다. 연료전지 시스템의 평균 연간 효율은 :

$$\bar{\eta}_{fc} = \frac{P_{fc} * h_{year\_operating}}{\left(\dfrac{P_{fc} * h_{year\_operating}}{\eta_{fc}}\right)} \tag{4-22}$$

여기서, P_{fc}와 η_{fc}는 연료전지 시스템의 전력과 시스템의 효율이다.

이 식은 연간 부하의 변동 흐름을 알 경우에만 사용될 수 있다. 연간 연료비용과 연료전지의 비용은 다음의 식으로 계산할 수 있다 :

$$AFC = \frac{(C_f * AEP)}{\bar{\eta}_{fc}} \tag{4-23}$$

$$C_{FC} = C_{fix} + (C_{cell} * N_{cell})$$

$$N_{cell} = \frac{P_{FC}}{V_{cell} i A_{cell}} \tag{4-24}$$

여기서, C_f는 연료 가격($/kWh), C_{fix}는 단위 전지의 가격을 제외한 연료전지와 보조 시스템 설치비용($), C_{cell}은 각 단위 전지의 가격($/year), N_{cell}은 단위 전지의 수, P_{FC}는 연료전지의 출력(kW), V_{cell}은 단위 전지의 공칭 전압, i는 전류 밀도(A/cm^2), A_{cell}은 단위 전지의 활성 면적(cm^2)이다. 자본 회수율(Capital Recovery

Factor, CFR)(yr^{-1})은 :

$$CRF = \frac{i_r(1 + i_r)^L}{(1 + i_r)^L - 1} \tag{4-25}$$

여기서, i_r은 연 이자율(%), L은 단위 전지의 수명(year)이다.

자본 회수율은 자본 회수 비용(Capital Recovery Cost, CRC)을 계산하기 위해 사용된다 :

$$CRC = C_{rep}CRF + (C_{FC} - C_{rep})i_r \tag{4-26}$$

여기서, C_{rep}는 수명이 다한 연료전지의 교체비용($C_{cell} * N_{cell}$)이다.

연료전지에서 생산된 전기의 비용은 다음 식을 이용해 산출할 수 있다 :

$$COE = \frac{CRC + AFC + AMC - S_{env}}{AEP} \tag{4-27}$$

COE는 연간 유지비(AMC)와 화석 연료의 사용으로 인한 환경비용(S_{env})($/year)을 고려하여 계산한다. S_{env}는 화석 연료를 사용하지 않고 생산된 수소를 연료로 사용하는 연료전지일 경우에만 사용하고 다음과 같다[15] :

$$S_{env} = AEP * C_p(\delta - \varepsilon) \tag{4-28}$$

여기서, C_p는 환경 손상 비용($/kWh), δ는 수소 사용 효율과 화석 연료 사용 효율의 비, ε은 수소 사용으로 인한 환경에 미치는 영향과 화석 연료의 사용으로 인한 환경에 미치는 영향의 비이다. Nelson이 제안한 계수들의 값은 $C_p = 0.0216$ $/kWh, $\delta = 1.358$, $\varepsilon = 0.04$이다.

연료전지의 경제성은 기존 전력망에 전기를 판매하거나 연료전지에 의해 생산되는 열을 사용함으로써 향상시킬 수 있다. 전기를 기존 전력망에 판매할 경우 간단한 자본회수 기간은

$$SPT = \frac{P_{fc,norm} * C_{fc}}{AEP_{int} * \left(COE - \frac{C_{ng}}{\eta_{fc}}\right) + AEP_{exp}\left(COE_{exp} - \frac{C_{ng}}{\eta_{fc}}\right)} \tag{4-29}$$

여기서, AEP_{int}는 내부에서 소모된 전력량(kWh yr^{-1}), AEP_{exp}는 기존 전력망에 판매한 전력량(kWh yr^{-1}), COE_{exp}는 기존 전력망에 판매하는 가격($ kWh^{-1})이다.

단원요약

휴대용 전원, 보조 전원, 수송용 전원, 정치형 전원 등의 용도에 따라 적절한 연료전지의 종류가 다르다. 각각의 용도에 따라 사용하기 위한 연료전지가 제작되어 평가되고 있으며 상용화 단계에 있는 경우도 있다. 휴대용 전원(~1 kW)으로 사용되는 연료전지는 대부분 DMFC와 PEMFC이다. 휴대전화와 같은 소형의 기기에서는 수소가스보다 액체 연료가 저장이 쉽기 때문에 DMFC가 유리하다. 보통 보조 전원용으로는 1~20 kW의 출력을 가지는 PEMFC를 사용한다. 이러한 중형 연료전지 시스템에는 압축 수소를 연료로 사용한다. 수송용 전원으로 가능성이 보이는 몇 가지 연료전지가 있지만 일반적으로 5~100 kW의 출력을 가지는 PEMFC나 DMFC를 사용한다. 연료전지 버스는 PAFC, PEMFC, DMFC, ZAFC와 같은 다양한 연료전지를 사용할 수 있으며 출력은 20~205 kW이다. 다목적 차량, 스쿠터, 자전거와 같은 차량들은 주로 140 W~1.2 MW의 출력을 가지는 PEMFC를 사용하며 때로는 ZAFC, AFC, DMFC 등을 사용하기도 한다. 정치형 전원에는 1 kW~5 MW의 출력을 가지는 SOFC, MCFC, AFC, PEMFC가 사용된다. 출력, 열 수지, 효율, 크기, 무게, 연료공급과 같은 연료전지의 설계 변수들은 용도와 부하에서 필요로 하는 전력에 따라 달라진다.

연습문제

1. 1 kW의 공칭 전력을 가진 보조 전원용 연료전지 시스템에서 사용할 연료전지 전해조를 설계하라.
2. 12"×12"×0.25" 크기의 분리판과 엔드 플레이트를 가진 수송용 연료전지 시스템에 사용할 연료전지 스택의 크기를 계산하라. 스택에는 25개의 단위 전지가 있고 냉각 채널은 분리판 내부에 설치된다.
3. 당신이 살고 있는 지역의 전기 요금이 kW 당 $2,000일 때, 50 kW의 공칭 전력을 가지는 정치형 연료전지 시스템의 자본회수 시간을 계산하라.
4. 당신은 수송용 전원으로 사용하기 위해서 어떤 연료전지를 선택할 것인가? 정치형 전원으로는? 선택한 이유는 무엇인가?
5. 정치형 전원과 수송용 전원으로 연료전지를 채택하기 위해 개발에 적극적인 나라는 어디인가? 그 이유는?

참고문헌

[1] Haraldson, Kristina. 2005. *On Direct Hydrogen Fuel Cell Vehicles Modeling and Demonstration*. KTH Royal Institute of Technology, Department of Chemical Engineering and

Technology, PhD thesis, Stockholm, Sweden.

[2] O'Hayre, Ryan, Suk-Won Cha, Whitney Colella, and Fritz B. Prinz. *Fuel Cell Fundamentals*. 2006. New York: John Wiley & Sons.

[3] Barbir, Frano. *PEM Fuel Cells: Theory and Practice*. 2005. Burlington, MA: Elsevier Academic Press.

[4] Barbir, F. "System Design for Stationary Power Generation." W. Vielstich, A. Lamm, and H. Gasteiger, eds. Handbook of Fuel Cell Technology: Fundamentals, Technology, and Applications. Vol. 4. New York: Wiley. 2003. pp. 683-692.

[5] Barbir, F., T. Maloney, T. Molter, and F. Tombaugh. "Fuel Cell Stack System Development: Matching Market to Technology Status." Proc. 2002 Fuel Cell Seminar. Palm Springs, CA. November 18 to 21, 2002. pp. 948-951.

[6] "Fuel Cell Vehicles." *Fuel Cells 2000*. http://www.fuelcells.org/info/charts/carchart.pdf Last accessed September 18, 2006.

[7] "Fuel Cell Buses." *Fuel Cells 2000*. http://www.fuelcells.org/info/charts/buses.pdf Last accessed September 18, 2006.

[8] "Fuel Cell Specialty Vehicles." *Fuel Cells* 2000. http://www.fuelcells.org/info/charts/specialty.pdf. Last accessed September 18, 2006.

[9] "World Wide Fuel Cell Installations." *Fuel Cells* 2000. http://www.fuelcells.org/info/charts/FCInstallationChart.pdf. Last accessed September 18, 2006.

[10] Hoogers, G. "Automotive Applications." Fuel Cell Technology Handbook. 2003, Boca Raton, FL: CRC Press.

[11] Adamson, Kerry-Anne. Fuel Cell Market Survey: Buses. *Fuel Cell Today*. November 2004. http://www.fuelcelltoday.com/FuelCellToday/FCTFiles/FCTArticleFiles/Article_916_BusSurvey%20Final%20Version.pdf. Last accessed September 15, 2006.

[12] Barbir, F., and T. Molter. Regenerative Fuel Cells for Energy Storage: Efficiency and Weight Tradeoffs. IEEE A&E Systems Magazine, March 2005.

[13] Gorgun, Haluk. Dynamic Modeling of a Proton Exchange membrane (PEM) Electrolyzer. International Journal of Hydrogen Energy, 31 (2006) 29-38.

[14] Kerfoot, Katie, Amanda Christiana, and Thomas Horan. Final Report: MiSo Solar Hydrogen Production. APD 2004-01 Dec.13, 2004.

[15] Nelson, Don B., Hashem Nehrir, and Victor Gerez. Economic Evaluation of Grid-Connected Fuel Cell Systems. IEEE Transactions on Energy Conversion, Vol. 20, No. 2, June 2005.

[16] Thomas, C.E., Brian D. James, Frank D. Lomax, Jr., and Ira F. Kuhn. "Fuel Options for the Fuel Cell Vehicle: Hydrogen, Methanol, or Gasoline?" *International Journal of Hydrogen Energy*. Vol. 25, 2000, pp. 551-567.

[17] Wallmark, Cecilia. Design and Evaluation of Stationary Polymer Electrolyte Fuel Cell Systems. Doctoral Thesis 2004. Royal Institute of Technology, Stockholm, Sweden.

Chapter 05

연료전지 기초 열역학

열역학은 하나의 상태에서 다른 상태로 전이될 때 변화하는 에너지에 대한 학문이다. 열역학적 계산을 통해 연료전지의 전기적 퍼텐셜, 온도, 압력의 변화에 대한 이론적인 예상 값을 얻을 수 있기 때문에 이 장에 나타나 있는 열역학 개념들은 화학 에너지를 전기 에너지로 변환시키는 장치인 연료전지의 성능을 예측하고 이해하기 위해 중요하다. 이 장에서는 다음과 같은 주제들을 중점적으로 설명할 것이다.

- 열역학 기초 개념
- 연료전지의 이론적 퍼텐셜
- 연료전지 효율
- 연료전지에 대한 압력의 영향
- 연료전지에 대한 온도의 영향

이 장의 열역학 이론은 이후 추가적인 개념들이 새롭게 소개된 후, 좀 더 자세히 설명할 것이며, 이러한 추가 개념들은 연료전지의 내부와 외부의 물성치와 운전 조건뿐만 아니라 연료전지 퍼텐셜을 예상하고 설계하는 데 많은 도움을 줄 것이다.

5.1 열역학 기초 개념

연료전지의 반응을 이해하는 데 있어서 도움이 되는 기초적인 열역학 개념은 절대 엔탈피, 비열, 그리고 저위 발열량과 고위 발열량이다. 절대 엔탈피란 화학 에너지와 현열 에너지를 포함한 엔탈피로 정의내릴 수 있다[9]. 형성 엔탈피(h_f)는 화학적 결합 에너지와 관련된 것이고, 현열 에너지(Δh_s)는 주어진 상태와 기준 상태 간의 엔탈피 차이이다.

물질의 형성 엔탈피란 기준 상태에서 어떤 원소들(elemental substances)로부터 어떤 물질의 분자 1몰이 형성될 때 흡수되거나 방출되는 열량으로 자연적으로 존재하는 상태에서 물질의 엔탈피는 기준 상태에서 0으로 정의한다(일반적으로 기준 상태는 $T_{ref}=25℃$ 그리고 $P_{ref}=1\,\text{atm}$으로 한다). 예를 들어 기준 상태에서의 수소와 산소는 2원자 분자(H_2와 O_2)이고 따라서 $T_{ref}=25℃$, $P_{ref}=1\,\text{atm}$에서 H_2와 O_2의 형성 엔탈피는 0이다. 형성 엔탈피는 일반적으로 실험에 의해 측정된 값으로 결정되며, 다양한 열역학 표에서 찾을 수 있는데, 부록 B에 몇 가지 일반적인 연료전지 재료의 형성 엔탈피 값을 수록하였다.

현열 에너지 변화(Δh_s)는 온도의 함수이고 식 (5-1)에 나타난 바와 같이 일정온도에서의 비열을 이용하여 계산될 수 있다:

$$\Delta h_s(T,P) = \int_{T_{ref}}^{T} c_p(T)dT \tag{5-1}$$

여기서, $c_p(T)$는 일정 압력에서의 비열이다. 비열은 열역학 물성치 표에 나타나있는 것을 이용할 수 있고, 부록 C~E는 연료전지와 관련된 몇 가지 물질의 비열을 보여준다. 평균 비열은 온도의 선형함수로 근사적으로 구할 수 있다:

$$\overline{c_p} = c_p\left(\frac{T + T_{ref}}{2}\right) \tag{5-2}$$

여기서, $\overline{c_p}$는 일정 압력에서의 평균 비열, T는 주어진 온도, T_{ref}는 25℃이다.

예제 5-1 1 atm의 압력에서 $T=55℃$와 $T=100℃$ 사이의 온도에 있는 H_2의 평균 비열을 계산하라. H_2를 이상기체라 가정하고 (a) 평균 온도, 그리고 (b) 평균 비열을 이용하시오.

(a) H_2의 일정 압력에서의 비열은 $c_p(t)$, 온도의 함수로 주어진다. 평균 온도는:

$$T = \frac{T + T_{ref}}{2} = \frac{328 + 373}{2} = 350.5\,\text{K}$$

부록 D에서 몰당 일정 압력일 때, 평균 비열은 $c_p=14.42\,\text{kJ/kgK}$이고, H_2의 분자량은 2.016 kg/mol이다:

$$c_p = 14.427\frac{\text{kJ}}{\text{kgK}} \times 2.016\frac{\text{kg}}{\text{mol}} = 29.084\frac{\text{kJ}}{\text{kmolK}}$$

(b) 부록 B와 내삽보간법으로 계산하면, $c_p(328\mathrm{K}) = 14.374\,\mathrm{kJ/kgK}$ 그리고 $c_p(373\mathrm{K}) = 14.450\,\mathrm{kJ/kgK}$이다.

그러므로 일정 압력에서의 평균 비열 c_p는

$$c_p = \frac{1}{2}\left(c_p(328\,\mathrm{K}) + c_p(373\,\mathrm{K})\right)$$

$$= \frac{1}{2}\left(14.374\frac{\mathrm{kJ}}{\mathrm{kgK}} + 14.450\frac{\mathrm{kJ}}{\mathrm{kgK}}\right) = 14.412\frac{\mathrm{kJ}}{\mathrm{kmolK}}$$

$$c_p = 14.412\frac{\mathrm{kJ}}{\mathrm{kmolK}} * 2.016\frac{\mathrm{kg}}{\mathrm{mol}} = 29.054\frac{\mathrm{kJ}}{\mathrm{kmolK}}$$

예제 5-2 압력이 1 atm일 때 온도가 (a) 25℃, (b) 75℃, (c) 800℃일 경우의 H_2, O_2 그리고 water(H_2O)의 절대 엔탈피를 결정하고, 가능하다면 증기와 액체의 절대 엔탈피를 계산하시오.

(a) 부록 B로부터 25℃와 1 atm에서의 형성 엔탈피는

$$h_{f,H_2} = 0,\ h_{f,O_2} = 0,\ h_{f,H_2O(l)} = -285{,}826\ (\mathrm{J/mol}),$$
$$h_{f,H_2O(g)} = -241{,}826\ (\mathrm{J/mol})$$

(b) T=75℃=348 K의 평균 온도는 (298 + 348)/2=323 K이다. 부록 D로부터 내삽보간법으로 계산하여 몰 단위로 변환하면:

$$c_{p,H_2} = 14.362\frac{\mathrm{kJ}}{\mathrm{kgK}} \times 2.016\frac{\mathrm{kg}}{\mathrm{kmol}} = 28.954\frac{\mathrm{kJ}}{\mathrm{kmolK}}$$

$$c_{p,O_2} = 0.923\frac{\mathrm{kJ}}{\mathrm{kgK}} \times 31.999\frac{\mathrm{kg}}{\mathrm{kmol}} = 29.535\frac{\mathrm{kJ}}{\mathrm{kmolK}}$$

$$c_{p,H_2O(g)} = 33.845\frac{\mathrm{kJ}}{\mathrm{kmolK}}$$

부록 E로부터 액체 상태의 물의 비열은:

$$c_{p,H_2O(l)} = 4.181\frac{\mathrm{kJ}}{\mathrm{kgK}} \times 18.015\frac{\mathrm{kg}}{\mathrm{kmol}} = 75.321\frac{\mathrm{kJ}}{\mathrm{kmolK}}$$

절대 엔탈피는 다음과 같이 계산된다:

$$h_{H_2} = h_{f,H_2} + c_{p,H_2}(T - T_{ref}) = 0 + 28.954 \times (348 - 298) = 1447.7\frac{\mathrm{J}}{\mathrm{mol}}$$

$$h_{O_2} = h_{f,O_2} + c_{p,O_2}(T - T_{ref}) = 0 + 29.535 \times (348 - 298) = 1476.8\frac{\mathrm{J}}{\mathrm{mol}}$$

$$h_{H_2O(l)} = h_{f,H_2O(l)} + c_{p,H_2O(l)}(T - T_{ref})$$

$$= -285{,}826 + 75.321 \times (348 - 298) = -282{,}059.95\frac{\text{J}}{\text{mol}}$$

$$h_{H_2O(g)} = h_{f,H_2O(g)} + c_{p,H_2O(g)}(T - T_{ref})$$

$$= -241{,}826 + 33.845 \times (348 - 298) = -240{,}133.75\frac{\text{J}}{\text{mol}}$$

(c) T=800℃=1,073 K의 평균 온도는 (298+1,073)/2=685.5 K이다. 부록 D로부터 내삽보간법으로 계산하여 몰 단위로 변환하면 :

$$c_{p,H_2} = 14.594\frac{\text{kJ}}{\text{kgK}} \times 2.016\frac{\text{kg}}{\text{kmol}} = 29.422\frac{\text{kJ}}{\text{kmolK}}$$

$$c_{p,O_2} = 1.027\frac{\text{kJ}}{\text{kgK}} \times 31.999\frac{\text{kg}}{\text{kmol}} = 32.863\frac{\text{kJ}}{\text{kmolK}}$$

$$c_{p,H_2O(g)} = 37.360\frac{\text{kJ}}{\text{kmolK}}$$

절대 엔탈피는 다음과 같이 계산된다. :

$$h_{H_2} = h_{f,H_2} + c_{p,H_2}(T - T_{ref}) = 0 + 29.422 \times (1{,}073 - 298) = 22{,}802.05\frac{\text{J}}{\text{mol}}$$

$$h_{O_2} = h_{f,O_2} + c_{p,O_2}(T - T_{ref}) = 0 + 32.863 \times (1{,}073 - 298) = 25{,}468.82\frac{\text{J}}{\text{mol}}$$

$$h_{H_2O(g)} = h_{f,H_2O(g)} + c_{p,H_2O(g)}(T - T_{ref})$$

$$= -241{,}826 + 37.360 \times (1{,}073 - 298) = -212{,}872.00\frac{\text{J}}{\text{mol}}$$

이 문제는 비열이 온도에 민감한 함수가 아니기 때문에 온도가 증가함에도 불구하고 비열의 변화는 미미함을 보여준다. 주기율표에서 가장 작은 분자인 H_2는 비열의 증가 또한 가장 작다.

또 다른 유용한 열역학 계산식은 연료의 고위 발열량과 저위 발열량이다. 고위 발열량(HHV) 값은 일정한 양의 연료가 25℃에서 발화되고 연소된 뒤 다시 25℃로 냉각되는, 즉 초기 상태에서 최종 상태(25℃)에 도달할 때까지 방출된 열량(형성열)을 측정한다. 저위 발열량(LHV)은 초기 상태에서 발화되어 연소된 뒤, 150℃ 또는 증기 상태를 유지할 수 있는 다른 임의의 온도에서 냉각을 멈추고 증기상태에서 반응열을 측정한다. 즉, 연료의 전체 발열량에서 수증기의 잠열을 뺀 것이 저위 발열량이다. 따라서 고위 발열량과 저위 발열량 사이의 차이는 증발 엔탈피(또는 응축 엔탈피)이며, 연료의 화학조성에 따라 다르다.

예제 5-3 25℃, 1 atm에서 O_2와 반응할 때, 메탄과 프로판의 고위/저위 발열량을 결정하시오.

(a) 메탄 1몰의 반응식은 다음과 같이 쓸 수 있다:

$$CH_4\,(g) + 2O_2 \rightarrow 2H_2O + CO_2$$

반응 엔탈피는 다음과 같이 쓸 수 있다:

$$\Delta h_{rx} = 2h_{H_2O} + h_{CO_2} - (h_{CH_4} + 2h_{O_2})$$

부록 B로부터 액체와 증기 상태에서 물은:

$$\Delta h_{rx} = *(-285{,}826) + (-393{,}522) - (-74{,}850 + 2*0)$$

$$= -\ 1{,}040{,}024 \frac{J}{mol}\, CH_4$$

$$\Delta h_{rx} = 2*(-241{,}826) + (-393{,}522) - (-74{,}850 + 2*0)$$

$$= -\ 802{,}324 \frac{J}{mol}\, CH_4$$

따라서 발열량은:

$$HHV = -\ \Delta h_{rx} = 1{,}040{,}024 \frac{J}{mol}\, CH_4$$

$$LHV = -\ \Delta h_{rx} = 802{,}324 \frac{J}{mol}\, CH_4$$

(b) 프로판 1 몰의 반응식은

$$C_3H_8\,(g) + 5O_2 \rightarrow 4H_2O + 3CO_2$$

반응 엔탈피는 다음과 같이 쓸 수 있다:

$$\Delta h_{rx} = 4h_{H_2O} + 3h_{CO_2} - (h_{C_3H_8} + 5h_{O_2})$$

부록 B로부터 액체와 증기 상태에서 물은:

$$\Delta h_{rx} = 4*(-285{,}826) + 3*(-393{,}522) - (-130{,}850 + 5*0)$$

$$= -\ 2{,}193{,}020 \frac{J}{mol}\, C_3H_8$$

$$\Delta h_{rx} = 4*(-241{,}826) + 3*(-393{,}522) - (-130{,}850 + 5*0)$$

$$= -\ 2{,}017{,}020 \frac{J}{mol} C_3H_8$$

따라서 발열량은:

$$HHV = -\ \Delta h_{rx} = \ 2{,}193{,}020 \frac{J}{mol} C_3H_8$$

$$LHV = -\ \Delta h_{rx} = \ 2{,}017{,}020 \frac{J}{mol} C_3H_8$$

탄소 함량이 증가함에 따라 고위 발열량과 저위 발열량의 차이는 감소한다.

5.2 연료전지의 가역 퍼텐셜 및 정미 출력전압

최대 전기 에너지 출력과 캐소드와 애노드 사이의 전위차는 연료전지가 열역학적 가역 조건에서 운전될 때 얻어지는데, 이때 얻을 수 있는 최대의 전위차가 가역 퍼텐셜이다. 어떤 전류 밀도에서 연료전지의 정미 출력전압은 가역 퍼텐셜에서 비가역 퍼텐셜을 뺀 값으로 다음과 같이 표현할 수 있다[1].

$$V(i) = V_{rev} - V_{irrev} \tag{5-3}$$

여기서, $V_{rev} = E_r$는 연료전지의 최대 전압(가역)이고, V_{irrev}는 연료전지에서 발생하는 비가역적인 전압 손실(과전위)이다. 일정 온도와 압력 과정에서 시스템이 할 수 있는 최대 전기 일(W_{elec})은 과정이 진행되는 동안의 깁스 자유 에너지 변화(ΔG)의 음의 값으로 이것을 몰량의 식으로 나타내면:

$$W_{elec} = -\Delta G \tag{5-4}$$

깁스 자유 에너지는 일정 부피, 일정 온도에서 주변(environment)과의 열전달로 인한 에너지를 뺀 정미 에너지 값을 나타낸다. 이 식은 임의의 일정 온도와 압력에서 대부분의 연료전지 시스템에 적용 가능하다. 열역학의 제2법칙으로부터 최대 유용일(자유 에너지의 변화)은 비가역적으로 운전되는 “완전한” 연료전지가 온도 의존성을 가질 때 계산될 수 있다. 따라서 전기 출력 W_{elec}는:

$$W_{elec} = \Delta G = \Delta H - T\Delta S \tag{5-5}$$

여기서, G는 깁스 자유 에너지, H는 열량(형성 엔탈피), T는 절대온도, S는 엔트로피이다. 반응 엔탈피와 엔트로피 또한 온도에 의존한다. 절대 엔탈피는 계의 온도와 압력에 의해 결정되며, 일반적으로 화학적 결합 에너지와 열적 결합 에너지를 결합한 것으로 정의된다. 화학 반응이 진행되는 동안 형성 엔탈피의 변화는 열 및 물질 수지식(heat and mass balance)으로 다음과 같이 나타낼 수 있다:

$$\Delta H = \sum_i m_i h_i - \sum_j m_j h_j \quad (5\text{–}6)$$

여기서, 질량의 합 $\Sigma_i m_i h_i$는 시스템에서 나가는 각각의 물질의 질량과 엔탈피 곱의 총합이고, $\Sigma_j m_j h_j$는 시스템으로 들어오는 각각의 물질의 질량과 엔탈피 곱의 총합이다. 열 및 물질 수지의 개략도가 그림 5–1에 나타나 있다. 열(에너지) 및 물질 수지의 상세한 내용은 제9장과 제16장에서 각각 설명하겠다.

전위차 E(volt)를 통해 흐르는 전하량 Q(coulombs)에 의해 얻어지는 시스템이 할 수 있는 전기적 일은[2]:

$$W_{elec} = EQ \quad (5\text{–}7)$$

전하가 전자들의 이동에 의한 것으로 가정한다면:

$$Q = nF \quad (5\text{–}8)$$

여기서, n은 이동된 전자의 몰수, F는 Faraday 상수(전자 1몰당 96,485 coulombs)이다. 위의 세 개의 식을 연립시키면 연료전지의 최대 가역 전압을 계산할 수 있다:

$$\Delta G = -nFE_r \quad (5\text{–}9)$$

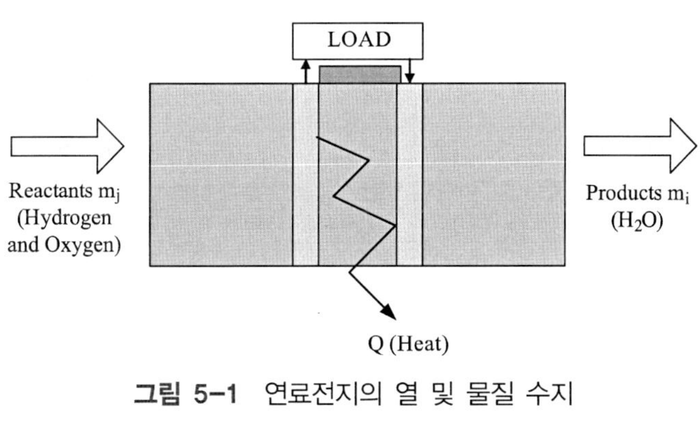

그림 5–1 연료전지의 열 및 물질 수지

여기서, n은 소비된 연료의 몰당 이동된 전자의 몰수, F는 Faraday 상수, E_r은 표준 가역 퍼텐셜이다.

전압과 온도 사이의 관계는 엔탈피의 차이(ΔH)가 온도에 따라 바뀌지 않는다고 가정했을 때, 25℃의 표준 조건에서 선형화된 자유 에너지로부터 도출된다:

$$E_r = -\frac{\Delta G_{rxn}}{nF} = -\frac{\Delta H - T\Delta S}{nF}$$

$$\Delta E_r = \left(\frac{dE}{dT}\right)(T - 25) = \frac{\Delta S}{nF}(T - 25) \qquad (5\text{–}10)$$

여기서, E_r은 표준 상태의 가역 퍼텐셜, ΔG_{rxn}은 반응 동안의 표준 자유 에너지 변화이다. 엔트로피 변화는 음의 값이기 때문에 개회로 전압(Open circuit voltage)은 온도의 증가에 따라 감소한다. 연료전지는 이론적으로 저온에서 더 효율이 높지만 물질 전달과 이온 전도는 고온에서 더 빠르며, 개회로 전압의 강하에 의한 손실을 만회할 수 있기 때문에 실제로는 고온에서 더 높은 효율을 얻을 수 있다.

표준 상태에서 수소·산소 연료전지의 경우:

$$H_2(g) + {}^1/_2\,O_2(g) \rightarrow H_2O\,(l)$$

$$(\Delta H = -285.8\ \text{KJ/mol};\ \Delta G = -237.3\ \text{KJ/mol})$$

$$E_{H_2/O_2} = -\frac{-237.3\ \text{KJ/mol}}{2\ \text{mol} * 96{,}485\ \text{C/mol}} = 1.229\text{V}$$

표준 온도와 압력에서 수소·산소 연료전지는 최고 전압을 얻을 수 있다. 대부분의 연료전지는 0.8~1.5 V 사이의 이론적인 전압을 갖는데, 여러 개의 단위 전지를 직렬로 연결함으로써 더 높은 전압을 얻을 수 있다.

비표준 조건에서 연료전지의 가역 퍼텐셜은 반응물과 생성물 사이의 에너지 수지(balance)로부터 계산될 수 있다[7]. 전기화학 반응의 이론적 퍼텐셜 E_t는 Nernst 식으로 표현된다.

$$E_t = E_r - \frac{RT}{nF}\ln\left[\prod_i a_i^{v_i}\right] \qquad (5\text{–}11)$$

여기서, R은 이상기체 상수, T는 온도, a_i는 물질 i의 활성, v_i는 물질 i의 화학양론 계수, E_r은 표준상태에서의 가역 퍼텐셜이다.

수소·산소 연료전지 반응은 Nernst 식을 이용하여 다음과 같이 쓰여진다 :

$$E = E_r - \frac{RT}{2F}\ln\frac{a_{H_2O}}{a_{H_2}a_{O_2}^{1/2}} \tag{5-12}$$

여기서, E는 실제 전지 퍼텐셜, E_r은 표준 상태 가역 퍼텐셜, R은 일반 기체 상수, T는 절대온도, N은 반응에서 소모된 전자 수, F는 Faraday 상수이다. 연료전지가 100℃ 이하에서 운전되고 있다면 물이 액체 상태로 존재한다고 가정할 수 있으므로 물의 활성은 1이라고 정할 수 있다. 압력이 절대 1 atm(평온한 날의 해수면에서 압력)이고, 산성 전해질이 리터당 H^+ 1몰의 농도를 가지고 있다면 위의 식에서 $1.00^{1/2}/1.00=1$(따라서 ln 1=0)이므로, $E=E_r$이다. 표준 전극 퍼텐셜은 생성물과 반응물이 표준 상태에 있을 때 얻을 수 있다.

표준 온도와 압력에서 수소 공기 연료전지(산화제로 산소가 아닌 공기를 공급)의 이론적 퍼텐셜은 다음과 같이 계산될 수 있다 :

$$E = 1.229 - \frac{8.314(\mathrm{J/(mol*K)})*298.15}{2*96{,}485(\mathrm{C/mol})}\ln\frac{1}{1*0.21^{1/2}} = 1.219\mathrm{V}$$

환원 반응이 진행되는 캐소드와 산화 반응이 진행되는 애노드 사이의 전위차는 표준 조건에서 전류가 흐르지 않을 때 1.229 V이다. 부하를 두 전극 사이에 연결하면 반응할 수소와 산소가 있는 한 계속 전류가 흐를 것이다. 만약 전류가 작고, 연료전지의 효율(전압으로 측정된)이 0.9 V 이상이면, 효율이 90% 이상일 것이다. 이는 최대 60%의 열효율을 가지는 증기 기관이나 내연기관 같은 복잡한 열기관보다 훨씬 더 높은 효율이다.

공급되는 가스를 이상기체(가스의 활성이 분압과 같고 물의 상태(phase)에 따른 활성이 1)로 가정함으로써, 식 (5-11)은 다음과 같이 쓸 수 있다 :

$$E_t = E_r - \frac{RT}{nF}\ln\left[\prod_i\left(\frac{p_i}{p_0}\right)^{v_i}\right] \tag{5-13}$$

여기서, p_i는 물질 i의 분압이고, p_0는 기준 압력이다. 이상기체 또는 비이상기체로 가정한 경우, A 물질의 분압 p_A*는 전체 압력 P_A와 물질의 몰 분율 x_A의 곱으로 표현할 수 있다.

$$p_A* = x_A P_A \tag{5-14}$$

연료의 몰 분율을 모를 때는 입구와 출구 조건의 평균값으로 다음 식을 통해 추정할 수 있다[11] :

$$x_A = \frac{1 - x_{C,Anode}}{1 + \left(\frac{x_{Anode}}{2}\right)\left(1 + \left(\frac{\zeta_A}{(\zeta_{A-1})}\right)\right)} \tag{5-15}$$

여기서, ζ_A는 양론적(stoichiometric) 유량, x_{Anode}는 건조 가스 내의 물질 1에 대한 물질 2의 몰 비, 그리고 $x_{C,Anode}$는 :

$$x_{C,Anode} = \frac{P_{sat}}{P_A} \tag{5-16}$$

몰 분율은 임의의 온도에서 연료전지의 애노드와 캐소드의 압력과 포화 압력(P_{sat})의 비이다.

물의 포화 온도는 연료전지가 운전되는 온도의 함수로서, 수소-산소 연료전지에서는 다음 식을 이용해서 P_{sat}를 계산할 수 있다 :

$$\log_{10} P_{sat} = -2.1794 + 0.02953 * T - 9.1837 \\ 10^{-5} * T^2 + 1.4454 \times 10^{-7} * T^3 \tag{5-17}$$

여기서, T(℃)는 연료전지의 운전 온도이다.

전류가 크면 다양한 비 평형 효과로 인해 전압은 매우 빨리 떨어지게 되는데, 이러한 효과들 중 가장 간단한 것은 연료전지 자체의 내부 저항으로 인한 전압 강하이다. Ohm의 법칙에 의해 전압 강하는 전류와 저항의 곱으로서 최대 전류 밀도가 1 A/cm^{2}일 때 전압은 0.5 V 정도 떨어질 수 있다.

만약 고위 발열량을 기준으로 총 에너지가 전기 에너지로 변환된다면, 이론적으로 단위 전지(cell) 당 1.48 V의 퍼텐셜을 얻을 수 있다. 저위 발열량을 기준으로 한 이론적 퍼텐셜도 앞서 언급한 바와 같다. $T\Delta S$의 한계 때문에 연료전지의 이론상 최대 퍼텐셜은 1.229 V이며, 자유 에너지가 어떠한 손실도 없이 모두 전기 에너지로 변환될 때 얻을 수 있다. 연료전지에서 얻어지는 실제 일은 다음 식에 나타난 활성화 과전위(v_{act}), 저항 과전위(v_{ohmic}), 농도 과전위(v_{conc}) 등의 비가역성(비가역적 전압 손실)들 때문에 최대 유용 일보다 작다 :

$$V_{irrev} = v_{act} + v_{ohmic} + v_{conc} \tag{5-18}$$

식 (5-18)의 V_{irrev}은 정확한 연료전지의 정미 출력 전압을 얻기 위해 식 (5-3)에

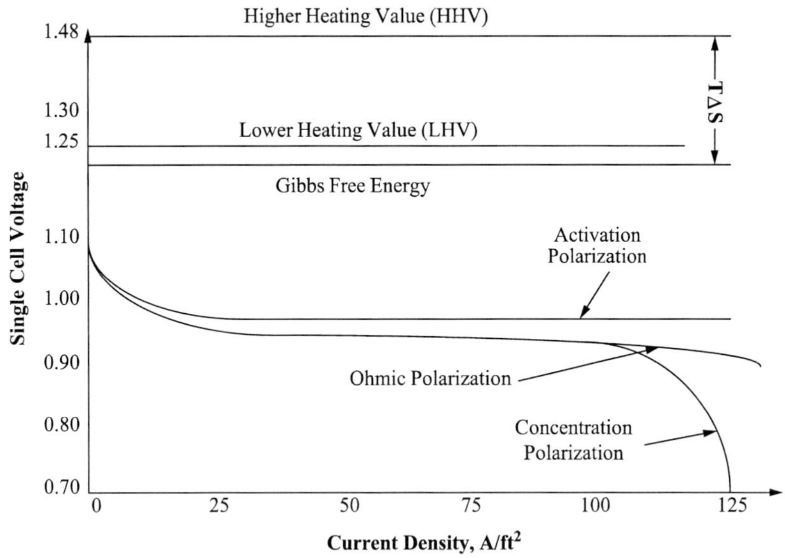

그림 5-2 평형 상태에서의 수소-산소 연료전지 성능 곡선

있는 비가역 전압 손실에 대입할 수 있다. 식 (5-18)의 변수들은 제6~8장에서 더욱 상세히 설명할 것이다. 제6장에서는 연료전지 전기화학, 활성화 과전위, 제7장에서는 연료전지 전하 전달과 저항 과전위, 제8장에서는 연료전지의 물질 전달과 농도 과전위에 대해 각각 자세히 다룰 것이다. 그림 5-2는 연료전지를 설계할 때 고려해야 하는 연료전지의 전압 손실을 나타내었다.

예제 5-4 1 atm, 650℃에서 온도의 함수인 가역 전지 퍼텐셜을 결정하시오. $T_{ref}=25$ ℃로 가정한다. 반응은

$$H_2 + 1/2O_2 \rightarrow H_2O$$

표준 온도와 압력에서 연료전지 반응의 엔트로피와 가역 전지 퍼텐셜은 :

$$\Delta G = \Delta H - T\Delta S$$

$$\Delta G = \left(h_{H_2O(g)} - \left(h_{H_2} + \frac{1}{2}h_{O_2}\right)\right) - T*\left(s_{H_2O(g)} - \left(s_{H_2} + \frac{1}{2}s_{O_2}\right)\right)$$

$$\Delta G = \left(-241{,}826\frac{\mathrm{J}}{\mathrm{mol\_H_2O}} - \left(0 + \frac{1}{2}*0\right)\right) - \mathrm{T}*\left(188.83\frac{\mathrm{J}}{\mathrm{mol\_H_2O}}\right.$$

$$\left.- \left(130.68\frac{\mathrm{J}}{\mathrm{mol\_H_2O}} + \frac{1}{2}*205.14\frac{\mathrm{J}}{\mathrm{mol\_O_2}}\right)\right)$$

$$\Delta G = -241{,}826\frac{\text{J}}{\text{molK}} - (298\text{K}) * 44.42\frac{\text{J}}{\text{molK}} = -228{,}588.84\frac{\text{J}}{\text{molK}}$$

$$E_r = \frac{\Delta G}{nF} = \frac{-228{,}588.84\dfrac{\text{J}}{\text{molK}}}{\left(\dfrac{2\text{mol\_}e^-}{\text{mol\_fuel}} * 96{,}487\dfrac{\text{C}}{\text{mol\_}e^-}\right)} = 1.185\frac{\text{J}}{\text{C}} = 1.185\text{ V}$$

T=25℃, 1 atm에서의 수증기는:

$$\frac{\Delta s(T_{ref}, P)}{nF} - \frac{-44.42\,\text{J/(mol\_fuel*K)}}{2\text{mol\_e}^-/\text{mol\_fuel} \times 96{,}487\,\text{C/mol\_e}^-} = -0.2302 \times 10^{-3}\,\text{V/K}$$

따라서 적합한 표현은:

$$E_r(T, P) = 1.185\text{ V} - 0.2302 \times 10^{-3}\frac{\text{V}}{\text{K}} * (T - T_{ref})$$

가역 전지 퍼텐셜은 온도가 1도 증가할 때마다 0.2302 mV 감소된다. 온도가 650℃일 때:

$$E_r(650{,}1) = 1.185\text{ V} - 0.2302 \times 10^{-3}\frac{\text{V}}{\text{K}} * (650 - 25)\text{K} = 1.041\text{V}$$

온도가 25℃에서 650℃로 증가할 때 가역 퍼텐셜은 1.185 V에서 1.041 V로 감소한다.

예제 5-5 다음 반응에 대한 가역 전지 퍼텐셜을 결정하시오:

$$H_2(g) + {}^1/_2O_2(g) + H_2O\,(l)$$

공급되는 연료에서 수소(H_2)의 몰 분율은 0.5이고, 공기에서 산소(O_2)의 몰 분율은 0.21이며, 그 외 나머지 물질들은 화학적으로 비활성이다.

연료전지가 표준 온도, 압력에서 운전되기 때문에 T=25℃, P=1 atm이고, 공급되는 반응물이 순수한 수소와 산소가 아니기 때문에 가역 전지 퍼텐셜은 다음과 같다:

$$E_r(T, P_i) = E_r(T, P) - \frac{RT}{nF}\ln K$$

반응물의 몰 분율은 X_{H_2}=0.5, X_{O_2}=0.21이고, K는 다음과 같이 계산될 수 있다:

$$K = \prod_{i=1}^{N}(X_i)^{(v_i''-v_i')/v_F'} = X_{H_2}^{(0-1)/1}X_{O_2}^{(0-1)/2/1} = X_{H_2}^{-1}X_{O_2}^{-1/2}$$

표준 압력과 온도에서 순수한 수소와 산소가 반응물로 공급될 때, 가역 전지 퍼텐셜은

1.229 V이다.

$$E_r(T, P_i) = 1.229\text{V} - \frac{8.314\,\text{J/mol K} \times 298\,\text{K}}{2\text{mol\_e}^-/\text{molfuel} \times 96{,}487\,\text{C/mol\_e}^-}$$

$$\ln 0.5^{-1} \times 0.21^{-1/2} = 1.210\,\text{V}$$

반응이 진행됨에 따라 반응물이 생성물로 바뀌면서 반응물의 농도가 감소하므로, 전지의 퍼텐셜은 줄어들게 되는데, 예상만큼 급격히 줄어들지는 않는다.

5.3 이론적인 연료전지 효율

기존의 열기관의 효율과는 달리 화학적 에너지 변환 과정의 효율은 다음 2가지 방법으로 구할 수 있다 :

$$\begin{aligned}\eta_{\Delta G} &\equiv (\text{actual useful work})/(\text{maximum useful work}) \\ &= (\text{power} \times \text{time})/\Delta G\end{aligned}$$

$$\begin{aligned}\eta_{\Delta H} &\equiv (\text{actual useful work})/(\text{maximum useful work}) \\ &= (\text{power} \times \text{time})/\Delta H\end{aligned}$$

$\Delta G = \Delta H - T\Delta S$이기 때문에 $\Delta H < \Delta G$이거나 같은 출력을 가진다. 이상적인 연료전지의 효율은 최대 일을 투입된 엔탈피로 나눌 때 얻을 수 있는 열량 ΔH를 기준으로 하여 다음과 같다.

$$\eta_{fuel\_cell} = \Delta G/\Delta H \tag{5-19}$$

주어진 표준 자유 에너지와 엔탈피($\Delta G = -237.2$ KJ/mol, $\Delta H = -285.8$ KJ/mol)를 식 (5-19)에 대입하면 표준 조건에서 연료전지의 최대 열역학 효율이 83%라는 것을 구할 수 있다. 연료전지는 연소 등의 다른 과정없이 화학 에너지를 직접 전기 에너지로 변환시키는데, 이론적인 최대 효율은 다음 식을 이용하여 계산할 수 있다 :

$$\eta_{max} = 1 - T * \Delta S/\Delta H \tag{5-20}$$

따라서 가역적이고 등온 상태로 운전되는 이상적인 연료전지는 60~90% 사이의 효율을 가질 것이다. 열량 $T\Delta S$는 주위(surroundings)와 교환되며, 효율은 장치 크기에 대해서는 별다른 영향을 받지 않는다.

소모된 에너지는 사용된 연료의 고위 발열량(HHV)으로 측정되는데, 즉, 수소에 대해서 :

$$\eta = \frac{power_{out}}{power_{in}} = \frac{n_{electrons} F V_{output}}{n_{hydrogen} \Delta H_{HHV}} = \frac{2FV_{output}}{\Delta H_{HHV}} \tag{5-21}$$

여기서, $n_{electrons}$과 $n_{hydrogen}$은 mol/s인 유량, F는 Faraday 상수, V_{output}은 전지의 전압 출력, ΔH_{HHV}는 −285.8 KJ/mol이다. 고위 발열량 엔탈피(ΔH_{HHV})는 1.481 V로 바꿀 수 있으므로 효율은 다음 식과 같다[4] :

$$\eta = V_{output} / 1.481V \tag{5-22}$$

이 변환된 전압에 대한 개념은 효율과 폐열을 계산할 때 매우 유용하다. 생성되는 폐열을 간단히 하면

$$Q = n\Delta H_{HHV}(1 - \eta) \tag{5-23}$$

그리고 열역학적 최대 효율은 83%로 정해져 있다(만약 물이 액체 상태로 존재한다는 가정이 틀릴 경우, 물의 증발에 의해 연료전지 스택이 냉각되어 폐열이 감소하므로 위의 식을 적용할 수 없다). 제9장에서 연료전지의 생성열에 대해서 더 자세히 설명할 것이다.

5.3.1 에너지 효율

연료 소비율은 간단하게 전류 밀도와 Faraday 상수의 함수로 계산될 수 있다 :

$$n_{A,reacted} = n_{B,reacted} = \frac{i}{2F} \tag{5-24}$$

두 반응물의 질량 연속 방정식은 :

$$n_{A,in} = n_{A,reacted} + n_{A,out} \tag{5-25}$$

여기서, $n_{A,in}$은 연료전지로 공급되는 몰 유량, $n_{A,out}$은 연료전지로부터 배출되는 몰 유량이다. 연료전지의 에너지 효율은

$$\eta_{Energy} = \frac{W_{FC}}{(n_{A,reacted} + n_{A,out}) \times HHV_A} \tag{5-26}$$

연료 소비율은 연료전지의 모든 운전 조건들에 대한 계산을 포함하여 제16장에서 상세히 다룰 것이다.

5.4 연료전지 온도

연료전지의 이론 퍼텐셜은 아래 식에 나타난 바와 같이 온도에 의해 변화한다.

$$E = \frac{\Delta H}{nF} - \frac{T\Delta S}{nF} \tag{5-27}$$

식 (5-27)에서 보이는 것처럼 온도의 증가는 연료전지의 퍼텐셜을 감소시킨다. SOFC와 같은 여러 형태의 연료전지가 고온(600~1,000℃)에서 구동된다. ΔH와 ΔS는 아래 식에 나타난 것처럼 온도의 함수이다 :

$$\Delta H_T = h_{298.15} + \int_{298.15}^{T} \Delta c_p dT \tag{5-28}$$

$$\Delta S_T = s_{298.15} + \int_{298.15}^{T} \Delta c_p dT \tag{5-29}$$

비열(c_p)은 5.1절에서 설명한 것처럼 온도의 함수인데, 일반적으로 이용되는 관계는 다음 식과 같다.

$$c_p = a + bT + cT^2 \tag{5-30}$$

여기서, a, b, c는 가스의 종류에 따라 달라지는 계수이다. 상기의 식을 서로 대입하면 25℃에서 운전되는 수소-산소 연료전지에 대한 다음과 같은 식이 유도된다 :

$$\Delta H_T = \Delta H_{298.15} + \Delta a(T - 298.15) + \Delta b\frac{(T-298.15)^2}{2} + \Delta c\frac{(T-298.15)^3}{3}$$

$$\Delta S_T = \Delta S_{298.15} + \Delta a \ln\left(\frac{T}{298.15}\right) + \Delta b(T - 298.15) + \Delta c\frac{(T-298.15)^2}{2}$$

Δa, Δb, Δc는 각각 계수 a, b, c의 생성물과 반응물의 차이이다 :

$$\Delta a = a_{H_2O} + a_{H_2} - \frac{1}{2}a_{O_2} \tag{5-31}$$

$$\Delta b = b_{H_2O} + b_{H_2} - \frac{1}{2}b_{O_2} \tag{5-32}$$

$$\Delta c = c_{H_2O} + c_{H_2} - \frac{1}{2}c_{O_2} \tag{5-33}$$

c_p, ΔH, ΔS의 변화는 매우 작지만 높은 온도에서는 상기 식들에 나타나 있는 c_p, ΔH, ΔS의 변화를 무시할 수 없다.

5.5 연료전지 압력

연료전지는 여러 범위의 압력에서 운전할 수 있지만, 대기압보다 높은 압력에서 작동될 때 유리하며, 일반적으로 대기압 ~6~7 bar 사이에서 운전된다. 압력에 따른 깁스 자유 에너지의 변화는 다음과 같다:

$$dG = V_m dP \tag{5-34}$$

여기서, V_m은 몰 부피(m³/mol), P는 압력(Pa)이다. 이상기체일 때 압력은 다음 관계식으로 표현된다:

$$PV_m = RT \tag{5-35}$$

따라서

$$dG = RT\frac{dP}{P} \tag{5-36}$$

적분하면 다음과 같은 식을 얻을 수 있다.

$$G = G_0 + RT\ln\left(\frac{P}{P_0}\right) \tag{5-37}$$

여기서, G_0는 표준 압력과 온도(25℃, 1 atm)일 때 깁스 자유 에너지이고, P_0는 표준 압력(1 atm)이다. 이것은 Nernst 식의 또 다른 형태이며, 임의의 화학 반응은 다음 반응식으로 표현되는데:

$$jA + kB \rightarrow mC + nD$$

따라서 생성물과 반응물 사이의 깁스 자유 에너지 변화는 다음 식으로 표현할 수 있다 :

$$\Delta G = mG_c + nG_D - jG_A - kG_B$$

이를 위의 식에 대입하면 다음과 같은 깁스 자유 에너지에 대한 식을 얻을 수 있다 :

$$G = G_0 + RT\ln\frac{\left(\frac{P_C}{P_0}\right)^m\left(\frac{P_D}{P_0}\right)^n}{\left(\frac{P_A}{P_0}\right)^j\left(\frac{P_B}{P_0}\right)^k} \tag{5-38}$$

여기서, P는 반응물 또는 생성물의 분압이고, P_0는 기준 압력이다. 수소-산소 연료전지의 전체 반응에 대한 Nernst 식은 다음과 같다.

$$G = G_0 + RT\ln\left(\frac{P_{H_2}P_{O_2}^{0.5}}{P_{H_2O}}\right)$$

따라서 온도와 압력의 함수인 연료전지의 퍼텐셜은 다음과 같다 :

$$E_{T,P} = \left(\frac{\Delta H}{nF} - \frac{T\Delta S}{nF}\right) + RT\ln\left(\frac{P_{H_2}P_{O_2}^{0.5}}{P_{H_2O}}\right)$$

예제 5-6 압력이 1 atm, 온도가 25℃, 750℃일 때, 다음 반응의 입·출구 Nernst 퍼텐셜을 각각 결정하시오 :

$$H_2 + 1/2O_2 \rightarrow H_2O\ (g)$$

순수한 H_2와 공기의 O_2가 연료전지에 공급된다고 가정하자. H_2 이용률은 0, 산소 이용률은 0.5이고 반응 후 물이 캐소드에서 생성된다.

입·출구 Nernst 퍼텐셜은 입·출구의 반응물 구성에 기초하여 계산할 수 있는데, 연료전지 입구에서의 가역 전지 퍼텐셜은 다음 식과 같다 :

$$E_r(T, P_i) = E_r(T, P) - \frac{RT}{nF}\ln X_{O_2,in}^{-1/2}$$

연료전지 입구에서 : $X_{H_2,in} = 1$, $X_{O_2,in} = 0.21$, $X_{N_2,IN} = 0.79$, $P_{O_2,in} + P_{N_2,in} = 1$ atm

예제 5-5로부터 E_r(25℃, 1 atm)=1.185 V이고, 부록 F로부터 1,023 K, 1 atm에서 E_r은

$$E_r = \frac{\Delta G}{nF} = \frac{-191{,}375.04 \dfrac{\mathrm{J}}{\mathrm{molK}}}{\left(\dfrac{2\mathrm{mol\_e^-}}{\mathrm{mol\_fuel}} * 96{,}487 \dfrac{\mathrm{C}}{\mathrm{mol\_e^-}}\right)} = 0.9917 \frac{\mathrm{J}}{\mathrm{C}} = 0.9917\,\mathrm{V}$$

입구의 Nernst 퍼텐셜은

$$E_r(25,1) = 1.185\,\mathrm{V} - \frac{8.314\,\mathrm{J/molK} \times 298\mathrm{K}}{2\,\mathrm{mol\_e^-\,mol/fuel} \times 96{,}487\,\mathrm{C/mol\_e^-}} \ln 0.21^{-1/2}$$

$$= 1.175\,\mathrm{V}$$

$$E_r(750,1) = 0.9917\,\mathrm{V} - \frac{8.314\,\mathrm{J/molK} \times 1023\mathrm{K}}{2\,\mathrm{mol\_e^-\,mol/fuel} \times 96{,}487\,\mathrm{C/mol\_e^-}} \ln 0.21^{-1/2}$$

$$= 0.9573\,\mathrm{V}$$

연료전지 출구에서, $X_{H_2,out} = 1$, $X_{O_2,out} = 0.095$, $P_{O_2,out} + P_{H_2,out} + P_{N_2,out}$ $= P_{out} = P_{in} = 1\,\mathrm{atm}$

출구에서의 Nernst 퍼텐셜은 다음과 같다.

$$E_r(T, P_{O_2,out}) = E_r(T, P) - \frac{RT}{nF} \ln X_{O_2,out}^{-1/2}$$

$$E_r(25,1) = 1.185 - 0.01284 \times \ln 0.095^{1/2} = 1.170\ \mathrm{V}$$

$$E_r(750,1) = 0.9917 - 0.04407 \times \ln 0.095^{1/2} = 0.9398\ \mathrm{V}$$

단원요약

열역학은 연료전지의 이론적 한계와 성능을 예상하기 위해 필수적인 다양한 식들을 제공한다. 이 장에서 설명한 이론적 한계들은 이론적인 연료전지 퍼텐셜, 효율과 정미 출력전압 등이며, 압력과 온도가 같은 연료전지 시스템에 영향을 주는 물성치들을 평가하고 이해하는 데 도움을 준다.

연습문제

1. 1 atm, 20℃로 반응 가스가 공급되며, 75℃에서 운전되는 수소-산소 연료전지의 이론적 퍼텐셜을 계산하라. 반응 후 생성물은 액상의 물이다.
2. 다음 세 가지 조건에서 운전되는 수소-산소 연료전지의 이론적 퍼텐셜을 각각

계산하고 차이를 비교하라: (1) 20℃, 1 atm에서 운전, (2) 50℃, 2 atm에서 운전, (3) 80℃, 3 atm에서 운전.

3. 60℃, 3 atm에서 다음 반응의 Nernst 손실과 입·출구의 Nernst 퍼텐셜을 계산하라 :

$$H_2 + {}^1/_2O_2 \rightarrow H_2O\,(l)$$

순수한 O_2와 H_2가 반응하고 물은 캐소드에서 생성된다고 가정한다.

4. 3번 문제의 반응에서 연료전지가 0.65 V의 전압, 5 ml/min의 연료 유량, 0.8 A의 전류로 운전한다면, 가역 전지 효율과 전류 효율은 얼마인가?

5. 3번 문제의 반응에서 25℃와 1 atm일 때 엔트로피 생성량, 퍼텐셜 손실량, 폐열의 양은 얼마인가? 연료전지는 0.7 V의 전압으로 운전된다.

참고문헌

[1] Hussain, M.M., J.J. Baschuk, X. Li, and I. Dincer. "Thermodynamic Analysis of a PEM Fuel Cell Power System." *International Journal of Thermal Sciences*. 2005. Vol. 44, pp. 903-911.

[2] O'Hayre, Ryan, Suk-Won Cha, Whitney Colella, and Fritz B. Prinz. *Fuel Cell Fundamentals*. 2006. New York: John Wiley & Sons.

[3] Barbir, Frano. *PEM Fuel Cells: Theory and Practice*. 2005. Burlington, MA: Elsevier Academic Press.

[4] Lin, Bruce. "Conceptual Design and Modeling of a Fuel Cell Scooter for Urban Asia." Princeton University, Masters Thesis, 1999.

[5] Mench, M.M., Z.H. Wang, K. Bhatia, and C.Y. Wang. "Design of a Micro-direct Methanol Fuel Cell," Electrochemical Engine Center, Department of Mechanical and Nuclear Engineering, Pennsylvania State University. 2001.

[6] Mench, Matthew M., Cao-Yang Wang, and Stephan T. Tynell. "An Introduction to Fuel Cells and Related Transport Phenomena." Department of Mechanical and Nuclear Engineering, Pennsylvania State University. Draft. *http://mtrl1.mne.psu.edu/ Document/jtpoverview.pdf* Last Accessed March 4, 2007.

[7] Ay, M., A. Midilli, and I. Dincer. "Thermodynamic Modeling of a Proton Exchange Membrane Fuel Cell." *Int. J. Exergy*. 2006. Vol. 3, No. 1, pp. 16-44.

[8] Simon, William Emile. *Transient Thermodynamic Analysis of a Fuel-Cell System*. NASA Technical Note. NASA TN D-4-4601. Manned Spacecraft Center, Houston, Texas. June, 1968.

[9] Li, Xianguo. *Principles of Fuel Cells*. 2006. New York: Taylor & Francis Group.

[10] Springer et al. "Polymer Electrolyte Fuel Cell Model." *J. Electrochem. Soc.* 1991. Vol. 138, No. 8, pp. 2334-2342.

[11] Rowe, A. and X. Li. Mathematical Modeling of Proton Exchange Membrane Fuel Cells." *Journal of Power Sources*. 2001. Vol. 102, pp. 82-96.

Chapter 06

연료전지 전기화학

이 장에서는 연료전지의 전극 반응속도(kinetics), 활성화 과전위, 전류, 퍼텐셜을 예상하거나 모델링하기 위해 필요한 기초적인 전기화학을 다루게 될 것이다. 특히 전기화학 반응이 얼마나 빠르게 일어나는지, 반응물이 어떻게 생성물을 만들고 얼마나 많은 에너지 손실이 일어나는지를 다룰 것이다. 이 장에서는 다음과 같은 주제들을 중점적으로 설명할 것이다 :

- 전극 반응속도
- 전압 손실
- 연료전지의 퍼텐셜과 전류
- 분극 곡선

이 장에서 소개될 이론은 연료전지 정미 출력 전압과 운전 특성을 정확하게 예상하기 위해 이어지는 장에서 더 자세히 설명할 것이다.

모든 전기화학적 과정은 전극과 화학종들 사이의 전자 이동과 깁스 자유 에너지의 변화를 포함하며, 그림 6-1에서 나타난 바와 같이 전극(촉매 & 배면 층 또는 다공성 전극 층)과 전해질 사이의 경계면에서 전기화학 반응이 일어난다.

각각의 전하는 전해질, 전극 또는 분리판을 통과하기 위해 활성화 에너지 장벽을 극복해야 한다. 전기화학적 반응속도는 전자가 생성되거나 소모되는 비율에 의존하기 때문에 전류와 직접적인 연관이 있다. Faraday의 법칙으로부터 전류는 다음 식과 같다 :

$$i = \frac{dQ}{dt} \tag{6-1}$$

여기서, Q는 전하이고, t는 시간이다. 만약 전기화학 반응으로 인해 단위 시간당 n

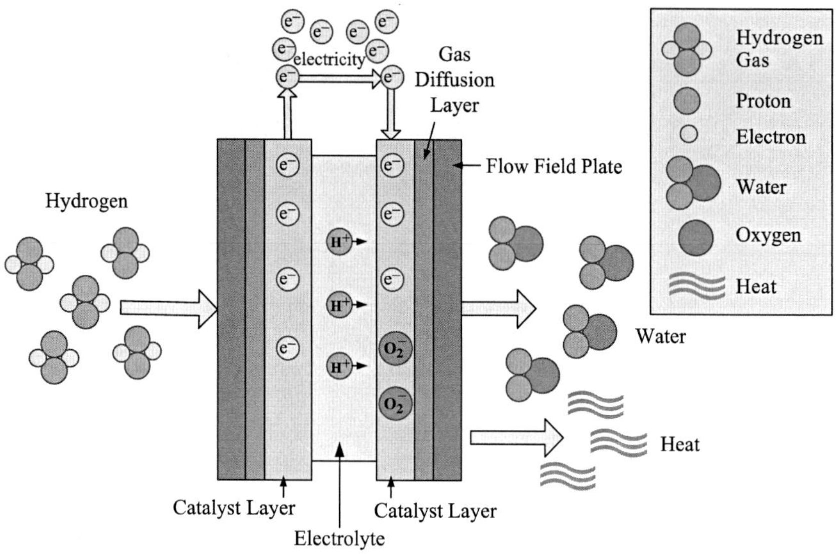

그림 6-1 PEMFC의 전해질과 전극에서 전기화학 반응

개의 전자들이 이동한다면 전류는 다음 식과 같다.

$$i = nF\frac{dN}{dt} \tag{6-2}$$

여기서, dN/dt는 전기화학 반응속도(mol/s)이고, F는 Faraday 상수(96,400 C/mol)이다. 주어진 두 식을 연립하면

$$\int_0^t idt = Q = nFN \tag{6-3}$$

이 식은 총 생성된 전기의 양이 물질의 몰 수와 전자의 개수, 그리고 Faraday 상수의 곱에 비례함을 보여준다.

예제 6-1 수소/산소 연료전지가 75℃, 1 atm에서 운전되고 있다.

$$H_2 + O_2 \rightarrow H_2O$$

연료전지가 72시간 동안 운전될 때, 10 sccm의 유량에서 연료전지는 얼마나 많은 전류를 생산하는가? 또한 소비된 H_2의 몰수는 얼마인가?

H_2는 이상기체로 취급한다 : 몰 유량은 이상기체 법칙을 통해 체적 유량과 관련되어져 있다.

$$\frac{dN}{dt} = \frac{P(dV/dt)}{RT}$$
$$\frac{dN}{dt} = \frac{1\ \text{atm} \times (0.01\ \text{L/min})}{(0.082\ \text{L/atm/(molK)} \times (348.15\ \text{K})} = 3.50 \times 10^{-4}\ \frac{\text{molH}_2}{\text{min}}$$

1몰의 H_2 가스가 반응할 때마다 2몰의 전자가 이동되기 때문에 $n=2$이고,

$$i = nF\frac{dN}{dt} = 2 \times (96{,}400\ \text{C}) * \left(3.50 \times 10^{-4}\ \frac{\text{molH}_2}{\text{min}}\right) * 1\ \frac{\text{min}}{60\ \text{s}} = 1.126\ \text{A}$$

생산된 전기의 총 양은 작동시간 동안 전류 부하의 합으로 계산된다.

$$Q_{tot} = i_1 t_1 = (1.126\ \text{A}) * \left(72\ \text{hours} * \frac{3{,}600\ \text{sec}}{1\ \text{hr}}\right) = 291{,}859\ \text{C}$$

전자 2몰을 생성하기 위해 1몰의 H_2 반응물을 필요로 하므로, $n=2$. 연료전지에 의해 변화된 H_2 총 몰 수는

$$N_{H_2} = \frac{Q_{tot}}{nF} = \frac{291{,}859\ \text{C}}{2 \times 96{,}400\ \text{C/mol}} = 1.514\ \text{mol\_H}_2$$

H_2의 분자량은 2.016 g/mol이므로, 이는 H_2 3.052 g과 같다.

전극에서 발생하는 산화종과 환원종 사이의 전기화학 반응은 다음과 같은 형태를 취한다 :

$$\text{Ox} + \text{e}^- \leftrightarrow \text{Re} \tag{6-4}$$

만약 전극의 퍼텐셜(전압)이 평형 퍼텐셜보다 음이면, 반응은 더 많은 환원종을 형성할 것이며, 전극의 퍼텐셜이 평형 퍼텐셜보다 양이면, 반응은 더 많은 산화종을 만들 것이다[2]. 정반응과 역반응은 동시에 발생하며, 반응물의 소비는 표면 농도에 비례한다[3]. 정반응의 반응속도는 :

$$j_f = k_f C_{Ox} \tag{6-5}$$

여기서, k_f는 정반응 속도 상수, C_{Ox}는 반응 물질의 표면 농도이다.

역반응의 반응 속도는 :

$$j_B = k_b C_{Rd} \tag{6-6}$$

여기서, k_b는 역반응 속도 상수이고, C_{Rd}는 반응 물질의 표면 농도이다.

이러한 반응은 전자를 방출하거나 소모하며, 이들 사이의 차이는 생산된 정미 전류와 같다[3] :

$$i = nF(k_f C_{Ox} - k_b C_{Rd}) \tag{6-7}$$

평형에서 정미 전류는 반응이 같은 비율로 동시에 양쪽 방향으로 진행될 것이기 때문에 0이어야 하며[3], 평형에서 이러한 반응속도를 교환 전류 밀도(current exchange density)라고 한다.

6.1 전극 반응속도론

전이 상태 이론(Transition state theory)에 따르면 반응이 일어나기 위해서는 에너지 장벽을 극복해야 한다[1]. 경계면으로부터 거리에 대한 깁스 자유 에너지의 함수가 그림 6-2에 나타나 있다. 뛰어 넘을 수 있는 에너지 장벽의 크기는 반응물과

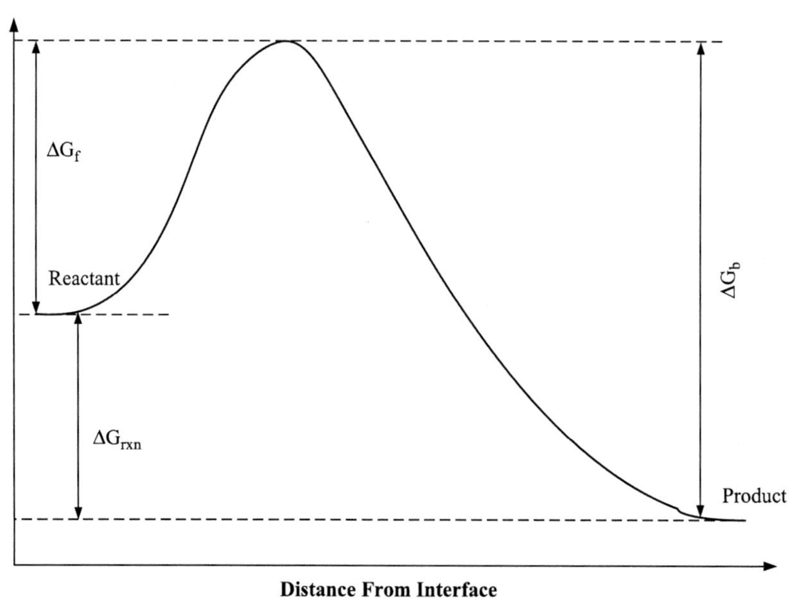

그림 6-2 경계면으로부터의 거리에 따른 깁스 자유 에너지의 변화

생성물 사이의 깁스 자유 에너지 변화와 같다[9]. 이종속도상수(heterogeneous rate coefficient) k는 깁스 자유 에너지의 함수인 전기화학 반응을 통해 계산된다:

$$k = \frac{k_B T}{h} \exp\left(\frac{-\Delta G}{RT}\right) \tag{6-8}$$

여기서, k_B는 Boltzmann 상수(138.049×10^{-23} J/K), h는 Plank 상수(6.621×10^{-34} Js), ΔG는 깁스 활성화 에너지(kJ/mol)이다.

깁스 자유 에너지는 전기장의 존재로부터 발생하기 때문에 화학 관련항과 전기 관련항으로 구성된 것으로 간주될 수 있다[1, 2]. 환원 반응의 경우:

$$\Delta G = \Delta G_{AC} + \alpha_{Rd} FE \tag{6-9}$$

산화 반응의 경우:

$$\Delta G = \Delta G_{AC} - \alpha_{Ox} FE \tag{6-10}$$

여기서, ΔG_{AC}는 전이 상태의 깁스 자유 에너지, α는 전달 계수이고, F는 Faraday 상수, E는 퍼텐셜이다.

문헌에 따라 전달계수(α)와 대칭인자(β) 사이에 약간의 혼동이 있다. 대칭인자는 보통 단일 단계 반응에 사용되지만 실제 과정은 다단계 반응이다; 따라서 실험적인 변수는 전달 계수를 이용한다[3]. α값은 활성화 장벽에 의존하고 일반적으로 0과 1 사이의 값이지만 대부분의 전기화학 반응에서 0.2~0.5의 값을 갖는다[2]. α_{Rd}와 α_{Ox}사이의 관계는:

$$\alpha_{Rd} - \alpha_{Ox} = \frac{n}{v_{times}} \tag{6-11}$$

여기서, n은 이동된 전자 수, v_{times}는 반응이 일어나기 위하여 반드시 진행되어야 하는 화학량론적 단계(Stoichiometric step)의 횟수이다[3]. 정반응과 역반응의 반응 속도 상수는:

$$k_f = k_{0,f} \exp\left[\frac{-\alpha_{Rd} FE}{RT}\right] \tag{6-12}$$

$$k_b = k_{0,b} \exp\left[\frac{-\alpha_{Ox} FE}{RT}\right] \tag{6-13}$$

만약 이러한 식들을 식 (6-7)에 대입하면 정미 전류는 :

$$i = nF\left\{k_{0,f}C_{Ox}\exp\left[\frac{-\alpha_{Rd}FE}{RT}\right] - k_{0,b}C_{Rd}\exp\left[\frac{\alpha_{Ox}FE}{RT}\right]\right\} \tag{6-14}$$

반응이 동시에 양방향으로 진행되기 때문에 평형에서 정미 전류는 0과 같다[3]. 앞에서 언급된 것처럼 교환 전류 밀도는 이러한 반응들이 평형에서 진행된 비율이다 :

$$i_0 = nFk_{0,f}C_{Ox}\exp\left[\frac{-\alpha_{Rd}FE_r}{RT}\right] = nFk_{0,b}C_{Rd}\exp\left[\frac{-\alpha_{Ox}FE_r}{RT}\right] \tag{6-15}$$

Butler-Volmer 식은 전류 밀도와 퍼텐셜 사이의 관계이다 :

$$i = i_0\left\{\exp\left[\frac{-\alpha_{Rd}F(E - E_r)}{RT}\right] - \exp\left[\frac{\alpha_{Ox}F(E - E_x)}{RT}\right]\right\} \tag{6-16}$$

Butler-Volmer 식은 연료전지 내의 캐소드와 애노드에서의 반응에 적용할 수 있다. 이것은 전기화학 반응에 의해 생산된 전류가 활성화 과전위와 함께 지수적(exponentially)으로 증가한다는 것을 설명해준다. 또한, 연료전지로부터 더 많은 전류가 필요하면 전압이 손실될 수 있다는 것을 설명해준다. Butler-Volmer 식은 모든 단일 단계 반응에 적용되며 약간의 수정을 통해 다단계 반응의 근사에 사용할 수 있다.

교환 전류 밀도는 전기화학 반응을 위한 속도 상수이고, 온도, 촉매 로딩과 촉매 비표면적의 함수이다. 어떠한 온도와 압력에서도 유효한 교환 전류 밀도는 다음 식으로 나타낼 수 있다 :

$$i_0 = i_0^{ref}a_cL_c\left(\frac{P_r}{P_r^{ref}}\right)^{\gamma}\exp\left[-\frac{E_c}{RT}\left(1 - \frac{T}{T_{ref}}\right)\right] \tag{6-17}$$

여기서, i_0^{ref}는 촉매의 단위 표면적당 기준 교환 전류 밀도(A/cm^2), a_c는 촉매 비 표면적, L_c는 촉매 로딩, P_r는 반응물의 분압(kPa), P_r^{ref}는 기준 압력(kPa), γ은 압력계수(0.5~1.0), E_c는 활성화 에너지(Pt 위에서 O_2가 환원될 때 66 kJ/mol), R은 기체 상수(8.314 J/(mol*K), T는 온도(K), T_{ref}는 기준 온도(298.15 K)이다.

교환 전류 밀도는 전극에서의 화학 반응의 진행을 판단할 수 있는데, 교환 전류 밀도가 높을수록 전자들이 극복해야 할 에너지 장벽이 더 낮아지며 전극의 표면이 더 활성화된다.

6.2 전압 손실

제5장에서 연료전지에서 볼 수 있는 일반적인 전압 손실은 설명하였고, 그림 6-3에 나타나 있다. 단일 연료전지에서 생성되는 전압은 온도, 부하, 연료/산화제 유량과 같은 운전 조건들에 의해 결정된다. 연료전지 시스템의 성능 평가는 전류 밀도에 따른 전압의 거동을 설명해주는 분극 곡선을 이용한다.

연료전지의 전기 에너지는 전류가 이동할 때 얻어지고 전압은 몇 가지의 비가역적인 손실 메커니즘으로 인해 감소한다. 이 전압 손실은 제5장에서 언급된 것처럼 이론적 퍼텐셜 V_{rev}과 실제 전지 퍼텐셜 V_{irrev}의 차이로 정의된다:

$$V(i) = V_{rev} - V_{irrev} \tag{6-18}$$

연료전지의 실제 개방 회로 전압(open circuit voltage)은 전극과 전해질 사이에서 발생하는 물질들의 크로스오버와 내부 전류 때문에 이론적 모델보다 더 낮다. 개방 회로 전압에서 전압 강하를 일으키는 중요 원인 3가지는 (1) 활성화 분극, (2) ohmic 분극, (3) 농도 분극이다[6]. 따라서 식 (6-18)은 이러한 전압 손실을 포함함으로써 다음 식과 같이 쓸 수 있다:

$$V(i) = V_{rev} - v_{act\_anode} - v_{act\_cath} - v_{ohmic} - v_{conc\_anode} - v_{conc\_cath} \tag{6-19}$$

여기서, v_{act}, v_{ohmic}, v_{conc}는 각각 활성화 분극, ohmic 분극, 물질 농도 분극을 나

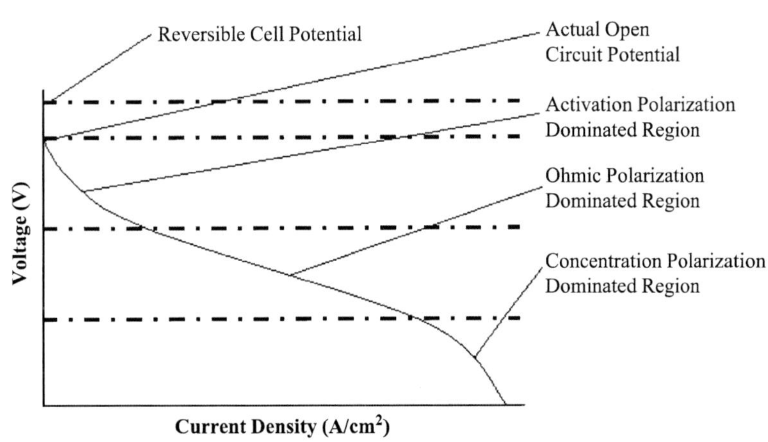

그림 6-3 연료전지의 일반 분극 곡선

타낸다. 식 (6-19)에 나타낸 것처럼 활성화 분극과 농도 분극은 애노드와 캐소드에서 발생하는 반면에, ohmic 분극은 연료전지 전체에 걸친 ohmic 손실을 나타낸다.

활성화, ohmic, 농도 분극의 식을 식 (6-19)에 대입하면 그림 6-3과 6-4에 나타난 것처럼 연료전지의 퍼텐셜과 전류 밀도(연료전지 분극 곡선) 사이의 관계가 다음 식과 같이 나타난다:

$$E = E_r - \frac{RT}{\alpha_c F}\ln\left(\frac{i}{i_{0,c}}\right) - \frac{RT}{\alpha_a F}\ln\left(\frac{i}{i_{0,a}}\right) - \frac{RT}{nF}\ln\left(\frac{i_{L,c}}{i_{L,c} - i}\right) - \frac{RT}{nF}\ln\left(\frac{i_{L,a}}{i_{L,a} - i}\right) - iR_i \quad (6\text{–}20)$$

식을 간단히 하면:

$$E = E_r - \frac{RT}{\alpha F}\ln\left(\frac{i_{ext} + i_{loss}}{i_0}\right) - \frac{RT}{nF}\ln\left(\frac{i_L}{i_L - i}\right) - iR_i \quad (6\text{–}21)$$

활성화 분극은 촉매 표면에서 일어나는 전기화학 반응의 활성화 에너지를 극복하는 데 필요한 과전위이다[6]. 이러한 형태의 분극은 주로 낮은 전류 밀도에서 일어나며 주어진 온도에서 촉매 활성을 평가하는 데 주로 사용된다. 기체상의 연료, 고체상의 금속 촉매와 액체상의 전해질이 모두 접촉해야 하기 때문에 이것은 복잡한

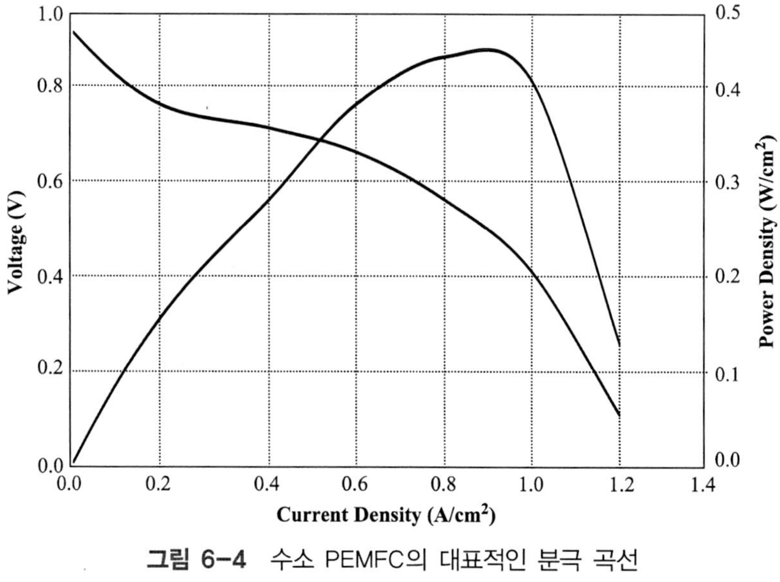

그림 6-4 수소 PEMFC의 대표적인 분극 곡선

3상계면(three-phase interface) 문제이다. 촉매는 활성화 장벽의 높이를 감소시키지만 느린 산소 반응으로 인한 전압 강하는 여전히 문제가 된다. 전체 활성화 분극 과전위는 개방 회로 조건에서 대략 0.1~0.2 V이며, 최대 퍼텐셜을 1.0 V보다 작게 만든다[4]. 활성화 과전위는 Butler-Volmer 식에서부터 유도될 수 있다. 활성화 과전위는 전류 밀도로 인해 증가하고 다음과 같이 나타낼 수 있다 :

$$\Delta V_{act} = E_r - E = \frac{RT}{\alpha F}\ln\left(\frac{i}{i_0}\right) \tag{6-22}$$

여기서, i는 전류 밀도, i_0는 교환 전류 밀도이다. 교환 전류 밀도는 반응속도를 나타낸다.

활성화 손실은 간단하게 Tafel 식으로써 나타낼 수 있다 :

$$\Delta V_{act} = a + b\ln(i) \tag{6-23}$$

여기서, $a = -\frac{RT}{\alpha F}\ln(i_o)$이고, $b = -\frac{RT}{\alpha F}$이다.

애노드와 캐소드의 활성화 과전위의 합에 대한 식은 다음과 같이 나타낼 수 있다 :

$$\upsilon_{act\_anode} + \upsilon_{act\_cath} = \frac{RT}{nF\alpha}\ln\left(\frac{i}{i_0}\right)\Bigg|_{anode} + \frac{RT}{nF\alpha}\ln\left(\frac{i}{i_0}\right)\Bigg|_{cath} \tag{6-24}$$

여기서, n은 반응물의 몰 당 교환 프로톤 수, F는 Faraday 상수, α는 전기화학 반응속도를 바꾸기 위해 필요한 전기 에너지 양을 기술하는 데 사용된 전하 전달 계수이다[6]. 교환 전류 밀도 i_0는 평형에서 특정 반응에 대한 전극 활성이다. PEMFC에서 수소 산화를 위한 애노드의 i_0는 산소 환원을 위한 캐소드의 i_0에 비해서 매우 크기 때문에 흔히 이 분극 현상에 대한 애노드의 영향은 무시된다. DMFC는 애노드와 캐소드의 i_0가 거의 같다. 고온 연료전지는 작동온도가 매우 높기 때문에 활성화 손실은 매우 낮다. 이것은 활성화 분극이 식 (6-24)를 바탕으로 온도의 증가에 따라 선형으로 증가하여야 하는 것처럼 보이지만, 온도를 증가시키면 교환 전류 밀도가 커져 활성화 분극은 감소하기 때문이다.

ohmic 분극과 농도 분극은 제7장(연료전지 전하 이동)과 제8장(연료전지 질량 이동)에서 상세하게 다룰 것이다.

예제 6-2 75℃, 1 atm에서 50 cm^2 활성면적을 가지는 수소-산소 연료전지가 운전되고 있다. 분극 곡선에서 전달 계수 α는 1이고, 기준 교환 전류 밀도 i_0는 0.001 mA/cm²이고, 내부 저항 R은 0.18 Ωcm²이다. (a) 생성되는 공칭(nominal) 출력을 계산하시오, (b) 작동온도가 90℃로 증가될 때, 0.75 V의 전압으로 운전하는 연료전지의 정미 출력을 계산하시오.

출력은 $W_{el} = E \times I \times A$이고, 전류 밀도는 분극 곡선으로부터 결정된다. 연료전지 분극 곡선은 수소 크로스오버가 없고, 내부 전류 손실이 없으며 전류의 제한도 없으므로 주어진 다음 식으로 근사화 할 수 있다:

$$E = E_r - \frac{RT}{\alpha F}\ln\left(\frac{i}{i_0}\right) - iR_i$$

$$E_r = 1.482 - 0.000845T + 0.0000431T\ln(P_{H_2}P_{O_2}^{0.5})$$

$$E_r = 1.482 - 0.000845*348.15 + 0.0000431*348.15*\ln(0.21)^{0.5} = 1.176\text{ V}$$

$$0.75\text{ V} = 1.176\text{ V} - \frac{(8.314)*(348.15\text{ K})}{(1)*(96{,}485\text{ C/mol})}\ln\left(\frac{i}{0.001\text{ mA/cm}^2}\right) - i*0.18\ \Omega\text{cm}^2$$

전류 밀도는 분극 곡선에 표시하거나 선형 근사를 통해 반복적으로 계산되어야 한다. 0.75 V의 전압과 함께 연료전지의 출력은

$$W_{el} = E \times i \times A = 0.75*1.2*50 = 45\text{ W}$$

(b) 온도가 증가하면 새로운 상호작용, 선형 근사 또는 분극 곡선이 생성되어야 하며, 새 연료전지 전력 출력은

$$E_r = 1.482 - 0.000845T + 0.0000431T\ln(P_{H_2}P_{O_2}^{0.5})$$

$$E_r = 1.482 - 0.000845*363.15 + 0.0000431*363.15*\ln(0.21)^{0.5} = 1.163\text{ V}$$

$$0.75\text{ V} = 1.163\text{ V} - \frac{(8.314)*(363.15\text{ K})}{(1)*(96{,}485\text{ C/mol})}\ln\left(\frac{i}{0.001\text{ mA/cm}^2}\right) - i*0.18\ \Omega\text{cm}^2$$

$$W_{el} = E \times i \times A = 0.75*1.1*50 = 41.25\text{ W}$$

예제 6-3 25℃, 1 atm에서 0.7 A/cm²의 전류 밀도로 연료전지를 작동할 때, Tafel 식을 이용하여 활성화 손실을 계산하여라.

Tafel 식을 간단히 하면:

$$\Delta V_{act} = a + b\ln(i), \text{ where } a = -\frac{RT}{\alpha F}\ln(i_0) \text{ and } b = -\frac{RT}{\alpha F}$$

Tafel 기울기는

$$\Delta V_{actA} = 0.14 + 0.005\ln(i)$$

$$\Delta V_{actC} = 0.2 + 0.007\ln(i)$$

$$\Delta V_{actA} = 0.14 + 0.005\ln(700) = 0.173\text{ V}$$

$$\Delta V_{actC} = 0.2 + 0.007\ln(700) = 0.246\text{ V}$$

6.3 내부 전류와 크로스오버 전류

전해질은 일반적으로 전자 전도성이 없고, 가스를 통과시키지 않지만 약간의 수소와 전자가 전해질을 통해 확산될 수 있다. 전해질을 통해 확산된 수소 분자는 결과적으로 외부 회로를 통해 이동하는 전자들의 수를 감소시킨다. 이러한 손실들은 연료전지 운전 동안에 대개는 무시되지만, 연료전지가 낮은 전류 밀도에서 운전할 때나 개방 회로 전압에서 운전할 때 중요한 영향을 미칠 수 있다. 총 전류가 사용될 수 있는 전류와 손실된 전류의 합이라고 하면:

$$i = i_{ext} + i_{loss} \tag{6-25}$$

연료전지의 전류 밀도(A/cm^2)는 $i = i/A$이다. 총 전류 밀도를 식 (6-22)에 대입하면:

$$E = E_r - \frac{RT}{\alpha F}\ln\left(\frac{i_{ext} + i_{loss}}{i_0}\right) \tag{6-26}$$

활성 퍼텐셜은 식 (6-26)의 후반부에 의해 설명되며, 또한 식 (6-20)과 (6-21)에 나타나 있다. 연료전지에서 수소 크로스오버와 내부 전류는 또 다른 영향을 미친다. 일반적으로 전해질을 통해 확산하는 수소는 물을 형성하고 퍼텐셜을 감소시킨다. 수소 크로스오버는 투과율, 두께, 분압과 같은 전해질 특성에 따라 달라진다[3]. 매우 낮은 개방 회로 퍼텐셜(< 0.9 V)은 일반적으로 수소 누출 또는 전기적 합선을 의미한다[3].

6.4 반응속도 개선

반응속도를 증가시키는 데 사용할 수 있는 몇 가지 방법은:

- 온도를 증가시킨다.
- 반응물 농도를 증가시킨다.
- 활성화 장벽을 감소시킨다.
- 반응 사이트의 수를 증가시킨다.

온도를 증가시키는 것은 연료전지의 반응속도를 증가시킬 것이다. 상승된 온도는 시스템에서 분자를 진동시키고 더 쉽게 활성화 상태로 도달하도록 유도할 것이며 그에 따라서 반응속도가 증가된다. 그러나 높은 과전위에서 온도를 증가시키는 것은 오히려 전류 밀도를 감소시킬 수 있다.

더 순도 높은 반응물을 사용하거나 반응물의 압력이나 유량을 증가시킴으로써 반응물의 농도를 증가시킬 수 있다. 예를 들어 대부분의 PEMFC는 캐소드에서 순수한 산소 대신 공기를 이용한다. 연료전지가 높은 전류 밀도에서 운전 시 반응물은 물질 이동의 한계 때문에 빠르게 감소하는 경향이 있다(제8장에서 이 현상을 더욱 상세히 설명한다). 이것은 반응물의 일시적인 부족을 야기해 캐소드에서 추가적인 반응속도 손실로 이어진다.

연료전지의 반응속도를 개선하는 또 다른 방법은 성능이 뛰어난 촉매를 사용하여 연료전지의 활성화 장벽을 감소시키는 것이다. 사용되는 촉매는 표면과 반응물 사이에 적당한 결합을 가지고 있어야 하며, 결합이 너무 강하거나 너무 약해서도 안 된다. 약한 결합은 수소와 충분하게 결합하지 않을 것이고, 강한 결합은 표면에 매우 잘 결합되어 H^+ 이온을 쉽게 분리할 수 없을 것이다.

반응 사이트의 수를 증가시키는 것 또한 연료전지의 반응속도를 향상시킬 것이다. 반응 사이트는 반응이 진행되기 위해 필요한 촉매 표면적을 더 크게 하여 증가시킬 수 있다. 촉매의 표면적을 증가시키기 위한 일반적인 방법은 전극 표면을 거칠게 하는 것이다.

단원요약

이 장에서는 연료전지의 전극 반응속도, 활성화 손실, 전류, 퍼텐셜을 예상하기위해 필요한 기초적 전기화학을 설명하였다. 활성화 장벽은 반응물을 생성물로 변환시키기 위해 극복되어야 한다. 이 활성화 장벽을 낮추기 위해 전압의 일부가 손실되는데, 이것이 활성화 과전위이다. Butler–Volmer 식은 전류 밀도와 활성화 과전위 사이의 관계를 기술한다. 이 식은 전류와 전압을 생성하기 위해 얼마나 빠르게 반응하는지, 어떻게 반응물로부터 생성물을 형성하고 전류를 생성하는지, 그리고 실제 전기화학 반응에서 얼마나 많은 에너지 손실이 발생하는지를 예상하도록 도와준다. 실제 연료전지 전압을 계산하기 위해 이 장에서 설명한 개념들은 제7장과 제8장에서 연료전지 전하 및 물질 전달 개념과 함께 사용될 것이다.

연습문제

1. (a) 휴대용 전자기기가 4 V의 전압에서 1 A의 전류를 사용한다면 기기의 전력 요구량은 얼마인가? (b) 당신은 80시간의 작동 수명을 가지도록 연료전지를 설계 하고 싶다. 연료가 100% 사용된다고 가정할 때 요구되는 H_2 연료의 최소량(g)은 얼마인가?
2. 수소-산소 연료전지는 다음과 같은 분극 곡선 매개변수를 가지고 있다: $i_0 = 0.003$, $\alpha = 0.5$, $R_i = 0.15$ Ohm-cm^2. 연료전지는 65℃, 1 bar에서 운전한다. (a) 0.8 A/cm^{2}에서 전지 전압을 계산하시오. (b) 연료전지가 3 bar에서 운전될 때 전압 이득을 계산하시오.
3. 70℃, 200 kPa에서 운전되는 연료전지의 MEA가 640 cm^2/mg의 촉매 비표면적, 0.4 mg/cm^{2}의 Pt 로딩을 가진다면, 0.75 V에서 예상되는 전류 밀도를 계산하시오. 캐소드의 교환 전류 밀도는 백금 표면당 1×10^{-10} A/cm^{2}이다. 캐소드의 Pt 로딩이 2 mg/cm^{2}로 증가된다면 같은 전류 밀도에서 예상될 수 있는 전압 이득은 얼마인가?
4. 65℃, 2 atm에서 수소-산소 연료전지가 운전될 때, 교환 전류 밀도는 0.002 mA/cm^{2}이다. Pt 로딩은 0.3 mg/cm^{2}이고, 전하 이동 계수는 0.5, 전극 면적은 50 cm^{2}이다. (a) 이론적 연료전지 전압을 계산하시오. (b) 이 연료전지의 개방회로 전압이 1.1 V일 때 수소 크로스오버 또는 내부 전류로 인한 전류 밀도 손실량을 계산하시오.
5. 0.1 g/s의 수소 유량을 가진 20 cm^2 연료전지의 한계 전류 밀도는 얼마인가?

참고문헌

[1] Atkins, P.W. *Physical Chemistry*, 6th ed. 1998. Oxford: Oxford University Press.

[2] O'Hayre, Ryan, Suk-Won Cha, Whitney Colella, and Fritz B. Prinz. *Fuel Cell Fundamentals*. 2006. New York: John Wiley & Sons.

[3] Barbir, Frano. *PEM Fuel Cells: Theory and Practice*. 2005. Burlington, MA: Elsevier Academic Press.

[4] Lin, Bruce. "Conceptual Design and Modeling of a Fuel Cell Scooter for Urban Asia." Princeton University, Masters Thesis. 1999.

[5] Mench, M.M., Z.H. Wang, K. Bhatia, and C.Y. Wang. "Design of a Micro-direct Methanol Fuel Cell," Electrochemical Engine Center, Department of Mechanical and Nuclear Engineering, Pennsylvania State University. 2001.

[6] Mench, Matthew M., Cao-Yang Wang, and Stephan T. Tynell. "An Introduction to Fuel Cells and Related Transport Phenomena." Department of Mechanical and Nuclear Engineering, Pennsylvania State University. Draft. http://mtrl1.mne.psu.edu/Document/jtpoverview.pdf Last Accessed March 4, 2007.

[7] Sousa, Ruy Jr., and Ernesto Gonzalez. "Mathematical Modeling of Polymer Electrolyte Fuel Cells." *Journal of Power Sources*. Vol. 147, 2005, pp. 32-45.

[8] You, Lixin, and Hongtan Liu. "ATwo-Phase Flow and Transport Model for PEM Fuel Cells." *Journal of Power Sources*. Vol. 155, 2006, pp. 219-230.

[9] Li, Xianguo. *Principles of Fuel Cells*. 2006. New York: Taylor & Francis Group.

[10] Springer et al. "Polymer Electrolyte Fuel Cell Model." *J. Electrochem. Soc*. Vol. 138, No. 8, 1991, pp. 2334-2342.

[11] Rowe, A. and X. Li. "Mathematical Modeling of Proton Exchange Membrane Fuel Cells." *Journal of Power Sources*. Vol. 102, 2001, pp. 82-96.

[12] Appleby, A and F. Foulkes. *Fuel Cell Handbook*. 1989. New York: Van Nostrand Reinhold.

[13] Bard, A.J., and L.R. Faulkner. *Electrochemical Methods*. 1980. New York: John Wiley & Sons.

[14] Chen, E., Thermodynamics and Electrochemical Kinetics, in G. Hoogers (editor), *Fuel Cell Technology Handbook*. Boca Raton, FL: CRC Press, 2003.

Chapter 07

연료전지 전하 전달

이 장은 저항에 의한 연료전지의 전하 전달 손실, 전압의 손실을 다루게 될 것이다. 이 장에서는 다음 주제들을 중점적으로 설명할 것이다.

- 전하 전달로 인한 전압 손실
- 금속의 미시적(microscopic) 전도도
- 액체 전해질의 이온 전도도
- 고분자 전해질의 이온 전도도
- 세라믹 전해질의 이온 전도도

전하 전달은 전극에서 생성되는 전하가 부하에서 소모되기까지 전하의 움직임을 말한다. 전하를 띤 입자는 크게 전자와 이온, 두 가지 형태로 구분된다. 이온 전달은 연료전지의 전자 전달보다 모델링하고 예측하기가 훨씬 더 어렵다. 이온 전달은 O^{2-}, OH^{-}, CO_3^{2-} 또는 H^{+} 이온이 전해질을 통해 이동하는 것으로 전하 전달시 발생하는 저항은 연료전지의 전압 손실(ohmic 손실)을 가져온다. ohmic 손실은 전해질을 가능한 얇게 하거나, 접촉이 잘 되면서 높은 전도도를 가진 소재를 사용함으로써 최소화시킬 수 있다.

7.1 전하 전달로 인한 전압 손실

도체는 전하의 흐름에서 전압의 손실을 일으키는 고유한 저항을 가지고 있다. 이를 "ohmic 분극(ohmic polarization)"이라 하는데 연료전지 구성요소의 전기적 저항 때문에 발생한다. 전기 저항의 원인이 되는 연료전지 구성요소는 전해질, 촉매 층, 가스 확산층, 분리판, 접촉 경계면과 단자 연결부이다. 전압의 감소는 연료전지를 통하는 내부 저항 손실에 의해 발생되는데, 이 전압 손실을 "ohmic 손실(ohmic loss)"이라 부르고 연료전지 저항의 원인이 되는 전자 저항(R_{elec})과 이온 저항(R_{ionic})의 합으로 나타낼 수 있다. 다음 ohm의 법칙으로 저항 분극을 설명할 수 있다:

$$v_{ohmic} = IR_{ohmic} = I(R_{elec} + R_{ionic}) \tag{7-1}$$

이온 전달이 전자 전달보다 진행되기 어렵기 때문에 식 (7-1)에서 R_{ionic}이 전체 저항을 결정한다. R_{ionic}은 전해질의 이온 저항, R_{elec}은 분리판, 전지 간의 상호연결, 접촉, 전자 흐름이 통과하는 연료전지 구성요소의 전자 저항을 포함한다.

물질의 전도도는 전하가 물질을 통과하여 흐를 수 있는 능력이다. 연료전지 구성요소의 전자 저항은 저항의 역수인 전자 전도도(σ)로 문헌에 나타난다:

$$\sigma = \frac{1}{\rho} \tag{7-2}$$

여기서, ρ는 비저항이다. 식 (7-3)에 나타나 있는 것처럼 저항은 크기, 형상, 물성치 같은 물질의 특성 중 하나이다:

$$R = \frac{L_{cond}}{\sigma A_{cond}} = \frac{L_{cond}\rho}{A_{cond}} \tag{7-3}$$

여기서, L_{cond}은 도체의 길이(cm), A_{cond}은 도체의 단면적(cm^2), σ는 전자 전도도 ($ohm^{-1}\ cm^{-1}$)이다. 전류 밀도 i (A/cm^2)는 다음과 같이 정의된다:

$$i = \frac{I}{A_{cell}} \tag{7-4}$$

또는

$$i = n_{carriers} q v_{drift} = \sigma \xi \tag{7-5}$$

여기서, A_{cell}은 연료전지의 활성 면적, $n_{carriers}$는 전하의 밀도(carriers/cm^3), q는 각 캐리어의 전하(1.602×10^{-19} C), $v_{drüft}$은 전하 캐리어들이 이동할 때 평균 흐름 속도, ξ는 전기장(cm/s)이다. 대부분의 물질들의 전도도는 다음과 같이 나타낼 수 있다:

$$\sigma = nq\frac{v}{\xi} \tag{7-6}$$

$\frac{v}{\xi}$는 이동도, u_i로 정의된다. 물질의 전도도를 나타내는 구체적인 식은 2개의 주요 성분을 가지는데, 첫째는 이용 가능한 캐리어 수, 둘째는 물질에서 그 캐리어들의 이동도이다. 이는 다음 식처럼 나타난다 :

$$\sigma_i = F\sum |z_i| c_i u_i \tag{7-7}$$

여기서, c_i는 단위 부피당 전하 캐리어의 몰 수, u_i는 물질 내 전하 캐리어의 이동도 (cm^2/Vs), z_i는 캐리어의 전하 수(charge number, 원자가 전자), F는 Faraday 상수이다.

연료전지의 저항이 감소되면 연료전지 성능이 향상될 것이다[2]. 연료전지 저항은 면적에 따라 변하므로, 전류 밀도를 기본 단위로 저항을 비교하는 것이 도움이 된다. ohmic 손실은 전류 밀도를 이용하여 다음 식과 같이 계산할 수 있다.

$$v_{ohmic} = i(ASR_{ohmic}) = i(A_{cell}R_{ohmic}) \tag{7-8}$$

여기서, ASR_{ohmic}은 연료전지의 면적 비저항으로 서로 다른 크기의 연료전지들의 비교를 가능하게 한다. 전자 전도와 이온 전도의 전도 메커니즘에는 차이점들이 있다. 금속 전도체에서는 금속의 원자에서 전자가 분리되어 금속의 주변을 자유롭게 돌아다니며 전자가 이동되고, 이온 전도체에서는 이온들이 결정학적 격자에서 격자 사이 또는 빈 공간으로 이동한다. 이온들은 물질의 결함들을 통해 이리저리 이동하면서 움직인다. 전자 전도체에서 전하 캐리어의 수는 이온 전도체보다 훨씬 많다. 전자와 이온 전달은 그림 7-1과 7-2에 나타나 있다.

표 7-1은 전자 전도체와 이온 전도체의 분류 및 전도도 비교, 각 형태에 따라 분류된 연료전지의 구성요소들을 보여준다.

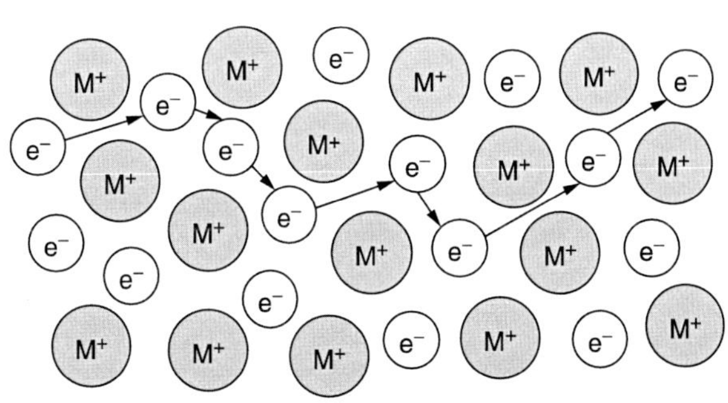

그림 7-1 금속 내부의 전자 전도

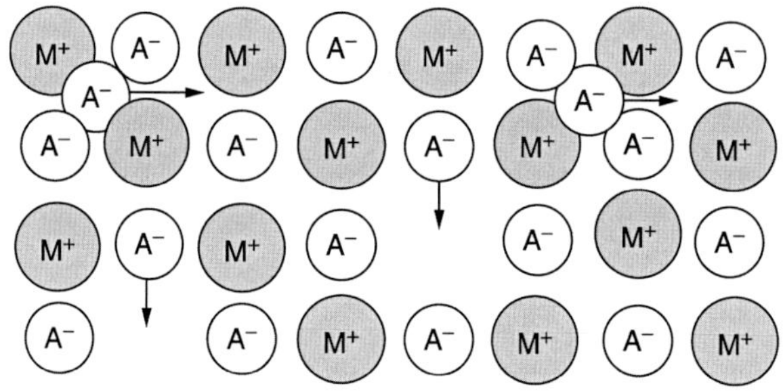

그림 7-2 격자 구조의 이온 전도체 내부의 이온 전도

연료전지가 적절하게 설계되었다면, PEMFC의 경우 저항 분극은 일반적으로 온도와 수분 함유량의 함수인 전해질의 전도도에 의해 결정된다. 따라서 ohmic 손실은 전도도가 높은 물질이나 더 얇은 전해질의 사용 또는 최적화된 온도/수분 균형을 통하여 줄일 수 있다.

ohmic 손실을 감소시키는 가장 효과적인 방법은 ohmic 손실에 가장 큰 영향을 미치는 전해질을 전도도가 더 좋은 이온 전도체를 사용하거나 더 얇은 전해질을 사용함으로써 ohmic 손실을 줄이는 것이다. PEMFC의 경우 캐소드에서 생성된 물을 역확산(back diffusion)을 통해 애노드로 전달시켜 애노드를 포화상태로 유지시키기 때문에 전해질이 얇을수록 유리하다. 높은 전류 밀도(빠른 유체흐름)에서 확산을 통한 산소와 수소의 물질 전달은 빠른 속도로 이온화되는 것이 쉽지 않기 때문에 급격한 전압 강하의 원인이 되고 생성물의 배출 속도 또한 느려질 수밖에 없다[4].

연료전지의 ohmic 과전위는 주로 전해질의 이온 저항 때문에 발생하며, 다음과

표 7-1 연료전지 구성요소 중 전자 전도체와 이온 전도체의 전도도의 비교

Materials	Conductivity	Fuel cell components
Electronic Conductors		
Metals	10^3-10^7	Bipolar plates, gas diffusion layer, contacts, interconnects, end plates
Semiconductors	$10^{-3}-10^4$	Bipolar plates, end plates
Ionic Conductors		
Ionic Crystals	$10^{-16}-10^{-2}$	SOFC YSZ electrolyte
Solid/polymer Electrolytes	$10^{-1}-10^3$	PEMFC Nafion electrolyte, DMFC Nafion electrolyte,
Liquid Electrolytes	$10^{-1}-10^3$	AFC KOH electrolyte, PAFC $H_3PO_4/H_4P_2O_7$ electrolyte, MCFC $Li_2CO_3 + K_2CO_3$ electrolyte

같이 나타낼 수 있다:

$$v_{ohmic} = IR_{ohmic} = iA_{cell}\left(\frac{\delta_{thick}}{\sigma A_{fuelcell}}\right) = \frac{i\delta_{thick}}{\sigma} \tag{7-9}$$

여기서, A_{cell}은 연료전지의 활성 면적, δ_{thick}는 전해질의 두께, σ는 전도도이다. 앞에서 언급된 것처럼 식 (7-9)는 ohmic 손실을 얇은 전해질과 높은 이온 전도도를 가진 전해질을 이용함으로써 감소시킬 수 있음을 보여준다.

예제 7-1 $0.20\,\Omega^{-1}\,cm^{-1}$의 전도도와 $75\mu m$의 두께를 가진 전해질을 사용한 $25\,cm^2$ PEMFC의 ohmic 손실을 계산하시오. 전류 밀도는 $0.8\,A/cm^2$이고, 연료의 R_{elec}은 $0.005\,\Omega$이다.

첫째, 전해질의 크기로부터 R_{ionic}을 구하여 v_{ohmic}을 계산한다. 연료전지의 전류는

$$I = iA = 0.8A/cm^2 \times 25\ cm^2 = 20\ A$$

$$R = \frac{L}{\sigma A} = \frac{0.0075\ cm}{(0.10\,\Omega^{-1}cm^{-1}) * (25\ cm^2)} = 0.003\,\Omega$$

$$v_{ohmic} = I(R_{elec} + R_{ionic}) = 20\ A * (0.005\,\Omega + 0.003\,\Omega) = 0.16\ V$$

이 식을 이용하여 더 얇은 멤브레인과 더 두꺼운 멤브레인에 대해 계산해 보면 더 얇은 멤브레인일 때 ohmic 손실이 감소된다는 것을 알 수 있을 것이다.

예제 7-2 다음의 크기가 다른 두 연료전지에 대해 $0.7\,A/cm^2$의 전류 밀도에서 ohmic 손실을 계산하시오: (a) $A_1 = 5\,cm^2$, $R_1 = 0.05\,\Omega$; (b) $A_2 = 25\,cm^2$, $R_2 = 0.02\,\Omega$.

(a)

$$ASR_1 = R_1A_1 = (0.05\,\Omega)(5\,cm^2) = 0.25\,\Omega cm^2$$

ohmic 손실은 다음과 같이 계산될 수 있다:

$$v_{ohmic1} = i(ASR_1) = \left(0.7\,\frac{A}{cm^2}\right)0.25\,\Omega cm^2 = 0.175\ V$$

전류 밀도를 연료전지의 전류로 변환시키면:

$$I_1 = iA_1 = 0.7\,\frac{A}{cm^2} * 5\ cm^2 = 3.5\ A$$

ohmic 손실은

$$v_{ohmic1} = I_1(R_1) = 3.5\ A * 0.05\,\Omega = 0.175\ V$$

(b)

$$ASR_2 = R_2A_2 = (0.02\,\Omega)(25\,cm^2) = 0.50\,\Omega cm^2$$

ohmic 손실은 다음과 같이 계산될 수 있다:

$$v_{ohmic2} = i(ASR_2) = \left(0.7\frac{\text{A}}{\text{cm}^2}\right)0.50\,\Omega\text{cm}^2 = 0.350\text{ V}$$

전류 밀도를 연료전지의 전류로 변환시키면:

$$I_1 = iA_2 = 0.7\frac{\text{A}}{\text{cm}^2} * 25\,\text{cm}^2 = 17.5\text{ A}$$

ohmic 손실은

$$v_{ohmic2} = I_2(R_2) = 17.5\text{ A} * 0.02\,\Omega = 0.35\text{ V}$$

7.2 금속에서의 미시적 전자 전도

연료전지에 사용된 금속의 전자 전도도를 고려하는 것은 전자들이 전하 전달에 큰 영향을 미치기 때문에 매우 중요하다. 금속으로 만들어진 연료전지의 구성요소는 분리판과 전류 집전체이다. 물질의 전도도 σ는 전자의 운동을 기술한 미시적 인자와 관련된다. 전도도에 대한 식(식 7-7)은:

$$\sigma_i = F\sum |z_i| c_i u_i$$

여기서, u_i는 금속 전도체에서 불순물, 결함, 격자 진동, 광자 산란에 의해 제한된 자유 전자의 이동도이며, 다음과 같이 나타낼 수 있다.

$$u = \frac{q\tau}{m_e} \tag{7-10}$$

여기서, τ는 완화 시간(충돌 사이의 시간), m_e는 전자의 유효질량($m = 9.11\times 10^{-31}$ kg), q는 전하량($q = 1.602\times 10^{-19}$ C)이다. 전도도에 관한 식 (7-7)을 식 (7-10)에 대입하면 다음과 같다.

$$\sigma = \frac{|z_e| c_e q\tau}{m_e} \tag{7-11}$$

식 (7-11)은 금속의 캐리어 농도가 자유 전자의 밀도로부터 계산될 수 있다는 것을 보여준다[2].

7.3 액체 전해질에서의 이온 전도

액체 전해질을 이용한 몇 가지 형태의 연료전지가 있다. MCFC는 용융 $(K/Li)_2CO_3$을 사용하고, PAFC는 액상 또는 농축된 H_3PO_4를 사용하며, AFC는 액체 KOH 전해질을 사용한다. 이러한 액체 전해질을 고정시키기 위해 매트릭스에 함침한다. 매트릭스 형태의 물질은 기계적으로 전해질을 고정시키며, 반응 가스의 크로스오버를 방지하고, 전극 사이의 거리(일반적으로 0.1~1 mm)를 짧게 만든다.

이온이 액체를 통과할 때 2가지 힘과 충돌한다: 전기적인 힘 F_ξ와 마찰력 F_D. 이 두 힘은 이온의 진행 방향에 반대 방향으로 작용하여 이온이 빠르게 종단 속도에 도달하게 한다. 전기장에 의한 힘은 식 (7-12)에 의해 주어진다.

$$F_\xi = |z_i| q \frac{dV}{dx} \tag{7-12}$$

여기서, $|z_i|$는 이온의 전하 수, q는 기본적인 전자 전하량(1.602×10^{-19} C)이다. 마찰력은 다음 식과 같다:

$$F_D = 6\pi\mu r_{ion} v_{ion} \tag{7-13}$$

여기서, r_{ion}은 이온의 반경, μ는 액체의 점성, v_{ion}은 이온의 속력이다. 이러한 힘들이 서로 같아질 때 이동도를 계산할 수 있다:

$$u_i = v_{ion} \frac{dV}{dx} = \frac{|z_i| q}{6\pi\mu r_{ion}} \tag{7-14}$$

식 (7-14)는 이동도가 이온의 크기와 액체 점성의 함수임을 보여주고 용액의 농도를 추정할 수 있게 한다. 이온이 너무 크거나 액체가 진하면 이온 이동도는 감소되지만, 다양한 전기적 상호작용이 일어나기 때문에 이온성 용액의 농도 변화에 따른 전도도의 변화는 계산하기 어렵다.

전도도는 존재하는 모든 이온들의 이동도의 항으로 나타낼 수 있다:

$$\sigma_i = F \sum |z_i| c_i u_i = F \sum |z_i| c_i \left(\frac{|z_i| q}{6\pi\mu r_{ion}} \right) \tag{7-15}$$

식 (7-15)는 전도도가 용액에 존재하는 모든 이온들의 전하와 이동도, 용액의 농도를 반영한다는 것을 보여준다[10, 13].

7.4 고분자 전해질에서의 이온 전도

고분자가 좋은 전도체가 되기 위해서는 일정한 수의 전하 사이트와 개방된 공간을 가지고 있어야 한다. 대전된 사이트들은 이동하는 이온들이 띠는 전하와 반대되는 전하를 띠며, 이온들이 일시적으로 머무를 수 있게 한다. 따라서 대전된 사이트들을 증가시키는 것은 이온 전도도를 증가시키지만, 대전된 사이드 체인들의 수를 증가시킬 경우 고분자의 안정성을 저하시킨다. 고분자는 보통 일정한 양의 자유 체적을 가지고 있으며, 자유 체적을 증가시키는 것은 고분자를 가로질러 움직이는 이온에게 더 많은 공간을 제공한다. 이온은 멤브레인을 통과한 물 분자를 따라 고분자 멤브레인을 통하여 운반되는데, Nafion으로 알려진 persulfonated polytetrafluoroe-thylene(PTFE) 기반 고분자는 높은 전도도를 가지고 있어 PEMFC와 DMFC에 사용되는 가장 일반적인 멤브레인이다. Nafion은 Teflon과 비슷한 구조를 가지고 있지만 프로톤 이동을 위한 공간을 제공하는 술폰산기(SO_3^- H^+)를 포함한다. 그림 7-3은 Nafion의 화학적 구조를 보여준다.

Nafion이 높은 전도도를 가지기 위해 물로 완전히 수화되어야 한다. 수화시키는 방법은 공급되는 반응물 가스를 가습하거나, 생성된 물이 멤브레인을 수화시키도록 연료전지를 설계한다. 물이 존재할 때 프로톤은 액상에서 이온을 운반하는 hydro-nium 복합체(H_3O^+)를 형성한다. Nafion이 완전히 수화되면 전도도는 액체 전해질과 비슷하다.

Nafion은 원래 부피보다 약 22% 정도 증가될 만큼 상당한 양의 물을 수용할 수 있다[2]. 전도도와 멤브레인의 수화는 상호 관련되어 있기 때문에 수분 함량을 결정하는 것은 멤브레인의 전도도를 결정한다. 전극/멤브레인의 계면에서 멤브레인의 수분 함유량은 평형일 경우를 가정한 수증기의 활동도에 의해 결정된다. 수증기 활동도 a_{water_vap}은 다음 식에 의해 정의된다[8] :

$$a_{water\_vap} = \frac{p_w}{p_{sat}} \tag{7-16}$$

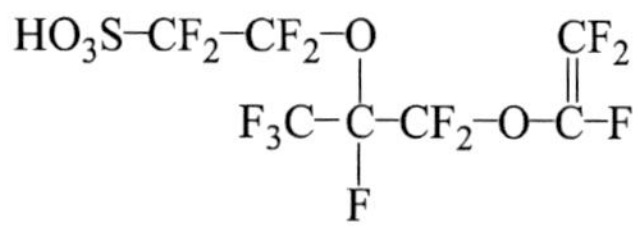

그림 7-3 Nafion의 화학 구조

여기서, p_w는 시스템 내의 수증기의 분압이고, p_{sat}은 작동 온도에서 그 시스템의 포화 수증기압을 나타낸다[2, 8].

멤브레인의 전도도는 멤브레인의 구조와 수분 함유량에 크게 좌우된다. 또한, 멤브레인의 물 흡수량은 멤브레인의 물성치와 전처리에 달려있다. 예를 들어 고온에서는 고분자가 변형되기 때문에 Nafion의 물의 흡수량이 적어진다. 멤브레인의 표면에서 수분 활동도와 수분 함량 사이의 관계를 다음 식으로 나타낼 수 있다:

$$\lambda = 0.043 + 17.18a_{water\_vap} - 39.85(a_{water\_vap})^2 + 36(a_{water\_vap})^3 \quad (7\text{-}17)$$

여기서, $0 < a_{water\_vap} \leq 1$. Nafion에서 수분 함량이 달라지는 주된 요인 중 하나는 프로톤이 보통 하나 또는 그 이상의 물 분자들과 연결되기 때문이다. 이 현상은 전기 삼투 드래그(electroosmotic drag(n_{drag}))라 하며, 각 프로톤과 함께 전달되는 물 분자 수이다[2, 8]:

$$n_{drag} = n_{drag}^{Sat}\frac{\lambda}{22} \quad (7\text{-}18)$$

여기서, n_{drag}^{Sat}는 전기 삼투 드래그이고, λ는 수분 함량이다. 전기 삼투 드래그, n_{drag}^{Sat}은 [8]에서 2.5일 것으로 가정하였지만 실험적으로 30~50℃인 액체 상태의 물과 평형을 이루는 완전히 수화된 멤브레인의 경우 2.3~2.7이라는 것을 발견했다. 수분 함량 λ는 술폰산염 한 개당 물 분자 개수이고, 0~22인 범위를 가지며, Nafion이 완전히 수화되었을 때 $\lambda = 22$이다[2]. 정미 전류 i와 함께 애노드에서부터 캐소드까지의 물의 드래그 유속은[2]:

$$J_{H_2O,drag} = 2n_{drag}\frac{i}{2F} \quad (7\text{-}19)$$

여기서, $J_{H_2O,drag}$는 전기 삼투 드래그로 인한 물의 몰 유속(mol/scm^2)이고, i는 연료전지의 전류 밀도(A/cm^2)이다.

전기 삼투 드래그는 물을 애노드에서 캐소드까지 이동시키고 캐소드에서 물이 축적되었을 때 소량의 물은 멤브레인을 통해 애노드로 전달된다. 이 현상은 역확산(back diffusion)으로 알려져 있고 일반적으로 캐소드의 물의 양이 애노드의 물의 양보다 훨씬 더 많을 때 발생한다. 물의 역확산 유속은 다음에 의해 결정된다:

$$J_{H_2O,backdiffusion} = \frac{\rho_{dry}}{M_m}D_\lambda\frac{d\lambda}{dz} \quad (7\text{-}20)$$

여기서, ρ_{dry}는 Nafion의 건조 밀도(kg/m^3), M_n은 Nafion 등가 중량(kg/mol), D_λ는 물 확산계수, z는 멤브레인 두께를 통과하는 방향이다.

멤브레인에서 정미 물 유속은 전기 삼투 드래그와 역확산의 결합이고, 식 (7-21)을 이용하여 계산될 수 있다[2, 8]:

$$J_{H_2O,backdiffusion} = 2n_{drag}^{Sat}\frac{i}{2F}\frac{\lambda}{22} - \frac{\rho_{dry}}{M_m}D_\lambda(\lambda)\frac{d\lambda}{dz} \tag{7-21}$$

물 흡수율은 멤브레인의 팽창을 가져오고 연료전지 설계를 위해 중요한 인자인 크기와 전도도를 바꾼다. 멤브레인에서 물 분포가 결정되면 멤브레인의 전도도, 저항, 멤브레인을 가로지르는 전압 강하를 계산할 수 있다. 이온 전도도 σ(S/cm)는 수분 함량과 온도와 관련된 다음 식을 이용하여 구할 수 있다[8].

$$\sigma = (0.005139\lambda - 0.00326)exp\left[1268\left(\frac{1}{303} - \frac{1}{T}\right)\right] \tag{7-22}$$

Nafion 전도도가 수분 함량에 따라 변하기 때문에 멤브레인의 저항 또한 물의 포화도에 따라 바뀐다. 멤브레인의 전체 저항은 멤브레인 두께 방향의 국부 저항을 적분함으로써 알 수 있다.

$$R_m = \int_0^{t_m}\frac{dz}{\sigma[\lambda(z)]} \tag{7-23}$$

여기서, t_m은 멤브레인의 두께, λ는 멤브레인의 수분 함유량, σ는 멤브레인의 전도도(S/cm)이다.

예제 7-3 1 atm, 60℃에서 운전되는 수소 연료전지는 50 μm 두께의 Nafion 112 멤브레인을 가지고 있고, 다음 식은 멤브레인에 포함된 수분 함유량 계산에 사용될 수 있다: $\lambda(z) = 5 + 2\exp(100z)$. 이 연료전지가 0.8 A/cm^{2}의 전류 밀도를 가질 때 멤브레인을 통과하는 ohmic 손실을 계산하시오.

멤브레인의 전도도 분포는

$$\sigma(z) = 0.005193(5 + 2\exp(100z) - 0.00326) \times \exp1268\left(\frac{1}{303} - \frac{1}{333}\right)$$

$$\sigma(z) = 0.04107 + 0.01878\exp(100z)$$

멤브레인의 저항은

$$R_m = \int_0^{t_m} \frac{dz}{\sigma(\lambda(z))} = \int_0^{0.0050} \frac{dz}{0.04107 + 0.01878 \exp(100z)} = 0.15\ \Omega\text{cm}^2$$

이 연료전지에서 멤브레인의 저항으로 인한 ohmic 과전위는

$$V_{ohm} = I \times R_m = 0.8\ \text{A/cm}^2 \times 0.15\,\Omega\,\text{cm}^2 = 0.12\ \text{V}$$

7.5 세라믹 전해질에서의 이온 전도

대부분의 고온형 연료전지들은 이온 전달을 위한 매질로 세라믹 전해질을 이용한다. 가장 일반적인 고온 전해질 재료는 이트리아 안정화 지르코니아(YSZ)이며 SOFC에 사용된다. 지르코니아에 이트리아를 추가하면 YSZ가 높은 이온 전도도를 가질 수 있도록 산소 공극이 도입된다.

이온이 세라믹 내에서 움직이기 위해서는 빈 공간이 요구되기 때문에 이 공극들은 전하 캐리어로 취급된다. 이트리아의 함량을 증가시키는 것은 산소 공극을 증가시키지만 과도한 도핑은 결함의 원인이 되고 전도도를 감소시킨다. YSZ에서 가능한 최대 이트리아 도핑은 몰 농도로 약 8%이다[2]. 이동도는 이온 결함의 이동과 관련되기 때문에 Einstein 식에 의한 확산 계수와 직접적으로 관련된다[10, 13]:

$$u_i = \frac{z_i D}{kT} \tag{7-24}$$

여기서, k는 Boltzmann 상수이다($8.616 * 10^{-5}$ eV/K). 식 (7-7)에 식 (7-24)를 대입하면:

$$\sigma = \frac{|z_i|^2 c_i D}{kT} \tag{7-25}$$

열로 생성된 이온 결함들의 농도와 확산은 이온 전달이 진행되는 도중에 활성화된다. 이것은 다음에 의해 기술될 수 있다:

$$c \propto \exp\left(\frac{-q_1}{kT}\right) \qquad D \propto \exp\left(\frac{-q_2}{kT}\right) \tag{7-26}$$

전도도 또한 같은 형태를 가지고 있다:

$$\sigma = \sigma_0 \exp\left(\frac{-E}{kT}\right) \tag{7-27}$$

여기서, $E = q_1 + q_2$는 전도의 활성화 에너지이다.

단원요약

전하 전달은 주로 전도에 의해 발생한다. ohmic 손실은 전극, 전해질, 접촉 저항을 포함하고 전체 저항은 전해질 저항에 의해 좌우된다. 이러한 전도도와 저항의 크기가 미치는 영향 때문에 높은 전도도를 가지는 전해질과 전극 물질을 개발하는 것이 중요하다. 전해질은 전도도뿐만 아니라 화학적인 환경에서 안정적이고 연료전지에서 요구되는 온도에 견딜 수 있어야 한다. 일반적으로 연료전지에 사용되는 전해질의 형태는 액체, 고분자, 세라믹이다. 각 전해질의 형태에 따른 전도도 식은 특정한 매질을 통한 이온 전달방법에 따라 조금씩 다르다.

연습문제

1. 10 cm^2 연료전지의 R_{elec} =0.01 Ω이고 $\sigma_{electrolyte}$ =0.10 Ω^{-1} cm^{-1}이다. 전해질의 두께가 100 μm이면, j =500 mA/cm^2에서 연료전지의 ohmic 손실을 계산하시오.
2. 70℃에서 연료전지가 운전될 때 ohmic 과전위를 계산하시오. 외부 부하는 1 A/cm^2이고, 두께가 50 μm인 멤브레인을 사용한다. 습도인 $a_{w,anode}$와 $a_{w,cathode}$는 각각 1.0 그리고 0.5이다.
3. 0.8 A/cm^2, 60℃에서 운전되는 연료전지에 30℃, 상대습도 50%의 수소 가스가 2 A로 공급된다. 연료전지의 면적은 10 cm^2이고, 수소의 물 분자에 대한 항력비는 0.7이다. 수소는 60℃, P=1 atm에서 연료전지로부터 배출된다.
4. PEMFC에서 Nafion 115 멤브레인의 애노드와 캐소드 측 수분 활성은 각각 0.7과 0.9이다. 연료전지가 0.8 A/cm^2 전류 밀도와 60℃, 1 atm에서 운전되고 있을 때 멤브레인을 가로지르는 ohmic 손실을 계산하시오.

참고문헌

[1] Sousa, Ruy Jr., and Ernesto Gonzalez. "Mathematical Modeling of Polymer Electrolyte Fuel Cells." *Journal of Power Sources*. Vol. 147, 2005, pp. 32-45.

[2] O'Hayre, Ryan, Suk-Won Cha, Whitney Colella, and Fritz B. Prinz. *Fuel Cell Fundamentals*. 2006. New York: John Wiley & Sons.

[3] Barbir, Frano. *PEM Fuel Cells*: Theory and Practice. 2005. Burlington, MA: Elsevier

Academic Press.
[4] Lin, Bruce. "Conceptual Design and Modeling of a Fuel Cell Scooter for Urban Asia." Princeton University, Master's Thesis. 1999.
[5] Mench, M.M., Z.H. Wang, K. Bhatia, and C.Y. Wang. "Design of a Micro-direct Methanol Fuel Cell." Electrochemical Engine Center, Department of Mechanical and Nuclear Engineering, Pennsylvania State University. 2001.
[6] Mench, Matthew M., Cao-Yang Wang, and Stephan T. Tynell. "An Introduction to Fuel Cells and Related Transport Phenomena." Department of Mechanical and Nuclear Engineering, Pennsylvania State University. Draft. http://mtrl1.mne.psu.edu/Document/jtpoverview.pdf Last Accessed March 4, 2007.
[7] You, Lixin, and Hongtan Liu. "ATwo-Phase Flow and Transport Model for PEM Fuel Cells." *Journal of Power Sources*. Vol. 155, 2006, pp. 219-230.
[8] Springer et al. "Polymer Electrolyte Fuel Cell Model." *J. Electrochem. Soc.* Vol. 138, No. 8, 1991, pp. 2334-2342.
[9] Li, Xianguo. *Principles of Fuel Cells*. 2006. New York: Taylor & Francis Group.
[10] Bard, A.J. and L.R. Faulkner. Electrochemical Methods: Fundamentals and Applications. New York: John Wiley & Sons, 1980.
[11] Rowe, A. and X. Li. "Mathematical Modeling of Proton Exchange Membrane Fuel Cells." *Journal of Power Sources*, Vol. 102, 2001, pp. 82-96.
[12] Kreuer, K.D. On the Development of Proton Conducting Materials for Technological Applications. Solid State Ionics. 97, 1997. pp. 1-15.
[13] Bagotsky, V.S. Fundamentals of Electrochemisty. 2nd ed. Hoboken, NJ: John Wiley & Sons, 2006.

Chapter 08

연료전지 물질 전달

연료전지가 전기를 생산하기 위해서는 연료와 산화제를 지속적으로 공급해야 하며, 연료전지의 최대 효율을 얻기 위해 생성물은 지속적으로 제거되어야 한다. 전하를 띠지 않는 화학종의 물질 전달에 관한 연구가 충분히 이루어지지 않는다면 연료전지의 심각한 성능 손실로 이어질 수 있다. 촉매 층 내의 반응물과 생성물 농도가 연료전지 성능을 결정하게 되는데, 농도 손실을 최소화하는 방법은 연료전지 전극과 유동 채널의 물질 전달을 최적화하는 것이다. 이 장에서는 다음과 같은 연료전지의 물질 전달 측면을 중점적으로 설명할 것이다 :

- 연료전지 전극에서의 물질 전달
- 연료전지 유동 채널에서의 물질 전달

연료전지에서의 물질 전달은 대류와 유체역학 법칙에 의해 결정되는데, 이는 유동 채널의 크기가 크기 때문이다(보통 밀리미터나 센티미터). 연료전지 전극의 물질 전달은 거시적인 관점에서 일어나고 확산이 가장 큰 영향을 미친다.

유동 채널에서 물질 전달을 지배하는 대류 힘은 주로 연료에 의해 조절하며, 산화제의 공급 속도는 사용자가 조절한다. 빠른 유속은 반응물을 잘 분산시킬 수 있지만, 연료전지 스택에 고압으로 작용하여 멤브레인 파열과 같은 다른 문제의 원인이 될 수 있다.

전극/촉매 층에서 발생한 확산력은 유동 채널에서 일어나는 대류 힘을 막아 줄 수 있다. 반응물의 유속은 반응물의 확산 현상이 일어나는 가스 확산(GDL)/촉매 층 근처에서 느려지는 경향이 있다. 그림 8-1은 유동 채널에서 반응물의 대류 유동과 가스 확산 층과 촉매 층을 통과하는 반응물의 확산 유동에 대하여 보여준다.

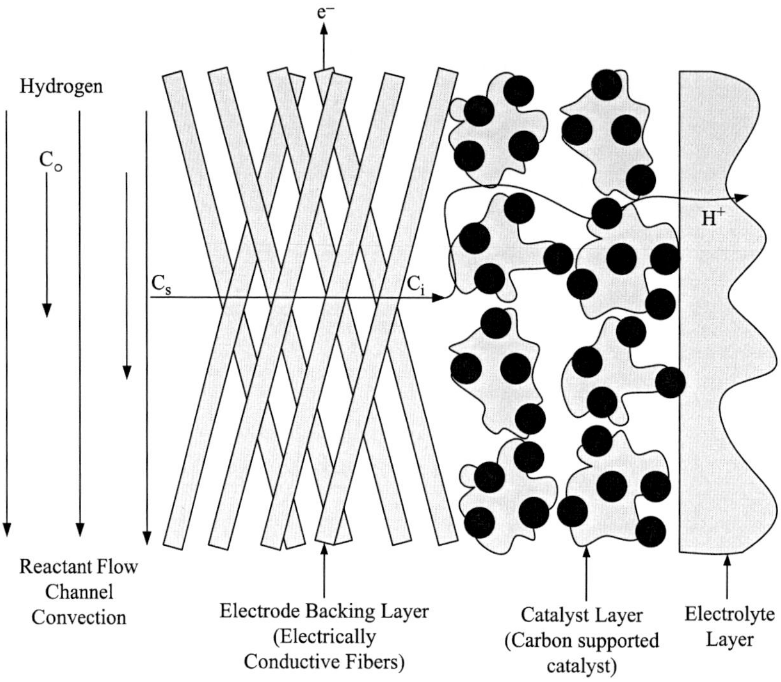

그림 8-1 연료전지(PEMFC와 DMFC)에서 일어나는 대류와 확산 물질 전달의 예시

8.1 유동 채널로부터 전극으로 대류 물질 전달

그림 8-1에 나타난 바와 같이 반응물은 농도 C_0로 유동 채널에 공급되고 대류를 통해서 전극으로 전달되어 전극 표면에서 농도는 C_s가 된다. 물질 전달 속도는 다음 식과 같다:

$$\dot{m} = A_{elec}h_m(C_0 - C_s) \tag{8-1}$$

여기서, A_{elec}은 전극의 표면적이고, h_m은 물질 전달 계수이다.

h_m은 채널의 기하학적 형상, 화학종 i와 j의 물리적 물성치, 채널 벽의 조건에 따라 달라진다. h_m은 Sherwood 수로부터 얻을 수 있다:

$$h_m = Sh\frac{D_{i,j}}{D_h} \tag{8-2}$$

여기서, Sh는 Sherwood 수이고, D_h는 수력 직경, D_{ij}는 화학종 i와 j의 양방향

확산계수이다. Sherwood 수는 유동 채널의 기하학적 형상과 관련되어 있으며 다음과 같이 나타낼 수 있다 :

$$Sh \equiv \frac{h_H D_h}{k} \tag{8-3}$$

여기서, $Sh = 5.39$는 균일한 표면 질량 유속($\dot{m}$=상수)이고, $Sh = 4.86$은 균일한 표면 농도(C_s=상수)를 뜻한다.

연료전지의 다양한 연료에 대한 양방향 확산 계수는 부록 G에 나타나 있다. 부록 G에 없는 다른 온도에서의 양방향 확산 계수를 계산할 필요가 있다면 다음과 같은 식을 사용할 수 있다[3] :

$$D_{i,j}(T) = D_{i,j}(T_{ref}) * \left(\frac{T}{T_{ref}}\right)^{3/2} \tag{8-4}$$

여기서, T_{ref}는 주어진 양방향 확산 계수에서의 온도, T는 연료전지에 사용된 연료의 온도이다.

8.2 연료전지 전극 내부의 확산 물질 전달

그림 8-1에 나타난 바와 같이 확산 유동은 전극의 배면(backing layer)과 촉매 층에서 발생한다. 촉매 층의 전기화학 반응은 Nernst 식(제6장 참고)에 의해 예상된 연료전지 성능에 영향을 미칠 수 있는 반응물 소모로 이어진다. 농도 손실의 크기를 결정하기 위해서 촉매 층에서의 반응물과 생성물 농도가 벌크(bulk)층의 농도와 얼마나 차이가 나는지 확인할 필요가 있다.

촉매 층에서 반응물의 확산에 의한 물질 전달 속도($\dot{m}$)는 다음 식 (8-5)와 같이 나타낼 수 있다 :

$$\dot{m} = -D\frac{dC}{dx} \tag{8-5}$$

여기서, D는 벌크(bulk) 확산 계수, C는 반응물의 농도이다.

정상상태(steady-state)에서 전극 배면을 통한 확산 물질 전달은 :

$$\dot{m} = A_{elec} D^{eff} \frac{C_s - C_i}{\delta} \tag{8-6}$$

여기서, C_i는 배면 층/촉매 경계면의 반응물 농도이고, δ는 전극 배면 층의 두께, D^{eff}는 다공성 전극 배면 층의 유효 확산 계수(벌크 확산 계수 D와 기공 구조에 의해 결정됨)이다. 기공의 크기가 균일하다고 가정한다면 배면 층에서 물 또는 액체 전해질의 flooding이 일어나지 않고, D^{eff}는 다음과 같이 정의된다 :

$$D^{eff} = D\phi^{3/2} \tag{8-7}$$

여기서, ϕ는 전극 공극률이다. 반응 사이트로 반응물이 전달되는 것에 대한 전체 저항은 식 (8-1)과 (8-3)을 사용하여 다음과 같이 나타낼 수 있다[9] :

$$\dot{m} = \frac{C_0 - C_i}{\left(\dfrac{1}{h_m A_{elec}} + \dfrac{\delta}{D^{eff} A_{elec}}\right)} \tag{8-8}$$

여기서, $\dfrac{1}{h_m A_{elec}}$은 대류 물질 전달 저항, $\dfrac{\delta}{D^{eff} A_{elec}}$은 전극 배면 층에서 확산을 통한 물질 전달에 대한 저항이다.

연료전지가 가동되면 고정된 전류 밀도 i에서 전기를 생산하기 시작한다. 연료전지의 반응물과 생성물의 농도는 일정하고 연료전지가 전류 생산을 시작하자마자 전기화학 반응이 일어나 촉매 층에서 반응물의 소모로 이어진다. 반응물과 생성물의 유속은 아래 반응식에 나타나 있는 것처럼 촉매 층의 반응물과 생성물의 소비/소모 속도와 일치할 것이다 :

$$i = \frac{nF\dot{m}}{A_{elec}} \tag{8-9}$$

여기서, i는 연료전지의 운전시 전류 밀도, F는 Faraday 상수, n은 몰당 이동된 전자 수, $\dot{m}$은 반응물이 확산에 의해 촉매 층으로 전달되는 물질 전달 속도를 나타낸다. 식 (8-8)을 식 (8-9)에 대입하여 계산하면[9] :

$$i = -nF\frac{C_0 - C_i}{\left(\dfrac{1}{h_m} + \dfrac{\delta}{D^{eff}}\right)} \tag{8-10}$$

배면 층/촉매 경계면에서 반응물의 농도는 i, δ, D^{eff}에 의해 결정되며, 유동 채널의 반응물 농도보다 작다. 전류 밀도가 높을수록 농도 손실은 증가하는데, 농도 손실은 확산 층의 두께를 줄이거나 유효 확산도를 증가시키면 줄일 수 있다.

연료전지의 한계 전류 밀도(limiting current density)는 전류 밀도가 매우 커서 반응물 농도가 0으로 떨어지게 되는 지점으로 한계 전류 밀도(i_L)는 배면 층과 촉매 층의 경계면에서 최소 농도가 $C_i=0$일 때 다음과 같이 계산될 수 있다[9] :

$$i_L = -nF\frac{C_0}{\left(\frac{1}{h_m}+\frac{\delta}{D^{eff}}\right)} \tag{8-11}$$

연료전지를 설계할 때 반응물의 균일한 분배를 위한 유동구조를 개선함으로 큰 C_0 값을, 그리고 온도, 압력, 전극 구조, 확산층 두께 등의 연료전지의 운전조건들을 최적화시켜 큰 D^{eff}와 작은 δ 값을 가지도록 함으로써 한계전류 밀도를 증가시킬 수 있다.

일반적으로 한계 전류 밀도는 1~10 A/cm^{2}이다. 연료전지는 한계 전류 밀도보다 더 큰 전류 밀도를 얻을 수는 없으며, 한계 전류 밀도에 도달하기도 전에 여러 다른 손실들에 의해 전압이 0으로 떨어질 수 있다.

연료전지 성능은 촉매에서 반응물과 생성물의 농도에 의한 열역학적 전압으로 결정되기 때문에 Nernst 식의 반응물 농도에 의해 영향을 받는다. 제5장으로부터 Nernst 식은 :

$$E = E_r - \frac{RT}{nF}\ln\frac{\prod a_{products}^{v_i}}{\prod a_{reactants}^{v_i}} \tag{8-12}$$

촉매 층에서 반응물 손실로 인해 증가된 전압 손실을 계산하기 위해 c_R^0값 대신에 c_R^*값을 사용하면 Nernst 전압의 변화는 다음과 같이 나타낼 수 있다[2] :

$$v_{conc} = E_{r,Nernst} - E_{Nernst} \tag{8-13}$$

$$v_{conc} = \left(E_r - \frac{RT}{nF}\ln\frac{1}{C_0}\right) - \left(E_r - \frac{RT}{nF}\ln\frac{1}{C_i}\right) \tag{8-14}$$

$$v_{conc} = \frac{RT}{nF}\ln\frac{C_0}{C_i} \tag{8-15}$$

여기서, $E_{r,Nernst}$는 C_0값을 이용하는 Nernst 전압이고, E_{Nernst}는 C_i값을 이용하는 전압이다. 식 (8-7)과 식 (8-8)을 연립하면 :

$$\frac{i}{i_L} = 1 - \frac{C_i}{C_0} \tag{8-16}$$

따라서 C_0/C_i(배면/촉매 층 경계면에서의 농도)는 다음과 같이 나타낼 수 있다:

$$\frac{C_0}{C_i} = \frac{i_L}{i_L - i} \tag{8-17}$$

식 (8-17)을 식 (8-15)에 대입하면 다음과 같은 식을 얻을 수 있다[2, 9]:

$$v_{conc} = \frac{RT}{nF} \ln\left(\frac{i_L}{i_L - i}\right) \tag{8-18}$$

이것은 농도 분극에 의한 손실을 나타내는 기본식이고, $i < i_L$일 경우에만 사용할 수 있다.

또한, 농도는 반응속도를 통하여 연료전지 성능에 영향을 미친다. 반응속도는 반응 사이트의 반응물과 생성물 농도에 의해 결정된다. 제6장의 Butler–Volmer 식으로 나타낼 수 있는 반응속도는[2, 9]:

$$i = i_0\left\{\frac{C_i}{C_0}\exp\left[\frac{\alpha nF(E - E_r)}{RT}\right] - \frac{C_j}{C_n}\exp\left[\frac{-(1 - \alpha)nF(E - E_r)}{RT}\right]\right\} \tag{8-19}$$

여기서, C_i와 C_j는 임의의 농도이고, i_0는 기준 반응물과 생성물의 농도인 C_0와 C_n으로 측정된다. 높은 전류 밀도 영역에서 Butler–Volmer 식의 두 번째 항은 소거되고 다음과 같이 나타낼 수 있다:

$$i = i_0\frac{C_i}{C_0}\exp\left[\frac{\alpha nF(E - E_r)}{RT}\right] \tag{8-20}$$

활성화 과전위에 대해서 나타내면:

$$v_{conc} = \frac{RT}{\alpha nF}\frac{C_0}{C_i} \tag{8-21}$$

농도 비는 다음과 같이 나타낼 수 있다:

$$\frac{C_0}{C_i} = \frac{i_L}{i_L - i} \tag{8-22}$$

연료전지 농도 손실(또는 물질 전달 손실)은 다음과 같이 쓸 수 있다[2]:

$$v_{conc} = \left(\frac{RT}{nF}\right)\frac{i_L}{i_L - i} \tag{8-23}$$

실제 연료전지 운전에서는 상기의 식이 예상하는 것보다 더 큰 값을 가지는 경우가 있기 때문에 때로는 경험적으로 얻은 식을 사용한다. 농도 손실은 높은 전류 밀도에서 더 크고, 일정 이상의 농도 손실은 연료전지 성능을 저하시킨다.

8.3 유동 채널에서 대류 물질 전달

연료전지의 유동 채널은 반응물을 연료전지에 고르게 공급하기 위한 목적으로 설계된다. 일반적인 연료전지는 고르게 반응물을 분배하고 최소한의 물질 전달 손실을 유지하기 위해 일련의 작은 유동장을 가지고 있다. 유동장 설계는 제12장에서 자세히 설명할 것이다. 몇 가지 기본 식을 유동 채널에서의 물질 전달 해석에 사용할 수 있으나 더 정확한 결과를 얻기 위해 컴퓨터 유체역학(CFD) 소프트웨어를 사용하여 연료전지 유동 채널에서의 질량과 열전달 특성을 모델링하는 것이 일반적인 방법으로 널리 사용되고 있다. 8.3.1절과 8.3.2절에 유동 채널에서의 질량 전달 모델링에 관한 몇 가지의 식을 나타내었다.

8.3.1 유동 채널에서의 물질 전달

유동 채널의 물질 전달은 유동 채널에서 전극층으로 흐르는 반응물의 검사 체적을 사용하여 모델링할 수 있으며 이는 그림 8-2에 나타나 있다.

전극 표면에서의 대류 물질 전달 속도($\dot{m}_s$)는 다음 식으로 쓸 수 있다:

$$\dot{m}_s = h_m(C_m - C_s) \tag{8-24}$$

여기서, C_m은 유동 채널에서 반응물의 평균 농도(채널 횡단면을 따라 평균적으로 계산되고 유동 방향 x를 따라 감소된다), C_s는 전극 표면에서의 농도이다.

그림 8-2에 나타낸 바와 같이 반응물은 위치 x에서 몰 유량 $A_C C_m v_m$으로 이동하는데, 여기서 A_C는 채널 횡단면적(cross-sectional area), v_m은 유동 채널에서의 평균 속도이다. 이것은 다음 식과 같이 나타낼 수 있다:

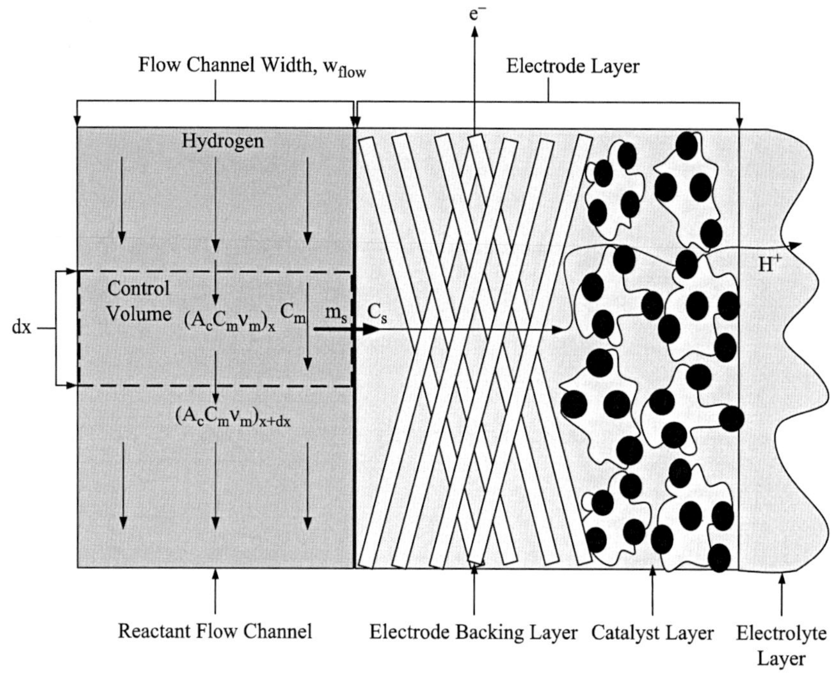

그림 8-2 유동 채널에서 전극 층으로의 반응물 유동에 대한 검사 체적[9]

$$\frac{d}{dx}(A_cC_mv_m) = -\dot{m}_s w_{elec} \tag{8-25}$$

여기서, w_{elec}은 전극 표면의 폭이다. 채널 내의 유동이 정상상태라고 가정하면 속도와 농도는 일정하므로:

$$\frac{d}{dx}C_m = \frac{-\dot{m}_s}{v_m w_{flow}} \tag{8-26}$$

전류 밀도가 작으면($i < 0.5i_L$), 상수로 가정될 수 있다. Faraday 법칙과 $\dot{m}_s = \frac{i}{nF}$을 적용하고 적분하면 다음과 같이 정리된다[9]:

$$C_m(x) = C_{m,in}(x) - \frac{\left(\frac{i}{nF}\right)}{v_m w_{flow}}x \tag{8-27}$$

여기서, $C_{m,in}$은 유동 채널 입구에서의 평균 농도이다.

전류 밀도가 크면($i > 0.5i_L$), 전극 표면 조건은 표면에서 농도(C_s)가 일정하다고 가정함으로써 다음과 같이 근사할 수 있다[9] :

$$\frac{d}{dx}(C_m - C_s) = \frac{-h_m}{v_m w_{flow}}(C_m - C_s) \tag{8-28}$$

채널 입구에서 유동 채널 내부 위치 x까지 적분하면 식 (8-28)은 다음과 같다 :

$$\frac{C_m - C_s}{(C_m - C_s)_{in}} = \exp\frac{-h_m x}{v_m w_{flow}} \tag{8-29}$$

채널 출구 쪽에서는 $x = H$이며, 다음과 같은 식이 된다 :

$$\frac{C_{m,out} - C_s}{C_{m,in} - C_s} = \exp\frac{-h_m H}{v_m w_{flow}} \tag{8-30}$$

여기서, $C_{m,out}$은 유동 채널 출구에서의 평균 농도이다.

그림 8-3에 나타낸 바와 같이 전체 유동 채널을 검사 체적으로 가정할 수 있다면 다음과 같은 간단한 식을 얻을 수 있다 :

$$\dot{m}_s = v_m w_{flow} w_{elec}(C_{in} - C_{out})$$

$$\dot{m}_s = v_m w_{flow} w_{elec}(\Delta C_{in} - \Delta C_{out}) \tag{8-31}$$

C_s가 일정하다면 $w_{flow} w_{elec}$를 치환한다[2, 9]:

$$\dot{m}_s = A h_m \Delta C_{lm} \tag{8-32}$$

여기서,

$$\Delta C_{lm} = \frac{\Delta C_{in} - \Delta C_{out}}{\ln\left(\frac{\Delta C_{in}}{\Delta C_{out}}\right)} \tag{8-33}$$

이다.

물질 전달 속도와 관련된 국부 전류 밀도는[9] :

$$i(x) = nFh_m(C_m - C_s)\exp\left(\frac{-h_m x}{v_m w_{flow}}\right) \tag{8-34}$$

전극 표면 전체의 전류 밀도 평균값은 다음과 같다 :

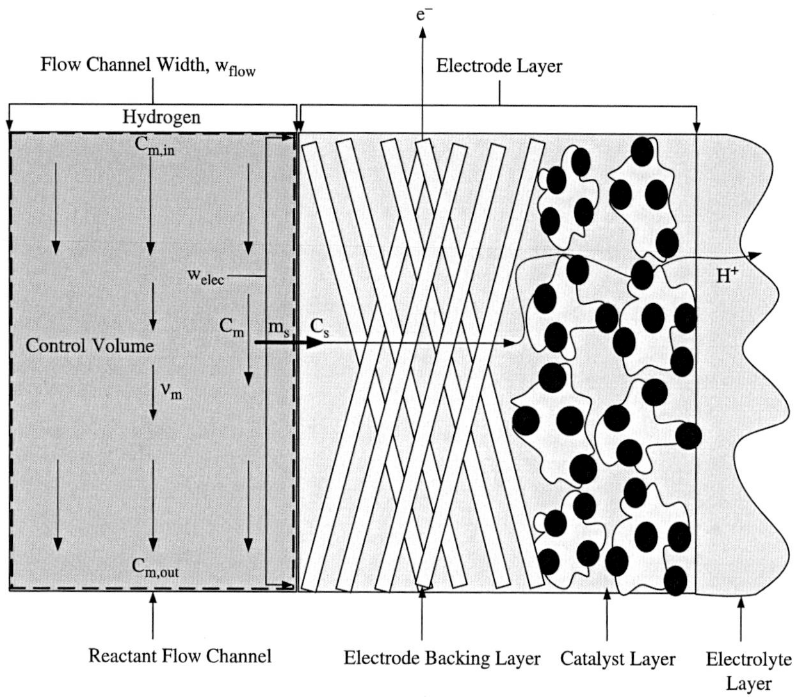

그림 8-3 유동 채널에서부터 전극 층까지 반응물의 유동을 위한 검사체적(전체 채널)

$$\bar{i} = nFh_m \Delta C_{lm} \tag{8-35}$$

C_s가 0에 근접할 때 한계 전류 밀도는[9] :

$$i_L(x) = nFh_m C_{m,in} \exp\left(\frac{-h_m x}{v_m w_{flow}}\right) \tag{8-36}$$

$$\bar{i}_L = nFh_m \left[\frac{\Delta C_{in} - \Delta C_{out}}{\ln\left(\frac{\Delta C_{in}}{\Delta C_{out}}\right)} \right] \tag{8-37}$$

전류 밀도와 한계 전류 밀도는 채널 길이에 따라 지수적(exponentially)으로 감소한다.

예제 8-1 25℃, 1 atm에서 운전되는 연료전지는 연료와 산화제를 전극 표면에 흘려 보내주기 위하여 유동 채널을 갖는 분리판을 이용한다. 유동 채널의 길이는 18 cm이고, 공기는 2 m/s의 속도로 이동한다. 채널은 1 mm의 간격이고, 깊이는 1.5 mm이다. 공기는 캐소드에 분배되기 위해 채널 벽과 평행하게 공급된다. 대류 물질 전달의 한계에 의한 전류 밀도의 분포 $i_L(x)$와 평균 제한 전류 밀도 $\bar{i}_L$을 구하라.

Reynolds 수는 다음과 같이 계산될 수 있다:

$$Re = \frac{\rho v_m D}{m} = \frac{v_m D}{v} = \frac{2\ \mathrm{m/s} * 2 * 1 \times 10^{-3}\ \mathrm{m}}{15.89 \times 10^{-6}\ \mathrm{m^2/s}} = 251.73$$

251.73은 2,000보다 작기 때문에 유동은 층류이다.

한계 전류 밀도, 대류 물질 전달 계수, 양방향 확산 계수를 계산하기 위하여 다음과 같은 계산이 필요하다:

$$D_{i,j}(T) = D_{i,j}(T_{ref}) * \left(\frac{T}{T_{ref}}\right)^{3/2} = D_{O_2-N_2}(273) * \left(\frac{298}{273}\right)^{3/2} = 0.21 \times 10^{-4}\ \mathrm{m^2/s}$$

$$h_m = Sh\frac{D_{i,j}}{D_h} = 4.86 * \frac{0.21 \times 10^{-4}\ \mathrm{m^2/s}}{2 * 1 \times 10^{-3}\ \mathrm{m}} = 0.0105\ \mathrm{m/s}$$

O_2의 몰 분율이 $X_{O_2} = 0.21$일 때, 채널 입구에서 O_2의 농도는

$$C_{O_2,in} = X_{O_2} * \left(\frac{P}{RT}\right) = 0.21 * \frac{101{,}325}{8.314\ \mathrm{J/molK} * 298\ \mathrm{K}} = 8.588\ \mathrm{mol/m^3}$$

한계 전류 밀도는 O_2의 전달 속도를 이용하여 구할 수 있다:

$$i_L(x) = nFh_m C_{m,in} \exp\left(\frac{-h_m x}{v_m w_{flow}}\right)$$

$$i_L(x) = 4 * 96{,}487 \frac{C}{\mathrm{molO_2}} * 0.0105 \frac{\mathrm{m}}{\mathrm{s}} * 8.588 \frac{\mathrm{molO_2}}{\mathrm{m^3}} * \exp\left(\frac{0.0105\ \mathrm{m/s}}{1 * 10^{-3} * 2\ \mathrm{m/s}}\right)$$

$$= 3.4802 * 10^4 \times \exp(-5.25x)$$

채널 입구($x = 0$)에서 한계 전류 밀도는 3.4802 $\mathrm{A/cm^2}$가 될 것이고 채널 출구($x = 18$ cm)에서 3.3022 $\mathrm{A/cm^2}$가 될 것이다. $\bar{i}_L$을 계산하기 위해 산소의 출구 농도를 계산하여야 한다.

$$C_{m,out} = C_{m,in} * \exp\left(\frac{-h_m x}{v_m w_{flow}}\right) = 8.588 \frac{\mathrm{mol}}{\mathrm{m^3}} * \exp\left(\frac{-0.0105\ \mathrm{m/s} * 0.18\ \mathrm{m}}{1 * 10^{-3} * 2\ \mathrm{m/s}}\right)$$

$$= 3.338\ \mathrm{mol/m^3}$$

따라서

$$\bar{i}_L = nFh_m\left[\frac{\Delta C_{\text{in}} - \Delta C_{out}}{\ln\left(\frac{\Delta C_{in}}{\Delta C_{out}}\right)}\right]$$

$$= 4*96{,}487\frac{C}{\text{molO}_2}*0.0105\frac{\text{m}}{\text{s}}\left[\frac{(8.588 - 3.338)\frac{\text{molO}_2}{\text{m}^3}}{\ln\left(\frac{8.588}{3.338}\right)}\right]$$

$$= 2.251\frac{\text{A}}{\text{cm}^2}$$

8.3.2 유동 채널에서의 압력 강하

대부분의 연료전지에서 유동장은 보통 수많은 평행 유동 채널이 배열되어 있다. 따라서 한 개의 채널에서 압력 강하가 일어나면 전체 유동장의 압력 강하가 일어난다. 일반적인 유동 채널에서 가스는 평균 속도로 첫 지점에서 끝 지점까지 이동하고, 입구와 출구 사이의 압력차는 유체가 흐를 수 있게 한다. 출구와 입구 사이의 압력 강하를 크게 하면 속도는 증가된다. 분리판의 채널을 통과하는 유동은 전형적인 층류의 형태를 보이고 유량에 비례한다. 압력 강하는 파이프에서 비압축성 유동에 사용되는 식을 이용하여 근사될 수 있다 :

$$\Delta P = f\frac{L_{chan}}{D_H}\rho\frac{\bar{v}^2}{2} + \sum K_L\rho\frac{\bar{v}^2}{2} \tag{8-38}$$

여기서, f는 마찰 계수, L_{chan}은 채널의 길이(m), D_H는 수력 직경(m), ρ는 유체 밀도(kg/m^3), v는 평균 속도(m/s), K_L은 국부 저항이다.

수력 직경은 다음과 같이 정의된다 [3]:

$$D_H = \frac{4 \times A_c}{P_{cs}} \tag{8-39}$$

여기서, A_c는 단면적, P_{cs}는 주변길이이다. 일반적으로 사용되는 직사각형 유동장의 수력 직경은 다음과 같이 나타낼 수 있다 :

$$D_H = \frac{2w_c d_c}{w_c + d_c} \tag{8-40}$$

여기서, w_c는 채널의 폭, d_c는 채널의 깊이이다.

채널 길이는 다음과 같이 정의된다 :

$$L_{chan} = \frac{A_{cell}}{N_{ch}(w_c + w_L)} \tag{8-41}$$

여기서, A_{cell}은 전지의 활성 면적, N_{ch}는 병렬 채널의 수, w_c는 채널 폭(m), w_L은 채널 사이 공간(m)이다.

마찰 계수는 다음과 같이 정의된다 :

$$f = \frac{56}{Re} \tag{8-42}$$

연료전지 입구에서의 속도는[3] :

$$v = \frac{Q_{stack}}{N_{cell}N_{ch}A_{ch}} \tag{8-43}$$

여기서, v는 채널에서 속도(m/s), Q_{stack}은 스택 출입구에서 공기 유량(m^3/s), N_{cell}은 스택의 단일전지의 수, N_{ch}는 각 단일전지의 병렬 채널의 수, A_{ch}는 채널의 단면적이다. PEMFC의 경우 스택 입구에서의 전체 유량은[3] :

$$Q_{stack} = \frac{I}{4F}\frac{S_{O_2}}{x_{O_2}}\frac{RT_{in}}{P_{in} - \varphi P_{sat}}N_{cell} \tag{8-44}$$

여기서, Q는 체적 유량(m^3/s), I는 스택 전류, F는 Faraday 상수, S_{O_2}는 산소 화학량론 비, x_{O_2}는 공기 중 산소 농도, R은 일반 기체상수, T_{in}은 스택 입구 온도, P_{in}은 스택 입구에서 압력, ϕ는 상대습도, P_{sat}는 주어진 입구 온도에서의 포화 압력, N_{cell}은 스택 내부의 단위 전지의 수이다.

앞의 식들을 계산하면 스택 입구에서 속도는[3]:

$$v = \frac{I}{4F}\frac{S_{O_2}}{x_{O_2}}\frac{(w_c + w_L)L_{chan}}{w_c d_c}\frac{RT}{P - \phi P_{sat}} \tag{8-45}$$

유동 채널의 압력 강하를 근사하기 위해서는 채널의 유동이 층류인지 난류인지를 반드시 결정하여야 한다. 이것은 Reynolds 수를 계산함으로써 알 수 있는데, Reynolds 수가 2,300 이하이면 유동은 층류이며, 2,300보다 크다면 난류유동이라는 것을 알 수 있다. 채널 입구에서 :

$$Re = \frac{\rho v_m D_{ch}}{\mu} = \frac{v_m D_{ch}}{v} \tag{8-46}$$

여기서, v_m은 유동의 특성 속도(m/s), D_{ch}는 유동 채널의 직경 또는 특성 길이(m), ρ는 유체의 밀도(kg/m^3), μ는 유체의 점도(kg/(m*s or N*s/m^2)), v는 동점성(m^2/s)이다. 채널 크기 또는 유동 속도와는 관계없이 원형 채널에서 f * Re=16이다. 식 (8-48)은 원형 채널에서 사용될 수 있다.

직사각형 채널의 유효 Reynolds 수를 계산하면:

$$Re_h = \frac{\rho v_m D_h}{\mu} \tag{8-47}$$

여기서, $D_h = 4A/P = 4^*$(단면적)/주변길이.

문헌에서 직사각형 채널에서의 관계는 대략적으로 다음과 같이 나타낼 수 있다[3]:

$$f{*}Re = 24(1 - 1.3553 \times \alpha{*} + 1.9467 \times \alpha{*}^2 - 1.7012 \times \alpha{*}^3 + 0.9564 \times \alpha{*}^4 - 0.2537 \times \alpha{*}^5) \tag{8-48}$$

여기서, α^*는 단면의 측면 길이 비이며, $2a$와 $2b$가 채널의 둘레의 길이일 때 $\alpha^* = \frac{b}{a}$이다. PEMFC에서 Reynold 수는 다음 식에 의해 계산될 수 있다[3]:

$$Re = \frac{\rho v D_H}{\mu} = \frac{1}{\mu}\frac{i}{2F}\frac{S_{O_2}}{x_{O_2}}\frac{(w_c + w_L)L_{chan}}{w_c + d_c}M_{air} + M_{H_2O}\frac{\phi P_{sat(T_{in})}}{P_{in} - \phi P_{sat(T_{in})}} \tag{8-49}$$

보통 스택 출구에서의 유량은 입구와 다르다. 유량을 계산하는 것은 제16장에서 상세하게 다루기로 한다. 출구 유동이 수증기로 포화되어 있다고 가정하면 PEMFC의 유량은[3]:

$$Q_{stack} = \frac{I}{4F}\left(\frac{S_{O_2}}{x_{O_2}} - 1\right)\frac{RT_{out}}{P_{in} - \Delta P - \varphi P_{sat(T_{out})}}N_{cell} \tag{8-50}$$

여기서, ΔP는 스택에서의 압력 강하이다.

점도는 온도에 따라 다양하게 나타난다. 희석된 가스의 경우, 온도에 의해 좌우되는 점성을 다음과 같은 간단한 멱 법칙을 이용하여 대략적으로 알아낼 수 있다:

$$\frac{\mu}{\mu_0} \approx \left(\frac{T}{T_0}\right)^n \tag{8-51}$$

여기서, μ_0는 온도 T_0에서의 점성이다. 이러한 식에서 n, μ, T_0는 실험으로부터 얻어지거나 동적 이론을 통해 계산될 수 있다.

연료전지의 가스 유동에 관해서는 한 가지의 가스를 고려하지만, 실제로는 공기 중에 산소와 질소가 섞여있는 것처럼 혼합된 가스의 유동이 발생한다. 다음 식을 통하여 가스 혼합물의 점성에 관한 적절한 해석이 가능하다.

$$\mu_{mix} = \sum_{i=1}^{N} \frac{x_i \mu_i}{\sum_{j=1}^{N} x_j \Phi_{ij}} \tag{8-52}$$

여기서, Φ_{ij}는 다음 식으로부터 얻어진 무차원 수이다 :

$$\Phi_{ij} = \frac{1}{\sqrt{8}}\left(1 + \frac{M_i}{M_j}\right)^{-1/2}\left[1 + \left(\frac{\mu_i}{\mu_j}\right)^{1/2}\left(\frac{M_i}{M_j}\right)^{1/4}\right]^2 \tag{8-53}$$

여기서, N은 전체 혼합된 가스 종의 수, x_i과 x_j는 가스 종 i, j의 몰 분율, M_i과 M_j는 가스 종 i, j의 분자량을 나타낸다.

다공성 재질의 유동 영역에서는 Darcy의 법칙에 의해 압력 강하가 일어난다.

$$\Delta P = \mu \frac{Q_{cell}}{kA_c} L_{chan} \tag{8-54}$$

여기서, μ는 유체의 점성, Q_{cell}은 단위전지를 지나는 기하학적 유량(m^3/s), k는 투과성(m^2), A_c은 유동 영역의 단면적(m^2), L_{chan}은 유동 영역의 길이를 나타낸다.

이러한 식들을 사용할 때, 실제 값과 어느 정도의 근소한 오차를 발생시킬 수 있는 몇 가지의 가정이 존재한다.

- 채널은 양쪽이 매끄럽지 않다. 대체로 채널쪽 표면은 매끄럽지만, 가스 확산층이나 다공성 전극면의 표면은 거칠다.
- 가스는 단순 유동으로 채널을 통과하지 않으며 촉매와 반응을 한다.
- 채널의 온도는 불균일하다.
- 채널 내부의 굽혀진 부분이나 곡선 구간에 대한 고려가 필요하다.

예제 8-2 면적이 100 cm^2인 PEMFC의 캐소드와 그래파이트 분리판의 유동장에서 압력 강하를 계산하시오. 스택은 60℃, 3 atm, 100%의 포화공기에서 운전되고 유동장은 24개의 평행한 채널이며, 각 채널은 폭 1 mm, 깊이 1 mm, 간격 1 mm이다. 이 연료전지는 0.65 V, 0.7 A/cm^2로 운전되고 있다.

압력강하는:

$$\Delta P = f\frac{L}{D_H}\rho\frac{\overline{v}^2}{2} + \sum K_L\rho\frac{\overline{v}^2}{2}$$

수력 직경은:

$$D_H = \frac{2w_c d_c}{w_c + d_c} = \frac{2*0.1*0.1}{0.1 + 0.1} = 0.1 \text{ cm}$$

채널 길이는:

$$L = \frac{A_{cell}}{N_{ch}(w_c + w_L)} = \frac{100}{24(0.1 + 0.1)} = 20.83 \text{ cm}$$

스택 입구에서의 유량은:

$$Q_{stack} = \frac{I}{4F}\left(\frac{S}{x_{O_2}}\right)\frac{RT_{in}}{P_{in} - \varphi P_{sat(T_{in})}}N_{cell}$$

$$= \frac{0.7*100}{4*96{,}485}*\frac{1}{0.21}*\frac{8.314*333.15}{303,975.03 - 19{,}944}*1$$

$$= 8.423*10^{-7}\frac{\text{m}^3}{\text{s}} = 8.423\frac{\text{cm}^3}{\text{s}}$$

입구 근처의 채널에서 속도는:

$$v = \frac{Q_{stack}}{N_{cell}N_{ch}A_{ch}} = \frac{8.423}{1*24*0.1*0.1} = 35.096\frac{\text{cm}}{\text{s}}$$

채널 입구에서 Reynolds 수는:

$$Re = \frac{\rho\overline{v}D_H}{\mu}$$

$$\rho = \frac{(P - P_{sat})M_{air} + P_{sat}M_{H_2O}}{RT}$$

$$= \frac{(303{,}975.03 - 19{,}944)*29 + 19{,}944*18}{8314*333.15}$$

$$= 3.10\,\text{kgm}^3 = 0.0031\,\text{gcm}^3$$

$$\mu = 2*10^{-5}\,\text{kg/ms} = 0.0002\frac{\text{g}}{\text{cms}}$$

$$Re = \frac{\rho\bar{v}D_H}{\mu} = \frac{0.00123*35.096*0.1}{0.0002} = 21.584$$

직사각형 채널의 경우는 :

$$Ref \approx 55 + 41.5\exp\left(\frac{-3.4}{w_c/d_c}\right) = 56$$

$$f = \frac{56}{Re} = \frac{56}{21.584} = 2.594$$

압력 강하는 :

$$\Delta P = f\frac{L}{D_H}\rho\frac{\bar{v}^2}{2} + \sum K_L\rho\frac{\bar{v}^2}{2} = 2.594*\frac{0.2083}{0.001}1.23*\frac{0.351^2}{2}$$

$$+ 1.23*\frac{0.351^2}{2} = 33.36\,\text{Pa}$$

단원요약

연료전지에서 물질 전달이란 반응물과 생성물의 공급을 말한다. 연료전지에서 반응물의 양이 충분하지 못하거나 과다할 경우 발생하는 부적절한 물질 전달은 연료전지의 성능을 저하시키는 결과를 초래할 수 있다. 연료전지에서 물질 전달에 영향을 주는 두 가지 현상은 전극에서 확산, 유동 채널에서 대류이다. 연료전지에서 반응물의 손실은 Nernstian 전압과 전극의 반응속도에 영향을 미친다. 이것은 연료전지 유동 채널에서 물질 전달을 최적화함으로써 피할 수 있다. 연료전지에서 대류는 Reynolds 수를 이용하여 특성평가가 가능하며, 보통 층류이다. 유동 채널을 통한 반응물 유동은 입구와 출구의 압력 차이에 의해 일어난다. 압력 손실은 유체와 채널 벽 사이의 마찰로 인해 발생한다. 단순한 물질 전달 모델은 반응물이 유동 채널에서 어떻게 손실되는지에 대한 많은 정보를 제공한다. 물질 전달은 일반적으로 반응물 유동 점성을 증가시키거나 채널 크기 또는 확산층 두께를 감소시킴으로써 향상시킬 수 있다.

연습문제

1. 연료전지가 750℃, 1 atm에서 운전되고 있다. 공기는 캐소드에서 수증기의 몰 분율 0.2로 가습되어 공급된다. 채널이 한 변의 길이가 1.2 mm인 정사각형이라면 공기의 최대 속도를 구하시오.

2. 문제 1의 연료전지에서 채널이 원형일 경우 공기의 최대 속도를 계산하시오.

3. 연료전지가 50℃, 1 atm에서 운전되고 있다. 캐소드는 순수한 산소를 이용하고, 수증기는 포함하지 않는다. 확산층은 30%의 공극률을 가지며 두께가 300 μm이다. 한계 전류 밀도를 계산하시오.

4. 180℃, 1 atm에서 운전되고 있는 연료전지의 한계 전류 밀도를 계산하시오. 캐소드는 3번 문제와 동일한 구조이다.

5. 3번 문제와 운전 조건이 같다면 0.8 A/cm^{2}에서 작동할 수 있는 연료전지 면적을 계산하시오. 양론비를 2.5로 가정하고 연료전지는 폭 1 mm, rib 폭 0.8 mm인 하나의 직선 채널로 제작된다고 가정하시오.

참고문헌

[1] Sousa, Ruy Jr., and Ernesto Gonzalez. "Mathematical Modeling of Polymer Electrolyte Fuel Cells." *Journal of Power Sources*. Vol. 147, 2005, pp. 32-45.

[2] O'Hayre, Ryan, Suk-Won Cha, Whitney Colella, and Fritz B. Prinz. *Fuel Cell Fundamentals*. 2006. New York: John Wiley & Sons.

[3] Barbir, Frano. *PEM Fuel Cells: Theory and Practice*. 2005. Burlington, MA: Elsevier Academic Press.

[4] Lin, Bruce. "Conceptual Design and Modeling of a Fuel Cell Scooter for Urban Asia." Princeton University, Masters Thesis. 1999.

[5] Mench, M.M., Z.H. Wang, K. Bhatia, and C.Y. Wang. "Design of a Micro-Direct Methanol Fuel Cell," Electrochemical Engine Center, Department of Mechanical and Nuclear Engineering, Pennsylvania State University. 2001.

[6] Mench, Matthew M., Cao-Yang Wang, and Stephan T. Tynell. "An Introduction to Fuel Cells and Related Transport Phenomena." Department of Mechanical and Nuclear Engineering, Pennsylvania State University. Draft. http://mtrl1.mne.psu.edu/Document/jtpoverview.pdf Last Accessed March 4, 2007.

[7] You, Lixin, and Hongtan Liu. "A Two-Phase Flow and Transport Model for PEM Fuel Cells." *Journal of Power Sources*. Vol. 155, 2006, pp. 219-230.

[8] Springer et al. "Polymer Electrolyte Fuel Cell Model." *J. Electrochem. Soc.*, Vol. 138, No. 8, 1991, pp. 2334-2342.

[9] Li, Xianguo. *Principles of Fuel Cells*. 2006. New York: Taylor & Francis Group.

[10] Springer et al. "Polymer Electrolyte Fuel Cell Model," *J. Electrochem. Soc.*, Vol. 138, No. 8, 1991, pp. 2334-2342.

[11] Rowe, A. and X. Li. "Mathematical Modeling of Proton Exchange Membrane Fuel Cells," *Journal of Power Sources*. Vol. 102, 2001, pp. 82-96.

[12] Mennola, T et al. "Mass Transport in the Cathode of a Free-Breathing Polymer Electrolyte Membrane Fuel Cell." *Journal of Applied Electrochemistry*. 33: 979-987, 2003.

[13] Beale, S.B. "Calculation Procedure for Mass Transfer in Fuel Cells." *Journal of Power Sources*. Vol. 128, 2004, pp. 185-192.

[14] Giles, R.V., J.B. Evett and C. Liu. Fluid Mechanics and Hydraulics. 1995. Third Edition. Schaum's Outline of Theory and Problems. New York: McGraw-Hill.

[15] Schultz, Thorsten and Kai Sundmacher. "Mass, Charge and Energy Transport Phenomena in a Polymer Electrolyte Membrane (PEM) Used in a Direct Methanol Fuel Cell (DMFC): Modeling and Experimental Validation of Fluxes." Journal of Membrane Science. Vol. 276, 2006, pp. 272-285.

[16] Vandersteen, J.D.J., Kenney, B., Pharoah, J.G. and Karan, K. "Mathematical Modelling of the Transport Phenomena and the Chemical/Electrochemical Reactions in Solid Oxide Fuel Cells: AReview." Canadian Hydrogen and Fuel Cells Conference, September 2004.

Chapter 09

연료전지 열전달

연료전지의 내부에서 유체의 질량 유속이 일정하더라도 연료전지의 종류나 반응 물질의 상변화, 열전달 등으로 인해 온도가 일정하게 유지되지 않는다. 반응 속도와 물질 전달 등 온도에 따라 바뀌는 변수들을 정확하게 예측하기 위해서는 온도와 열 분배가 정확하게 측정되어야 한다. 대류 열전달은 고체 표면과 기체 사이에서 발생하고 전도 열전달은 고체 및 다공성 구조에서 발생한다. 그림 9-1에서 알 수 있듯이 기본적인 열전달을 모델링할 때는 반응물, 생성물, 생성되는 전기를 고려해야 한다.

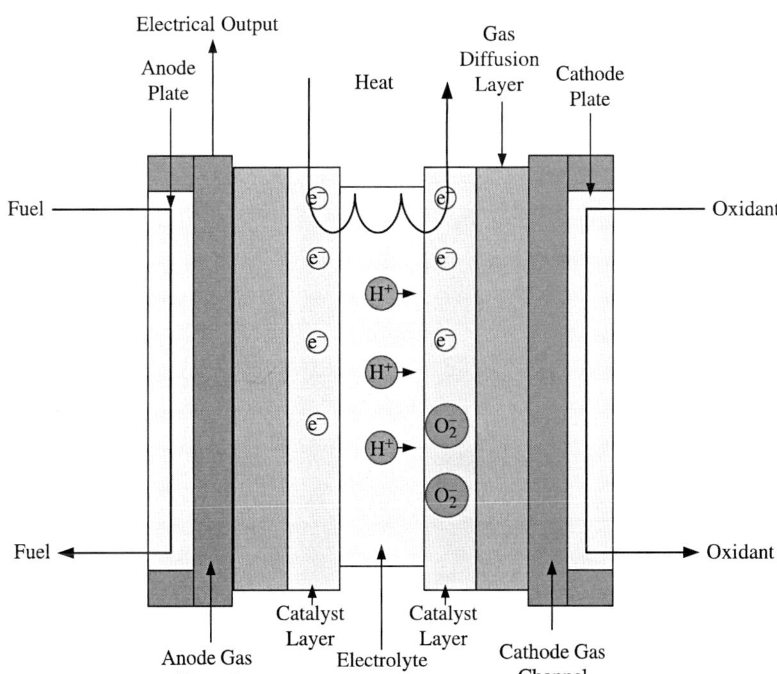

그림 9-1 스택에서의 열 유동 연구를 위한 개략도

시스템의 열 이득과 손실을 계산하는 열전달 식을 사용하기 앞서 에너지 수지식이 결정되어야 한다. 연료전지 주변의 총 에너지 수지는 연료전지의 반응, 연료전지에서 발생된 열손실, 출력 등을 고려한다. 에너지 수지는 연료전지 종류와 시스템에 따라 달라지는데, 이는 연료전지의 종류에 따라 진행되는 반응이 다르며 구성요소와 설계가 달라지기 때문이다. 일반적으로 에너지 수지란 공급된 반응물의 엔탈피가 방출되는 생성물의 엔탈피, 생성된 열, 전기출력, 주위로 방출된 열손실의 합과 같다는 것을 의미한다.

이 장에서는 연료전지와 관련된 열전달의 기초를 설명하고자 한다. 이 장에서는 다음 주제들을 중점적으로 설명할 것이다.

- 연료전지의 에너지 수지
- 연료전지에서 생산된 열과 열유속
- 열전도
- 자연 대류와 복사를 통한 방열
- 연료전지의 열관리

이 장에서 다루는 내용들은 연료전지 스택과 스택 구성요소의 온도와 열을 예상하는 데 도움이 될 것이다.

9.1 연료전지 에너지 수지

9.1.1 일반적인 에너지 수지 계산

연료전지 시스템을 적절하게 설계하기 위해서는 연료전지 및 보조장치 안팎과 내부로 흐르는 에너지를 고려해 필요한 총 에너지를 결정하게 된다. 일반적인 에너지 수지식을 사용하여 연료전지의 출구의 온도를 결정할 때 반응물 구성, 온도, H_2와 O_2 사용, 예상 생산 동력 및 열손실 등의 조건을 미리 알고 있어야 한다. 에너지 수지식을 공식화하는 과정은 다음과 같다.

1. 플로차트를 그리고 표시한다. 각 유동들의 비엔탈피를 결정하기 위해서는 플로차트에 온도, 압력, 몰분율, 질량유동과 상(phase) 등의 충분한 정보가 기입되어야 한다.
2. 물질 수지식은 모든 유동들의 유량을 결정하기 위해 쓰인다(제16장 참조).

3. 각 유동의 비엔탈피가 결정되어야 한다. 비엔탈피는 열역학 표에서 찾거나 계산해서 구할 수 있다.
4. 마지막 단계에서는 적절한 에너지 형태와 수지식을 쓰고 값을 구한다.

그림 9-2에 플로차트가 예로 주어져 있다. 온도 T, 압력 P에서 연료가 연료전지로 공급되고 산소는 T, P, x_{O_2}(몰분율), m_{O_2}(질량 유량)으로 공급된다. 연료와 산소는 연료전지 내부에서 완전하게 반응하여 CO_2와 수증기를 생성하고 각 T, P, x(몰분율), m(질량 유량)으로 분리되어 배출된다. 그 반응식은 다음과 같다.

$$C_aH_b + \left(a + \frac{b}{4}\right)O_2 \rightarrow aCO_2 + \frac{b}{2}H_2O$$

그림 9-2에서 Q는 연료전지 외부로 방출되는 열이고, W는 화학 반응을 통해 발생된 일이다. 연료전지의 일반적인 에너지 수지는 다음과 같이 나타낼 수 있다.

$$\frac{W}{m_{fuel}} + \frac{Q}{m_{fuel}} = h_{fuel} + \left(a + \frac{b}{4}\right)h_{O_2} - ah_{CO_2} - \frac{b}{2}h_{H_2O} \tag{9-1}$$

(여기서 물질 수지식은 사용하지 않았다.)

9.1.2 연료전지 스택의 에너지 수지

연료전지 스택의 에너지 수지는 공급되는 에너지의 합이 방출되는 에너지의 합과 같다는 것으로 일반적인 열 수지는 다음과 같다.[3] :

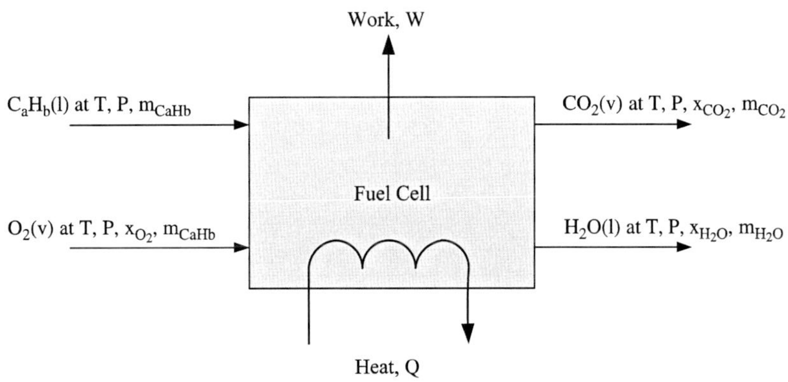

그림 9-2 에너지 수지식을 얻기 위한 상세한 플로차트

$$\sum Q_{in} - \sum Q_{out} = W_{el} + Q_{dis} + Q_c \tag{9-2}$$

여기서, Q_{in}은 반응 가스의 엔탈피, Q_{out}은 남은 반응물과 생성물에서 발생된 열의 엔탈피, W_{el}은 생성된 전기, Q_{dis}는 주변으로 방출된 열, Q_c는 냉각에 의해 스택에서 방출되는 열이다. 열은 반응물, 생성물에 의해 순환되고, 주변으로 방출되며, 폐열은 냉각을 통해서 스택으로부터 제거되어야 한다. 연료전지의 발열은 전압 손실과 관련된다. 열의 대부분은 촉매 층에서 발생하지만 멤브레인과 연료전지의 전기 전도 부분에서도 ohmic 손실에 의해 열이 발생한다.

연료전지의 에너지 수지는 반응에 사용된 연료의 에너지와 반응에 의해 발생된 전기와 열의 합이 동일하다는 가정 하에 다음 식으로 구할 수 있다.

$$\frac{I}{nF} H_{HHV} n_{cell} = Q_{gen} + IV_{cell} n_{cell} \tag{9-3}$$

생성된 물 전체가 상온에서 액체 상태로 스택에서 빠져나간다고 가정할 때 연료전지 스택에서 발생한 열은 다음과 같다 :

$$Q_{gen} = (1.482 - V_{cell}) In_{cell} \tag{9-4}$$

여기서, Q_{gen}은 스택에서 발생된 열로 단위는 와트이고, n_{cell}은 단위 전지의 수, V_{cell}은 단위 전지의 전압이다. 생성된 물이 증기 상태로 스택에서 나간다고 가정하면 다음 식을 사용한다 :

$$Q_{gen} = (1.254 - V_{cell}) In_{cell} \tag{9-5}$$

식 (9-3)~(9-5)는 근사식이고, 스택에서 생성되거나 제거된 열 또는 엔탈피를 고려하지 않았다.

9.1.3 연료전지의 일반적 에너지 수지

연료전지의 에너지 수지는 공급된 에너지의 합과 방출된 에너지의 합이다[3].

$$\sum (h_i)_{in} = W_{el} + \sum (h_i)_{out} + Q \tag{9-6}$$

공급은 연료, 산화물, 수증기의 엔탈피를 말한다(적용 가능하다는 전제 하에). 방출은 생산된 전력, 연료전지 내부의 엔탈피, 그리고 냉각제, 대류, 복사 등에 의해 연료전지에서 배출되는 열이다.

각각 건조 가스나 가스 혼합물의 엔탈피는[3, 16] :

$$h = \dot{m}c_pT \tag{9-7}$$

여기서, $\dot{m}$는 가스 또는 가스 혼합물의 질량 유속(g/s), c_p는 비열(J/[g*K]), T는 온도(℃)이다.

가스의 고위 발열량(HHV)을 이용하면, 엔탈피는[3, 16] :

$$h = \dot{m}(c_pT + h^0_{HHV}) \tag{9-8}$$

여기서, h^0_{HHV}는 0℃에서 가스(J/g)의 고위 발열량이다. 발열량은 보통 25℃에서 측정한 값이 정리되어 있기 때문에 선택된 온도에서의 고위 발열량은 계산하여 얻어야 한다. 수증기의 엔탈피는[3, 16] :

$$h = \dot{m}_{H_2O(g)}c_{p,H_2O(g)}T + h^0_{fg} \tag{9-9}$$

액상의 물의 엔탈피는 :

$$h = \dot{m}_{H_2O(l)}c_{p,H_2O(l)}T \tag{9-10}$$

연료전지 내부의 층이나 스택에서의 가열과 냉각으로 인한 열 수지를 포함하면 에너지 수지 식의 공급 항과 방출 항이 복잡해진다.

9.1.4 연료전지 구성요소와 가스의 에너지 수지

전해질과 다공층(PEMFC에서 MEA)의 전체 에너지 수지는 다음과 같이 쓸 수 있다.

$$Q_s = Q_c + h_fA_f(T_e - T_{f,av}) + h_aA_a(T_e - T_{a,av}) \tag{9-11}$$

여기서, Q_c는 고체 구조에서 열전도, Q_s는 전기화학적 발열을 설명하기 위한 발열원, h는 대류 열전달 계수, T는 온도이다.

가스 상태의 에너지 수지 가스 유동에서 일반적으로 채널 벽에서 가스로 물질과 열전달이 일어나기 때문에 온도 구배는 대류에 의해서 결정될 것으로 예상된다[27] :

$$\sum_i n_i * c_p * \frac{\partial T_g}{\partial x} + \sum_i c_p \frac{\partial n_i}{\partial x} * (T_g - T_s) + h_g * B_g * \frac{1}{a} * (T_g - T_s) = 0 \tag{9-12}$$

여기서, B_g는 연료전지 총 면적에 대한 고체-기체 열 교환 면적 사이의 비, c_p는 화학종 i의 일정 압력에서의 비열, T_g는 고체 온도, h_g는 Nusselt 수로부터 계산된 열전달계수이다 :

$$h_g = Nu * \frac{k}{d_h} \tag{9-13}$$

Nusselt 수는 채널의 형상, Reynolds 수, 층류의 Prandtl 수에 의해 결정된다.

고체 구조의 에너지 수지 연료전지 스택의 고체 구조에서 에너지 수지는 비정상상태의 열전도로 설명할 수 있다. 가스 유동에서 고체로 전달되는 대류 열과 반응 엔탈피를 열원의 항으로 하면[27] :

$$\frac{1}{s}\sum_g h_g B_g * (T_g - T_s) - \frac{1}{s}\left(\frac{\Delta H}{ne * F} + V\right)I + K_x \frac{\partial^2 T_s}{\partial x^2} = 0 \tag{9-14}$$

여기서, K_x는 평행한 층에서 일어나는 평행 방향의 열전도를 고려한 고체 구조의 유효 열전도도이다 :

$$K_x = \frac{\sum_h K_h * \delta_h}{\sum_h \delta_h} \tag{9-15}$$

예제 9-1 수소/공기 연료전지는 0.7 V에서 1 kW를 생산한다. 공기는 20℃로 연료전지 스택에 공급된다. 공급되는 수소의 질량 유량은 0.02 g/s, 공기의 질량 유량은 1.5 g/s이다. 공기에 포함된 물의 질량 유량은 0.01 g/s이다. 공급되는 공기의 질량 유량은 얼마인가? 그리고 배출되는 공기에서 물의 질량 유량은 얼마인가? 연료전지에 의해 생성된 열은 무시한다고 가정하라. 수소의 고위 발열량은 141,900 J/g이다.

에너지 수지는

$$H_{H_2,in} + H_{Air,in} + H_{H_2O\_Air,in} = H_{Air,out} + H_{H_2O\_Air,out} + W_{el}$$

에너지 유동은 :

공급되는 수소 :

$$H_{H_2,in} = m_{H_2,in}(c_{p,H_2}T_{in} + h^0_{HHV})$$

$$h^0_{HHV} = h^{25}_{HHV} - \left(c_{p,H_2} + \frac{1}{2}\frac{M_{O_2}}{M_{H_2}}c_{p,O_2} - \frac{M_{H_2O}}{M_{H_2}}c_{p,H_2O(l)}\right) \cdot 25$$

$$h^0_{HHV} = 141{,}900 - \left(14.2 + \frac{1}{2} * \frac{31.9988}{2.0158}0.913 - \frac{18.0152}{2.0158}4.18\right) \cdot 25$$

$$= 142{,}298 \text{ J/gK}$$

$$H_{H_2,in} = 0.02(14.2 \times 20 + 142{,}298) = 2{,}124.5\text{ W}$$

공급되는 공기 :

$$H_{Air,in} = m_{Air,in} c_{p,\,Air} T_{in} = m_{Air,in} \times 1.01 \times 20$$

공급되는 공기 내의 수증기 :

$$H_{H_2O\_Air,in} = m_{H_2O\_Air,in} \times (c_{p,H_2O} T_{in} + h_{fg}^0)$$

$$H_{H_2O\_Air,in} = 0.01 \times (1.85 \times 20 + 2{,}500) = 25.37$$

배출되는 공기 :

$$H_{Air,out} = m_{O_2,out} c_{p,O_2} T_{out} + m_{N_2,out} c_{p,N_2} T_{out}$$

$$H_{Air,out} = (0.5 * 0.913 * 75) + (1.5 * 1.04 * 75) = 151.24$$

생성되는 물의 양 :

$$I = P/V = 1{,}000\text{W}/\,0.7\text{ V} = 1{,}428.6$$

$$m_{H_2O,gen} = \frac{I}{2F} M_{H_2O} = \frac{1{,}428.6}{2 * 96{,}485} * 18.015 = 0.133\text{ g/s}$$

물의 질량 수지식은 다음과 같이 쓰일 수 있다 :

$$m_{H_2O\_Air,in} + m_{H_2O,gen} = m_{H_2O\_Air,out}$$

$$m_{H_2O\_Air,out} = 0.01\text{ g/s} + 0.133\text{ g/s} = 0.143\text{ g/s}$$

배출되는 공기 내의 수증기 :

$$H_{H_2O\_Air,out} = m_{H_2O\_Air,out} \times (c_{p,H_2O} T_{out} + h_{fg}^0)$$

$$H_{H_2O\_Air,out} = 0.143 \times (1.85 \times 75 + 2{,}500) = 377.34$$

에너지 수지는

$$H_{H_2,in} + H_{Air,in} + H_{H_2O\_Air,in} = H_{Air,out} + H_{H_2O\_Air,out} + W_{el}\cdot$$

$$2{,}124.5 + H_{Air,in} + 25.37 = 151.24 + 377.34 + 1{,}000$$

$$H_{Air,in} = -621.29W$$

$H_{Air,\ in}$에 대한 엔탈피 계산에 대입하면

$$H_{Air,in} = m_{Air,in} c_{p,Air} T_{in} = m_{Air,in} \times 1.01 \times 20$$

$$m_{Air,in} = 30.76\text{ g/s}$$

9.2 연료전지 층에서의 발열과 열유속

애노드의 촉매 층에서 전기화학 반응에 의해 생성된 열은 다음 식에 의해 구할 수 있다 :

$$q_{ACL} = i\left(\eta_a - \frac{\Delta H_a - \Delta G_a}{nF}\right) \tag{9-16}$$

여기서, ΔH_a는 애노드 반응 엔탈피, ΔG_a는 애노드 깁스 자유 에너지이다.

열유속은 다음과 같이 멤브레인의 온도 구배와 관련이 있다 :

$$q_{ACL} = -\lambda_{mem}\frac{dT}{dx} \tag{9-17}$$

여기서, λ_{mem}는 멤브레인의 유효 열전도도이다.

9.3 열전도

균일한 물질 내의 온도 구배는 매질을 통해 에너지 전달을 일으킨다. 한정된 단면적 A를 통한 x 방향의 열전달 속도는[25] :

$$q_x = -kA\frac{dT}{dx} \tag{9-18}$$

여기서, k는 열전도도 W(m* K)이다. 연료전지에 사용되는 몇 가지 물질들의 열전도도가 표 9-1에 나타나 있다.

정상상태의 열전도는 다음 식의 지배를 받는다. :

$$\frac{d^2T}{dx^2} = 0 \tag{9-19}$$

각기 다른 열전도도를 가진 두 가지 물질이 붙어있는 접촉면을 통해 열이 전도될 때, 세 번째 경계 조건은 두 물질의 접촉면의 온도가 같아야 한다는 것이다.[3]:

$$q = h_{tc}A\Delta T \tag{9-20}$$

여기서, h_{tc}는 대류 열전달 계수(BTU/hft^{2}F 또는 W/m^{2}K), A는 열유속 방향에 수직

표 9-1 연료전지에 사용되는 물질들의 열전도도

Material	Thermal conductivity (W/mK) @ 300 K
Aluminum	237
Nickel	90.5
Platinum	71.5
Titanium	22
Stainless Steel 316	13
Graphite	98
$LaCrO_3$	4.3
$La_{0.7}Sr_{0.3}CrO_3$	2.1
$La_{0.8}Ca_{0.2}CrO_3$	1.9
$LaMnO_3$	1.9
Carbon Cloth	1.7
Teflon	0.4

인 넓이(ft^2 또는 m^2), ΔT는 고체 표면과 유체 사이의 온도차(F 또는 K)이다.

연료전지 내부의 발열은 Poisson 식에 의해 기술될 수 있다 [25]:

$$\frac{d^2T}{dx^2} + \frac{q_{int}}{k} = 0 \tag{9-21}$$

여기서, q_{int}는 단위 부피당 열 생성 속도이다.

9.4 자연 대류와 복사를 통한 방열

스택에서 자연 대류와 복사를 통해 주위(surrounding)로 방출된 열은[3] :

$$Q_{dis} = \frac{T_s - T_0}{R_{th}} \tag{9-22}$$

여기서, T_s는 스택 표면 온도, T_0는 주위(surrounding) 온도, R_{th}는 다음 식 (9-23)에 의해 계산되는 열 저항이다.

$$R_{th} = \frac{1}{\frac{1}{R_c} + \frac{1}{R_R}} \tag{9-23}$$

여기서, R_c는 대류에 의한 열 저항이다 :

$$R_c = \frac{1}{hA_s} \tag{9-24}$$

여기서, $h = \frac{k}{L} Nu_L$과 R_R은 [3, 25]에 나타나 있는 복사에 의한 열 저항이다 :

$$R_R = \frac{1}{\sigma F A_s (T_s + T_0)(T_s^2 + T_0^2)} \tag{9-25}$$

여기서, σ는 Stefan–Boltzmann 상수(5.67×10^{-8} W/(m^2K^4)), F는 형상 계수(shape factor), A_s는 스택의 노출된 표면 넓이(m^2)이다.

크기가 작은 스택 또는 단일전지 스택의 경우, 표면적이 크고 생성되는 열보다 방출되는 열이 많기 때문에 작동 온도를 일정하게 유지하기 위해서는 가열되어야 한다 [3].

9.5 연료전지 열관리

고효율 연료전지를 만들기 위해서는 연료전지 시스템이 일정하게 구동할 수 있도록 열관리와 적절한 온도 조절이 필요하다. 연료전지의 종류에 따라 적정한 운전 온도는 상온에서 1,000℃까지이고, 적정 온도 범위에서 벗어나게 되면 효율이 낮아지게 된다. 고온에서는 빠른 반응속도로 인해 열역학적인 전압 손실을 뛰어넘어 전압 이득을 가져올 수 있다. 반면 저온에서는 시스템의 가동 준비시간이 짧아지고 열기계적 응력이 낮아진다. 또한, 부식과 시간/온도 의존 과정들이 지연되고, 공급되는 가스를 포화시키기 위해 사용하는 물의 양을 줄일 수 있다. PEMFC의 경우 작동 온도가 높아질수록 반응에 의해 생성된 물이 더 많이 기화하므로 폐열은 물의 잠열로 사용되며 액체 상태의 물이 더 적게 배출된다.

냉각은 여러 방법을 통해 이루어질 수 있다. 냉각핀과 열 흡수원을 사용하여 강제 냉각을 할 수 있으며, 열을 흡수하는 터빈 재열기나 금속 수소화물 컨테이너 같은 부가적인 장치와 결합할 수 있다(제14장과 제15장 참고). PEMFC의 경우 열을 라디에이터로 수송하는 기체나 액체 냉각제에 의해 강제 냉각이 일어나는 동안 캐소드에서 생성된 물의 증발에 의해 약간의 열이 흡수된다.

대부분의 연료전지는 스택 전체에 걸쳐 온도가 균일하게 유지되도록 몇 가지 형태의 냉각 시스템이 필요하다. 휴대용 연료전지는 주위 환경으로 인한 온도, 습도,

진동, 충격의 변화에 상관없이 정확한 온도를 유지할 필요가 있다. 아주 작은 초소형 연료전지는 냉각 시스템이 필요없을 수도 있고 자동 냉각되도록 설계할 수 있다.

그림 9-3은 스택에 삽입된 냉각판 또는 분리판에 가공된 냉각 채널을 가진 단순한 연료전지 냉각 시스템의 예를 보여준다. 냉각제는 열 교환기에 의해 냉각되고 펌프를 통해 시스템 내부로 이동한다. 제14장에서 펌프와 같은 연료전지 보조 시스템에 관하여 더 자세히 설명할 것이다. 연료전지 스택에는 유동의 흐름을 자동 제어하기 위한 열전대(thermocouple)나 온도 센서가 있다. 이러한 열전대나 온도 센서는 유동제어기에 정보를 피드백하여 적정 온도를 유지하기 위한 냉각제의 양을 조절한다. 다양한 종류의 연료전지 시스템을 위해 냉각 방법과 설계 방법이 개발되었다. 몇 가지 스택 냉각 방법은:

- 자연 대류(공기 흐름)를 통한 냉각
- 응축기를 이용한 냉각
- 열 방산기(heat spread)를 이용한 냉각
- 냉각판을 이용한 냉각

스택을 냉각시키기 위한 다른 방법도 많이 존재하지만 상기의 방법이 가장 일반적으로 사용되는 예이다.

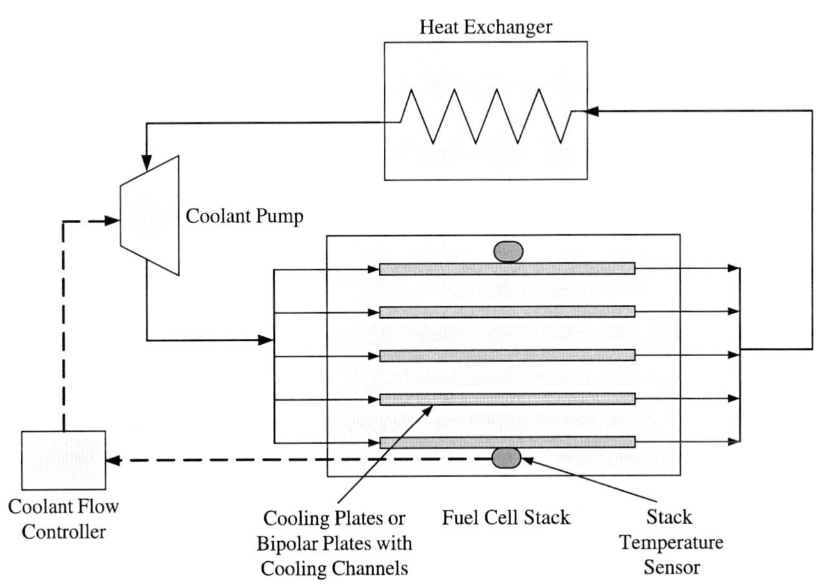

그림 9-3 연료전지 스택 냉각 시스템의 예시

자연 대류를 통한 스택 냉각 연료전지 스택을 냉각시키기 위한 가장 단순한 방법은 자연 대류를 이용하는 것이다. 복잡한 설계 및 냉각제가 필요하지 않아 낮은 출력의 연료전지 스택에 적합하며, 냉각핀을 사용하거나 캐소드의 유동 채널 부분을 개방형으로 설계함으로써 열을 방출시킨다. 이러한 냉각법은 주변 온도와 습도에 많은 영향을 받기 때문에 온도를 정밀하게 제어하기 어려우며, 자연 대류로 방출된 열을 재생시키는 것도 어렵다.

응축기를 이용한 스택 냉각 응축기를 이용한 스택 냉각은 다른 냉각법에 비해 고온에서 스택을 작동시킬 수 있게 한다. PEMFC의 경우 물이 배출되면서 응축되고 스택으로 다시 들어가게 된다. 응축기에서는 수분 평형 온도를 유지하여 전체 시스템의 물의 양이 일정하게 유지되어야 한다. 따라서 스택 냉각판 시스템과 같은 정밀 온도 제어 시스템이 필요하다.

열 방산기(heat spreader)를 이용한 스택 냉각 스택을 냉각하기 위해 열 방산기를 사용하여 더욱 효율적인 냉각이 가능하다. 열 방산기는 전도를 통해서 스택의 바깥으로 열을 이동시키고 강제 대류나 자연대류를 사용하여 주변으로 열을 방출할 수 있다. 이 방법을 사용한다면 고성능의 열 방산기를 사용해야 한다.

냉각판을 이용한 스택 냉각 연료전지 스택을 냉각할 때는 일반적으로 냉각판을 많이 사용한다. 얇은 냉각판을 제작하여 연료전지 안에 장착하거나 물, 공기, 냉각제가 드나들 수 있도록 분리판에 채널을 추가하여 스택의 열을 제거한다. 전체 시스템 설계는 한 개의 냉각제 순환 통로처럼 단순해야 한다. 선택 온도 범위 내에서 온도를 정확하게 유지하기 위해서는 정밀한 온도 제어가 필요하다. PEMFC에 냉각판이 사용될 때는 스택의 flooding과 멤브레인의 건조를 막기 위해 물과 열의 균형이 동시에 유지되어야 한다.

9.5.1 열 교환 모델

연료전지를 모델링할 때 쓰이는 방법은 연료전지를 내부 열 생산이 이루어지는 하나의 열 교환기라 가정하는 것이다. 식 (9-26), (9-29)는 기본 열교환 식이다. 냉각 유체로 전달되는 열 Q는:

$$\frac{dQ_c}{dA_c} = h(T_s - T_c) \tag{9-26}$$

여기서, A_c는 전체 열교환 면적이다. 열 교환기와 유사하게:

$$Q_c = UA_c LMTD \quad (9\text{-}27)$$

여기서, h는 부분(local) 열전달 계수(Wm^2℃), U는 전체 열전달 상수(Wm^2℃), A_c는 열교환 면적(냉각 채널의 표면적(m^2)),그리고 $LMTD$는 다음과 같이 정의된다 :

$$LMTD = \frac{(T_s - T_c)_{in} - (T_s - T_c)_{out}}{\ln\frac{(T_s - T_c)_{in}}{(T_s - T_c)_{out}}} \quad (9\text{-}28)$$

스택 본체와 냉각 유체 간의 온도 차이는 스택의 설계에 따라서 일정할 수도 있고, 쉽게 변할 수도 있다. 열 Q_c는 냉각 유체에 의해 흡수되어 스택 바깥으로 배출되어야 한다.

$$Q_c = mc_p(T_{c,out} - T_{c,in}) \quad (9\text{-}29)$$

온도 차이는 생성되는 열의 양과 물이 증발하는 데 필요한 열의 양에 따라 최적화되어야 하는 설계 변수이며, 스택에서 일정한 온도를 유지하기 위해 T의 변화가 가능한 작아야 한다.

9.5.2 공기 냉각

일반적으로 출력이 100 W 미만인 연료전지는 공기를 사용하여 효과적으로 냉각시킬 수 있다. 그 중 한 가지 방법은 그림 9-4와 같이 분리판에 냉각 채널을 설치하는 것이다. 냉각제로 공기를 사용하면 유동 속도는 간단한 열수지식을 통해 구할 수 있다. 공기로 이동하는 열은[3] :

$$Q = m_{coolant}c_p(T_{coolant,out} - T_{coolant,in}) \quad (9\text{-}30)$$

이 식은 냉각제의 출구 온도를 예상하는 데 쓰인다. 열전달 계수는 채널 벽의 최대 온도를 예상하는 데 사용된다. Nusselt 수는 :

$$Nu = \frac{hD_h}{k} \quad (9\text{-}31)$$

여기서, Nu는 Nusselt 수, D_h는 수력 직경, h는 대류 열전달 계수, k는 유체의 열전도도(W/mK)이다. 종횡비가 크고 층류가 일어나며 경계면에서 일정한 열유속을 가진 채널에서는 $Nu = 8.23$인 것을 Incropera와 Dewitt이 밝혀냈다.

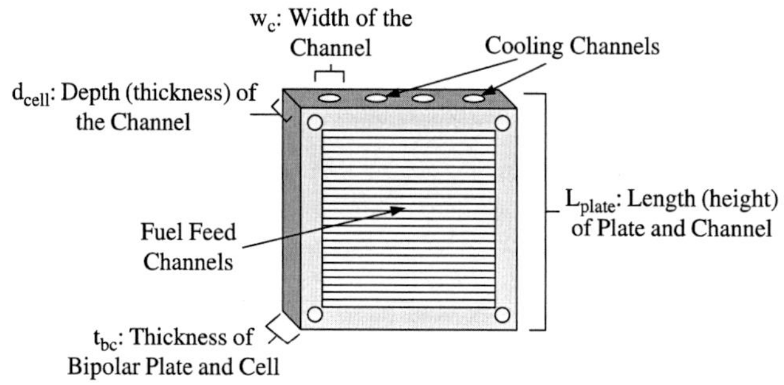

그림 9-4 공기 냉각을 위해 개조된 분리판

수력 직경(D_h)은 다음과 같이 정의할 수 있다:

$$D_h = \frac{4A_c}{P_{cs}} \tag{9-32}$$

여기서, A_c와 P_{cs}는 각각 단면적과 냉각 채널의 주변 길이이다. Reynolds 수가 2,300보다 작을 경우의 Nusselt 수 몇 가지를 표 9-2에 나타내었다.

제8장 내용을 상기해 보면 원형 채널의 경우, 층류를 형성하기 위해서는 Reynolds 수가 2,300 이하여야 한다. Reynolds 수, Re는 식 (8-48)을 이용하여 계산될 수 있다:

$$Re = \frac{\rho v_m D_{ch}}{\mu} = \frac{v_m D_{ch}}{v} \tag{9-33}$$

여기서, v_m은 유동의 특성 속도(m/s), D_{ch}는 유동 채널의 직경 또는 특성 길이(m), ρ는 유체의 밀도(kg/m^3), μ는 유동 점성(Ns/m^2), v는 동점성(m^2/s)이다. 이 식은 냉각제에 따라 다소 달라진다:

$$Re = \frac{4m_{coolant}}{\mu_{gas} P_{cs}} \tag{9-34}$$

표 9-2 Reynold 수가 2,300 이하일 때, 채널 종횡비에 따른 Nusselt 수[17]

Channel aspect ratio	Nusselt number
1	3.61
2	4.12
4	5.33
8	6.49

여기서, μ는 가스 또는 유체의 점성(Ns/m^2)이다.

Incropera[25]의 경험적 관계식은 공기에 대한 열전도도와 Nusselt 수를 구할 수 있게 한다.

$$Nu = 0.664\, Re^{1/2} * Pr^{1/3}\ (Pr > 0.6) \tag{9-35}$$

냉각제는 채널을 따라 이동하면서 가열되므로 유동 채널의 입구와 출구 사이에는 온도차가 있다. 균일한 열유속을 가정할 때 고체와 기체 사이에 온도차가 존재한다[17, 23]:

$$Q = L_{plate} P_{cs} h (T_{surface} - T_{gas}) \tag{9-36}$$

여기서, L_{plate}는 분리판의 길이, $T_{surface}$는 분리판의 표면 온도, T_{gas}는 가스의 온도이다.

분리판의 표면 온도와 연료전지의 가장자리 부분의 온도 사이의 관계는 분리판, 캐소드, 애노드 내의 에너지 수지식을 이용하여 계산할 수 있다[17, 23] :

$$Q = L_{plate} P_{cs} k_{solid} \frac{(T_{edge} - T_{surface})}{t_{bc}} \tag{9-37}$$

여기서, t_{bc}는 분리판, 캐소드, 애노드, 전해질의 두께, k_{solid}는 고체 열전도도(W/m K), T_{edge}는 가장자리 부분의 온도이다. 이러한 식은 채널 전체에서 온도차가 일정하다고 가정한다.

예제 9-2 25 W의 PEMFC는 충분한 전력을 부하에 제공하기 위해 일정한 온도를 유지해야 한다. 이 연료전지의 최대 작동 온도는 75℃로 설계되었다. 연료전지 스택은 22℃의 공기를 자연 대류시켜 냉각한다. 분리판의 길이는 5 cm이고 냉각 채널과 전지+분리판 두께는 각각 0.4 cm, 5 cm이다. 채널의 폭은 0.1 cm이고, 고체와 가스의 열전도도는 20 W/mK과 0.0263 W/mK, 가스의 점성은 1.84×10^{-4} g/cms, 비열은 1.0 J/gK이며, 단위 전지당 발생된 열은 2 W이다. 공기의 질량 유량이 얼마나 필요한가?

표면 온도를 계산하기 위해 채널 주변길이를 계산해야 한다.

$$2d + 2w = 2*0.05 + 2*0.001 = 0.102 \text{ m}$$

냉각 채널 출구에서 고체의 표면온도는 :

$$Q = L_{plate}P_{cs}k_{solid}\frac{(T_{edge} - T_{surface})}{t_{bc}}$$

$$T_{surface} = 75\text{C} - \frac{2\text{W}}{0.05} * \frac{1}{0.102} * \frac{0.004}{20\frac{\text{W}}{\text{mK}}} * \frac{1\text{C}}{1\text{K}} = 74.9\text{ C}$$

수력 직경은 다음 식에 의해 구할 수 있다 :

$$D_h = \frac{4A_{cross-section}}{P_{channel}} = \frac{4dw}{2(d + w)}$$

$$D_h = \frac{4}{2}\left(\frac{0.05\text{ m}}{0.05\text{ m} + 0.001\text{ m}}\right)0.001\text{ m} = 0.00196\text{ m}$$

$d \gg w$ 이므로, 수력직경은 $2w$에 가깝다. 열전달 계수는 다음 식으로 계산된다 :

$$h = 8.23\frac{k_{gas}}{D_h} = 8.23 * \frac{0.0263\text{ W/mK}}{0.00196\text{ m}} = 110.4\frac{\text{W}}{\text{m}^2\text{K}}$$

열전달 계수는 다음 식에서 가스 출구 온도를 구하는 데 사용된다.

$$T_{gas} = T_{surface} - \frac{Q_{cell}}{hLP_{channel}}$$

$$T_{gas} = 74.9\text{C} - \frac{2\text{ W}}{110.4\text{ W/m}^2\text{K}}\left(\frac{1}{0.05\text{ m}}\right)\left(\frac{1}{0.102\text{ m}}\right)\frac{\text{C}}{\text{K}} = 71.35\text{ C}$$

공기의 질량 유량은 $T_{coolant,out} = T_{gas}$ 로 놓음으로써 구할 수 있다.

$$\dot{m}_{coolant} = \frac{Q_{cell}}{C_pT_{coolant,out} - T_{coolant,in}} = \frac{2\text{ W}}{1.0\frac{\text{J}}{\text{gK}}(71.35 - 22\text{ C})} = 0.0405\text{ g/s}$$

이것이 층류라는 것을 입증하기 위해 다음 식으로부터 Reynolds 수를 계산해야 한다:

$$Re = \frac{4\dot{m}_{coolant}}{\mu_{gas}P_{channel}} = \frac{4}{1.84 * 10^{-4}\text{ g/cms}} * \frac{0.0405\text{ g/s}}{0.102\text{ m}} * \frac{\text{m}}{100\text{ cm}} = 86.32$$

냉각제의 전체 질량 유량은 단위 전지 한 개의 질량 유량에 전체 단위 전지의 수를 곱한 값과 같다.

9.5.3 가장자리 냉각

열은 단위 전지들 사이의 분리판이나 냉각판이 아닌 측면에서도 제거될 수 있다. 1차원 열전달은 열 생성을 하는 평평한 판으로써 설명할 수 있다[3] :

$$\frac{d^2T}{dx^2} + \frac{Q}{kAd_{BP}^{eff}} = 0 \tag{9-38}$$

여기서, Q는 연료전지에서 발생된 열(W), k는 분리판의 평면 방향 열전도율(W/(m *K)), A는 연료전지의 활성 면적(m^2), d_{BP}^{eff}는 활성 면적에서 분리판의 평균 두께 (m)이다.

위의 식에서 분리판의 마주 보는 양쪽 측면의 온도가 $T(0) = T(L) = T_0$일 때의 해를 구하면 :

$$T - T_0 = \frac{Q}{kAd_{BP}^{eff}} \frac{L^2}{2}\left[\frac{x}{L} - \left(\frac{x}{L}\right)^2\right] \tag{9-39}$$

여기서, T_0는 활성 면적의 가장자리에서의 온도이고, L은 활성 면적의 폭이다. 가장자리와 중심부 사이의 최대 온도차는[3] :

$$\Delta T_{max} = \frac{Q}{kAd_{BP}^{eff}} \frac{L^2}{8} \tag{9-40}$$

분리판의 두께는 d_{BP}이다. Fourier 법칙에 따르면 온도는[23] :

$$T_0 - T_b = \frac{Q}{2kA} \frac{L}{d_b} b \tag{9-41}$$

여기서, T_b는 분리판의 가장자리 온도이다. 분리판의 중앙과 가장자리 사이의 전체 온도차는[3] :

$$\Delta T_{max} = \frac{Q}{kA} L\left(\frac{L}{8d_{BP}^{eff}} + \frac{b}{2d_{BP}}\right) \tag{9-42}$$

단원요약

연료전지 성능을 유지하기 위해서는 연료전지 시스템의 설계 온도를 적절하게 유지하는 것이 매우 중요하다. 연료전지 시스템의 온도는 연료전지에 의해 생성된 열에 의해 변할 수 있다. 연료전지 시스템 내부에서 생성되는 열이나 온도 변화를 예측하기 위해서 에너지 수지 식과 열전달 식이 쓰인다. 발생된 열의 양과 연료전지 주변의 총 에너지 수지는 연료전지에서 생성된 출력, 연료전지의 반응, 연료전지의 내부에서 일어나는 열 손실을 기초로 한다.

에너지 수지 식은 연료전지 종류나 크기, 시스템에 따라 달라지는데, 이는 조건에 따라 다른 반응이 일어나고 구성요소와 보조 시스템의 열전도도 때문이다. 단순한 열전달 모델은 연료전지 시스템에서 발생하는 많은 현상을 바라보는 통찰력을 제공할 수 있다. 스택 및 다른 연료전지 시스템의 구성요소들을 냉각하는 것은, 시스템이 요구하는 운전 온도를 유지하는 데 도움을 줄 수 있다. 연료전지 스택을 냉각시키는 일반적인 방법은 응축기, 열 방산기, 냉각판 또는 자연 대류를 이용하는 것이다. 냉각 방법은 연료전지의 종류, 크기, 운전 온도에 따라 달라진다.

연습문제

1. 25 cm^2의 활성 면적을 가진 연료전지는 0.70 V에서 0.8 A/cm^2를 생산한다. 공급되는 공기는 80℃, 1 atm에서 완전히 포화되며, 산소 화학량론 비는 2.0이다. 수소가 dead-ended mode로 공급된다고 가정할 때 생성된 열을 계산하시오.
2. 0.65 V, 0.50 A/cm^2에서 작동하는 연료전지 유동 채널(2 cm)의 중심 온도를 계산하시오. 분리판은 $k=22$ W/mK를 가진 그라파이트(graphite)이고, 활성 면적에서 두께가 2 mm이고, 가장자리에서는 두께가 3 mm이다. 활성 면적 가장자리의 폭은 4 mm이다.
3. 연료전지의 활성 면적이 100 cm^2, 0.60 V에서 1 A/cm^2를 생산할 때 발생된 열을 계산하시오. 연료전지는 70℃, 3 atm에서 운전되며 산소 화학량론 비는 2.5이다.
4. 연료전지가 0.6 V, 0.9 A/cm^2로 작동되고 있을 때 캐소드 측의 가스 확산 층과 분리판에 걸친 온도 분포를 계산하시오. 멤브레인의 이온 저항은 0.12 ohm/cm^2이다. 열은 열전달 계수 $h=1{,}600$ W/m^2인 25℃의 냉각 유체에 의해 분리판에서 제거된다. 가스 확산 층과 분리판의 고유 저항은 각각 0.07 ohm/cm과 0.06 ohm/cm이며, 가스 확산 층과 분리판 사이의 접촉 저항은 0.006 ohm/cm이다. 가스 확산 층과 분리판의 유효 열전도도는 각각 16 W/mK와 19 W/mK이며, 두께는 각각 0.30과 2.5 mm이다.

참고문헌

[1] Sousa, Ruy Jr., and Ernesto Gonzalez. "Mathematical Modeling of Polymer Electrolyte Fuel Cells." *Journal of Power Sources*. Vol. 147, 2005, pp. 32-45.
[2] O'Hayre, Ryan, Suk-Won Cha, Whitney Colella, and Fritz B. Prinz. *Fuel Cell Fundamentals*. 2006. New York: John Wiley & Sons.
[3] Barbir, Frano. *PEM Fuel Cells: Theory and Practice*. 2005. Burlington, MA: Elsevier

Academic Press.

[4] Lin, Bruce. "Conceptual Design and Modeling of a Fuel Cell Scooter for Urban Asia." Princeton University, Masters Thesis. 1999.

[5] Mench, M.M., Z.H. Wang, K. Bhatia, and C.Y. Wang. "Design of a Micro-direct Methanol Fuel Cell," Electrochemical Engine Center, Department of Mechanical and Nuclear Engineering, Pennsylvania State University. 2001.

[6] Mench, Matthew M., Cao-Yang Wang, and Stephan T. Tynell. "An Introduction to Fuel Cells and Related Transport Phenomena." Department of Mechanical and Nuclear Engineering, Pennsylvania State University. Draft. http://mtrl1.mne.psu.edu/Document/jtpoverview.pdf Last Accessed March 4, 2007.

[7] You, Lixin, and Hongtan Liu. "A Two-Phase Flow and Transport Model for PEM Fuel Cells." *Journal of Power Sources*. Vol. 155, 2006, pp. 219-230.

[8] Springer et al. "Polymer Electrolyte Fuel Cell Model." *J. Electrochem. Soc.* Vol. 138, No. 8, 1991, pp. 2334-2342.

[9] Li, Xianguo. *Principles of Fuel Cells*. 2006. New York: Taylor & Francis Group.

[10] Springer et al. "Polymer Electrolyte Fuel Cell Model." Journal of the Electrochemical Society. Vol 138, No. 8 1991, pp. 2334-2342.

[11] Rowe, A. and X. Li. "Mathematical Modeling of Proton Exchange Membrane Fuel Cells." *Journal of Power Sources*. Vol. 102, 2001, pp. 82-96.

[12] Chen, R. and T.S. Zhao. "Mathematical Modeling of a Passive Feed DMFC with Heat Transfer Effect." *Journal of Power Sources*. Vol. 152, 2005, pp. 122-130.

[13] *Fuel Cell Handbook*, 5th ed. EG&G Services. Parsons Incorporated. Science Applications International Corporation. U.S. Department of Energy, October 2000.

[14] M.W. Chase, Jr. et al. *JANAF Thermochemical Tables*, 3rd ed. American Chemical Society and the American Institute for Physics, Journal of Physical and Chemical Reference Data. Vol. 14, 1985, Supplement 1.

[15] Pitts, Donald and Leighton Sissom. Heat Transfer. 2nd Edition. Schaum's Outline Series. New York: McGraw-Hill, 1998.

[16] Felder, Richard M, and Ronald W. Rousseau. Elementary Principles of Chemical Processes. 2nd edition. New York: John Wiley & Sons, 1986.

[17] Kutz, Myer. Heat Transfer Calculations. New York, McGraw-Hill, 2006.

[18] Oosterkamp, P.F. van den. Critical Issues in Heat Transfer for Fuel Cell Systems. Energy Conversion and management. 47 (2006) 3552-3561.

[19] Kulikovsky, A.A. Heat Balance in the Catalyst Layer and the Boundary Condition for Heat Transport Equation in a Low-Temperature Fuel Cell. Journal of Power Sources. 162 (2006) 1236-1240.

[20] Hwang, J.J. and P.Y. Chen. Heat/Mass Transfer in Porous Electrodes of Fuel Cells. International Journal of Heat and Mass Transfer. 49 (2006) 2315-2327.

[21] Graf, C., A. Vath, and N. Nicolosos. Modeling of Heat transfer in a Portable PEFC System within Matlab-Simulink. Journal of Power Sources. 155 (2006) 52-59.

[22] Faghri, Amir and Zhen Guo. Challenges and Opportunities of Thermal Management Issues Related to Fuel Cell Technology and Modeling. International Journal of Heat and Mass Transfer. 48 (2005) 3891-3920.

[23] Middleman, Stanley. An Introduction to Mass and Heat Transfer. Principles of Analysis and Design. New York: John Wiley & Sons, 1998.
[24] "Thermal and Physical Properties of Materials for Fuel Cells." Fuel Cell Group, EEI, AIST. http://unit.aist.go.jp/energy/fuelcells/english/database/thphy1.html Last Accessed March 24, 2007.
[25] Incropera, F. and DdeWitt, D. Fundamentals of Heat and Mass Transfer, 4th ed. New York: Wiley & Sons, 1996.
[26] Larminie, James and Andrew Dicks. Fuel Cell Systems Explained. 2000. John Wiley & Sons, Ltd, Chichester, England.
[27] Srinivasan, Supramaniam. Fuel Cells: From Fundamentals to Applications. 2006. New York: Springer.
[28] Sunden, B. and M. Faghri. Transport Phenomena in Fuel Cells. 2005. Southhampton, UK: WIT Press.

Chapter 10

연료전지 모델링

앞의 제5~9장에서는 연료전지에서 발생하는 기본 현상을 설명하기 위해 필요한 내용들을 설명하였다. 이 장에서 설명할 연료전지 모델링은 낮은 가격, 고성능, 고효율의 연료전지를 설계하는 데 있어 개발자에게 도움을 준다. 연료전지 모델은 강력하고 정확해야 하며 연료전지 문제에 대한 솔루션을 빠르게 제공할 수 있어야 한다. 좋은 모델은 폭 넓은 범위의 운전 조건에서도 연료전지 성능을 예측할 수 있어야 하며, 간단한 모델이라 할지라도 큰 예측력을 가져야 한다. 연료전지 모델에 포함되어야 하는 몇 가지 중요한 변수들은 단위 전지, 연료와 산화제의 온도, 연료 또는 산화제의 압력, 단일전지의 퍼텐셜, 각 반응물들의 무게 비이다. 수학적 모델링을 위해 필요한 변수들이 그림 10-1에 나타나 있다.

연료전지의 성능을 향상시키기 위해서 더 좋은 설계, 재료, 최적화가 요구되며, 이러한 문제들은 실제와 유사한 수학적 모델들이 사용가능할 때 다룰 수 있다. PEMFC와 SOFC에 대해 개발된 모델은 많지만 다른 연료전지 형태에 맞게 개발된 모델은 거의 없다. 표 10-1은 최근 문헌에 나타난 수학적 모델링의 개요 및 모델의 특성을 보여준다.

표 10-1의 첫 번째 열은 문헌에 나타난 모델의 차원수를 보여준다. 1990년대 초반의 모델은 대부분 1D였고, 1990년도 후반에서 2000년도 초기 모델은 2D, 최근의 모델은 연료전지 부품에 대한 3D 모델을 사용한다. 두 번째 열은 모델의 동적(dynamic) 또는 정상상태(steady-state)를 나타낸다. 대부분의 모델들은 정상상태의 전압 특성과 농도 분포를 가진다. 표 10-1의 세 번째 열은 모델에 사용된 반응속도 식을 보여준다. 대부분의 모델들은 간단한 Tafel 식을 사용한다. 특정 논문에서는 Butler-Volmer 식을 사용하고, 몇몇 모델들은 전기화학 반응에 대해 더 사실적이고 복잡한 다단계 반응속도 식을 사용한다. 그 다음 열은 애노드와 캐소드에 사용된 상(phase)에 대하여 나타나 있는데, 다양한 운전 조건에서 두 개의 상(액체와 기체)이

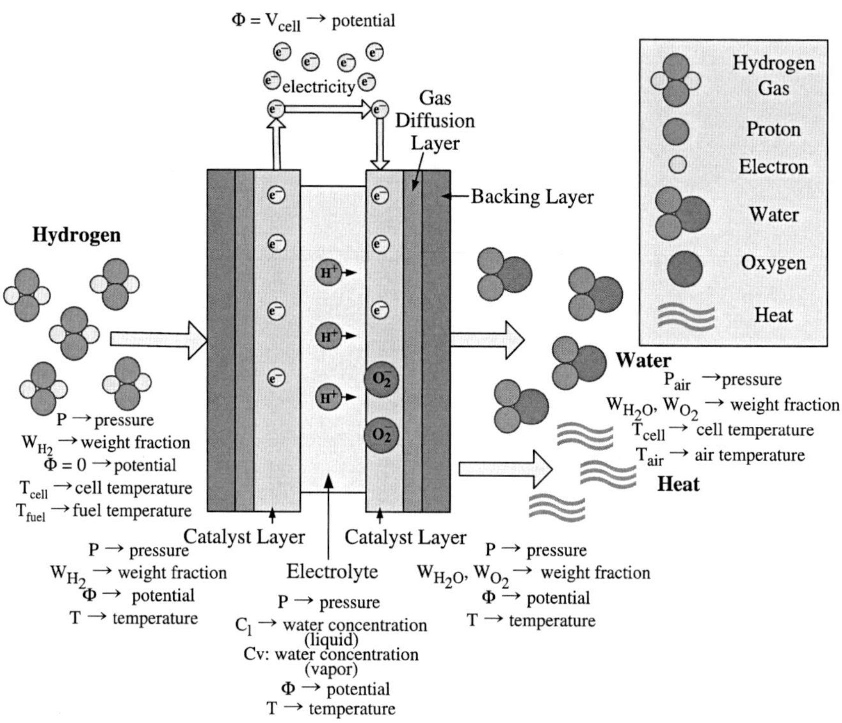

그림 10-1 수학적 모델에서 풀어야 할 변수들

함께 존재한다. 특정 연료전지에서는 애노드쪽의 온도가 상승할 때 촉매 층에서 이산화탄소가 생성된다. PEMFC와 DMFC의 경우 캐소드 내부에 물이 응축될 수 있으며, 공급되는 산소가 촉매 층에 도달하는 것을 차단한다.

각 모델의 중요한 특징은 애노드, 캐소드, 전해질에서 물질 전달에 대한 표현이다. 여러 물질 전달 모델들이 문헌에서 사용되고 있다. 단순 Fick 확산 모델과 유효 Fick 확산 모델에서는 일반적으로 Fick 확산 계수 대신 실험적으로 결정된 유효 전달 계수를 사용하고 대류 유동이 미치는 영향에 대해 고려하지 않는다. 따라서 많은 모델들은 Fick 확산과 대류 유동을 결합한 Nernst-Planck 물질 전달 식을 사용한다. 대류 유동은 일반적으로 수력학적 침투성 계수(hydraulic permeability coefficient)의 다양한 공식을 사용하는 Darcy 법칙으로부터 계산된다. 일부 모델들은 대류 유동과 연료전지 내부의 물질 전달에 대해서 전기 삼투 유동(electroosmotic flow)을 설명하는 Darcy 법칙 대신 Schlogl의 식을 사용한다. PEMFC와 DMFC의 경우 멤브레인 내부의 전기 삼투 유동을 통합하는 매우 간단한 방법은 물의 유동과 연료 유동의 비를 프로톤 유동으로 가정한 드래그 계수 모델을 적용하는 것이다. 물질 전달

표10-1 최근의 수학적 모델들

No. of dimensions	Dyn/SS	Anode and cathode kinetics	Anode and cathode phase	Mass transport (anode and cathode)	Mass transport (electrolyte)	Membrane swelling (for PEMFCs and DMFCs)	Energy balance
1, 2, or 3D	Dynamic or steady-state	Tafel type expressions, Butler-Volmer equation, or complex kinetics equations	Gas, liquid, or combination of gas and liquid	Effective Fick's diffusion, Nerst-Plank, Nerst-Plank + Schlogl, or Maxwell-Stefan equation	Nerst-Plank + Schlogl, Nerst-Plank + drag coefficient, or Maxwell-Stefan equation	Empirical or thermodynamic models	Isothermal or full energy balance

을 서술하는 일반적인 형태는 다성분 혼합물들에 대한 Maxwell-Stefan 공식이다. 이 식은 많은 모델에서 기상(gas phase)의 물질 전달에 사용되지만 액체-증기 상(liquid-vapor phase)의 물질 전달에 더 적합하며, 일부 모델에서 2상 유동에 대해 이 식을 사용한다. 또한 표면 확산 모델들과 비가역적인 열역학에서 유도된 모델들이 가끔 사용된다. 일반적으로 유효 전달 계수와 드래그 계수를 사용하는 물질 전달 모델은 제한된 범위의 운전 조건에서만 실험 데이터에 근접한 결과를 얻을 수 있다.

표 10-1의 마지막에서 두 번째 열은 PEMFC와 DMFC에서 경험적 또는 열역학적 모델을 통해 고분자 멤브레인의 수화에 의한 팽창(swelling)을 모델링 할 수 있음을 보여준다. 대부분의 모델들은 완전히 수화된 고분자 전해질 멤브레인이라고 가정한다. 일부는 물 흡수율이 경험적인 관계식에 의해 설명되고, 그외 다른 경우에는 고분자 전해질 멤브레인(PEM) 내부의 물 함량에 따른 깁스 자유 에너지의 변화에 근거한 열역학적 모델을 사용한다.

표 10-1의 마지막 열은 모델이 에너지 수지를 포함하고 있는지를 나타낸다. 대부분의 모델들은 연료전지의 운전이 등온 상태라고 가정하므로 어떠한 에너지 수지도 포함되지 않는다. 그러나 포함되는 에너지 수지 식은 연료전지 모델에서 중요한 변수이다.

모델은 허용한 가정(assumptions)에 따라 정확도가 결정된다. 가정은 모델의 한계에 대해 알고 그 결과를 정확하게 해석하기 위해서 엄밀하게 정의될 필요가 있다. 연료전지 모델링에 사용되는 공통적인 가정들은 다음과 같다 :

- 이상기체
- 비압축성 유동
- 층류
- 등방성이고 균일한 구조의 전해질, 전극, 분리판 재료
- 무시할 수 있는 내부 ohmic 전압 강하
- 물질과 에너지 전달은 평균 부피 보존식을 사용하여 거시적 관점으로부터 모델링

이 장에 나타난 식은 연료전지의 구조에 상관없이 모든 연료전지에 적용된다. 심지어 단순한 연료전지 모델이라 할지라도 연료전지의 성능이 좋고 나쁜 원인을 파악하는 데에 도움을 줄 것이다. 연료전지에서 발생하는 물리적 현상은 10.1~10.5절에 나타나 있는 보존 방정식의 해석에 의해 설명할 수 있다.

10.1 질량 보존

연료전지의 채널에서 반응물의 유동은 채널의 기하학적 형상에 의해 결정된다(제 12장에서 자세히 설명함). 채널의 형상에 관계없이 지배 방정식은 항상 같다. 식 (10-1)은 연료전지에서의 질량 보존을 나타내며, 유체의 유동, 확산, 상(phase) 변화, 전기화학적 반응 등의 연료전지 내부에서 일어나는 모든 과정에 유효하다:

$$\frac{\partial \rho}{\partial t} + \nabla \cdot (\rho \nu) = S_m \tag{10-1}$$

여기서, ρ는 밀도(kgm^{-3}), v는 속도 벡터(ms^{-1}), ∇는 연산자$(\frac{d}{dx}+\frac{d}{dy}+\frac{d}{dz})$, S_m은 질량 생성항을 의미한다.

10.2 운동량 보존

Navier-Stokes 식은 연료전지의 모델링에서 종종 무시되지만, 운동량 수지는 유체의 속도와 화학 종들의 분압을 모델링하기 위해 필요하다. 운동량 보존은 식 (10-2)로 나타낼 수 있다:

$$\frac{\partial (\rho v)}{\partial t} + \nabla \cdot (\rho v) = -\nabla p + \nabla \cdot (\mu_{mix} \nabla v) + S_M \tag{10-2}$$

여기서, p는 유체의 압력(Pa), μ_{mix}는 혼합물의 평균 점도($kgm^{-1}s^{-1}$), S_M은 외부 체적력에 의한 생성항이다.

비정상(transient)항은 시간에 따른 운동량을 기술한다. 연료전지의 각 부분에서 생성항은 다르다. 가스 채널에서는:

$$S_M = 0 \tag{10-3}$$

배면 층과 촉매 층에서는:

$$S_M = -\frac{\mu}{K} \varepsilon_{DL} v \tag{10-4}$$

여기서, K는 가스 확산 층(또는 촉매 층)의 투과성(m^2), ε_{DL}은 확산 층의 공극률이다. 생성항은 기공 벽에 의해 유체에 작용하는 Darcy 항력에 의한 압력 강하를 나타낸다. PEMFC와 DMFC에서 추가 생성항은 고분자 내에서 수분 전달을 위한 동전기적 투과성이다 [24]:

$$S_M = -\frac{\mu}{K_p}\varepsilon_m x_m v + \frac{K_\phi}{K_p}c_f n_f F\nabla\phi_m \tag{10-5}$$

여기서, ε_m는 멤브레인의 수분 공극률, x_m은 촉매 층에서 이오노머(ionomer)의 체적 분율, K_ϕ는 동전기적 투과성, K_p는 멤브레인의 수력학적 투과성(m^2), c_f는 고정된 전하의 농도(mol m^{-3}), n_f는 술폰산 이온의 전하 수, ϕ_m는 이오노머 상(phase) 퍼텐셜이다.

문헌에서 유동 채널은 항상 층류로 가정한다. 그러나 몇몇의 연료전지에서 유동장 설계에 따라 유동이 난류일 수도 있는데, 이러한 경우에는 난류 모델이 요구된다.

10.3 에너지 보존

재료의 성질과 반응속도는 온도에 따라 크게 변화한다. 따라서 에너지의 보존식을 이용하여 연료전지 내의 온도변화를 계산하는 것이 중요하다. 연료전지 내부의 에너지의 보존은[23, 24] :

$$(\rho c_p)_{eff}\frac{\partial T}{\partial t} + (\rho c_p)_{eff}(v\cdot\nabla T) = \nabla\cdot(k_{eff}\nabla T) + S_e \tag{10-6}$$

여기서, c_p는 평균 혼합 비열용량($Jkg^{-1}K^{-1}$), T는 온도(K), k는 열전도도($Wm^{-1}K^{-1}$), S_e는 에너지 생성항이다. S_e는 상 변화와 관련된 열, 반응 및 ohmic 저항에 의해 발생하는 열을 포함한다. $(pc_p)_{eff}$와 k_{eff}는 식 (10-7)과 (10-8)을 이용하여 계산할 수 있다[24] :

$$(pc_p)_{eff} = (1-\varepsilon)\rho_s c_{p,s} + \varepsilon\rho c_p \tag{10-7}$$

$$k_{eff} = -2k_s + \left[\frac{\varepsilon}{2k_s + k} + \frac{1-\varepsilon}{3k_s}\right]^{-1} \tag{10-8}$$

여기서, ρ_s, $c_{p,s}$, k_s는 각각 밀도, 비열용량, 고체 매트릭스의 열전도도를 나타낸다. 이 식은 에너지 저장, 대류, 전도와 화학종의 확산과 생성항 S_e에 기인한 에너지의 수지를 나타낸다. 따라서 생성항은 반응으로 발생하는 열을 포함해야 한다. 식 (10-9)~(10-11)은 PEMFC과 DMFC에 적용할 수 있으며, 약간의 수정을 통해 다른 연료전지에도 적용할 수 있다.

가스 확산 층에서 열공급원은 고체에서의 ohmic 저항, 기공에서의 상변화, 그리고 포화되지 않은 가스이다[24]:

$$S_e = \frac{i^2}{\kappa_s^{eff}} - \sigma A_{fg}(x_{sat} - x_{H_2O(g)})(\Delta h_{fg}) \tag{10-9}$$

여기서, i는 전류밀도(Am^{-2}), k_s^{eff}는 가스 확산 층의 유효 전기 전도도(Scm^{-1})이다.

촉매 층에서 생성항은 전기화학 반응, 이온 및 전자 전도 저항에 의해 발생된 열, 물의 증발잠열을 포함한다[24] :

$$S_e = |i|\left[|\Delta V_{act}| - \frac{T\Delta S}{nF}\right] + \left(\frac{i_m^2}{\kappa_m^{eff}} + \frac{i_e^2}{\kappa_s^{eff}}\right) - \sigma A_{fg}(x_{sat} - x_{H_2O(g)})(\Delta h_{fg}) \tag{10-10}$$

여기서, i는 전달 전류 밀도(Acm^{-3}), ΔV_{act}는 활성화 과전위(V), i_m은 이온 전류 밀도(Acm^{-2}), k_m^{eff}는 촉매 층에서 이오노머 상(phase)의 유효 이온 전도도(Acm^{-1})이다.

멤브레인에서 유일한 열원은 ohmic 저항에 의한 것이다[24] :

$$S_e = \frac{i_m^2}{\kappa_m} \tag{10-11}$$

10.4 화학종 보존

화학종 수지 식은 각 반응물의 질량 보존을 나타낸다. 기체 상(phase)의 화학종 보존은[23, 24] :

$$\frac{\partial(\varepsilon\rho x_i)}{\partial t} + \nabla \cdot (v\varepsilon\rho x_i) = (\nabla \cdot \rho D_i^{eff} \nabla x_i) + S_{s,i} \tag{10-12}$$

여기서, x_i는 가스 종의 질량 분율($i=1, 2, 3, \ldots N$(예를 들면, 수소는 $i=1$, 산소

는 $i=2$, 수증기는 $i=3$ 등)), D_{eff}는 공극률의 함수, $S_{s,i}$는 화학종 생성항을 나타낸다. 확산 유속은 $\rho D_i^{eff}\nabla x_i$로 나타낼 수 있고 단위는 kg/(m^2*s)이지만, 몰 확산 유속의 단위(N_i)로 나타내는 것이 더 편리할 수도 있다.

화학종 보존의 생성항, $S_{s,i}$는 전기화학 반응에 의해 화학종이 소모되거나 발생되는 촉매 층을 제외하면 0이다 :

$$S_{s,H_2} = -i_a \frac{M_{H_2}}{2F} \tag{10-13}$$

$$S_{s,O_2} = -i_c \frac{M_{O_2}}{4F} \tag{10-14}$$

PEMFC와 DMFC의 경우 :

$$S_{s,H_2O(g)} = \sigma A_{fg}(x_{sat} - x_{H_2O(g)}) \tag{10-15}$$

$$S_{s,H_2O(l)} = -i_c \frac{M_{H_2O}}{2F} - \sigma A_{fg}(x_{sat} - x_{H_2O(g)}) \tag{10-16}$$

이 식은 존재하는 모든 화학종의 수가 n일 때 $n-1$인 화학종에 대해서 구할 수 있으며, 마지막 화학종은 질량 분율의 합을 1로 하면 구할 수 있다. 채널에서의 유동은 주로 대류이고, 채널에서의 확산은 계산을 간단히 하기 위해 종종 무시한다.

10.5 전하 보존

전류 전달은 전하 보존에 대한 지배 방정식에 의해 기술된다[23, 24] :

$$\nabla \cdot (\kappa_s^{eff} \nabla \phi_s) = S_{\phi s} \tag{10-17}$$

위의 식은 전자 전류의 경우, 그리고 다음 식은 이온 전류의 경우이다.

$$\nabla \cdot (\kappa_m^{eff} \nabla \phi_m) = S_{ms} \tag{10-18}$$

여기서, k_s^{eff}는 고체 상(phase)에서 전기 전도도(S cm^{-1}), k_m^{eff}는 전해질 상(phase)에서 전기 전도도(S cm^{-1}), ϕ_s는 고체 상 전압(V), ϕ_m는 전해질 상 전압(V), 그리고

S_ϕ는 체적 전달 전류를 나타내는 생성항으로서 애노드 촉매 층에서 $S_{\phi s}=-i_a$, $S_{ms}=-i_a$, 캐소드 촉매 층에서 $S_{\phi s}=-i_s$, $S_{\phi s}=-i_c$ 그리고 다른 곳에서는 $S_\phi=0$이다.

초기 모델은 질량과 열전달 계수 또는 압력 강하와 같은 많은 변수를 결정하기 위해 단순화된 가정에 기반한 상관관계를 이용했다. 오늘날의 빠른 컴퓨팅 환경은 가정을 최소화하고 모든 지배 방정식들의 계산을 가능하도록 해준다. 다음 절은 각각의 연료전지 구성요소에서 발생하는 전달 현상을 서술하는 식을 소개한다.

10.6 전극

전기화학 반응은 전극에서 일어나며 다음과 같은 현상을 발생시킨다.[23] :

- 전극의 반응 사이트에서 전해질로 이온 전달, 전해질에서 반대편 전극의 반응 사이트로 이온 전달
- 애노드에서 캐소드로 전자 전달
- 기공을 통해 활성 사이트로 가스 전달/확산
- 전기화학 반응이 일어나기 위한 반응 사이트 제공

전극은 보통 2개 층으로 구성된 다공성 구조이다: 전기화학 반응이 발생하는 촉매 층과 전류를 전달하고 화학종들의 확산을 가능하게 하는 다공성 확산 층 또는 가스 확산 층이다. 전극의 성능은 전극을 구성하는 재료와 물성치, 미세 구조, 두께, 인접 층과의 접착에 달려 있다. 수학적 모델링은 이러한 변수들을 최적화하고 특성화하는 데 도움을 준다.

전극에서 일어나는 반응은 그림 10-2에 나타낸 바와 같이 이온, 전자, 화학종을 포함한다. 그러므로 전극에 대한 모델링은 이러한 구성요소의 모든 것을 고려해야 한다.

10.6.1 물질 전달

전극을 모델링하는 데 있어서 고려해야 할 첫 번째 요소는 화학종의 확산 속도를 결정하는 것이다. 문헌에서 사용되는 많은 실험식은 질량 유속과 농도 손실을 결정하기 위해 사용된다. 어떤 경험적 실험식을 사용할 것인지를 아는 것보다 시스템을 효과적으로 모델링 하는 방법을 결정하는 것이 더욱 중요하다. 농도 구배와 화학종

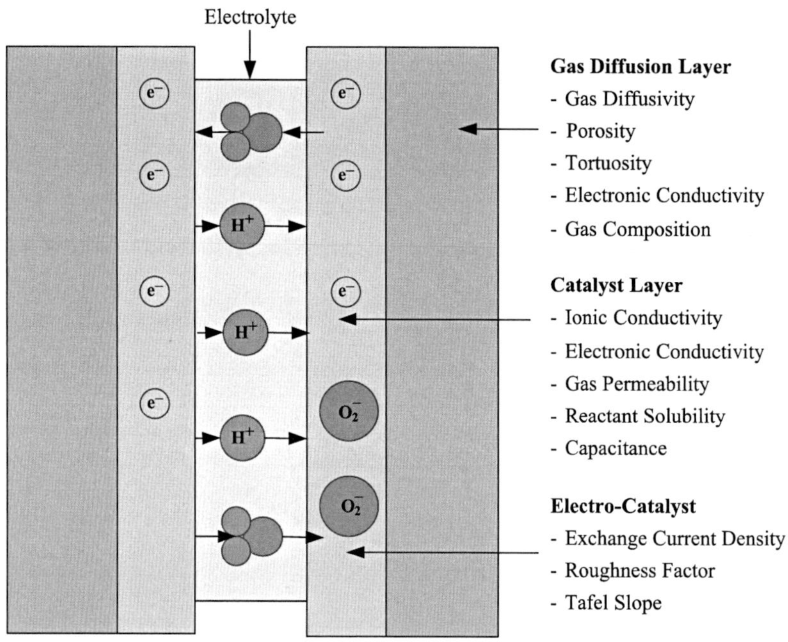

그림 10-2 PEMFC의 전극층을 모델링하기 위한 변수들과 반응과정들

의 분포를 해석하기 위해서는 다공성 전해질 내에서의 다성분계 확산에 대한 지식이 요구되며, 쉽지 않은 작업이다.

화학종 수지식을 구하기 위해서 질량 유속이 반드시 결정되어야 한다. 농도 손실은 반응물의 분압 감소로 인한 가역 전압 감소와 같은 모델에 통합되어진다. N을 결정하기 위한 3가지 방법이 있다[22, 23]:

1. 단순한 확산 모델은 2가지 가스를 포함하는 확산 과정을 설명하는 데 이용되는 Fick 법칙이다. Fick 법칙의 이원 구성요소 식(binary component form)은 식 (10-19)에 나타난다.

$$N_i = -cD_{i,j}\nabla X_i \tag{10-19}$$

Fick 법칙의 다성분계 식은 식 (10-20)에 나타난다.:

$$N_i = -cD_{i,m}\nabla X_i + X_i\sum_{j=1}^{n} N_j \tag{10-20}$$

여기서, c는 전체 몰농도이다. N_2, O_2, H_2O와 같은 세 가지 또는 그 이상의 가스 종이 존재한다면 Stefan-Maxwell 식과 같은 다성분 확산 모델을 사용해야 한다.

2. Stefan-Maxwell 모델은 비교적 정확하여 다성분 화학종의 시스템에 일반적으로 사용되고 있으며 문헌에서도 상당히 광범위하게 보고되고 있다. 또한, 성분들의 몰분율 구배를 결정하는 데 사용할 수 있다:

$$\nabla y_i = RT\sum\frac{y_i N_j - y_j N_i}{pD_{ij}^{eff}} \tag{10-21}$$

여기서, y_i는 가스 상(phase) 화학종 i의 몰 분율이고, N_i는 부피 미분 요소에 따라 평균화된 화학종 i의 표면 가스 상(phase) 유속이다. 이 부피 요소는 시스템 전반적인 차원으로 보자면 아주 작지만, 기공 크기 측면에서 보면 크다.

$$D_{ij}^{eff} = \frac{a}{p}\left(\frac{T}{\sqrt{T_{c,i}T_{c,j}}}\right)^b (p_{c,i}p_{c,j})^{1/3}(T_{c,i}T_{c,j})^{5/12}\left(\frac{1}{M_i}+\frac{1}{M_j}\right)^{1/2}\varepsilon^{1.5} \tag{10-22}$$

여기서, T_c와 p_c는 화학종 i와 j의 임계 온도와 압력, M은 화학종의 분자량, 이원자 기체 H_2, O_2, N_2인 경우 $a = 0.0002745$, $b = 1.832$, 수증기의 경우 $a = 0.000364$, $b = 2.334$이다.

3. Dusty Gas 모델은 일반적으로 사용하고 있으며, Knudsen 확산을 고려하는 점을 제외하고서는 Stefan-Maxwell 식과 유사하다. Knudsen 확산은 입자의 평균 자유 경로(mean-free path)가 평균 기공 크기와 유사하거나 더 클 때 발생한다.

$$-\nabla X_i = \frac{N_i}{D_{i,k}} + \sum_{j=1, j\neq 1}^{n}\frac{X_j N_i - X_i N_j}{cD_{i,j}} \tag{10-23}$$

여기서, $D_{i,j}$는 화학종 i의 Knudsen 확산 계수이다. 분자의 확산성은 온도, 압력, 농도에 달려 있으며, 유효 확산도는 공극률, 기공 크기, 입자 크기, 기공의 굴곡도와 같은 미세 구조 변수에 의해 결정된다. 분자 가스 확산성은 다공성 매질의 경우에는 반드시 보정되어야만 한다. 보정에 있어서 가장 큰 부분은 공극률과 굴곡도의 비(E/T)를 사용하여 이루어진다. 때때로 다공성 매질에서의 기체 전달에 대한 정보가 부족할 경우에 Bruggman 모델이 사용된다.

$$D_{i,j}^{eff} = \left(\frac{\varepsilon}{\tau}\right)D_{i,j} \qquad D_{i,j}^{eff} = \varepsilon^{1.5}D_{i,j} \tag{10-24}$$

Knudsen 수($Kn = \frac{\lambda}{D_{pore}}$)가 1보다 크거나 같으면, Knudsen 확산은 중요한 변수가 된다. Dusty Gas 확산 모델은 Knudsen 확산도를 계산할 필요가 있는데, 나머지 다른 2개의 식은 Knudsen 확산을 포함하여 계산하기가 어렵다.

화학종 i에 대한 Knudsen 확산 계수는 다음 식을 사용하여 계산할 수 있다.

$$D_{i,k} = \frac{2\bar{r}}{3}\sqrt{\frac{8RT}{\pi M_i}} \tag{10-25}$$

여기서, M은 화학종 i의 분자량, λ는 가스의 평균 자유 경로, $\bar{r}$는 평균 기공 반지름이다.

10.6.2 전기화학적 거동

연료전지의 전극에서 일어나는 전기화학 반응은 전압과 전류를 생성한다. 제5장의 Nernst 식은 반응의 이론적 퍼텐셜을 결정하는 데 사용된다. 식 (10-26)은 수소와 산소의 전기화학 반응에 대한 퍼텐셜을 보여준다.

$$E = \frac{\Delta G}{2F} + RT\ln\frac{P_{H_2} \cdot P_{O_2}^{1/2}}{P_{H_2O}} \tag{10-26}$$

Nernst 식은 활성화 영역에서의 퍼텐셜을 결정하는 데 이용되고, 국소(local) 퍼텐셜은 반쪽 반응에 사용된다. 실제 연료전지 퍼텐셜을 적절하게 근사하기 위해 제5장~제8장에 기술된 전압손실을 사용할 수 있다.

활성화 과전위 및 화학종 소비와 생성 속도는 전기화학적 반응속도와 전류 밀도 i에 의해 결정된다. 활성화 손실과 전류 밀도는 적절한 경계 조건을 이용하여 해결할 수 있다. 반응속도는 전류 밀도에 의해 결정되고 질량 유속은 Faraday 법칙을 통해 전류와 관련된다(식 (10-13)과 (10-14)에 설명하였다) :

$$S_{H_2} = \frac{M_{H_2}}{2F}I \tag{10-27}$$

반응속도는 제6장의 Butler-Volmer 식에 의해 설명할 수 있다. 전류 밀도와 애노드의 활성화 손실 사이의 관계는 다음과 같다 :

$$i_a = i_{0,a}\exp\left(-\alpha_a\frac{Fv_{act,a}}{RT}\right) - \exp\left((1-\alpha_a)\frac{Fv_{act,a}}{RT}\right) \tag{10-28}$$

여기서, i_a는 전달 전류 밀도(A/m^3), v_{act}는 활성화 전극 손실, i_0는 교환 전류 밀도, α_a는 애노딕 전하 전달 계수이다. 캐소드에서는 다음과 같다 :

$$i_c = i_{0,c}\exp\left(-\alpha_c\frac{Fv_{act,c}}{RT}\right) - \exp\left((1-\alpha_c)\frac{Fv_{act,c}}{RT}\right) \tag{10-29}$$

제6장에서 교환 전류 밀도는 반응물의 국부적 분압과 국부 온도에 의존한다고 하였다. 반응물의 분압이 감소함에 따라 교환 전류 밀도 또한 감소될 것이며, 결국 성능의 감소로 이어진다. 이것은 활성화와 확산 한계가 서로 어떻게 영향을 미치고 왜 질량 유속이 정확하게 계산되어야 하는지 보여준다. 애노드와 캐소드의 교환 전류 밀도는 다음과 같다[22, 23] :

$$i_{0,c} = i^0_{0,c}\left(\frac{P_{O_2}}{P^0_{O_2}}\right)^{\gamma}\exp\left[\frac{-E_{A,c}}{R}\left(\frac{1}{T}-\frac{1}{T^0}\right)\right] \tag{10-30}$$

$$i_{0,a} = i^0_{0,a}\left(\frac{P_{H_2}}{P^0_{H_2}}\right)^{\gamma 1}\left(\frac{P_{H_2O}}{P^0_{H_2O}}\right)^{\gamma 2}\exp\left[\frac{-E_{A,a}}{R}\left(\frac{1}{T}-\frac{1}{T^0}\right)\right] \tag{10-31}$$

여기서, $i^0_{0,a}$는 표준 교환 전류 밀도, $\gamma_1+\gamma_2$는 반응 차수, E_A는 활성화 에너지이다.

교환 전류 밀도의 모델링에서 문제가 될 수 있는 가정은 교환 전류 밀도가 기하학적 면적에 대해서 표현된다는 것이다. 실제 반응은 촉매의 활성 사이트에서 일어나는데, 이는 촉매 입자의 형상이나 크기에 크게 영향을 받는다. 이러한 미세 구조 변수들은 제어하기 어렵고 처리 기법과 조건에 따라 크게 변화할 수 있다. 따라서 두 전극이 같은 기하학적 면적을 가지더라도 서로 크게 다른 활성 사이트 수를 가질 수 있다. 평균 전류 밀도는 연료전지에서 발생한 총 전류를 기하학적 면적으로 나눈 값이다 :

$$i_{avg} = \frac{1}{A}\int_{V_a} i_a dV = \frac{1}{A}\int_{V_c} i_c dV \tag{10-32}$$

촉매 층을 모델링 하는 데 있어서 주요 목표는 확실한 변수들을 찾는 것이다. 표준 교환 전류 밀도, 전달 계수들, 반응 차수는 전극의 미세 구조와 더불어 복잡한 전기화학 반응의 속도 결정 단계에 따라 결정된다. 특히, 모델은 다양한 가스들(CH_4, CO, H_2와 같은)의 산화를 고려할 때 더 복잡해진다. 반응 차수는 광범위하게 연구되지 않았고, 실험적인 반응속도 데이터는 여전히 부족하다. 따라서 연료가 동시에 산화되었을 때 정확히 얼마나 다른지에 대해 결정할 필요가 있다.

10.6.3 이온/전자 전달

연료전지 모델의 또 다른 중요한 구성요소는 이온과 전자 전달의 모델링이다. 연료전지 모델들에 사용되는 일반적인 가정은 ohmic 손실의 주요 원인이 전해질이라는 것이다: 따라서 전극에서의 전하 전달은 무시된다. 전자와 이온의 전달은 반응 사이트에서 일어나기 때문에 정확한 모델링을 위해서는 이 현상을 전극 층에 반드시 포함시켜야 한다.

전하 전달에 대한 지배 방정식은 ohm의 법칙, 전자와 이온의 전하 수지, 전하 보존식이다. 이 식들을 풀면, 국부 전류와 국부 손실, 전자 전하의 소모와 이온 전하의 형성에 대한 정보를 얻을 수 있다. 정상상태에서의 해석은 다음과 같다[23]:

$$i_{el} = -\kappa_s^{eff} \nabla \phi_s \tag{10-33}$$

$$i_{io} = -\kappa_m^{eff} \nabla \phi_m \tag{10-34}$$

여기서, i_{el}와 i_{io}는 각각 국부 전자(el) 전류 밀도와 국부 이온(io) 전류 밀도, ϕ는 전압, κ^{eff}는 전자만 전도하는 전도체의 전도도 또는 이온만 전도하는 전도체의 전도도이다.

전자 전류와 이온 전류의 생성은 같다. 애노드 촉매 층에서 발생한 총 전류는 식 (10-35)에 나타난 것처럼 캐소드 촉매 층에서 소모된 총 전류와 동일해야 한다.:

$$\nabla \cdot i_{io} = -\nabla \cdot i_{el} \tag{10-35}$$

10.5절에서 언급된 바와 같이 전류를 위한 전하 보존식은 다음과 같다 :

$$\nabla \cdot (\kappa_s^{eff} \nabla \phi_s) = S_{\phi s}$$

이온 전류는 다음과 같다:

$$\nabla \cdot (\kappa_m^{eff} \nabla \phi_m) = S_{ms}$$

전하 전달 과정의 지배 방정식을 해석하는 가장 일반적인 방법은 등가 회로 접근(equivalent circuit approach)과 전하 수지 접근이다. 등가 회로 접근은 촉매 층을 박막으로 취급하거나 전극/전해질 경계면 사이의 경계조건(boundary conditions)을 사용하고 ohm의 법칙을 사용하여 전자 전달에 따른 전압 강하를 해석한다. 전하 수지 방법은 전극에서의 국부 전류와 손실을 고려하기 때문에 더 정확한 해답을 얻을 수 있다.

10.6.4 전극의 열전달

반응속도와 화학종 전달뿐만 아니라 온도에 따라 달라지는 변수를 정확하게 예측하기 위해 온도와 열의 분포가 결정되어야 한다. 전극에서 열전달 문제를 해결하는 것은 전도와 대류에 의한 열전달이 모두 존재하기 때문에 쉽지 않다. 열전달 방정식은 전극과 유동 채널에서 비슷하지만 3가지 중요한 차이점이 있다:

- 유동 채널에서 열전달은 대류와 복사에 의해 결정되지만 전극에서는 전도가 결정한다.
- 전극의 다공성은 열전달 모델을 복잡하게 한다. 게다가 기체상(phase)에서 고체상(phase)으로의 열전달은 모델링하기 어렵다.
- 전극의 열원은 유동 채널(열원이 크고 변수가 알려진)에 비해 모델링하기 어렵다.

에너지 보존식은 다공성 매질을 모델링하기에 가장 유용하다. 열은 다양한 방법으로 전극에서 생성된다:

- ohmic 열은 전류 흐름에 대한 비가역적 저항으로 인해 생성된다.
- 열은 활성화 손실 및 전달 손실에 의해 생성된다.

전류로 변환되지 않은 에너지는 열을 발생시키고 전극에서 방출된다.

- 전기화학 반응으로 인한 엔트로피의 변화는 열을 생성한다. 엔트로피의 열 효과는 흡열성이거나 발열성일 수 있고, 두 전극에서 다른 양이 생성된다.
- 연료전지에 내부 개질기가 있다면 그 화학 반응 또한 에너지의 방출 또는 흡수를 하게 된다. 이 과정은 보통 열 흡수원(heat sink)으로 모델링된다.

연료전지에서 열전도 모델링의 핵심적인 변수는 전극에서 열이 방출되는 장소를 결정하는 것이다. 대부분의 연구자들은 복사 열전달을 무시하지만 전극은 복사 전달을 방출하거나 흡수한다고 알려져 있다. 이 복사 열전달을 모델링하는 것은 정확도 향상에 큰 기여를 할 것으로 보인다.

10.7 전해질

전해질을 정확하게 모델링하기 위해 전하와 에너지 전달이 모델에 포함되어야 한다. 식 (10-17), (10-18), (10-33), (10-34)가 전해질에서 이온 전달에 대해 계산되어야 한다. 전극과 전해질 사이의 접촉 저항 또한 모델에 포함되어야 한다.

PEMFC 또는 DMFC에서 2개의 중요한 유속(flux)은 제7장과 제8장에 기술된 바와 같이 프로톤과 물의 유속이다. 그림 10-3은 고분자 전해질에서 물의 유속을 보여준다. 멤브레인은 프로톤의 전도를 위해 수화된 상태를 유지해야 하므로 전해질 내부의 수분 분포가 정확히 계산되어야 한다. Nafion 멤브레인에서 물의 유속은 역확산과 전기 삼투 드래그의 두 가지 형태가 있다. 제7장으로부터 두 가지 유속은 다음의 식으로 나타낼 수 있다[4] :

$$J_{H_2O}^M = 2n_{drag}\frac{i}{2F}\frac{\lambda}{22} - \frac{\rho_{dry}}{M_m}D_\lambda\frac{d\lambda}{dz} \tag{10-36}$$

이 식에서 수분 함유량은 일정하지 않은데, 수분 함유량을 계산함으로써 전해질의 저항을 추정할 수 있다.

화학종 보존은 멤브레인 안에서 일어나는 전기 삼투 드래그의 정미 효과, 농도 구배로 인한 확산, 압력 구배에 의한 대류를 포함한 모든 이온 전달에 대한 영향을 설

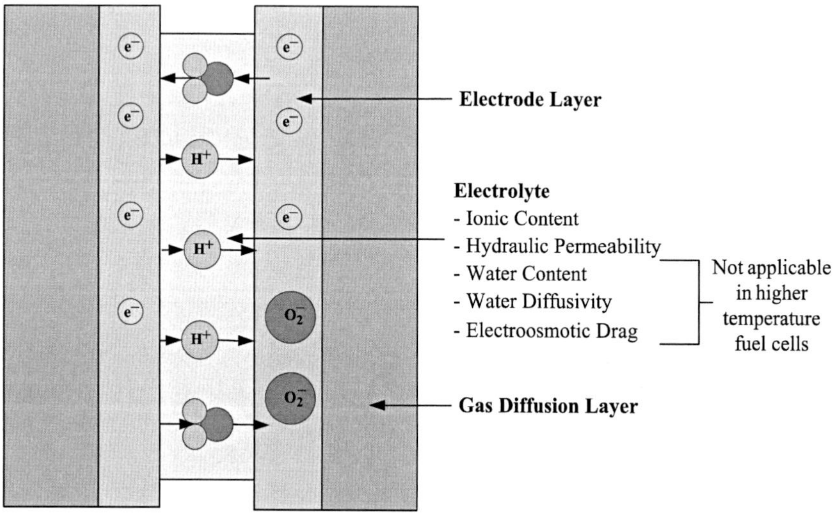

그림 10-3 전해질 층을 모델링하기 위한 변수들과 과정들

명한다. 이러한 현상은 Nernst-Planck 식의 형태로 기술될 수 있다.

$$N_i = -z_i \frac{F}{RT} D_i C_i \frac{d\Phi_m}{dx} - D_i \frac{dC_i}{dx} + vC_i \qquad (10\text{-}37)$$

여기서, N_i는 화학종 i의 표면 유속, Z_i는 화학종 i의 전하수, C_i는 화학종 i의 농도, D는 화학종 i의 확산 계수, Φ_m는 멤브레인의 전기적 퍼텐셜, v는 전기적 퍼텐셜과 압력 구배에 의해 생성되는 H_2O의 속도이고 다음과 같은 Schogl 방정식에 의해 기술될 수 있다:

$$v = \frac{k_\Phi}{\mu} z_f c_f F \frac{d\Phi_m}{dx} - \frac{k_p}{\mu} \frac{dp}{dx} \qquad (10\text{-}38)$$

여기서, k_Φ는 동전기적 투과율, μ는 공극-유체 점도, z_f는 고정된 사이트 전하, c_f는 고정된 전하 농도, k_p는 수력학적 투과율이다. 모든 연료전지에서 전해질 내의 물질 전달은 Stefan-Maxwell 식(식 (10-21)) 또는 항력 계수와 결합된 Nernst-Planck 식(식 (10-37))을 이용하여 모델링할 수 있다.

단원요약

지난 십여년 동안 연료전지 모델링의 많은 발전이 이뤄졌지만 아직 많은 연구가 필요하다. 이 분야의 발전을 지속하기 위해 마이크로 단위에서 발생하는 여러 가지 현상에 대한 정확한 서술이 바탕이 되어야 할 것이다. 수학적 모델링의 지속적인 향상은 모델의 디자인 결정과 성능을 예측함에 있어 매우 유용할 것이고 연료전지가 상업화되는 데 큰 기여를 할 것이다. MATLAB, FEMLAB, FLUENT, CFD Research (ESI Group)와 같은 유형의 소프트웨어는 연료전지를 모델링함에 있어 도움을 줄 것이다. 이 장에 나타난 식은 위의 프로그램에서 손쉽게 추가할 수 있고, 시뮬레이션을 통해 연료전지 스택에서 발생하는 현상을 이해하여 문제점을 해결할 수 있다.

연습문제

1. 모든 운전 조건에서 항상 Knudsen 확산을 수학적 모델에 포함시켜야 하는가?
2. 전극과 전해질에서 방출된 열은 어디에 존재하는가?
3. 반쪽-전지 반응에서 반쪽-전지의 전위와 엔트로피의 변화는 얼마인가?
4. 전극과 전해질에서 복사 열전달의 역할은 무엇인가?
5. 복사는 중요한가? 반 투과 물질에서 복사의 역할은 무엇인가?

참고문헌

[1] Cha, S.W., R. O'Hayre, Y. Saito, and F.B. Prinz. "The Scaling Behavior of Flow Patterns: AModel Investigation." *Journal of Power Sources*. Vol. 134, 2004, pp. 57-71.

[2] U.S. Patent 6,551,736 B1 Fuel Cell Collector Plates with Improved Mass Transfer Channels. Vladimir Gurau, Frano Barbir, and Jay K. Neutzler. Teledyne Energy Systems, Inc, Hunt Valley, MD. April 22, 2003.

[3] Nguyen, Nam-Trung and Siew Hwa Chan. "Micromachined Polymer Electrolyte Membrane and Direct Methanol Fuel Cells -A Review." *J. Micromech. Microeng*. Vol. 16, 2006, pp. R1-R12.

[4] Ren, X and S. Gottesfeld. "Electro-osmotic Drag of Water in Poly (perfluorosulfonic acid) Membranes." *Journal of Electrochemical Society*. Vol. 148, No. 1, 2001, pp. A87-A93.

[5] M.M. Mench , Z.H Wang, K. Bhatia, and C.Y. Wang. "Experimental Study of a Direct Methanol Fuel Cell." Electrochemical Engine Center, Department of Mechanical and Nuclear Engineering, Pennsylvania State University, 2002.

[6] C.Y. Wang, M.M. Mench, S. Thynell, Z.H. Wang, and S. Boslet. "Computational and Experimental Study of Direct Methanol Fuel Cells." *Int. J. Transport Phenomena*. Vol. 3, August 2001.

[7] Sundmacher, T., T. Schultz, S. Zhou, K. Scott, M. Ginkel, and E.D. Giles. "Dynamics of the direct methanol fuel cell (DMFC): experiments and model-based analysis." *Chem. Eng. Sci*. Vol. 56, No. 2, 2001, pp. 333-341.

[8] Zhou, S., T. Schultz, M. Peglow, and K. Sundmacher. "Analysis of the nonlinear dynamics of a direct methanol fuel cell" *Phys. Chem. Chem. Phys*. Vol. 3, No. 3, 2001, pp. 347-355.

[9] Scott, K., W.M. Taama, J. Cruickshank. "Performance and modelling of a direct methanol solid polymer electrolyte fuel cell." *Journal of Power Sources*. Vol. 65, 1997, pp. 159-171.

[10] Scott, K., P. Argyropoulos, and K. Sundmacher. "A model for the liquid feed direct methanol fuel cell". *J. Electroanal. Chem*. Vol. 477, Issue 2, 1999, pp. 97-110.

[11] K. Sundmacher and K. Scott. "Direct methanol polymer electrolyte fuel cell: Analysis of charge and mass transfer in the vapour-iquid-olid system." *Chem. Eng. Sci*. Vol. 54, 1999, pp. 2927-2936.

[12] Kulikovsky, A.A. Analytical model of the anode side of DMFC: the effect of non-Tafel kinetics on cell performance. *Electrochem. Commun*. Vol. 5, Issue 7, 2003, pp. 530-538.

[13] Jeng, K.T. and C.W. Chen. "Modeling and simulation of a direct methanol fuel cell anode." *Journal of Power Sources*. Vol. 112, Issue 2, 2002, pp. 367-375.

[14] Siebke, A., W. Schnurnberger, F. Meier, and G. Eigenberger. "Investigation of the Limiting Processes of a DMFC by Mathematical Modeling." *Fuel Cells*. Vol. 3, Issue 1-2, 2003, pp. 37-47.

[15] Meyers, J. P. and J. Newman, "Simulation of the Direct Methanol Fuel Cell." *J. Electrochem. Soc*. Vol. 149, No. 6, 2002, pp. A710-A717.

[16] Meyers, J. P. and J. Newman, "Simulation of the Direct Methanol Fuel Cell." *J. Electrochem. Soc*. Vol. 149, No. 6, 2002, pp. A718-A728.

[17] Meyers, J. P. and J. Newman, "Simulation of the Direct Methanol Fuel Cell." *J. Electrochem. Soc*. Vol. 149, No. 6, 2002, pp. A729-A735.

[18] Murgia, G., L. Pisani, A.K. Shukla, and K. Scott. "A Numerical Model of a Liquid-Feed Solid Polymer Electrolyte DMFC and Its Experimental Validation." *J. Electrochem. Soc.* Vol. 150, No. 9, 2003, pp. A1231-A1245.

[19] Argyropoulos, P., K. Scott, A.K. Shukla, and C. Jackson. "A semi-empirical model of the direct methanol fuel cell performance: Part I. Model development and verification ." *J. Power Sources*. Vol. 123, Issue 2, 2003, pp. 190-199.

[20] Guo, H. and C. Ma. "2D analytical model of a direct methanol fuel cell" *Electrochem. Commun*. Vol. 6, Issue 3, 2004, pp. 306-312.

[21] Schultz, Thorsten and Kai Sundmacher. "Rigorous Dynamic Model of a Direct Methanol Fuel Cell Based on Maxwell-Stefan Mass Transport Equations and a Flory-Huggins Activity Model: Formulation and Experimental Validation." *Journal of Power Sources*. Vol. 145, 2005, pp. 435-462.

[22] Schultz, Thorsten and Kai Sundmacher. "Mass, Charge and Energy Transport Phenomena in a Polymer Electrolyte Membrane (PEM) Used in a Direct Methanol Fuel Cell (DMFC): Modeling and Experimental Validation of Fluxes." *Journal of Membrane Science*. Vol. 276, 2006, pp. 272-285.

[23] Vandersteen, J.D.J., Kenney, B., Pharoah, J.G. and Karan, K. "Mathematical Modelling of the Transport Phenomena and the Chemical/ Electrochemical Reactions in Solid Oxide Fuel Cells: AReview." *Canadian Hydrogen and Fuel Cells Conference*, September 2004.

[24] Barbir, Frano. PEM Fuel Cells: Theory and Practice. 2005. Burlington, MA: Elsevier Academic Press.

Chapter 11

연료전지 핵심구성 재료

연료전지는 이온 전도성 전해질과 두 개의 전극으로 구성되며, 전해질 층은 뛰어난 프로톤 전도체이며 연료전지의 종류에 따라 이온 전달 물질 또는 유체를 사용한다. 전해질은 반응물이 전해질을 통해 반대쪽 전극으로 전달되는 크로스오버를 최소화하기 위해서 연료와 산화제를 통과시키지 않아야 하며, 산화와 환원이 일어나는 주위환경에서 화학적으로 안정한 상태를 유지해야 한다. 또한, 온도와 압력 등의 운전 조건에 따라 구조적으로 변화가 없어야 한다. 만약 반응물이 전해질 내부로 침투하거나 섞이게 되면, 애노드와 캐소드에서 생성된 퍼텐셜이 감소하고, 그에 따라 연료전지 성능이 감소하며, 촉매의 활성 저하가 일어난다. 촉매는 가격이 저렴해야 하고, 가스 확산 층이나 다공성 전극 또는 전해질에서 사용할 수 있어야 한다. 가스 확산 층 또는 다공성 전극은 연료전지의 화학적인 환경에서 안정하고, 전해질과 촉매와 함께 사용될 수 있는 재료로 제작된 다공성의 전도성을 가지는 얇은 층이다. 촉매와 다공성 전극이 합쳐져 구성된 전극은 낮은 활성화 손실, 뛰어난 내구성, 적절한 이온/전자 전도도 등을 필요로 한다. 이러한 구성요소들은 그림 11-1의 PEMFC에 나타나 있다.

이 장에서는 PEMFC, DMFC, SOFC, MCFC, PAFC, AFC에 보편적으로 사용되는 구성요소들의 물리적 특성, 물성치, 제조공정에 대해 설명하고자 한다. 각각의 연료전지에 일반적으로 사용되는 재료는 표 11-1에 나타나 있다.

이 장에서는 다음과 같은 주제들을 중점적으로 설명할 것이다.

- 전해질 층
- 연료전지 제작 기술
- 연료전지를 제작하기 위한 상세한 방법

기본적인 연료전지 재료들에 대한 설명과 함께 연료전지 제작 기술과 PEMFC를

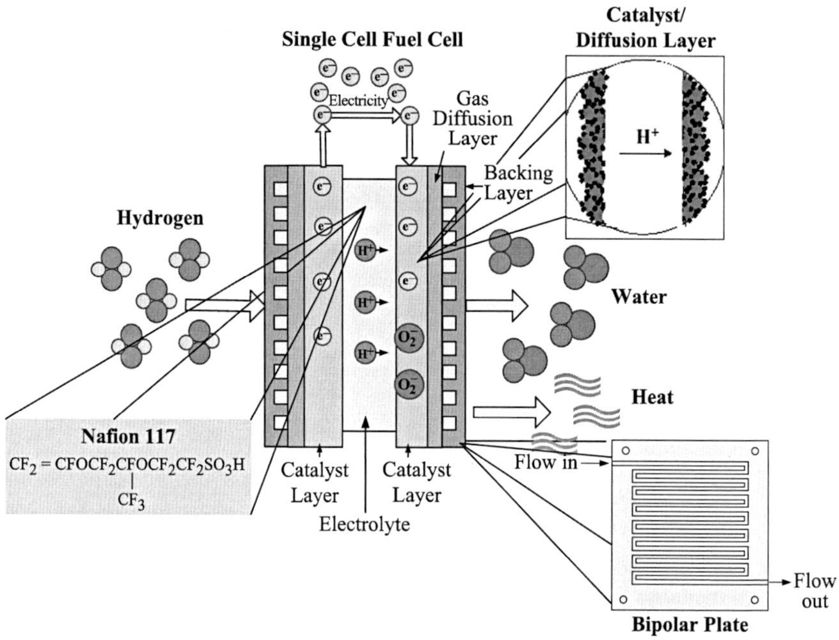

그림 11-1 PEMFC의 구성

제작하기 위한 상세한 조립 방법에 대해 설명할 것이다.

11.1 전해질 층

연료전지가 제대로 작동하기 위해서는 전해질 층이 가장 중요하다. 저온형 연료전지에서는 연료가 공급되어 촉매 층에 도달하게 되면, 연료 분자들이 프로톤과 전자들로 분리된다. 전자들은 부하에 전력을 공급하기 위해 외부회로를 통해 이동하고 프로톤은 산소와 결합하여 물을 생성하기 위해 전해질을 통해 캐소드로 이동한다. 고온형 연료전지와 알칼리 연료전지에서는 캐소드에서 산소가 반응하며, AFC에서는 수산화이온(OH^-), MCFC에서는 카보네이트 이온(CO_3^{2-}), SOFC에서는 산소 이온(O^{2-})을 각각 생성한다. 생성된 이온들은 수소와 반응하기 위해서 전해질을 통과한다. 전자들은 연료전지의 종류에 따라 캐소드 또는 애노드에서 생산되지만, 전해질은 연료전지의 종류에 관계없이 다음과 같은 조건을 충족시켜야 한다.

- 높은 이온 전도성

표 11-1 다양한 연료전지에 사용되는 일반적인 재료들

Fuel cell/component	Proton exchange membrane fuel cell (PEMFC)	Direct methanol fuel cell (DMFC)	Solid oxide fuel cell (SOFC)	Alkaline fuel cell (AFC)	Phosphoric acid fuel cell (PAFC)	Liquid molten carbonate fuel cell (MCFC)
Most Common Electrolyte	Perflourosulfonic acid membrane (Nafion by DuPont)	Perflourosulfonic acid membrane (Nafion by DuPont)	Yttria stabilized zirconia (YSZ) (8 mol% Y)	Potassium hydroxide	Liquid phosphoric acid	Liquid molten carbonate
Electrolyte Thickness	~50 to 175 μm	~50 to 175 μm	~25 to 250 μm	N/A	N/A	0.5 to 1 mm
Ion Transferred	H^+	H^+	O^{2-}	OH^-	H^+	CO_3^{2-}
Most Common Anode Catalyst	Pt	Pt/Ru	Nickel/YSZ	Pt/Pa	Pt	Nickel
Anode Catalyst Layer Thickness	~10 to 30 μm	~10 to 30 μm	~25 to 150 μm	N/A	~10 to 30 μm	0.20 to 1.5 mm

- 반응물의 침투 차단
- 화학적, 기계적 안정성
- 낮은 전자 전도도
- 생산/사용의 편리함
- 저렴한 생산 비용

이러한 요구 조건을 모두 충족시키는 재료를 찾는다는 것은 상당히 어려운 일이며, 특히 가장 어려운 것은 높은 이온 전도도를 가지면서 산화와 환원이 동시에 일어나는 환경에서 안정성을 갖는 재료를 찾는 것이다.

11.1.1 PEMFC와 DMFC

현재 저온형 연료전지에서 기본적으로 사용되는 전해질은 플루오르화된 테플론(perfluorosulfonic acid ; PFSA)을 기반으로 한 것으로서, 1960년대 우주선에 사용하기 위해 DuPont 사에서 개발한 것이다. 이 멤브레인은 PTFE 기반 구조이며, 강하고, 산화와 환원 환경에서도 높은 안정성을 가지며, 일반적인 PEMFC와 DMFC의 작동 온도에서 높은 이온 전도성(0.2 S/cm)을 가진다. 다음 그림 11-2에 화학적 구조가 나타나 있다[21-23].

DuPont 사의 전해질 명칭은 Nafion이며, 117이 가장 많이 사용된다. Naifon 멤브레인은 강염기, 강한 산화제와 환원제, H_2O_2, Cl_2, H_2, O_2에 대해 화학적으로 안정하며 125℃까지 견딜 수 있다. 표 11-2[18]에 PEMFC와 DMFC에 사용하기 위해 Du-pont, Gore and Associates, Asahi Glass, Asahi Chemical, Pall 사에서 개발한 Nafion과 유사한 특성을 가지는 전해질 재료들이 나타나 있다. 프로톤 전달 멤브레인은 보통 술폰산기가 부착된 PTFE-기반의 고분자를 기본으로 구성되며, 전체적으로 SO_3에서 SO_3로 H^+의 점프가 일어나기 때문에 H^+ 이온이 멤브레인의 반대편까지 전달되는 특징을 가지고 있어 연료전지에 적합하다. 한편, 멤브레인이 프로톤 전도성을 가지기 위해 반드시 수화된 채로 있어야 하기 때문에 PEMFC의 운전 온도가 물의 끓는점 이하로 제한되므로 PEMFC의 개발에 있어서 물의 관리가 중요한 문제이다. 그림 11-3은 Nafion 멤브레인 내부의 SO_3 반응 사이트들을 보여준다.

$$CF_2 = CFOCF_2\underset{\displaystyle CF_3}{\underset{|}{C}}FOCF_2CF_2SO_3H$$

그림 11-2 Nafion의 화학적 구조

표 11-2 상용 이온 교환 멤브레인의 물성치[18]

Membrane	Membrane chemistry	IEC (mequiv/g)	Thickness (mm)	Conductivity (S/cm) @ 30°C and 100% RH
Asahi Chemical K-101	Sulfonated polyarylene	1.4	0.24	0.0114
Asahi Glass CMV	Sulfonated polyarylene	2.4	0.15	0.0051
Asahi Glass DMV	Sulfonated polyarylene	—	0.15	0.0071
DuPont Nafion–117	Perfluorinated	0.9	0.2	0.0133
DuPont Nafion–901	Perfluorinated	1.1	0.4	0.01053
Ionac 61AZL386	—	2.3	0.5	0.0081
Ionac 61CZL386	—	2.7	0.6	0.0067
Pall RAI R-1010	Perfluorinated	1.2	0.1	0.0333

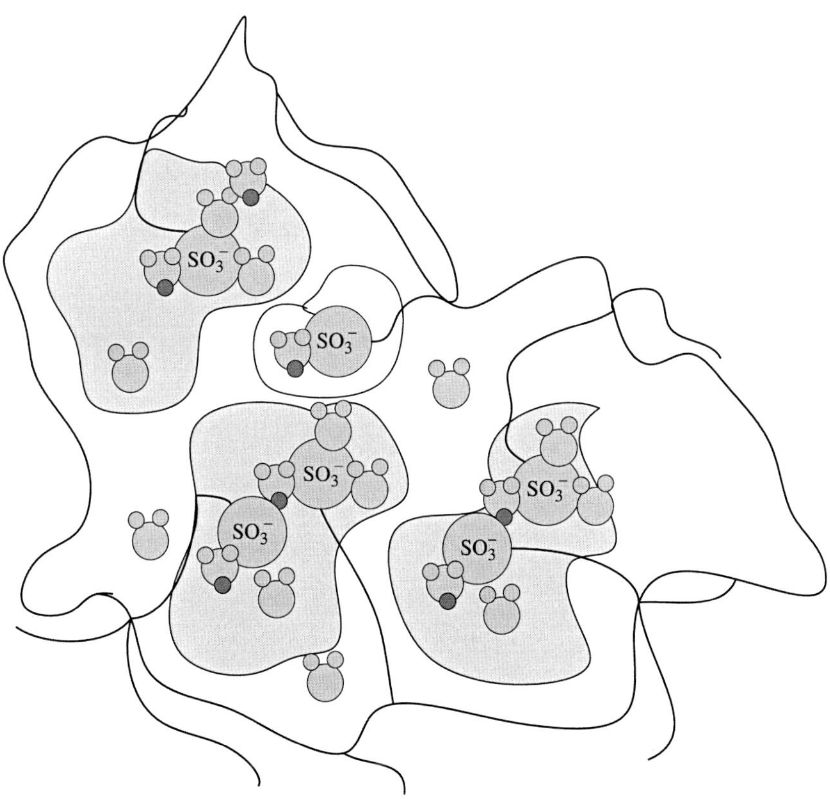

그림 11-3 Nafion 구조도

Nafion 멤브레인은 크기에 맞춰 자유롭게 자를 수 있고, 25.4 μm(Nafion NRE-211), 50.8 μm(Nafion NRE-212), 127 μm(Nafion 115), 183 μm(Nafion 117), 254 μm (Nafion NE-1110) 등의 다양한 두께가 있다. 하지만 찢어짐이나 결함 등의 손상을 피하기 위해서 매우 주의 깊게 다뤄야 한다. 그림 11-4는 Nafion 멤브레인을 사용한 PEMFC을 보여준다.

Nafion과 같은 PFSA 멤브레인은 두께가 100 μm일 때 1 A/cm^2[22, 23]에서 50 mV의 전압 손실과 매우 낮은 저항값(0.05 Ωcm^2)을 가지는 장점이 있지만 가격이 비싸고 지지체가 필요하며, 사용온도 범위가 제한되는 등의 단점들이 있다. 또한, PFSA 멤브레인을 수화된 상태로 유지하기 위한 별도의 장치들이 필요하므로 연료전지 시스템의 가격이 상승하며 구성이 복잡해진다.

운전 온도가 높아질수록 연료전지의 효율이 증가하지만 멤브레인의 탈수화 및 이로 인한 이온 전도도의 감소, 친수성의 감소, 고분자의 연화(softening)로 인한 기계적 강도 저하, 연료 침투율 증가에 따른 손실이 증가하게 된다. 따라서 PFSA 멤브레인은 프로톤 전도성을 유지하기 위해 수화된 상태로 유지되어야 하고, 운전 온도는 물의 비등점 아래로 유지되어야 한다. 이러한 특성을 가지는 PFSA 멤브레인을 대체하기 위해 진행되고 있는 연구에 있어서 가장 큰 목표는 보다 저렴한 재료를 찾는 것이다.

탄화수소 멤브레인은 가격, 상용화 가능성, 고분자 사슬의 극성기에만 물이 흡수되도록 함으로써 넓은 온도 범위에서 높은 물 흡수율 등 PFSA 멤브레인을 대체할 수 있는 몇 가지 장점을 가지고 있다.

최근 연구되고 있는 멤브레인의 종류에는 다음과 같이 크게 5가지가 있다: (1) 퍼플루오르화, (2) 부분 플루오르화, (3) 비플루오르화(탄화수소를 포함한), (4) 비플루

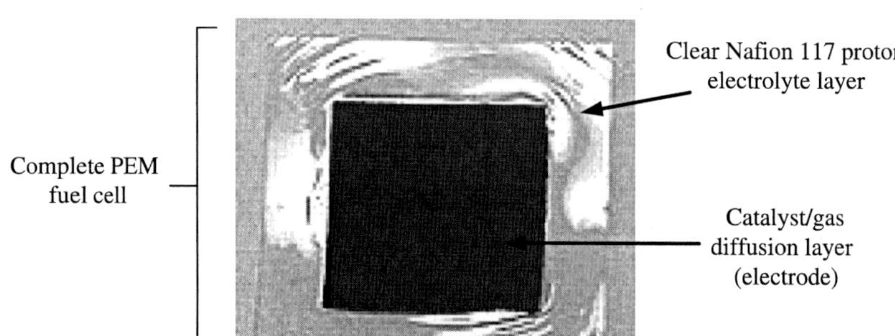

그림 11-4 Nafion 117 프로톤 전해질과 전극으로 구성된 PEMFC

표 11-3 저온형 연료전지를 위한 다양한 고분자 멤브레인의 예[21~24]

Chemical classification	Membrane type	Performance
Perfluorinated	▪ Perfluorosulfonic acid ▪ Perfluorocarboxylic acid ▪ Gore-Select ▪ Bis(perfluoroalkylsulfonyl) imide	▪ Good proton conductivities and resistance ▪ Very durable membrane (> 60,000 hrs)
Partially flourinated	▪ a, β, β – trifluorostyrene grafted onto poly (tetrafluoroethylene-ethylene) with post sulfonation ▪ Styrene grafted and sulfonated poly(vinylidenefluoride)	▪ Less durable and lower performance perfluorinated then
Non-flourinated	▪ Methylbenzensulfonated polybenzimidazoles [MBS-PBI] ▪ Naphthalenicpolyimide ▪ Sulfonatedpolyetherketone	▪ Good water absorption ▪ Some types have good conductivity; others poor
Non-fluorinated composite	▪ Acid-doped polybenzimidazoles ▪ Base-doped S-polybenzimidazoles	▪ Good proton conductivity. ▪ Durability needs to be further tested.

오르화(탄화수소를 포함한) 복합체, (5) 기타

각각의 멤브레인 종류에 따라 사용되는 재료들의 물성치가 다양하며, 표 11-3에 최근 연구되고 있는 고분자 멤브레인들이 나타나 있다. 대부분의 멤브레인은 250~500℃ 사이의 온도 범위에서 분해되고, 물 흡수율(H_2O/SO_3H)은 2.5~27.5, 전도도는 10~100 S/cm[21~24]이다.

11.1.2 PAFC

PAFC(인산형 연료전지)는 반응 가스 내에 포함된 이산화탄소의 영향을 줄이고 증발에 의한 전해질 손실을 감소시키며, 고온에서 높은 산소 용해도와 이온 전도도를 유지하기 위해서 인산을 전해질로 사용한 연료전지이다. 일반적으로 PAFC에 사용되는 인산(100%)의 경우 150℃ 이상의 온도에서 pyrophosphoric acid($H_4P_2O_7$) 같은 중합체 형태로 존재하고[9], 42℃ 이하에서는 고체화된다[42]. 인산이 고체화되면 부피가 증가함으로써 전극과 매트릭스 구조를 손상시켜 성능이 저하되고 연료전지의 수명을 단축시키는 결과를 초래하므로 PAFC는 항상 45℃ 이상을 유지해야 한다. 고체화되는 온도는 인산의 농도에 따라 달라지는데, 농도가 높을수록 고체화되는 온도가 높고 농도가 감소할수록 고체화 온도 또한 감소한다[13].

또한, 최근 4~5년 동안 가장 큰 문제는 증발에 의해서 인산의 양이 줄어드는 것이다. PAFC가 운전되는 150~220℃의 온도 범위에서 다음의 식처럼 $H_4P_2O_7$이 분리된다 :

$$2H_3PO_4 \rightarrow H_4P_2O_7 + H_2O$$

인산은 소량의 PTFE를 바인더로 사용하여 실리콘 카바이드(SiC) 분말로 구성된 매트릭스 내의 기공에 모세관 압력에 의해 담겨져 있는데, 이는 일반적으로 0.1~0.2 mm 두께를 가진다[9, 13].

11.1.3 AFC

AFC(알칼리 연료전지)에 사용되는 전해질은 6~9[9] 정도의 농도(KOH/Water)를 가지는 수산화칼륨 용액을 사용하는데, 촉매에 불순물이 섞이는 것을 방지하기 위해 최대한 순도가 높아야 한다. 전해질은 유동형 또는 고정형을 사용하는데, 유동형은 펌프를 사용하여 전해질이 전지 내부를 통과하면서 물과 폐열을 제거하게 된다. 이 경우 일반적으로 빠른 속도의 유동이 가능한 2~3 mm의 큰 유로를 사용하는데[13], 전해질의 두께가 증가할 경우 ohmic 분극이 증가하여 성능이 감소하게 되므로 AFC의 설계에 있어서 중요한 부분이다[42].

고정형 전해질을 사용하는 AFC는 KOH/H_2O 용액을 석면 매트릭스에 고정시켜 사용하는데, 전해질 두께를 0.05 mm까지 줄일 수 있어 전해질 두께에 따른 ohmic 분극이 크게 문제되지 않는다. 일반적으로 AFC에서는 작동 온도가 60~80℃일 때 최상의 이온 전도성을 가지는 30%의 수산화칼륨을 전해질로 사용한다.

KOH의 농도를 증가시키는 것이 AFC의 성능을 향상시킬 수는 있지만, 운전 중인 연료전지의 캐소드에서 산소 환원 반응에 의해 물의 양이 감소함에 따라 KOH의 농도가 전해질 내부의 위치에 따라 달라지고, 캐소드 측에 농도가 높아진 전해질이 응고되면서 반응물의 전달을 방해하게 되므로 KOH의 농도를 증가시키는 것은 바람직하지 않다.

11.1.4 MCFC

MCFC(용융 탄산염 연료전지)는 리튬 탄산염(Li_2CO_3), 탄산칼륨(K_2CO_3)과 소량의 나트륨 중탄산염(Na_2CO_3)과 같은 알칼리 금속의 탄산염을 혼합하여 전해질로 사용한다. 성능을 감소시키는 ohmic 분극과 농도 분극현상 및 전극으로 사용된 니켈 산화물의 용해를 최소화하기 위해 전해질의 조성과 운전 온도를 최적화시키는 것은 매우 중요하다. 따라서 1975년 이후 대부분의 개발자들은 62% Li_2CO_3/38% K_2CO_3 혼합물을 사용하고 있다[9]. 탄산염 전해질/매트릭스의 기본적인 물성치가 표 11-4에

표 11-4 용융 탄산염 전해질 / 매트릭스의 기본 물성치[9]

Component/property	Current status
Electrolyte Support Matrix	
Material	γ– $LiAlO_2$
Thickness	1.8 mm (hot pressed), 0.5 mm (tape cast)
Pore Size	0.5 to 0.8 microns
Surface Area	0.1 to 12 m^2/g
Electrolyte-Filled Matrix	
Composition	40 to 50% $LiAlO_2$ by weight (34 to 42% by volume), 50 to 60% carbonates

나타나 있다.

리튬 알루미네이트($LiAlO_2$) 같은 세라믹 분말로 만들어진 다공성 전해질 매트릭스는 모세관 효과를 이용하여 용융 탄산염을 내부에 흡수하여 담게 되는데, 이때 탄산염은 자연과 같은 조성인 약 60% 무게비를 유지해야 하며, 일반적으로 40%의 $LiAlO_2$와 60%의 탄산염의 무게비로 구성된다. 매트릭스는 일반적으로 세라믹으로 구성되며, 전자산업에 사용되는 테이프 캐스팅 또는 hot pressing법을 이용하여 만들어진다. Hot pressing은 탄산염 용융점 바로 아래의 온도에서 5,000 psi 정도의 압력으로 $LiAlO_2$ 탄산염 매트릭스를 압축하는 간단한 방법이지만 큰 공극률(> 4%), 치밀하지 못한 구조, 전해질의 두께 증가(1~2 mm) 등의 단점이 있다[9].

따라서 주로 사용하는 제작 공정은 테이프 캐스팅(tape casting) 방법으로 용매에 세라믹 물질을 분산시킨 뒤 움직이는 표면 위에 얇은 박막의 형태로 주조하는 것으로서, 적절한 절단 장치를 사용하여 원하는 두께의 전해질을 얻으며, 남아 있는 접착물질들을 250~300℃로 가열하여 제거한다[9, 13]. 이 방법은 넓은 면적의 부품을 제작할 때 효과적이다.

MCFC 전해질의 ohmic 저항은 다른 연료전지의 경우와 같이 전압에 중요한 영향을 미치는데, 대부분의 ohmic 손실은 전해질에 의한 것이며, 전해질의 두께에 의해 결정된다[9] :

$$\Delta V = 0.533t \tag{11-1}$$

여기서, t(cm)는 두께를 나타낸다. 전해질의 두께가 0.025 cm인 연료전지는 0.18 cm의 두께의 전해질을 사용한 연료전지에 비해 82 mV 더 높은 전압으로 동작할 수 있다[9]. 따라서 두께에 의한 저항을 감소시킬 수 있도록 연료전지 전해질의 두께를 0.25~0.5 mm로 얇게 제작하는 것이 가능하지만, 전해질이 두꺼울수록 안정하기 때문에 적절한 두께로 제작해야 한다[42].

전해질, 전극, 매트릭스, 집전체, 분리판을 조립하여 MCFC를 제작할 때, 각 부분들이 완전히 결합할 수 있도록 450℃까지 천천히 가열한다[9, 13]. 탄산염이 가열되고 용융되면서 매트릭스 속으로 스며들어 부피가 줄어들게 되므로 구성요소들이 수축되어 완전히 결합하게 된다. 가열되는 동안 니켈 애노드의 산화를 방지하기 위해서 반응 가스를 애노드 쪽으로 공급해주어야 한다. 이러한 과정을 거쳐야하기 때문에 MCFC는 최소 14시간의 준비가 필요하며, 스택이 전해질 용융 온도 이하로 냉각되면 전해질 전체에 걸쳐 응력으로 작용하여 손상이 발생하며, 반응물 크로스오버의 원인이 된다. 또한, MCFC의 운전 종료 시 애노드의 보호를 위하여 불활성 기체를 공급하여 세척해야 한다.

11.1.5 SOFC

SOFC(고체 산화물 연료전지)의 전해질로 일반적으로 화학적으로 안정화 지르코니아에 8~10 mol%의 이트리아를 도핑한 이트륨 안정화 지르코니아(yttria-stabilized zirconia ; YSZ)를 사용하는데, 도핑으로 Zr^{4+}가 Y^{3+}로 치환된[42] fluorite 구조의 지르코니아에서 이온 교환 메커니즘이 일어날 때, 4개의 O = 이온들이 3개의 O = 이온들로 바뀌면서 수많은 산소 이온들의 빈 공간이 생성되기 때문에 전해질을 통해 O = 이온들이 전달된다. YSZ의 이온 전도도는 액체 전해질과 비슷하며, 매우 얇은 박막(25~50 μm)으로 제작할 수 있다[13]. YSZ의 구조가 그림 11-5에 나타나 있다.

전해질의 기계적 안정성을 향상시키기 위해 알루미나 입자를 섞는 등의 몇 가지

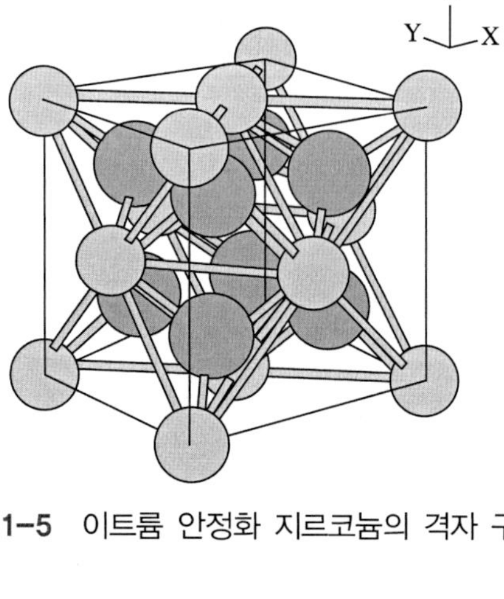

그림 11-5 이트륨 안정화 지르코늄의 격자 구조[17]

방법이 있는데, 일반적으로 전해질의 강화를 위해 가장 많이 사용되는 방법은 정방정 구조의 지르코니아를 이용하는 것이다[9].

이트리아 전해질을 제작하기 위해 가장 많이 사용하는 기술은 전기화학적 기상 증착과 테이프 캐스팅이다. 전기화학적 기상 증착 과정은 Siemens Westinghouse 사에서 원통형 SOFC의 산화물 층을 만들기 위해 개발하였으나, 현재는 SOFC의 전해질의 제작에만 사용되는데, 금속 염화물 증기와 산소/수증기 혼합물로부터 균일하고 밀집된 층을 만들 수 있다[42].

지르코니아계 전해질이 가지고 있는 이론적인 이온 전도도에 비해 더 높은 이온 전도도를 가지는 물질들이 있지만 화학적 안정성이 낮아 결함과 내부 전류가 증가하므로 성능이 저하된다. 차후에 전해질 후보로 유력한 물질들은 800℃에서도 성능을 낼 수 있는 LaSrGaMgO(LSGM)와 아연과 란타늄이 도핑된 Bi_2O_3의 혼합물, 그리고 가돌리늄이 포함된 안정화 산화세륨 등이다[13]. 표 11-5에 지르코니아계 전해질들의 물성치가 나타나 있다.

11.2 연료전지 전극

연료전지의 전극은 촉매와 다공성 전극 또는 가스 확산 층(GDL)으로 구성된 연료전지의 핵심 요소이다. 유동 채널의 연료가 전극 층에 도달하면, 제8장에서 설명한 것처럼 다공성 전극 또는 가스 확산 층 내부로 확산되며, 연료전지의 종류에 따라 애노드 또는 캐소드의 촉매에서 이온과 전자로 분리되거나 새로운 분자들로 재결합하는 반응이 진행된다. 생성된 전자들은 외부회로를 통해 이동하여 부하에 전력을 공급하고, 이온들은 전해질을 통해 이동하여 반대쪽 전극에 도달하여 전자들과 만나 물과 다른 분자들을 형성하게 된다. 연료전지의 종류에 관계없이 촉매는 분자를 이온과 전자로 분해하는 데 매우 효율적이어야 하고, 이를 위해 넓은 표면적을 가지며 가급적 저렴해야 한다. 가스 확산 층이나 다공성 전극은 다음과 같은 요구사항을 만족해야 한다 :

- 높은 전자 전도성
- 화학적, 기계적 안정성
- 생산조건 및 사용의 편리함
- 저렴한 가격
- 주위의 연료전지 부품과 열적, 화학적, 물리적 상호작용이 잘되어야 함

표 11-5 지르코니아계 전해질들의 물성치 비교[9, 13, 42]

	Stabilization (mol %)	Ionic conductivity (850°C) (S/m)	Coefficient of linear expansion (20 – 1000°C) (10^{-6} 1/K)	Bending strength (N/mm^2)	Density (g/cm^3)	Gas permeability	Activation energy (eV)	Thermal conductivity (W/(m*K))
3YSZ	Yttria, 3	>6	≈11	>1000	>98% th. D	Gas proof	~0, 80	~3
5ScO.5CeSZ	Scandia, 5	>7	≈11	—	>98% th. D	Gas proof	~0, 80	—
8YSZ	Yttria, 8	>10	≈11	>265	>98% th. D	Gas proof	~0, 80	—
10Sc1CeSZ	Scandia, 10	>12	≈11	>250	>98% th. D	Gas proof	~0, 7	~2

• 적절한 공극률

이러한 모든 요구사항을 충족시킬 수 있는 물질을 찾는다는 것은 매우 어려우며, 그 중에서도 가장 어려운 것은 가격이 저렴하면서도 분자를 이온과 전자로 분해시키는 데 효과적인 촉매를 찾아내는 것이다.

11.2.1 PEMFC, DMFC, PAFC 촉매

연료전지의 전극은 전기화학 반응이 일어나는 얇은 촉매 층으로서, 보통 백금이 담지된 다공성 탄소를 이온 전도성과 접착성을 가지는 이오노머와 섞어 제작한다. 이는 촉매 반응이 일어나기 위해서 촉매 입자가 양성자 전도체인 전해질과 물, 전자의 전도체인 탄소와 이오노머에 모두 접촉해야 하기 때문이다. 또한, 반응물이 촉매의 반응점에 도달하기 위한 통로이자 반응 생성물이 배출되기 위한 통로의 역할도 해야 하는데, 이는 전극에서 반응물과 촉매, 전해질이 만나 3상계면(three-phase interface or triple-phase boundary)이 형성되어야 반응이 진행되기 때문이다. 따라서 높은 반응률을 달성하기 위해서는 전극의 기하학적 면적에 비해 촉매의 활성 사이트의 면적이 훨씬 커야 하므로 전극은 3상계면이 형성될 수 있도록 3차원 네트워크를 형성하는 다공성으로 제작되어 반응 표면적을 극대화 시키게 된다. 그림 11-6에 전해질과 촉매, 가스 확산 층의 구조가 나타나 있다.

대부분의 PEMFC 개발자들은 전극을 멤브레인 표면 위에 박막 형태로 제작한 박막 전극을 사용함으로써 낮은 가격, 높은 촉매 활용도, 질량 전달 향상이 가능하게 하였다. 제작된 박막 전극의 두께는 주로 5~15 μm이고, 일반적으로 애노드와 캐소드에 0.1~0.5 mg/cm^2의 촉매가 사용된다[23, 24].

촉매의 넓은 표면적이 사용된 양보다 훨씬 중요하므로, 큰 표면적을 가질 수 있도록 작은(4 nm 또는 그 이하) 백금 입자들을 큰 기공 면적(> 75 m^2/g)을 가지는 물질인 Vulcan XC72R, Black Pearls BP 2000, Ketjen Black International, Chevron Shawinigan[3] 같은 탄소 입자 담지체의 표면에 고르게 잘 분산시키는 것이 중요하다. 입자 크기별 분포를 나타내기 위해 모든 백금 입자가 둥글다고 가정함으로써 계산되는 단위 질량당 백금의 표면적은[3] :

$$A_s = \frac{\int f(D)\pi D^2 dD}{\int f(D)\rho_{Pt}\left(\frac{\pi D^3}{6}\right)dD} = \frac{6}{\rho_{Pt}D_{32}} \tag{11-2}$$

여기서, ρ_{Pt}는 백금의 밀도, D_{32}는 모든 입자의 부피/표면적으로 계산된 평균 지름

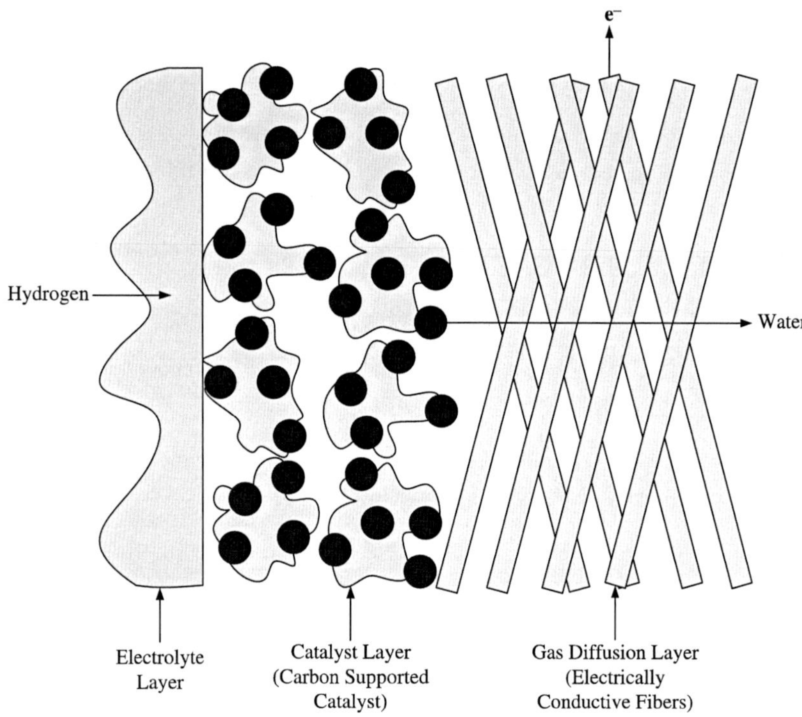

그림 11-6 전해질, 촉매, 가스 확산 층

이다. 단위 질량당 활성화 면적은 D_{32}로부터 구할 수 있고 보통 28 m^2/g Pt이다.

전극은 전극 촉매 층의 깊이 방향으로 일어나는 프로톤의 전달율과 반응 가스 침투율이 저하됨에 따라 발생하는 퍼텐셜 손실의 최소화를 위해 가능한 얇게 만들어져야 하는 반면에 활성화 표면적은 극대화되어야 하기 때문에 Pt 함량이 높은 것을 사용한다(무게 대비 40% 이상). 하지만 여러 연구 결과에 따르면, 0.4 mg/cm^2의 백금 함량이 유지될 때, Pt/C의 비율이 10~40%로 변하더라도 연료전지의 성능은 변하지 않는다[22-24]. 하지만 백금 양이 40% 이상으로 증가하면 연료전지의 성능이 감소하였다. 연료전지 성능을 증가시키기 위해서는 단순히 백금의 양을 증가시키는 것보다 표면적을 증가시키는 등의 백금 활용도를 높이는 것이 더 유리하다.

PEMFC 또는 DMFC에 사용되는 촉매의 종류는 사용하는 연료의 종류에 따라 달라지는데, 특히 메탄올을 증기 개질할 경우 25% 정도의 이산화탄소(CO_2)와 1% 정도의 소량의 일산화탄소(CO)를 포함하고 있으며, 일산화탄소의 경우 촉매의 표면에 매우 강하게 화학적 흡착을 하기 때문에 극소량의 일산화탄소(백만 개당 몇 개)만 있어도 촉매의 반응점에 흡착되어 반응물의 반응이 진행되는 것을 막음으로써, 연료전지의 성능이 감소하게 된다. 따라서 메탄올 증기 개질을 통해 연료를 공급하는 경우에 가장 큰 문제는 일산화탄소를 제거하는 것이다. 일산화탄소 피독의 2가지 해결 방법은 연료의 개질방법 개선이나 애노드에 한 가지 이상의 이종원소를 합금한 합금 촉매를 사용하는 것이다.

연료 개질을 통해 PEMFC나 PAFC 같은 연료전지에 연료를 공급하기 위해서는 일산화탄소의 농도를 적어도 100 ppm 이하로 낮출 필요가 있으며 연료에 포함된 일산화탄소를 제거하기 위한 몇 가지 방법이 [20~24]에 나타나 있다 :

- **선택적 산화** : 개질 연료는 일반적으로 스택으로 공급되기 전에 수소, 산소와 함께 혼합되는데, 이 방법은 연료가 스택 내부에 공급되기 전이나 스택의 내부에서 사용되며, 일산화탄소 농도를 10 ppm 미만으로 감소시킬 수 있지만 연료전지가 실제 운전되는 동안 낮은 일산화탄소 농도를 유지하기가 어렵다.
- **촉매 사용** : 연료전지 내의 일산화탄소 농도는 개질된 메탄올과 산소를 섞어 백금-알루미늄 촉매에 통과시킴으로써 현저하게 감소시킬 수 있다.
- **과산화수소 공급** : 애노드의 가습 장치에 과산화수소(H_2O_2)를 넣었을 때 과산화수소가 분해되는 것을 통해 연료전지로 공급되는 수소 내의 일산화탄소를 100 ppm까지 감소시킬 수 있다.

일산화탄소 농도를 줄이기 위한 다른 방법은 기본 촉매에 한 가지 이상의 다른 금속을 합금하여 사용하는 것으로 표 11-6에 연구에 사용된 합금 촉매의 종류가 나타나 있다. 연구결과에 따르면 다음과 같은 Pt-Ru/C, Pt-Mo/C, Pt-W/C, Pt-Ru-Mo/C, Pt-Ru-W/C, Pt-Ru-Al4, Pt-Re-(MgH)의 7가지 합금 촉매는 일반적인 Pt/C 촉매와 동일 성능을 가지고 있다. Iwase와 kawatsu[25]는 표 11-6에 수록된 촉매 중 대표적인 열 가지 촉매인 Pt-Ru/C, PtIr/C, Pt-V/C, Pt-Rh/C, Pt-Cr/C, Pt-Co/C, Pt-Ni/C, Pt-Fe/C, Pt-Mn/C, Pt-Pd/C[20-24]에 대해 연구하였는데,

표 11-6 최근에 연구된 애노드 촉매 재료

Single metal catalyst	Binary catalysts	Tertiary catalysts
Pt/C	Pt-Co/C , Pt-Cr/C, Pt-Fe/C, Pt-Ir/C, Pt-Mn/C, Pt-Mo/C, Pt-Ni/C, Pt-Pd/C, Pt-Rh/C, Pt-Ru/C, Pt-V/C, Au-Pd/C	Pt-Ru-Al4, Pt-Ru-Mo/C, Pt-Ru-Cr/C, Pt-Ru-lr/C, Pt-Ru-Mn/C, Pt-Ru-Co, Pt-Ru-Nb/C, Pt-Ru-Ni/C, Pt-Ru-Pd/C, Pt-Ru-Rh/C, Pt-Ru-W/C, Pt-Ru-Zr/C, Pt-Re-(MgH_2)

이 합금 촉매들은 5 wt%의 PFSA 용액과 섞어 탄소 담지체에 20 wt%의 0.4 mg/cm^2 Pt 담지량을 가지도록 제작되었으며, 연구결과 100 ppm의 일산화탄소에 노출되었을 때 유일하게 PtRu/C 촉매가 Pt/C 촉매와 동일한 성능을 나타내는 것을 확인하였다. 또한, PtRu/C가 물을 흡착하여 일산화탄소의 산화를 가능하도록 하는 것을 발견하였다. Pt/Ru의 비율은 Ru가 15~85%인 경우에도 효과적으로 작용하였으나 최적의 비율은 50 : 50일 경우가 가장 좋다는 것을 확인하였다. Pt/Ru는 일산화탄소에 의한 촉매의 피독과 비활성화를 막아주므로 주로 순수한 수소 대신 메탄올을 연료로 공급하는 DMFC의 촉매로 사용된다.

다른 연구자들은 Pt-Mo/C와 비백금 기반의 합금 Au-Pd/C가 낮은 일산화탄소 농도를 달성할 수 있다는 것을 발견하였는데, Pt-Mo/C의 경우 20 ppm 정도의 낮은 일산화탄소 농도를 달성할 수 있지만, 더 높은 농도가 되면 이 촉매의 이점이 사라진다. 또 다른 연구에서는 기존의 Pt/Ru가 여전히 이러한 촉매의 성능을 능가하는 것을 발견하였다. Lawrence Berkeley 연구원들은[33] 비백금 기반의 이원 촉매를 개발하였고, 그들의 Au-Pd 촉매가 Pt-Ru 촉매보다[20-24] CO/H_2의 전기적 산화 반응이 3배 더 향상되는 것을 발견하였다.

삼원 촉매는 일반적으로 Pt-Ru 합금에 Ni, Pd, Co, Rh, Ir, Mn, Cr, W, Zr, Nb 등의 원소를 합금시키는 방법으로 제작하며, 다수의 삼원 촉매를 ECI Laboratories 소속 과학자들이 연구하였는데[29], 이원 촉매인 Pt053-Ru047과 Pt082-W018은 같은 일산화탄소의 농도에서 순수한 백금보다 뛰어난 성능을 나타내었다. Pt-Ru는 낮은 퍼텐셜 영역에서 우수한 성능을 보여주었고, 고전류 밀도에서 Pt-W가 좋은 성능을 보이는 것으로 나타났다. 삼원 촉매는 앞서 언급한 촉매들보다 더 좋은 성능을 보여 주었는데, Denis *et al.*에서 제작한 Pt-Ru-Al_4[3]와 Dodelet *et al.*에서 제작한 PtRe-(MgH_2)[31]의 경우 탄소 담지체 없이 100 ppm의 일산화탄소 농도에서도 좋은 성능을 나타내었다.

Pt-Ni/C, Pt-Co/C, 비 백금 기반의 촉매 같은 캐소드 촉매들은 CO 내성이 거의 없기 때문에 광범위하게 연구되지 않는데, 비백금 촉매들은 $Ar:H_2:NH_3$ 분위기에서 perylenete-tracarboxylic dianhydride에 흡착시켜 철-아세트산 열분해를 통해 제작한다.

이는 상대적으로 많은 백금 담지량이 필요하기 때문에 촉매 제조비용이 매우 높아지게 된다. 만약 PEMFC가 $E=0.6$ V, $I=500$ mA/cm^2로 운전될 때 전극의 표면적당 출력밀도는 다음과 같다[9] :

$$P'_{stack} = EI = 0.6\,\mathrm{V} \times 0.5\,\mathrm{A/cm^2} = 0.3\,\mathrm{W/cm} \tag{11-3}$$

각각의 단위 전지에 백금이 총 $m_{Pt} = 8\,\mathrm{mg\ Pt/cm^2}$(애노드 촉매와 합)가 필요하다. 자동차를 구동하기 위해 요구되는 출력은 $P'_{stack} = 50\,\mathrm{kW}$이며, 백금의 가격이 \$600 /oz.t.일 때 스택에 사용된 총 백금의 가격은 다음과 같다[9].

$$Platinum\_Cost = \frac{P_{stack}}{P'_{stack}} \times m_{Pt} \times Price$$

$$Platinum\_Cost = \frac{50{,}000\,\mathrm{W}}{0.3\,\mathrm{W/cm^2}} \times 8\,\mathrm{mgPt/cm^2} \times \frac{1\mathrm{oz.t.}}{31{,}103\,\mathrm{mg}} = \$25{,}721 \tag{11-4}$$

이처럼 백금 촉매를 단독으로 사용하면 가격이 상당히 비싸므로, 기존의 내연기관, 배터리 또는 일반적으로 사용되는 에너지원의 가격과 비슷하게 낮추기 위해 백금 촉매를 대체하기 위한 연구가 계속될 것이다.

11.2.2 PEMFC, DMFC, PAFC 가스 확산 층

PEMFC, DMFC, PAFC는 분리판 사이에 연료전지의 반응이 진행되는 MEA(Membrane Electrode Assembly)가 있고, 가스 확산 층은 이 MEA의 촉매 층과 분리판 사이에 있으며, 촉매 층을 붙잡아 주는 역할을 한다. 가스 확산 층은 전극과 분리판 사이의 전기적 접촉을 제공하고 전극에 반응물인 가스를 분배하는 역할을 하며, 반응 생성물인 물을 전극 표면에서 유동 채널로 이동시킴으로써, 전극 표면의 물을 제거한다.

가스 확산 층은 전기 전도성을 가지는 다공성 재료로 제작하며(보통 탄소 천 또는

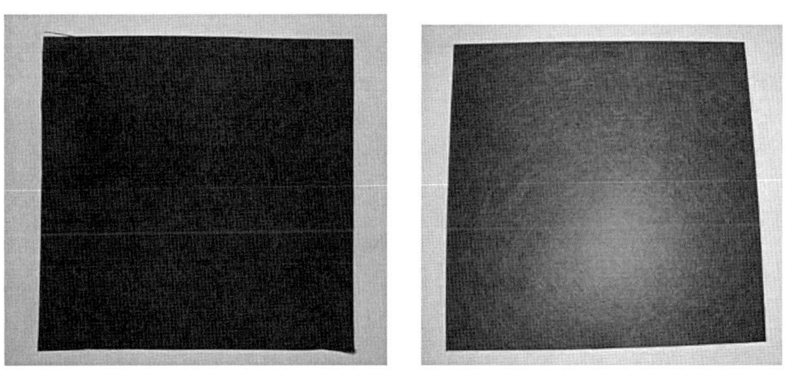

그림 11-7 탄소 천과 종이(Toray paper) (사진 제공 *Fuel Cell Scientific*)

탄소 종이 형태), 탄소 천과 Toray 사의 탄소 종이가 그림 11-7에 나타나 있다. 위에서 설명하였듯이 가스 확산 층의 역할인 물 관리와 전도성을 개선하기 위해 탄소 천이나 탄소 종이를 플루오르 폴리머와 카본 블랙으로 처리하기도 한다. 이러한 다공성의 종이나 천 형태의 탄소 재료를 통해 촉매 층과의 접촉 표면적을 극대화시켜 MEA에 효과적이고 균일하게 반응 가스를 공급할 수 있다. 가스 확산 층의 종류에 따라 두께는 0.0017~0.04 cm, 밀도는 0.21~0.73 g/cm^2, 공극률은 70~80% 정도이다[20~24].

가스 확산 층은 MEA와 접촉부에서 적절한 수증기 양을 유지하여 멤브레인의 습도를 유지하고, 캐소드로부터 액체 상태의 물을 제거함으로써 가스 확산 층의 기공이 물로 막혀 반응 가스가 공급되지 못하여 연료전지의 반응이 진행되는 것을 방해하는 현상(water flooding)을 막아줌으로써, PEMFC나 DMFC에서 물 관리에 도움을 준다. 이를 위해 가스 확산 층은 일반적으로 탄소 천이나 탄소 종이의 기공이 물로 막히는 것을 방지하기 위하여 PTFE 같은 소수성 작용제로 처리를 한다.

물 관리 부분에서 어떤 가스 확산 층이 뛰어난 성능을 보이는지에 대한 연구는 많지 않다. 몇 가지 상용화된 탄소 종이의 물성치를 표 11-7에 나타내었다. Ralph *et al.*은 Ballard 사의 mark V cells에서 높은 전류 밀도일 때 탄소 천이 확실한 장점이 있다는 것을 발견하였다. 탄소 천을 가스 확산 층으로 사용하였을 때, 퍼텐셜-전류 밀도 그래프에서 보여 준 선형영역의 기울기가 0.27에서 0.21 Ωcm^{2}로 낮아졌고, 한계 전류는 증가하였으며, 다공성과 소수성으로 인해 액상의 물의 이동이 용이해짐으로써, 생성된 물 관리가 쉬워지고 산소 확산 속도가 향상되어 캐소드에서 질량 전달 특성이 좋아진다는 것을 발견하였다.

가스 확산 층의 처리 방법에는 여러 가지가 있다. 대부분의 방법들은 가스 확산 층을 5~30% PTFE 용액에 담궜다가 건조시키는 PTFE 처리를 통해 애노드나 캐소드 중 한쪽 가스 확산 층만 PTFE 처리 하거나 양쪽 모두 처리하는데, 이는 연료전지의 flooding 현상을 방지하기 위해 소수성으로 만들기 위한 것이다. 촉매 층과 가스 확산 층 사이에 전기적 접촉 향상과 확산 층 내부에서 외부로 물을 효과적으로 배출

표 11-7 PEMFC 전극에 사용된 상용 탄소 종이의 물성치

Carbon paper	Thickness (mm)	Porosity (%)	Density (g/cm^3)
Toray TGPH-090	0.30	77	0.45
Kureha E-715	0.35	60 to 80	0.35 to 0.40
Spectracarb 2050A-1041	0.25	60 to 90	0.40

하기 위해 탄소 혹은 흑연 입자와 PTFE 접착제를 섞은 것을 코팅하거나 다공성 층으로 삽입하기도 하며, 이 층의 기공은 탄소 섬유 종이의 기공 크기보다 작은 0.1~0.5 μm 사이의 값을 가진다[20~24].

가스 확산 층의 공극률은 70~80% 정도로 다음 식에 의해 실제 무게, 두께와 밀도로부터 계산될 수 있으며, 압축된 두께에 따라 다르다 :

$$\varepsilon = 1 - \frac{W_A}{\rho_{real} d} \tag{11-5}$$

여기서, W_A는 실제 무게(g/cm^2)이고, ρ는 고체일 때 밀도, d는 두께(압축 또는 비압축)이다.

가스 확산 층의 역할 중 하나는 촉매 층과 분리판을 전기적으로 연결하는 것으로서, 가스 확산 층 재료의 내부와 단면 방향의 저항이 매우 중요하고, 접촉 저항에 의한 손실을 최소화하기 위해 일반적으로 압축하여 제작한다. 가스 확산 층의 확산 계수(diffusion coefficients)는 공극률과 공극의 휘어진 정도의 효과를 포함하며, Darcy 계수는 압력 강하와 관련되고 체적 유량에 비례한다[3] :

$$Q = K_D \frac{A}{\mu l} \Delta P \tag{11-6}$$

여기서, Q는 체적 유량(m^3/s), K_D는 Darcy 계수(m^2), A는 유동의 수직 단면적(m^2), μ는 가스의 점성(kg/(m*s)), l은 경로의 길이(가스 확산 층의 두께)(m), ΔP는 압력 강하(Pa)이다.

11.2.3 AFC 전극

AFC 전극은 소수성 또는 친수성으로 사용이 가능한데, 소수성 전극은 보통 PTFE를 처리한 탄소이고, 친수성 전극은 보통 니켈이나 니켈 합금과 같은 금속 소재로 만들어진다. 전극은 액체인 전해질, 기체인 연료와 산화제를 위한 다양한 공극률을 가진 여러 개의 층으로 제작되며, AFC의 경우 백금이나 백금 합금을 탄소 담지체 또는 니켈 합금 전극에 담지한 귀금속 촉매를 사용하거나 비 귀금속 촉매를 사용할 수 있다. 귀금속 촉매는 일반적으로 0.25 mg Pt/cm^2 또는 그 이상의 담지량을 사용한다[9, 13]. 가장 일반적으로 사용되는 비 귀금속 촉매는 애노드의 경우 120 mg Ni/cm^{2}로 담지한 Raney 니켈을 사용하고, 캐소드의 경우 1.5~2 mg Ag/cm^{2}로 담지한 은을 사용한다[9, 13, 42]. 니켈 분말과 Raney 금속 촉매는 다음 문단에서 설명한다.

소결된 니켈 분말 AFC를 처음 설계할 때, 귀금속 촉매와 저가의 재료를 사용할 수 있도록 설계되었다. 전극은 다공성 구조를 유지할 수 있도록 니켈 분말을 소결하여 제작하였으며, 기체인 반응 가스, 액체인 전해질과 고체인 전극 사이의 3상계면 형성을 위해 다른 크기를 가진 두 종류의 니켈 분말을 사용하여 두 개의 층으로 제작하였다. 이러한 구조는 좋은 성능을 보였지만, 당시에는 코팅 기술의 부족과 물질의 특성을 조사하기 위한 계측장비의 부족으로 촉매의 최적화가 어려웠다. 소결된 니켈 분말 구조는 현재 다른 촉매를 추가하거나 단독으로 사용된다[9, 13].

Raney 금속 Raney 금속(Raney metal)은 활성이 매우 크며 다공성 형태로 만들기 위해 사용되는데, 활성 금속(니켈)과 알루미늄 같은 비 활성 금속을 혼합해서 만들어진다. 혼합은 2개의 금속이 양쪽 속성과 영역이 유지될 수 있도록 합금의 형태가 아닌 혼합물로 제작한다. 그 다음 강 알칼리를 사용하여 혼합물에서 알루미늄을 녹여 제거하면, 니켈만 남아 매우 넓은 표면적을 가지는 다공성 물질이 만들어지는데, 두 금속 사이에 혼합되는 정도를 변화시키면 기공의 크기를 조절할 수 있다[9, 13].

11.2.4 MCFC 전극

용융 탄산염은 부식성이 매우 강하기 때문에 MCFC의 캐소드는 촉매로 귀금속만 사용할 수 있다. 캐소드로 주로 사용되는 것은 70~80%의 공극률을 가진 리튬 니켈 산화물(LiNiO)이다. 공극률은 in-situ 산화에 의해 55~65%까지 감소되며, 기공의 평균 크기는 5~7 μm이고 이보다 더 작은 기공은 전해질로 채워지며, 큰 기공은 전극 내부로 가스가 확산되도록 한다. 분극 현상은 캐소드의 두께에 따라 달라지는데, 두께가 증가하면 ohmic 손실과 확산 손실이 증가하지만 액상 확산 저항과 활성 감소에 의해 발생하는 손실은 기공의 크기가 증가함에 따라 감소한다. 현재 분극 현상을 줄이는 최적의 캐소드 두께는 0.4~0.8 mm이다[9]. 현재 캐소드 재료는 연료전지의 수명에 한계를 주는 요소가 있기 때문에 다른 재료를 찾기 위한 연구가 계속되고 있다.

니켈, 코발트, 구리 같은 많은 금속들은 수소의 산화를 위한 전기 촉매에 적합하며 분말 합금 또는 복합 산화물의 형태로 사용한다. MCFC의 애노드는 현재 소량의 크롬 또는 알루미늄이 포함된 니켈을 소결하여 1 μm 미만의 크기를 가지는 $LiCrO_2$ 또는 $LiAlO_2$ 입자가 니켈 입자의 표면에 생성될 수 있도록 제작한다. 소결은 입자의 크기를 증가시키고 애노드가 전해질을 가둘 수 있는 양을 감소시킨다[13, 42]. MCFC 전극의 기본 특성은 표 11-8에 나타내었다.

표 11-8 MCFC 전극의 기본 물성치([9, 13])

Component/property	Anode	Cathode
Material	Ni with 2% to 20% Cr/Ni-Al	Lithiated NiO (NiO with 1% to 2 wt% Li)
Thickness	0.5 to 1.5 mm	0.4 to 0.75 mm
Porosity	50 to 70%	70 to 80%
Pore size	3 to 6 μm	7 to 15 μm
Surface area	0.1 to 1 m^2/g	0.15 m^2/g Ni pretest; 0.5 m^2/g Ni postest

11.2.5 SOFC 전극

현재 SOFC의 애노드는 금속성 니켈과 YSZ 구조로 만들어지며, 지르코니아는 금속 입자의 소결을 억제하고 전해질과 유사한 열팽창 계수를 제공한다. 애노드는 가스의 질량 이동을 향상시키기 위해 높은 공극률(20~40%)을 가지고 있다. 애노드와 전해질 사이에서 ohmic 분극 손실이 발생하며, 몇몇의 회사들은 온도 변화를 동반한 화학적인 환경 변화에 견딜 수 있도록 두 층으로 만든 애노드를 사용한다. YSZ의 입자 크기를 조절하여 애노드의 안정성을 제어할 수 있다. 현재 연구되는 영역은 메탄과 다른 연료를 직접 산화시키는 새로운 세라믹 애노드로 가돌리늄이 도핑된 세리아를 지르코늄, 이트륨, 다양한 TiO_2 시스템에 혼합하는 형태이다[9, 13].

마찬가지로 캐소드도 반응물과 생성물 가스의 빠른 질량 전달을 가능하게 하는 다공성 구조이다. 일반적으로 사용되는 캐소드 재료는 스트론튬이 도핑된 란타늄 망가나이트($La_{0.84}Sr_{0.16}MnO_3$)이지만 다양한 재료를 약 650℃[42]에서 작동하는 SOFC

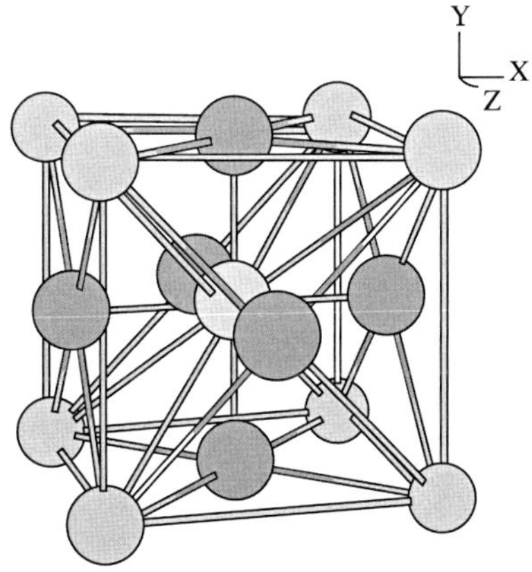

그림 11-8 스트론튬이 도핑된 란탄 망가나이트(LSM)[17]

표 11-9 SOFC 전극의 기본 물성치[9]

Component/property	Anode	Cathode
Material for High Temperature SOFCs	Cermet made of Ni/YSZ	Strontium-doped lanthanum manganite
Material for Low Temperature SOFCs	Samaria-doped Ceria NiO, Ni/CeO_2 cermet, Copper/ceria cermet	Lanthanum strontium cobalite (LSCo)
Thickness	25 μm – 150 μm	25 μm – 1.4 mm
Porosity	20 – 40%	20 – 40%
Thermal Expansion Coefficient (high temperature materials)	1.25×10^{-5} cm/(cm*°C)	1.2×10^{-5} cm/(cm*°C)

에 사용할 수 있다. 그림 11-8은 스트론튬이 도핑된 란타늄 망가나이트의 구조를 나타낸다. 표 11-9는 SOFC 전극의 기본 물성치를 나타내었다.

11.3 저온형 연료전지 제작 기술

저온형 연료전지의 MEA를 제작하는 방법에는 일반적으로 두 가지가 있는데: (1) 가스 확산 층에 촉매 층을 제작한 뒤 멤브레인에 붙이거나 (2) 멤브레인에 촉매 층을 제작한 뒤 가스 확산 층을 붙이는 방법으로 촉매 층은 한 번 또는 두 번에 걸쳐 제작한다. 첫 번째 방법에는 촉매를 붙여 가스 확산 층/촉매 조립체를 만드는 다섯 가지의 방식이 있다.

1. **퍼트림(Spreading)** : 이 방법은 촉매가 담지된 탄소를 PTFE와 혼합하여 무거운 스테인리스 스틸 원통에 뿌리고 평평한 표면 위에 굴려서 퍼트리는 것으로 두께에 따라 달라지는 백금의 함량을 일정하게 만들 수 있는 얇고 균일한 층을 얻을 수 있다.
2. **분사(Spraying)** : 전해질을 물, 알코올, 콜로이드 상태의 PTFE 혼합물에 섞고, 이것을 소수성의 탄소 천 위에 스프레이로 뿌린다. 전극은 다른 층과 섞이는 것을 방지하기 위해 분사 후에 적층시킨 다음 가스 확산 층/촉매 접합체에서 얇고 균일하며 다공성을 가지는 층을 만들기 위해 롤링하여 제작한다.
3. **촉매 입자 부착(Catalyst powder deposition)** : Vulcan XC-72, PTFE 분말과 다양한 함량의 Pt/C를 강제 냉각 하에서 고속 나이프 분쇄기를 사용해 혼합한다. 그 다음 소수성 탄소 천위에 부착하는데, 탄소/PTFE의 층을 만드는 것은

종이의 표면에도 적용할 수 있고 MEA로 공급되는 가스와 물질의 이동성을 향상시킨다.

4. **이오노머 함침법(Ionomer impregnation)** : 가스 확산 층의 촉매 활성면을 저지방성 알코올과 물에 섞은 PFSA 혼합물로 칠한다. 좀 더 재현성을 가지는 균일한 층을 만들기 위하여 촉매와 이오노머는 촉매 층을 부착하기 전에 섞는다[46].
5. **전기 증착(Electro-deposition)** : 전기 증착은 다공성 카본과 이오노머를 사용하여 함침시키는데, 백금의 양이온 화합물에 의해 이오노머 내부의 양이온들과 교환되면서 백금 화합물로부터 나온 백금이 탄소 지지체 위에 전기 증착된다. 이는 탄소와 이오노머 양쪽 모두 효과적으로 접촉할 수 있는 작용점에만 백금이 증착되게 한다[45].

두 번째 방법에 가스 확산 층/촉매 조립체를 제작하기 위해 촉매를 준비하고 부착하기 위한 5가지의 방식이 있다[20~24] :

1. **함침 환원법(Impregnation reduction)** : 멤브레인은 이온 교환을 통해 Na 형태가 되어 $(NH_3)_4PtCl_2$를 H_2O/CH_3OH를 섞은 용매에 녹인 수용액과 평형 상태를 이루게 된다. 멤브레인의 한쪽 면은 건조된 PFSA에 노출되어 H형태가 되고 반대쪽은 수용액 형태의 환원제 $NaBH_4$에 노출된다[44].
2. **증발에 의한 부착(Evaporative deposition)** : $(NH_3)_4PtCl_2$는 수용액의 증발을 통하여 멤브레인 위에 부착된다. $NaBH_4$ 수용액에 멤브레인을 전체적으로 담궈 환원시킴으로써 금속 백금을 형성한다. 이 방법은 멤브레인/촉매 조립체에 백금 함량을 약 0.1 mg Pt/cm^{2}로 만들 수 있다[44].
3. **건조 분사(Dry spraying)** : 반응성 물질(Pt/C, PTFE, PFSA 분말 그리고 충전 물질)은 나이프 분쇄기에서 혼합되고 질소와 섞어 노즐 구멍을 통하여 멤브레인 위에 미세한 입자로 분사된다. 이렇게 제작된 층의 접착력은 충분히 좋지만 전기적, 이온 접촉을 향상시키기 위해 고온 롤링 또는 압축시킨다[47].
4. **촉매 전사(Catalyst decaling)** : 촉매와 가용성 PFSA를 섞어 백금 촉매 잉크를 제작하고, 잉크 내의 양이온화된 PFSA를 메탄올에 TBAOH를 추가함으로써 TBA+(테트라부틸암모늄) 형태로 바꾼다. 이 혼합물에 글리세롤을 더하여 잉크의 안정성과 분산력을 향상시키고, 가열 압착으로 멤브레인으로 전사하기 위해서 잉크를 PTFE에 바른다. 이 PTFE를 제거하면 얇은 촉매 층이 멤브레인 표면에 남아있게 된다. 마지막으로 촉매가 부착된 멤브레인을 약하게 끓인 황산에

담금으로써 재 수화시키고 이온 교환을 통해 H의 형태로 만든 다음 증류수로 헹군다[46].

5. **페인팅(Painting)** : Pt 잉크는 촉매 전사 방법과 같은 방식으로 준비하여 Na 형태의 멤브레인 위에 직접 칠하고 잉크를 건조시키기 위해 가열한다. 가열된 진공 챔버에서 건조시킴으로써 용매를 제거하고, 촉매 전사 방법과 마찬가지로 촉매가 부착된 멤브레인을 약하게 끓인 황산에 넣어 재 수화시키고 이온 교환을 통해 H 형태로 만든 다음 증류수로 헹군다[46].

위에서 정리한 방법 외에도 박막 증착(sputtering)법도 촉매 제작과 부착을 동시에 할 수 있으며, 백금을 가스 확산 층의 한 면 또는 양쪽 면에 증착시킬 수 있다. 증착 효율을 향상시키기 위해 PFSA 용액, 탄소 분말, 이소프로필 알코올의 혼합물과 같은 다양한 코팅 물질을 멤브레인/촉매 조립체의 표면에 바를 수 있고, 용매는 진공 챔버에서 건조시켜 제거한다[20~24].

두 방법들의 최종 단계는 멤브레인과 가스 확산 층을 합치는 것인데, 일반적으로 가열 압착법을 사용한다. 가열 압착을 하는 동안 멤브레인은 완전히 건조되지만 스택 안으로 삽입 뒤 다시 재 수화된다. 문헌에서 제안된 방법은 멤브레인을 끓는점까지 가열한 H_2O/H_2O_2 용액에 처리하고 증류수에 헹군 후 희석된 뜨거운 황산에 담그고 끓는 물에 여러 번 헹구는 것이다. 이 과정을 통해 제작된 MEA에서 소량의 불순물과 산을 제거하게 된다. 이 방법에 대한 자세한 설명은 다음의 "연료전지 제조방법" 부분에 나타나 있다.

MEA를 제작하는 과정에서 가장 중요한 점은 멤브레인, 가스 확산 층, 촉매 층 사이에 접착을 향상시키는 것인데, 이는 접촉 저항을 줄여줌으로써 연료전지가 운전되는 동안 촉매를 최대로 사용할 수 있게 한다.

11.4 SOFC 제작 방법

SOFC는 원통형 SOFC, 단일형 SOFC, 평판형 SOFC의 세 가지 스택 형태로 나눌 수 있으며, 모두 얇은 층 형태의 전극, 전해질, 단위 전지 연결 부분으로 구성되지만(제12장 참고), 스택의 형태나 개발자에 따라 제조 방법은 각기 다르다. 아래에 각 스택 형태별 제조 공정을 설명한다.

원통형 SOFC에서 캐소드 원통은 가소성이 좋은 칼시아(calcia) 안정화 지르코니아를 압출한 뒤 소결하여 제작하며, 담지원통 위에 스트론튬이 도핑된 란타늄 망간 산화물($LaMnO_3$) 분말의 슬러리를 코팅한다. SOFC 원통은 전기화학 반응이 일어나게 되는 캐소드/전해질 사이의 경계면에서 반응물과 생성물의 이동을 위해 30~40%의 공극률을 가진다[42]. 단위 전지 내부의 전기적 접점은 전기화학적 기상 증착(EVD)에 의해 담지 원통 위에 제작되며, 전해질도 캐소드 원통 위에 전기화학적 기상 증착으로 제작된다. 지르코늄과 염화 이트륨 증기(vapor)는 캐소드 원통의 한 쪽 측면에 공급되고, 반대쪽은 O_2/H_2O가 공급된다[42]. 원통의 양 쪽에 위치한 기체들이 갈바닉 쌍(galvanic couple)을 형성하여 치밀하고 균일한 산화물 층을 만들게 되는데, 증착 속도는 표면 이온의 확산률과 전하 캐리어의 농도에 따라 조절할 수 있다. 애노드는 Ni와 YSZ로 만들어지는데, 전해질 층 위에 니켈 분말을 슬러리로 만들어 코팅하고, YSZ를 전기화학적 기상증착에 의해 증착시켜 니켈-접합제 애노드 층을 만든다[9]. YSZ는 다른 물질들과 유사한 열팽창 계수를 가지고 있으며, 금속 입자의 소결을 방지한다. 제작된 애노드는 반응물과 생성물의 이동을 위해 20~40%의 공극률을 가진다[9, 13, 42].

단일형 SOFC 스택은 분리된 지지층 없이 서로를 지지할 수 있도록 일반적으로 테이프 캐스팅 또는 테이프 캘린더링(calendaring)법으로 제작한다. 테이프 캐스팅법은 가소제, 용해되는 접착제, 첨가제를 넣은 용매에 세라믹 분말을 분산시킨 것을 움직이는 부드러운 판 위에 주조하고 두께는 닥터 블레이드로 조절하는 방법으로 일반적으로 세라믹 산업에서 사용되는 기술이다. 테이프 캘린더링은 전해질, 애노드, 캐소드를 3개의 납작한 테이프에 각각 양방향 압연기를 통과시켜 제작하고 세 테이프를 겹쳐 다시 양방향 압연 처리를 함으로써 서로 접착시킨다. 그 후 형틀을 사용하여 원하는 형태를 만들고, 연료전지 스택에 설치하여 적절한 온도에서 한 조각으로 소결시킨다[9, 13, 42].

평판형 SOFC를 제작하기 위해 각 연료전지의 요소들을 테이프 캐스팅과 적절한 온도에서의 소결을 통해 개별적으로 제작한 다음[9], 조립하여 연료전지 스택을 만든다. 평판형 SOFC 스택의 제작 과정은 다른 형태의 스택에 비해 시간이 더 많이 소요된다. 제13장에서 평판형 SOFC 스택 구성을 설명한다.

11.5 연료전지 제작 방법

다음 예는 PEMFC의 MEA를 만들기 위한 일반적인 방법으로서, 다양한 재료를 주요 화공약품 회사, 실험실 공급처, Clean Fuel Cell Energy, LLC 사와 같은 연료전지 회사로부터 구입할 수 있으며 기본적으로 다음과 같은 재료와 장비가 필요하다 :

- Nafion 1135, 115, 117 같은 프로톤 교환 멤브레인
- 5% Nafion 용액
- 테트라 부틸암모늄하이드록사이드
- 1 M 메탄올
- 푸란 전사물
- Teflon 이형제
- 낙타털 브러시
- 면장갑
- 6개의 유리 비커
- 가스 확산 층(탄소 천 또는 종이)
- 20-wt.% Pt/C 촉매
- 글리세롤
- 증류수
- 3%의 과산화수소수
- 1% 수산화나트륨 수용액
- 0.5 M 황산용액
- 진공 테이블
- 가열 압축기
- 비닐 백

11.5.1 고분자 전해질 멤브레인 준비

프로톤 교환 멤브레인은 오염되는 것을 방지하기 위해 깨끗한 면장갑을 이용해 깨끗한 표면 위에 위치시키고, 설계에 따라 적절한 크기로 자른다. 프로톤 교환 멤브레인이 그림 11-9에 나타나 있다.

크기에 맞게 자른 고분자 전해질 멤브레인 필름을 유리 비커에 약 80~100℃로 가열된 여섯 가지의 용액에 순서대로 한 시간씩 담금으로써 촉매를 부착할 준비를 한다.

1. 멤브레인의 수화와 오염 물질의 용해를 위해 100 ml의 증류수에 담근다.
2. 고분자 전해질 멤브레인 표면의 유기 오염 물질을 제거하기 위해 100 ml의 3% 과산화수소수(USP)에 담근 후 증류수로 헹군다.

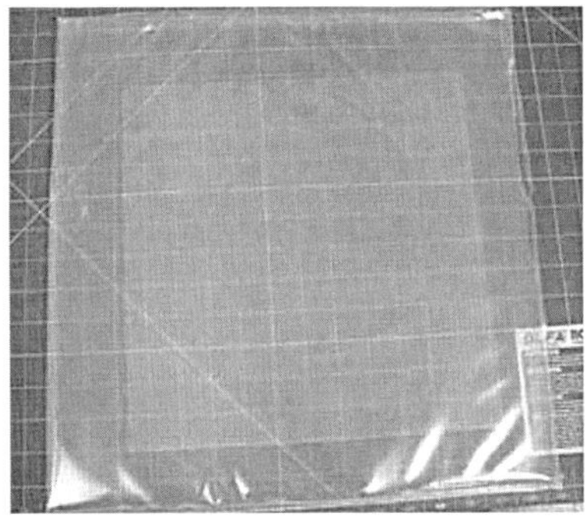

그림 11-9 Nafion 115 멤브레인([38])

3. 100 ml의 증류수에 멤브레인을 수화시킨다.
4. 멤브레인을 1시간 동안 1% 수산화나트륨 수용액에서 끓여 Na^+형으로 바꾼 뒤 증류수에 헹군다.
5. 100 ml의 증류수에 고분자 전해질 멤브레인을 담궈 수화시킨다.

필름이 비커에 있는 동안 물에 잠긴 채로 있어야 하며, 온도를 80~100℃로 유지하기 위해 각 비커에 열전대 또는 온도계를 설치한다. 가열 압착을 하기 전까지 멤브레인을 증류수에 담아 놓았다가 상온의 진공 테이블에 젖은 멤브레인을 놓고, 5~10분 정도 130℃로 가열한 다음 상온에서 식히고 비닐 백에 보관한다.

11.5.2 촉매/전극 층 재료

촉매/전극 층은 백금과 탄소 분말의 혼합물을 전도성 탄소 섬유 천에 부착하여 만들며, 제작된 PEMFC 전극이 그림 11-10에 나타나 있다. 각 연료전지 MEA(멤브레

그림 11-10 PEMFC의 전극([38])

인 전극 접합체)는 두 조각의 촉매/전극 재료가 필요하다. 탄소 천은 촉매를 고정하기 위한 역할을 하며, 연료전지에서 물 관리를 위해 주로 한쪽 면을 소수성(테프론 코팅 등)으로 만든다. 촉매는 페인팅, 스크린 인쇄, 스퍼터 확산, 전기화학적 증착, 무전해 도금, 기계적인 증착 등의 여러 방법으로 부착할 수 있다. 여기서는 한 예로 간단한 페인팅 방법을 사용할 것이다.

1. 5% Nafion 용액(1100 EW)을 필요한 양만큼 작은 비커나 유리병에 넣는다.
2. 20wt.%의 Pt/C 촉매를 넣고 1시간 이상 섞어 준다.

$$2.5 \times \frac{1.0\ \text{g}}{20} = 0.125\ \text{g}$$

3. 앞에서 넣은 5% Nafion 용액 무게의 절반의 글리세롤을 넣고 15분 이상 섞어 준다.
4. 5% Nafion 용액의 그램당 1 M 메탄올에 테트라 부틸암모늄하이드록사이드 50 mg을 넣은 다음, 1시간 이상 섞어 준다.
5. 5% Nafion 용액 무게의 절반의 글리세롤을 더 넣고 24시간 동안 섞어 준다.
6. 테프론 이형제를 푸란 데칼에 뿌리고, 각 전사물의 무게를 기록하고, 낙타털 브러시로 한쪽 면에 촉매 잉크를 바른다. 1시간 정도 140℃의 오븐 안에 전사물을 넣어둔다.
7. 각각 전사물을 꺼내서 무게를 측정한 뒤, 촉매가 적절한 함량이 될 때까지 이전에 칠했던 방향의 수직 방향으로 촉매 잉크를 반복해서 칠하고 오븐에서 건조한다. 무게는 24시간 동안 건조시킨 후에 측정한다.

11.5.3 MEA 가열-압착

두 개의 촉매 층과 고분자 전해질 멤브레인은 적절한 질량 전달률을 유지할 수 있는, 즉 촉매의 기공이나 전해질의 구조가 변하지 않는 조건의 온도와 압력으로 합쳐져야 하며, 일반적으로 그림 11-11에 있는 가열 압축기를 사용한다. 3개의 층(촉매-고분자 전해질 멤브레인-촉매)을 아래의 전열판 위에 놓고 위쪽 전열판을 재료의 위쪽으로 내린 다음 눌러서 압착한다.

1. 위에서 준비한 2개 전사물에서 촉매 잉크가 칠해진 면을 건조시킨 Na^+ 멤브레인의 양쪽에 붙이고, 이것을 2개의 푸란 판 사이에 넣는다. 압력이 확실하게 작용하도록 푸란 판의 바깥쪽에 얇은 고강도 실리콘을 놓는다.
2. 푸란/멤브레인 조립체는 210℃에서 5분 동안 110 lbs/cm^2의 압력으로 가열 압

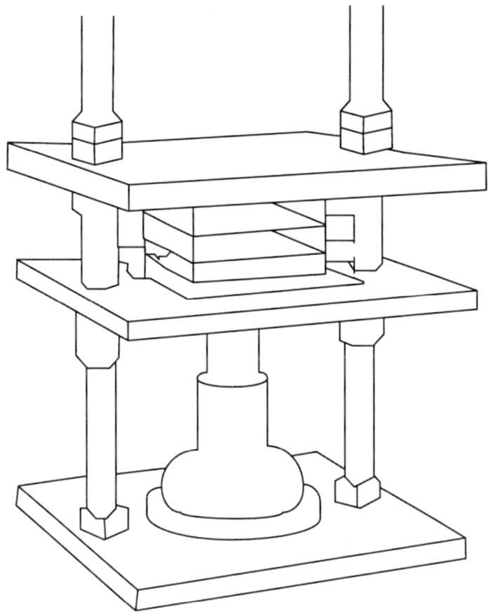

그림 11-11 가열 압축기

착하면, 전사물은 멤브레인에서 떨어져나가고 촉매 전극만 멤브레인에 접착된다.

3. 1시간 동안 0.5 M H_2SO_4에서 전극이 접착된 고분자 전해질 멤브레인을 끓인다.
4. 증류수에 헹구고 다시 1시간 동안 증류수에 끓인다.
5. H^+형이 된 고분자 전해질 멤브레인을 15분 동안 60℃의 진공 테이블에서 건조시킨 후 진공 상태에서 상온으로 식힌 다음, 비닐 백에 보관한다.

멤브레인과 촉매 입자의 접착을 좋게 하기 위해서 TBA+(테트라 부틸 암모늄)가

그림 11-12 완성된 PEMFC용 MEA

전극 내부의 이오노머(Nafion)와 교환되어 가열 압착하는 동안 열가소성이 된다. 최종적으로 완성된 PEMFC용 MEA는 그림 11-12에 나타난 것과 같다.

단원요약

일반적인 연료전지는 이온 전도성 전해질 층, 두 개의 전극 층 등 3~5개의 층을 가진다. 전해질 층은 뛰어난 프로톤 전도도, 화학적 안정성, 스택에서의 온도와 압축력에 견딜 수 있어야 한다. 촉매 층은 가격이 저렴해야 하고, 전해질이나 가스 확산 층에 쉽게 접착할 수 있어야 하며, 가장 중요한 것은 반응물에서 프로톤과 전자를 효과적으로 분리해야 한다는 것이다. 가스 확산 층 또는 다공성 전극 층은 얇아야 하고, 스택의 화학적 환경에서 안정해야 하며, 전해질, 촉매 층과 접착이 잘 될 수 있는 물질이어야 한다. 전극은 활성 손실이 작아야 하고, 수명이 길어야 하며, 이온과 전자 전도성이 좋아야 한다. 연료전지에 사용되는 이러한 재료들은 많은 종류가 있으며, 각 요소들의 재료를 결정할 때 가격과 대량생산의 용이성 등의 몇몇 중요한 특성들을 기준으로 선택해야 한다.

연습문제

1. Nafion 115 멤브레인이 100% 포화되었을 때, 전도도가 0.2 S/cm이다. Nafion 115 멤브레인의 저항을 계산하라.
2. Nafion 115 멤브레인이 25% 포화되었을 때, 전도도가 0.2 S/cm이다. Nafion 115 멤브레인의 저항을 계산하라.
3. 수소 압력이 200 kPa일 때 Nafion 117을 통한 수소의 침투율을 계산하라.
4. 연료전지가 60℃, 1 atm에서 운전될 때 Nafion 1135의 이온 저항과 수소의 크로스오버율을 계산하라.
5. 100 cm^2 크기의 연료전지 두 개가 75℃, 2 atm에서 100% 습도로 운전되고 있다. 두 연료전지는 같은 양의 전류를 생성하고, 촉매의 함량만 서로 다르다. 첫 번째 연료전지가 0.35 mg/cm^2의 백금 함량을 가진다고 할 때, 두 번째 연료전지의 백금 함량은 얼마인가?

참고문헌

[1] Sousa, Ruy Jr., and Ernesto Gonzalez. "Mathematical Modeling of Polymer Electrolyte Fuel Cells." *Journal of Power Sources*. Vol. 147, 2005, pp. 32-45.

[2] O'Hayre, Ryan, Suk-Won Cha, Whitney Colella, and Fritz B. Prinz. *Fuel Cell Fundamentals*.

2006. New York: John Wiley & Sons.

[3] Barbir, Frano. *PEM Fuel Cells: Theory and Practice*. 2005. Burlington, MA: Elsevier Academic Press.

[4] Lin, Bruce. "Conceptual Design and Modeling of a Fuel Cell Scooter for Urban Asia." Princeton University, Masters Thesis. 1999.

[5] Mench, M.M., Z.H. Wang, K. Bhatia, and C.Y. Wang. "Design of a Micro-direct Methanol Fuel Cell." Electrochemical Engine Center, Department of Mechanical and Nuclear Engineering, Pennsylvania State University. 2001.

[6] Mench, Matthew M., Cao-Yang Wang, and Stephan T. Tynell. "An Introduction to Fuel Cells and Related Transport Phenomena." Department of Mechanical and Nuclear Engineering, Pennsylvania State University. Draft. http://mtrl1.mne.psu.edu/Document/jtpoverview.pdf Last Accessed March 4, 2007.

[7] You, Lixin, and Hongtan Liu. "A Two-Phase Flow and Transport Model for PEM Fuel Cells." *Journal of Power Sources*. Vol. 155, 2006, pp. 219-230.

[8] Springer et al. "Polymer Electrolyte Fuel Cell Model." *J. Electrochem. Soc*. Vol. 138, No. 8, 1991, pp. 2334-2342.

[9] Li, Xianguo. *Principles of Fuel Cells*. 2006. New York: Taylor & Francis Group.

[10] Springer et al. "Polymer Electrolyte Fuel Cell Model." *J. Electrochem. Soc*. Vol. 138, No. 8, 1991, pp. 2334-2342.

[11] Rowe, A. and X. Li. "Mathematical Modeling of Proton Exchange Membrane Fuel Cells." *Journal of Power Sources*. Vol. 102, 2001, pp. 82-96.

[12] Chen, R. and T.S. Zhao. "Mathematical Modeling of a Passive Feed DMFC with Heat Transfer Effect." *Journal of Power Sources*. Vol. 152, 2005, pp. 122-130.

[13] Larminie, James and Andrew Dicks. *Fuel Cell Systems Explained*, 2nd ed. 2003. West Sussex, England: John Wiley & Sons.

[14] Souzy, R., B. Ameduri, B. Boutevin, G. Gebel, and P. Capron. "Functional Fluoropolymers for Fuel Cell Membranes." *Solid State Ionics*. Vol. 176, 2005, pp. 2839-2848.

[15] Mogensen, Mogens, Nigel M. Sammes, and Geoff A. Tompsett. "Physical, Chemical, and Electrochemical Properties of Pure and Doped Ceria." *Solid State Ionics*. Vol. 129, 2000, pp. 63-94.

[16] Kharton, V.V., F.M.B. Marques, and A. Atkinson. "Transport Properties of Solid Electrolyte Ceramics: ABrief Review." *Solid State Ionics*. Vol. 174, 2004, pp. 135-149.

[17] Crystal Lattice Structures Web page, http://cst-www.nrl.navy.mil/lattice/, provided by the Center for Computational Materials Science of the United States Naval Research Laboratory. Last Updated March 13, 2007. Last Accessed March 20, 2007.

[18] Smitha, B., S. Sridhar, and A.A. Khan. "Solid Polymer Electrolyte Membranes for Fuel Cell Applications -A Review." *Journal of Membrane Science*. Vol. 259, 2005, pp. 10-26.

[19] Hinds, G. "Preparation and Characterization of PEM Fuel Cell Electrocatalysts: A Review." *National Physical Laboratory*. NPL Report DEPC MPE 019, October 2005.

[20] Lister, S. and G. McLean. "PEM Fuel Cell Electrode: A Review." *Journal of Power Sources*. Vol. 130, 2004, pp. 61-76.

[21] Hinds, G. "Performance and Durability of PEM Fuel Cells: A Review." *National Physical Laboratory*. NPL Report DEPC MPE 002, September 2004.

[22] Haile, Sossina M. "Fuel Cell Materials and Components." *Acta Materialia*. Vol. 51, 2003, pp. 5981-6000.

[23] Mehta, Viral and Joyce Smith Copper. "Review and Analysis of PEM Fuel Cell Design and Manufacturing." *Journal of Power Sources*. Vol. 114, 2003, pp. 32-53.

[24] Antoli, E. "Recent Developments in Polymer Electrolyte Fuel Cell Electrodes." *Journal of Applied Electrochemistry*. Vol. 34, 2004, pp. 563-576.

[25] Silva, V.S., J. Schirmer, R. Reissner, B. Ruffmann, H. Silva, A. Mendes, L.M. Madeira, and S.P. Nunes. "Proton Electrolyte Membrane Properties and Direct Methanol Fuel Cell Performance." *Journal of Power Sources*. Vol. 140, 2005, pp. 41-49.

[26] Yamada, Masanori, Itaru Honma. "Biomembranes for Fuel Cell Electrodes Employing Anhydrous Proton Conducting Uracil Composites." *Biosensors and Bioelectronics*. Vol. 21, 2006, pp. 2064-2069.

[27] Coutanceau, C., L. Demarconnay, C. Lamy, and J.M. Leger. "Development of Electrocatalysts for Solid Alkaline Fuel Cell (SAFC)." *Journal of Power Sources*. Vol. 156, 2006, pp. 14-19.

[28] Morita, H., M. Komoda, Y. Mugikura, Y. Izaki, T. Watanabe, Y. Masuda, and T. Matsuyama. "Performance Analysis of Molten Carbonate Fuel Cell Using a Li/Na Electrolyte." *Journal of Power Sources*. Vol. 112, 2002, pp. 509-518.

[29] Wong, C.W., T.S. Zhao, Q. Ye, and J.G. Liu. "Experimental Investigations of the Anode Flow Field of a Micro Direct Methanol Fuel Cell." *Journal of Power Sources*. Vol. 155, 2006, pp. 291-296.

[30] Liu, J.G., T.S. Zhao, Z.X. Liang, and R. Chen. "Effect of Membrane Thickness on the Performance and Efficiency of Passive Direct Methanol Fuel Cells." *Journal of Power Sources*. Vol. 153, 2006, pp. 61-67.

[31] Hahn, R., S. Wagner, A. Schmitz, and H. Reichl. "Development of a Planar Micro Fuel Cell with Thin Film and Micro Patterning Technologies." *Journal of Power Sources*. Vol. 131, 2004, pp. 73-78.

[32] Wang, Cheng, Mahesh Waje, Xin Wang, Jason M. Trang, Robert C. Haddon, and Yushan Yan. "Proton Exchange Membrane Fuel Cells with Carbon Nanotube-Based Electrodes." *Nano Letters*. Vol. 4, No. 2, 2004, pp. 345-348.

[33] Li, Wenzhen, Changhai Liang, Weijiang Zhou, Jieshan Qui, Zhenhua Zhou, Gongquan Sun, and Qin Xin. "Preparation and Characterization of Multiwalled Carbon Nanotube-Supported Platinum for Cathode Catalysts of Direct Methanol Fuel Cells." *J. Phy. Chem. B*. Vol. 107, 2003, pp. 6292-6299.

[34] Girishkumar, G., K. Vinodgopal, and Prashant V. Kamat. "Carbon Nanostructures in Portable Fuel Cells: Single-Walled Carbon Nanotube Electrodes for Methanol Oxidation and Oxygen Reduction." *J. Phys. Chem. B*. Vol. 108, 2004, pp. 19960-19966.

[35] Matsumoto, Taketoshi, Toshiki Komatsu, Kazuya, Arai, Takahisa Yamazaki, Masashi Kijima, Harukazu, Shimizu, Yosuke Takasawa, and Junji Nakamura. "Reduction of Pt Usage in Fuel Cell Electrocatalysts with Carbon Nanotube Electrodes." *Chem. Commun*. 2004, pp. 840-841.

[36] Kim Chan, Yong Jung Kim, Yoong Am Kim, Takashi Yanagisawa, Ki Chul Park, and Morinobu Endo. "High Performance of Cup-Stacked Type Carbon Nanotubes as a Pt-Ru Catalyst Support for Fuel Cell Applications." *Journal of Applied Physics*. Vol. 96, No. 10, November 2004.

[37] Xin, Wenzhen, Xin Wang, Zhongwei Chen, Mahesh Waje, and Yushan Yan. "Carbon Nanotube Film by Filtration as Cathode Catalyst Support for Proton Exchange Membrane Fuel Cell." *Langmuir*. Vol. 21, 2005, pp. 9386-9389.

[38] *Fuel Cell Scientific*. http://www.fuelcellscientific.com/. Provider of fuel cell materials and components.

[39] US Patent 6,696,382 B1. Catalyst Inks and Method of Application for Direct Methanol Fuel Cells. Zelenay, Piotr, John Davey, Xiaoming Ren, Shimshon Gottesfeld, and Sharon Thomas. The Regents of the University of California. February 24, 2004.

[40] US Patent 5,234,777. Membrane Catalyst Layer for Fuel Cells. Wilson, Mahlon. The Regents of the University of California. August 10, 1993.

[41] US Patent 5,211,984. Membrane Catalyst Layer for Fuel Cells. Wilson, Mahlon. The Regents of the University of California. May 18, 1993.

[42] The Fuel Cell Handbook. EG&G Technical Services. 7th ed. U.S. Department of Energy, Nov. 2004.

[43] Srinivasan, A. Ferreira, R. Mosdale, S. Mukerjee, J. Kim, S. Hirano, S. Lee, F. Buchi, A. Appleby. Proceedings of the Fuel Cell—.Program and Abstracts on the Proton Exchange Membrane Fuel Cells for Space and Electric Vehicle Application, 1994. pp. 424-427.

[44] Foster, S., P. Mitchell, R. Mortimer. Proceedings of the Fuel Cell—.Program and Abstracts on the Development of a Novel Electrode Fabrication Technique for Use in Solid Polymer Fuel Cells, 1994. pp. 442-443.

[45] Taylor, E., E. Anderson, N. Vilambi. Preparation of High Platinum Utilization Gas Diffusion Electrode for Proton Exchange Membrane Fuel Cells. J. Electrochem. SOc. 139, 1992. pp. 442-443.

[46] Gottesfeld, S. and T. Zawodzinski. Polymer Electrolyte Fuel Cells. Adv. Electrochem. Sci. Eng. 5, 1997. pp. 195-301.

[47] Gulzow, E., M. Schulze, N. Wagner, T. Kaz, R. Reissner, G. Steinhilber, A. SChneider. Dry Layer Preparation and Characterization of Polymer Electrolyte Fuel Cell Components. J. Power Sources. 86, 2000. pp. 352-362.

Chapter 12

연료전지 스택 구성요소 및 재료

연료전지를 구성하는 가스 확산 층, 촉매 층, 전해질 층 등을 단일전지(들)로 조립한 후 연료전지의 스택 내에서 연료 및 산화제가 각각의 단일전지들로 균일하게 분배되고 생성된 전류를 수집하여 원하는 장치에 전력을 공급할 수 있도록 단일전지(들)를 적층해야 한다. 이 장에서는 가장 일반적으로 사용되는 연료전지 스택 구성요소 및 재료에 대하여 알아보도록 한다.

- 분리판(Bipolar plates) (설계 및 재료)
- 분리판 코팅
- 분리판 제조
- 개스킷(Gaskets)
- 엔드 플레이트(End plates)

표 12-1에 각 연료전지의 종류에 따라 가장 일반적으로 사용되는 재료들이 나타나 있다. 분리판 또는 전지 상호연결(interconnect)의 설계 및 최적화는 효율적인 연료전지 스택을 만들기 위하여 필수적이다.

12.1 분리판

단일전지(single cell) 구조의 연료전지는 분리판이 없으나(단면 유동장 판(flow-field plate)만 존재함) 2개 이상의 단일전지로 구성되는 연료전지는 일반적으로 최소 한 개 이상의 분리판을 가지고 있으며, 이 분리판은 내부에서 여러 가지 역할을 수행한다. 분리판은 단일전지 내부에 연료 및 산화제를 분배하고 스택 내부의 단일전지들을 각각 분리시켜 전류를 모은다. 또한, 각 단일전지에서 생성된 물을 빼내고

표 12-1 연료전지 스택 재료

Fuel cell component	Proton exchange membrane fuel cell (PEMFC)	Direct methanol fuel cell (DMFC)	Solid oxide fuel cell (SOFC)	Alkaline fuel cell (AFC)	Phosphoric acid fuel cell (PAFC)	Liquid molten carbonate fuel cell (MCFC)
Bipolar plate/ interconnect/ current collector material	Graphite, titanium, stainless steel, and doped polymers	Graphite, titanium, stainless steel, and doped polymers	Doped $LaCrO_3$, $YCrO_3$, Inconel alloys, and stainless steel	Nickel mesh	Graphite, titanium, stainless steel, and polymer carbon	Stainless steel
Gaskets/ spacers	Silicon, EPDM rubber, PTFE, PTFE-coated fiber thread, EPDM/ PTFE	Silicon, EPDM rubber, PTFE, PTFE-coated fiber thread, EPDM/ PTFE	Glass, glass-ceramic seals, metal brazes, mica, and hybrid mica seals	PTFE	PTFE	Electrolyte contact with bipolar plate
End plates	Graphite, titanium, stainless steel, aluminum, nickel and polymers	Graphite, titanium, stainless steel, aluminum, nickel and polymers	High-temperature compatible ceramic materials, stainless steel	Stainless steel	Graphite, titanium, stainless steel	Stainless steel

공급되는 가스를 가습하며 단일전지를 냉각한다. 이와 같은 여러 기능을 동시에 수행하기 위하여 특정한 재료 및 설계를 사용하는데, 일반적으로 직선형(straight), 굴곡형(serpentine), 평행형(parallel), 깍지형(inter-digitated), 핀형(pin-type) 중 하나의 유동장 형태를 갖도록 설계한다. 분리판의 재료는 화학적 적합성, 부식에 대한 저항성, 비용, 밀도, 전기 전도도, 가스 확산성/불투과성, 제조 용이성, 스택 용량/kW, 재료 강도, 열전도도 등을 고려하여 선택하는데, 보통 스테인리스 강, 티타늄, $LaCrO_3$, $YCrO_3$, 비다공성(nonporous) 그래파이트와 도핑된 고분자 등을 사용한다. 이밖에도 현재 몇 가지 합성 재료가 분리판용으로 연구 및 사용되고 있다. 분리판은 양면에 반응물 유동 채널을 갖고 있으며, 또한 분리판의 한 면에는 단일전지의 애노드가, 다른 면에는 다른 단일전지의 캐소드가 위치하게 된다.

대부분의 PEMFC 및 DMFC 분리판은 그래파이트 입자를 수지로 접착시켜 만든다. 고체 그래파이트는 전도도가 크고, 화학적으로 비활성이며, 부식에 저항성이 있

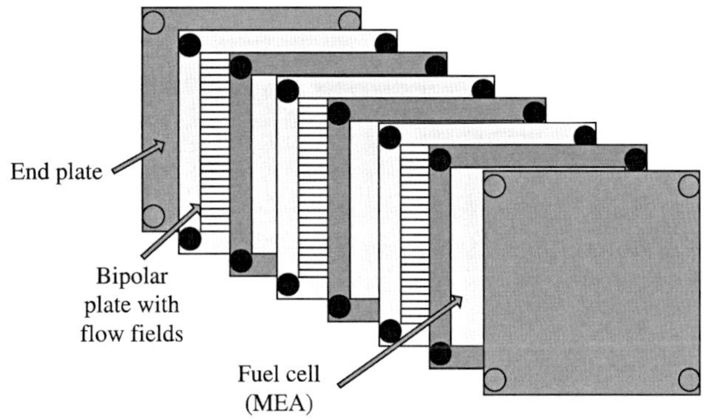

그림 12-1 연료전지 스택의 분해도

으나 가격과 가공비용이 비싸다. 일반적으로 유동 채널은 분리판 표면을 기계로 가공하거나 전기화학적으로 에칭하여 만드는데, 이와 같은 방법은 대량 생산에 적합하지 않으므로 새로운 재료 및 제조 공법이 연구되고 있다.

그림 12-1은 연료전지 스택의 분해도를 보여주고 있다. 스택은 단일전지와 분리판이 반복적으로 쌓여서 구성된다. 스택 내의 단일전지 수를 증가시키면 전압이 증가하고, 표면적을 증가시키면 전류가 증가한다. 연료전지 분리판은 스택의 무게 및 부피의 대부분을 차지하므로, 휴대용 및 차량용 연료전지는 분리판을 가능한 작게(폭 3 mm 이하) 제작해야 한다[3].

12.1.1 저온형 및 중온형 연료전지용 분리판 재료

저온형 연료전지의 분리판으로는 연료전지 내부의 환경에서 화학적 안정성을 가지는 그래파이트가 사용된다. 보통 분리판으로 사용되는 2가지 재료는 금속과 그래파이트이다.

알루미늄, 철, 티타늄, 니켈 등 많은 종류의 금속판이 연료전지의 분리판으로 사용되어 왔으며, 이러한 금속 분리판들은 대량 생산에 적합하며 매우 얇은 층으로 제작이 가능하여 경량 및 휴대용 스택을 만들 수 있다는 장점이 있다. 하지만 금속 분리판이 부식 환경에 노출되면 용해된 금속 이온이 전해질 내부로 확산되고, 이로 인하여 전해질의 이온 전도도가 저하되며 연료전지 수명이 단축된다. 따라서 금속 분리판의 부식을 방지하고 전도도를 촉진시키기 위하여 코팅이 필요하다. 일반적으로 사용되는 코팅 재료에는 그래파이트, 금, 은, 팔라듐, 백금, 카본, 전도성 고분자 등이 있다. 보호용 코팅에서 해결해야 하는 몇 가지 문제는 (1) 코팅의 부식 저항성,

(2) 코팅 내부의 기공 및 미소 균열, (3) 코팅과 분리판 사이의 열팽창 계수차이 등이 있다.

그래파이트-탄소 복합 분리판은 열가소성 또는 열경화성 수지를 전도성 충전재와 함께 사용하여 만든다. 이는 보통 연료전지 내에서 화학적으로 안정하며, 압축 성형, 이송 성형, 사출 성형과 같은 대량 생산 기법에 적합하다. 때로는 복합 분리판의 제작 및 설계 시 생산성과 기능성 사이의 절충점을 찾아야 한다. 복합 분리판을 설계할 때 고려해야 할 중요한 특성은 내구성, 뒤틀림, 표면 효과이다. 복합 분리판이 가지는 문제점은 부숴지기 쉽고 부피가 크다는 점이다. 금속 분리판과 비교하면 복합 분리판의 전도도는 수십 또는 수백 배 작지만, 저항에 의한 손실은 단지 몇 mV 정도의 차이가 날 뿐이다.

연료전지의 스택에서 가장 중요한 변수 중 하나는 전기 전도도이다. 연료전지에서 접촉 저항은 벌크(bulk) 저항보다 더 중요한데, 벌크 저항은 연료전지에서 전압 손실의 주요 원인이 아니기 때문이다. 더 큰 저항 손실은 분리판과 가스 확산 층 사이의 접촉면에서 발생한다. 계면 접촉 저항에 의한 손실은 두 가스 확산 층 사이에 분리판을 끼워 넣은 후 전류를 흘려 전압 강하를 측정하는 방법으로 판단할 수 있다. 전체 전압 강하는 분리판과 가스 확산 층을 고정하는 결합력에 의해 크게 영향을 받는다. 분리판 및 가스 확산 층의 벌크 저항은 결합력과 상관없지만, 접촉 저항은 두 층을 붙여주는 결합력과 밀접한 관련이 있다.

계면 접촉 저항은 결합력뿐만 아니라 표면의 상태 및 접촉하는 두 면의 종류에 영향을 받는다. 부드러운 재료(가스 확산 층 같은)와 강한 재료(분리판과 같은)가 결합될 때, 접촉 저항과 결합력 사이의 관계는 다음과 같다[2].

$$R = \frac{A_a K G^{D-1}}{\kappa L^D}\left[\frac{D}{(2-D)p*}\right]^{D/2} \qquad (12\text{-}1)$$

위 식에서 R은 접촉 저항($\Omega\,m^2$), A_a는 계면에서 접촉 면적(m^2), K는 기하 상수, G는 표면의 topothesy(fractal 변수)(m), D는 표면의 fractal 차원, L은 스캔 길이(m), p^*는 크기가 없는 결합력(실제 결합력과 가스 확산 층의 포괄적 계수 사이의 비), 그리고 κ는 다음 식과 같은 두 표면 사이의 유효 전기 전도도(S/m)이다.

$$\frac{1}{\kappa} = \frac{1}{2}\left(\frac{1}{\kappa_1} + \frac{1}{\kappa_2}\right) \qquad (12\text{-}2)$$

12.1.2 코팅된 금속 분리판

연료전지의 분리판에 사용되는 가장 일반적인 금속들은 알루미늄, 스테인리스강, 티타늄, 니켈 등이다. 분리판은 화학적으로 안정해야 하며, 적절하게 설계되지 않으면 부식 및 용해가 발생한다. 금속판이 용해되기 시작하면 금속 이온이 전해질 내부로 확산되어 이온 전도도를 저하시킨다. 또한, 금속 분리판의 표면에 부식층이 형성되면서 전기 저항이 커지고, 연료전지의 효율이 감소하게 된다. 이와 같은 문제점으로 인하여 금속 분리판은 보호용 코팅을 사용한다. 코팅은 부식에 대해 저항성을 가지며, 연료전지의 작동 환경으로부터 분리판을 보호해야 한다. Borup, Vanderborgh[6]는 분리판 코팅에 사용되는 탄소계 물질들과 금속들을 정리하였다. 탄소계 코팅은 그래파이트, 전도성 고분자, 다이아몬드-유사 탄소, 유기 자가 조립 단일 고분자(organic self-assembled monopolymer) 등이 있으며, 금속 코팅은 귀금속, 금속 질화물과 금속 탄화물 등이 있다. 표 12-2는 Borup, Vanderborgh[6]와 그 외 연구자들[4, 5]이 제안하는 분리판 코팅을 정리하였다.

코팅 선택 시 중요하게 고려해야 할 사항은 전도도, 부식 저항성, 열팽창, 기공 및 미세 균열의 유무 등이다. 코팅 및 금속 분리판 선택 시 노출되는 온도에 따라 두 금속이 다른 비율로 팽창 및 수축하는 것을 고려해야 한다.

기공 및 미세 균열은 금속 분리판이 산성의 연료전지 환경에 노출되는 경우 균열을 일으킬 수 있다. 열팽창률의 차이 및 기공과 미세 균열은 분리판과 코팅층 사이에 중간 코팅층을 추가하여 최소화시킬 수 있다.

금속 분리판 위에 코팅을 하기 위해서 많은 방법들이 사용되고 있다. 이 방법들은 전자빔 증발(electron beam evaporation), 스퍼터링(sputtering), 글로 방전 분해

표 12-2 분리판에 사용되는 일반적 재료[4]

Material/resin	Filler/fiber
Stainless steel	N/A
Graphite	N/A
Aluminum	N/A
Titanium	N/A
Nickel	N/A
Poly (vinylidene fluoride)	Carbon/graphite particles
Polypropylene	Carbon black graphite powder
Phenyl-aldehyde resol or phenyl aldehyde novolac	Graphite powder or coke-graphite particles /cellulose fibers (not rayon and cellulose acetate)
Phenol resin	Graphite powder/carbon fibers
Vinyl ester	Graphite powder/cotton flock

표 12-3 금속 분리판용 코팅[4]

Coating type	Coating process	Bipolar plate materials
Gold (usually needs an intermediate layer, such as Ni)	Pulse current electrodeposition	Aluminum, titanium, nickel, stainless steel
Graphite foil layer (usually needs an intermediate layer, such as graphite particles in an organic solvent)	Painting or pressing	Aluminum, titanium, nickel
Graphite topcoat layer (usually needs an intermediate layer, such as titanium, Cr, or a combination of various layers)	Physical vapor deposition (PVD) or a chemical anodization/oxidation overcoating	Aluminum, titanium, nickel, stainless steel
Indium tin oxide	Electron beam evaporation	Stainless steel
Lead oxide (usually needs an intermediate layer, such as lead)	Vapor deposition and sputtering	Stainless steel
Stainless steel (usually needs an intermediate layer, such as nickel phosphorous or titanium nitride)	Physical vapor deposition or chemical vapor deposition (CVD), electroless deposition	Aluminum, titanium, stainless steel

(glow discharge decomposition)와 같은 물리 기상 증착법(PVD)과 화학 기상 증착법(CVD), 그리고 전착(electro deposition)과 비전착(electroless deposition), 화학적 양극 산화(anodization)/산화물 보호막, 도장과 같은 액상 화학적 방법이 있다[4]. 분리판 재료의 종류에 따른 코팅 방법은 표 12-3에 요약되어 있다.

12.1.3 복합재료(composite) 분리판

지난 10년간 저렴하고 생산이 용이한 연료전지 재료에 대한 연구와 개발이 지속적으로 수행되어 왔는데, 새로운 분리판들의 대부분은 금속 또는 탄소계이다. Los Alamos National Laboratory에서 개발한 제품은 다공성 그래파이트와 폴리카보네이트 플라스틱, 스테인리스 강을 조합하여 각 재료의 장점을 활용한다는 점에서 흥미를 끄는 설계이다. 스테인리스 강은 구조에 대한 강성을, 그래파이트는 부식에 내한 내성을 제공한다. 폴리카보네이트는 화학적 저항성을 제공하며 임의의 형상으로 사출이 가능하여 개스킷과 흡기/배기관으로 제작할 수 있다. 이와 같이 계층화된 분리판은 화학적, 물리적, 전기적, 비용적 관점에서 볼 때 우수한 대안이 될 것으로 보인다[4].

한편, 연료전지의 탄소계 합성 분리판에 대한 광범위한 연구가 수행되어 오고 있다. 탄소 합성 분리판은 열가소성(폴리프로필렌과 폴리에틸렌, 폴리[비닐리덴 불화물]) 또는 열경화성 수지(페놀과 에폭시, 비닐 에스테르)를 충전재 및 섬유 보강재와 혼합하여 제조된다. 최근에는 대부분의 분리판 제작사들이 사출 성형이 용이하고 재활용성이 우수한 열가소성 수지를 사용하여 분리판을 생산하고 있다.

12.2 유동장(Flow field) 설계

연료전지에서 유동장은 압력 강하를 최소화하면서(필요한 펌프의 출력을 줄일 수 있는) 확산 층에서 촉매의 표면으로 일어나는 물질 전달에 의해 반응물들이 균일하고 적절하게 공급할 수 있도록 설계되어야 한다. 분리판 설계에서 가장 일반적으로 사용되는 채널의 형상은 굴곡형(serpentine), 평행형(parallel), 깍지형(inter-digitated)의 3가지 유동장이다. 굴곡형, 평행형, 깍지형의 유동 채널은 그림 12-2~12-6에 나타나 있다. 소형 연료전지 중 일부는 수소 또는 공기를 유동장을 통해 공급하는 것이 아니라 주위로부터의 확산 과정에 의해서 공급한다. 수소 반응은 반응속도에 영향을 미치지 않지만, 가습되는 애노드에서 물이 기공 및 채널을 막을 수 있으므로, 일반적으로 소형 연료전지의 애노드에는 굴곡형 채널을 사용하고 있다.

그림 12-2에서 보는 바와 같이 굴곡형 유동은 시작에서 끝까지 연속적이다. 굴곡

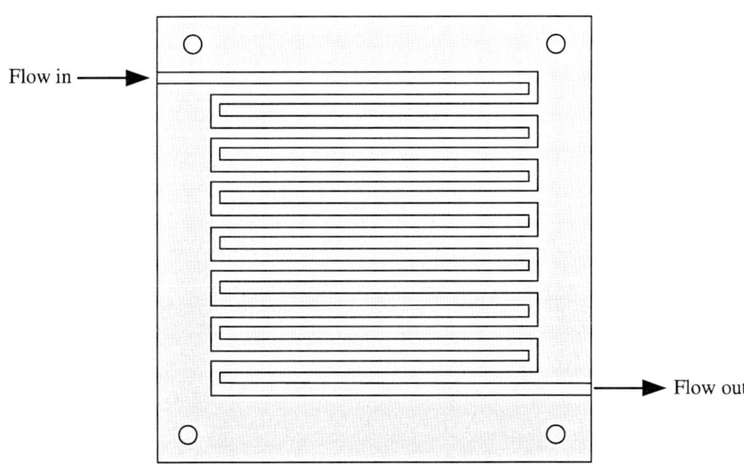

그림 12-2 굴곡형의 유동장 설계

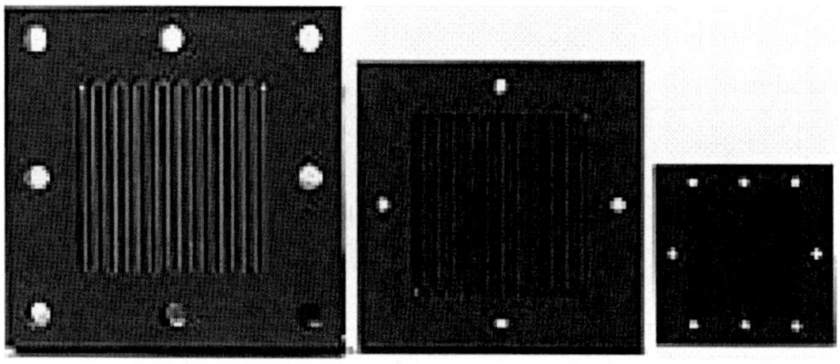

그림 12-3 굴곡형 설계의 실제 그래파이트 분리판

형 유동 채널의 장점은 경로 내 임의의 장애물이 흐름을 막지 않는 점이다. 굴곡형 유동 채널의 단점은 반응물이 채널을 통과하면서 소모되므로, 반응물의 농도 저하에 의한 분극 손실을 피할 수 있도록 적절한 양의 가스가 공급되어야 한다는 것이다. 공기를 산화제로 사용할 때 일반적으로 캐소드에서 가스 분배 및 물 관리 문제가 발생한다. 연료전지가 장시간 운전될 때 캐소드에서 형성되는 물이 캐소드 내부에 축적되는데, 이 물을 채널 바깥으로 배출시키려면 힘이 필요하다. 굴곡형 유동 설계는

그림 12-4 다중 굴곡형 유동 채널 설계

연료전지의 전극 표면 전체에 유동 분배를 제공할 수 있어 효과적이나, 상대적으로 긴 유동 경로 때문에 큰 압력 강하를 유발할 수 있다. 높은 전류 밀도로 운전, 매우 넓은 판, 또는 공기가 산화제로 사용되는 경우에는, 굴곡형 설계에 기반한 다른 형태의 설계가 제안되고 있다[3, 4].

그림 12-4에서 보는 바와 같이 여러 개의 연속 유동 채널을 사용하면 압력 강하를 감소시키고, 단일 굴곡형 채널에서 공기의 가압에 사용되는 전력량을 감소시킬 수 있다. 이와 같은 설계는 캐소드 표면에서 물 축적으로 인한 유동 정체 지역의 형성되는 것을 방지한다. 채널에서 반응물의 압력 강하는 단일 굴곡형 채널보다는 작지만, 각 채널의 유동 경로가 길기 때문에 압력 강하는 여전히 큰 편이다[3].

반응물의 압력 강하는 수소의 재순환을 어렵게 하지만, PEMFC에서는 증기 형태로 생성된 물을 제거하는 데 오히려 유리하다. 총 반응물 가스 압력은 $P_T = P_{vap} + P_{gas}$이며, 여기서 P_{vap}와 P_{gas}는 각각 수증기의 분압과 반응물 가스 유동 내의 반응물 가스의 분압을 의미한다. 수증기 및 반응물의 몰 유량은 다음과 같은 관계를 가진다.

$$\frac{N_{vap}}{N_{gas}} = \frac{P_{vap}}{P_{gas}} = \frac{P_{vap}}{P_T - P_{vap}} \tag{12-3}$$

유동 채널 전체의 총 압력 강하는 상대 습도가 일정하게 유지될 경우, 가스 유동에 의해 제거 및 운반되는 수증기 양을 증가시킨다[3]. 이는 애노드와 캐소드의 유동에서 수분을 제거하는 데 도움이 된다.

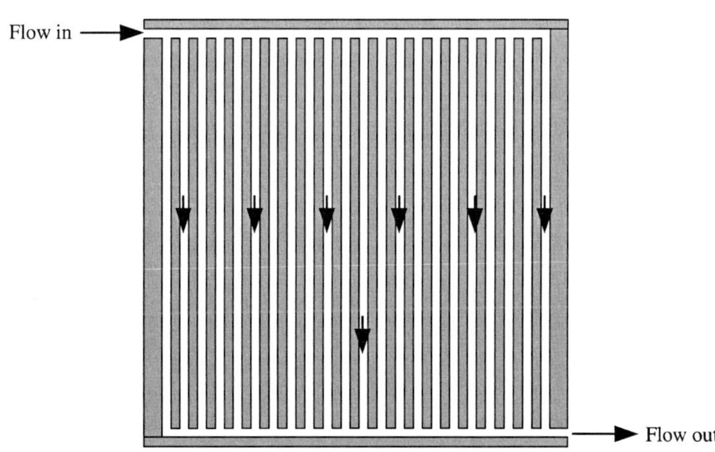

그림 12-5 평행형 유동장 설계

평행형 유동장에서(그림 12-5 참조), 유동 채널은 채널당 더 작은 유량을 필요로 하고, 압력 강하가 줄어들며 균일한 가스 분배가 가능하다. 공기를 산화제로 사용할 때 장시간 운전을 하게 되면 캐소드에서 생성된 물이 유동 채널 내에 축적되어 캐소드의 균일한 연료 분배를 막음으로써 연료전지의 전압이 낮아지고 불안정해진다. 평행형 유동장의 단점은 한 채널이 막히게 되면 나머지 채널로 역류가 일어나 유동의 재분배를 발생시키며 막힌 부분의 하류에서는 유동의 봉쇄 및 무반응 영역(dead zone)이 발생하게 된다. 각 채널 내의 물의 양은 각기 다를 수 있으며, 이는 불균일한 가스 분배로 이어진다. 이와 같은 문제는 다음에 설명할 핀형 유동장에서도 발생할 수 있다. 평행형 유동장 설계의 또 다른 문제점은 채널이 짧고, 방향 변화가 거의 없다는 점이다. 따라서 채널 내의 압력 강하는 작으나, 스택 매니폴드 내의 압력 강하는 작지 않다. 매니폴드 입구 근처의 단일전지 몇 개는 매니폴드 끝부분의 단일전지에 비해 더 큰 유량을 가진다.

깍지형 유동장에서 반응물 유동은 전극 표면에 평행하지만, 유동 채널은 입구에서 출구까지 연결되지 않는다. 유동 채널은 한쪽 끝이 막혀 있어서 반응물 유동에 압력을 걸어 강제로 다공성 반응물 층을 통하여 흐르도록 하여 스택 매니폴드에 연결된 유동 채널에 도달하도록 한다. 이러한 설계는 전극에서 물을 효과적으로 제거할 수 있으며, 물의 flooding 현상을 방지하여 성능을 향상시킨다. 깍지형 유동장은

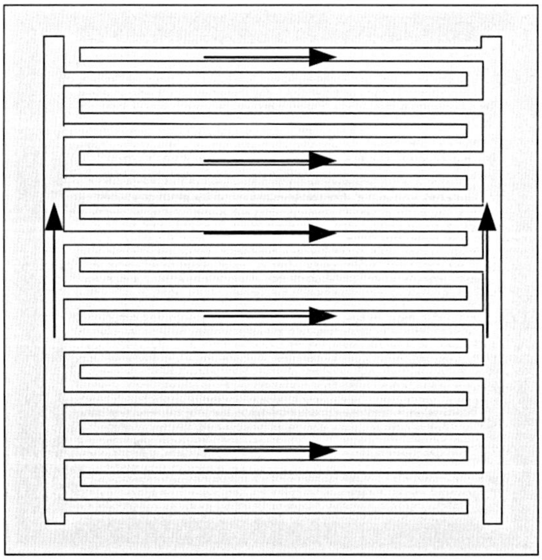

그림 12-6 깍지형 유동장 설계

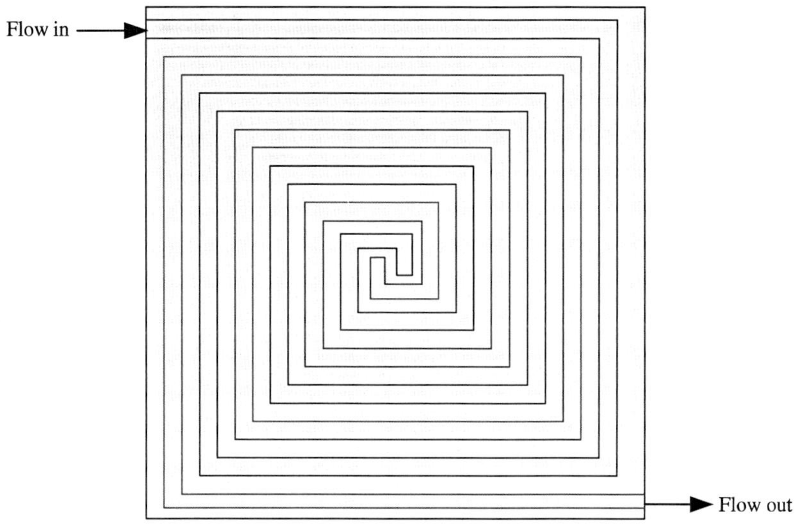

그림 12-7 나선 깍지형 유동장 설계

전극의 활성층으로 가스를 강제 대류에 의해 밀어 넣어 flooding과 가스 확산 한계를 줄일 수 있기 때문에 우수한 성능을 보인다. 일부 문헌에서 깍지형 유동장은 특히 연료전지의 캐소드 측에서 기존 유동장 설계의 성능을 능가한다고 언급되고 있다. 하지만 대부분의 문헌에서는 기존의 굴곡형 설계가 다른 설계에 비해 뛰어나다고 주장하고 있다. 깍지형 유동장 설계는 그림 12-6과 같으며, 깍지형 설계의 변형

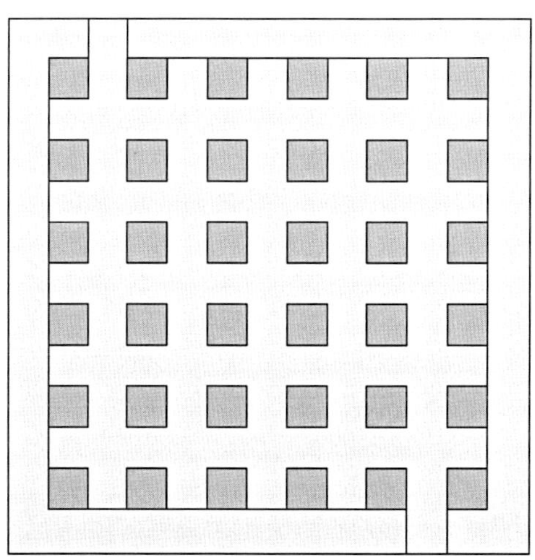

그림 12-8 핀형 유동장 설계

인 나선 깍지형 유동장 설계는 그림 12-7에 나타나 있다.

기계로 가공하거나, 압착 또는 사출 성형되는 기존의 유동장 대신에 그림 12-8에 나타나 있는 핀으로 구성된 유동장은 다양한 기하학적인 형상을 가질 수 있다. 핀의 가장 일반적인 형상은 사각형 또는 원통형이며 판에서 튀어나와 있다. 가스/유체는 핀에 의하여 형성된 홈을 통하여 흐른다. 핀형 유동장은 압력강하는 작지만, 반응물이 흐르지 않는 부분과 불균일한 반응물 분배가 발생하여 연료전지 성능이 저하된다. 핀형 유동장의 Reynolds 수는 수십~수백이다[3].

12.3 SOFC용 재료

SOFC 분리판은 물리적으로 안정해야 하며, 고온에서 전해질에 의한 부식에 저항성을 가져야 한다. SOFC 분리판에 사용되는 재료는 고온용(900~1,000℃) perovskite 재료와 저온용(600~900℃) 금속 합금의 두 종류가 있다. 일반적으로 사용되는 고온용 perovskite 재료는 주로 도핑된(첨가되는 물질은 Mg, Sr, Ca, Ca/Co 등) 란탄(lanthanum)과 이트륨 크로마이트(yttrium chromites)이다. 이와 같은 재료는 전기 전도도가 우수하며 온도에 따라 전도도가 증가한다. 첨가제의 종류에 따라 재료의 물성치가 바뀌며, 결합되는 연료전지 층과의 융화도(compatibility)가 결정된다. 세라믹 판 또는 인터커넥터(interconnects)는 SOFC를 장기간 운전하더라도 화학적, 물리적으로 안정적이지만, 세라믹의 특성상 실링을 위한 유연성이 떨어지며 딱딱하고 잘 깨진다. 이러한 문제점을 해결하기 위하여, 전도성 접착제나 접촉 펠트(felt)를 사용하는데, 유연성 및 실링에 있어서 향상된 특성을 보이지만, 내구성이 세라믹 판 보다 떨어진다[25, 26].

지난 10년간 많은 연구 개발이 진행된 얇은 전해질-애노드 지지형 SOFC(thin-electrolyte anode-supported SOFC)의 경우 내부의 구성요소에 금속을 사용할 수 있는 저온(650~800℃)에서 운전할 수 있다. 이와 같이 낮은 온도에서 동작한다 하더라도, 분리판으로 사용할 수 있는 특성을 가지는 금속을 찾는 것은 여전히 쉽지 않다. 저온에서 SOFC의 인터커넥터로 사용하고자 하는 금속은 다음과 같은 특성을 가져야 한다:

- 변형 없이 판 전체에 걸쳐 균일한 온도를 유지할 수 있어야 한다.
- 충분한 creep 강도를 가져야 한다.

- 부식 환경에 대한 내성이 있어야 한다.
- 12.1절에서 언급한 것처럼 높은 전도도를 유지해야 한다.

약 900℃의 온도에서도 운전할 수 있는 $Cr_5Fe_1Y_2O_3$ 같은 높은 크롬 함량을 가지는 인터커넥터들이 연구, 개발되었다. 하지만 크롬은 전극의 촉매를 피독시켜 활성을 저하시키는 촉매독(poison)으로 작용하며, 가격이 매우 비싸다는 문제점을 가지고 있다. 운전 온도를 낮추면, 재료의 가격 및 가공비용을 줄일 수 있는 페라이트 강철을 사용할 수 있다. 일반적으로 SOFC의 분리판으로 다음과 같은 재료가 사용되고 있다.

- 란탄 크로마이트(lanthanum chromite)
- $Cr_5Fe_1Y_2O_3$
- Avesta 600(Fe-28/Cr-4/Ni-2/Mo)
- Inconel 601(NiCr + Al)
- SS 310
- SS 316L
- SS 310S

대부분의 금속들은 내부식성을 가지기 위해 코팅이 필요하며(다른 종류의 연료전지들처럼), 코팅 또한 이상적인 인터커넥터와 동일한 특성을 필요로 한다. 가장 일반적으로 사용되는 코팅은 안정한 산화물(크롬)이지만, 증발 및 전극 피독 현상을 유발한다. 증발을 최소화시키고 우수한 접촉 저항을 보장하는 2가지 코팅 물질은 스트론튬이 도핑된 란탄 코발타이트(strontium-doped lanthanum cobaltite) 또는 망가나이트(manganite)이다. 이러한 코팅은 중간 온도 범위에서 뛰어난 성능을 보이지만, 향후 상용화를 위하여 더 우수한 코팅 및 인터커넥터 재료의 개발이 필요하다. SOFC용 재료와 코팅의 특성 중에서 전도도, 내부식성, 기계적 안정성, creep 강도, 비용 등은 개선될 필요가 있다. 제13장에서 SOFC의 인터커넥터에 대해 상세히 설명할 것이다.

12.4 MCFC용 재료

MCFC 분리판은 격리판(separator)과 전류 집전체, 습식 실링(seal)으로 구성된다. MCFC 분리판의 가장 일반적 재료는 한쪽 면을 니켈로 코팅한 Incoloy 825, 310S

또는 316L 스테인리스 강 같은 합금이다. 판의 두께는 보통 15 mm이고, 애노드에서 니켈이 코팅된 면이 연료 가스에 노출되며, 낮은 접촉 저항을 가진다. 분리판의 취약 부분에 코팅을 적용하여 분리판의 부식을 감소시키게 되는데, Al을 Li_2CO_3와 반응시키면 보호용 $LiAlO_2$를 형성함으로써 얇은 알루미늄 코팅층을 만들 수 있다. 하지만 이러한 코팅은 절연층이므로 전도도가 필요한 연료전지의 분리판에는 유용하지 않다. 전도도와 내부식성의 개선을 위해 일반적으로 사용되는 재료는 316 스테인리스 강과 니켈 도금된 스테인리스 강이다. 310, 446 스테인리스 강은 316 스테인리스 강보다 더 우수한 부식 저항성을 가진다.

격리판과 전류 집전체는 니켈이 코팅된 310S/316L이며, 습식 실링은 금속에 알루미늄 도금한 것을 사용한다. 애노드의 낮은 산소 분압은 분리판의 산화를 방지하는 역할을 한다. 한 개의 합금 양극(bipolar) 전류 집전체는 연료전지의 캐소드와 애노드 양면에서 동작하도록 개발되어야 한다. 기계적 강도를 제공하는 주요 재료는 스테인리스 강(오스테나이트(austenitic) 스테인리스 강)이다. 또한, 니켈계 합금은 내부식성이 우수하며, 특정 니켈계 코팅은 애노드쪽 분리판을 보호할 수 있다. 비전착성(electroless) 니켈 코팅은 두껍고 균일하게 만들 수 있지만, 비싸고 많은 양의 불순물을 포함하고 있다. 니켈 전해(electrolytic) 코팅은 두께 면에서 치밀하지 않고 균일하지 못하다.

12.5 PAFC 재료 및 설계

PAFC에서는 반응물 분배와 전류 수집을 위하여 분리판을 사용한다. 그래파이트 수지 혼합물은 일반적으로 낮은 온도(~900℃/1,652℉)에서 탄화(carbonized)되며, PAFC 운전 조건에서 급속한 열화가 발생하므로 적합하지 않다. 하지만 분리판의 부식 저항은 2,700℃(4,892℉)에서 열처리하여 개선할 수 있다. PAFC에서 순수한 그래파이트 분리판은 40,000시간의 운전 동안 내부식성을 가지나, 다른 저온형 연료전지와 마찬가지로 가격과 제조비용이 비싸다. PAFC의 분리판 설계는 대부분의 저온형 연료전지와 유사하나, 일반적으로 사용되는 다중 구성요소 분리판(multicomponent bipolar plate)은 인접한 단일전지 내의 반응물 가스를 분리하는 얇은 불침투성의 판과 가스 유동을 위한 늑골형(ribbed) 채널이 있는 다공성 판을 갖고 있다. 불침투성 판은 두 부분으로 나누어지며, 각 부분은 하나의 다공성 판과 결합되어 있다. 그림 12-9에 분리판이 두 개의 다공성 늑골형 기판과 탄소 같은 전도성을 가지

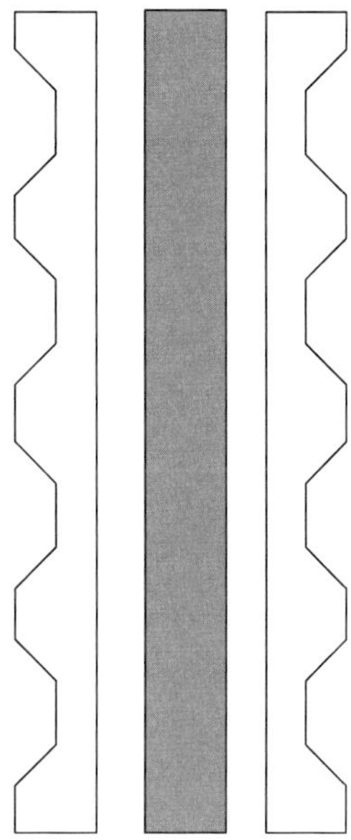

그림 12-9 늑골형(ribbed) 유동판으로 구성된 PAFC 인터커넥터

는 한 개의 불침투성 재료로 구성되어 있음을 보여주고 있다. 다공성 늑골형 유동판은 인산 전해질을 함유하고 있다.

12.6 채널 형상, 크기, 간격

일반적으로 유동 채널은 사각형이지만, 사다리꼴, 삼각형 및 원형과 같은 다른 형상 또한 사용된다. 채널 형상의 변화는 연료전지 내부의 물 축적에 영향을 미치므로, 결과적으로 연료 및 산화제의 유량에 영향을 준다. 예를 들어, 원형의 채널에서 물은 채널 바닥에 얇은 막으로 응축되고, 테이퍼형 채널에서 물은 작은 물방울을 형성한다. 이때 물방울의 형상 및 크기는 다공성 매질과 채널 벽의 소수성 및 친수성 정도에 의해 결정된다. 채널 크기는 보통 약 1 mm이나 소형에서 대형 연료전지에 따라 크기가 다양하다(0.1~3 mm). 대형 연료전지 스택의 채널 크기 최적화를 위한 시뮬레이션의 결과, 채널 깊이, 채널 폭, 랜드 폭(채널 사이의 간격)이 각각 1.5, 1.5, 0.5 mm로 나타났다. 이는 스택의 설계 및 스택의 크기에 따라 달라진다. 채널 크기는 연료와 산화제의 유량, 압력 강하, 열과 물의 생성, 출력 등에 영향을 미친다. 채널 폭이 넓을수록 연료와 촉매 층의 접촉이 커지고, 압력 강하가 작아지며, 더 효율적으로 물을 제거할 수 있다. 그러나 채널이 너무 넓으면, 연료전지를 충분히 지지하지 못할 수 있다. 또한, 유동 채널들 사이의 간격이 넓으면, 분리판의 전기 전도도가 향상되지만 반응물에 노출되는 면적이 감소되고, 물의 축적을 촉진한다[2, 3, 6].

12.7 분리판 제조

연료전지 스택의 설계 및 제조의 궁극적인 목표는 고효율의 연료전지 스택을 만드는 것뿐만 아니라 대량 생산이 가능하도록 스택을 제작할 때 재현성이 높을 수 있도록 하는 것이다. 따라서 연료전지에 사용되는 재료의 선택과 연료전지 구성요소의 조립 및 제작 방법이 중요하다. 현재 대부분의 연료전지 분리판으로 사용되는 재료 및 설계는 대량 생산이 불가능하다. 그러므로 분리판의 선택 및 설계 과정에서 개발자는 일정 수량 이상을 생산할 수 있는 대체 방법, 재료 및 제조 방법을 고려해야 한다. 12.7.1~12.7.3절에서는 기존의 재료를 사용하여 연료전지의 분리판을 제작하는 일반적인 방법을 설명한다.

12.7.1 비다공성 그래파이트 판 제작

기존의 고체 그래파이트 분리판을 대체할 신규 물질 중의 하나는 첨가제 또는 바인더와 결정질의 그래파이트를 섞은 그래파이트 혼합물을 압축 성형하고 산소 없이 열처리한 것이다. 일반적으로 그래파이트 혼합물은 산화알루미늄, 이산화지르콘(zircon dioxide), 이산화규소, 이산화티탄, 탄화규소, 분말 코크스와 같은 첨가제와 과당, 포도당, 갈락토오스(galactose), 마노오스(mannose), 자당, 맥아당, 유당 등의 올리고당과 같은 바인더를 섞어 제작한다[4].

12.7.2 코팅된 금속판 제작

코팅된 금속판의 제작 과정은 금속판의 성형, 표면 준비 및 세정 작업과 코팅 과정으로 구성된다. 금속 분리판을 제작하는 기본적인 방법은 기계 가공 또는 타출(stamping)이며, 최근에는 냉간 폐쇄 금형 단조(cold closed die forging), 압력 주조(die-casting), 매몰 주조(investment casting), 분말 금속 단조, 전기 주조 등의 다른 제작 방법들이 연구되고 있다. 표 12-4에 성형 공정이 요약되어 있다. 이러한 기계 가공 공정은 대형($>1\ cm^3$) 연료전지의 분리판 제작을 위한 것이다. 이보다 작

표 12-4 분리판 성형 공정[4]

Material	Process options	Plate size(s)
Aluminum	Machining Cold closed die forging Stamping Die-casting Investment casting Powder metal forging	Machining and cold closed die forging can be used for almost any size. Investment casting and powder metal forging can only be used for larger-faced, thinner plates.
Stainless steel	Machining Cold closed die forging Stamping Investment casting Powder metal forging	Machining and cold closed die forging can be used for almost any size. Investment casting and powder metal forging can only be used for larger-faced, thinner plates.
Titanium	Machining Cold closed die forging Stamping Investment casting Powder metal forging	Machining, stamping, and cold closed die forging can be used for almost any size. Investment casting and powder metal forging can only be used for certain-sized larger-faced, thinner plates.
Nickel	Machining Cold closed die forging Stamping Investment casting Powder metal forging Electroforming	Machining and cold closed die forging can be used for almost any size. Investment casting and powder metal forging can only be used for larger-faced, thinner plates. Electroforming should only be used for smaller-faced, thicker plates.
Carbon composite	Compression molding Injection molding Transfer molding Reaction injection molding	These processes should only be used for smaller-faced, thicker plates.

은 연료전지의 분리판 제작에 사용할 수 없는 방법은 매몰 주조, 분말 금속 단조, 압력 주조이다. MEMS 연료전지 경우($<1\,cm^3$), 여러 제작 방법이 있지만 이 책에서 다루지 않는다. MEMS 연료전지의 분리판의 기본 제작방법은 미세제작(microfabrication)이나 미세 기계가공(micromachining) 서적에서 학습할 수 있다.

12.7.3 복합재료 분리판 제작

Los Alamos에서 개발한 층상 복합재료 분리판[23]은 제작 과정에서 다단계 공정을 사용한다. 우선 스테인리스 강을 전단 가공 및 타출(stamping) 방법으로 제작한다. 그래파이트 분말 및 수지를 기계적으로 혼합하고 기존의 압축 또는 사출 성형으로 원하는 형상을 성형한 다음 오븐에 구워 그래파이트 판을 만든다. 전도성 접착제를 스크린 인쇄 방법을 이용하여 그래파이트 판에 붙인 뒤, 가열 압착을 이용하여 스테인리스 강과 그래파이트 판을 결합시킨다[4].

탄소 기반 복합 분리판을 제작하는 데 성형 제작, 섬유 조제, 복합재 형성과 탄화

(carbonization) 과정을 포함한 몇 가지 공정이 사용된다. 일반적인 후처리 단계는 탄화 및 그래파이트화(graphitization) 과정인데, 탄화 과정에서 수지는 C–H 결합이 분해되어 탄소로 바뀌며[4], 그래파이트화는 재료를 더 치밀하게 만드는 공정이다.

12.8 개스킷 및 스페이서(Spacer)

연료전지에서 가스의 누출은 반응물을 낭비시키고 성능 저하의 원인이 된다. 이는 스택 체결력을 증가 또는 우수한 개스킷 재료를 사용하여 기밀성을 높임으로써 해결할 수 있다. 다양한 종류의 개스킷 재료가 연료전지 스택에 사용될 수 있지만, 다음의 몇 가지 사항들을 고려해 선택한다.

- 장기간 화학적 안정성
- 연료와 산화제의 섞임 방지
- 반응물과 주위 환경과의 섞임 방지
- 진동 및 충격 저항성
- 구성요소들 사이의 전기적 절연
- 최소한의 기계적, 열적 부정합 응력
- 필요한 온도 범위에서 안정성
- 저렴한 가격
- 우수한 실링 성능
- 저비용 스택 제조 방법
- 구성요소의 기계적 결합 방지(특정 연료전지에서)

이와 같은 요구 사항들은 동시에 만족시키기 까다롭고, 고온형 연료전지 경우에는 더욱 중요하게 고려해야 한다. 저온형 연료전지에 일반적으로 사용되는 개스킷 재료는 실리콘, EPDM 고무, PTFE 등이 있다. 고온형 연료전지의 경우, 세라믹으로 만들어진 부품들의 가스 누출을 막는 것이 어렵기 때문에 개스킷 재료의 선택이 더욱 어렵다.

12.8.1 PEMFC/DMFC/AFC

표 12–5에 열거된 재료들은 일반적으로 저온형 연료전지의 개스킷으로 사용되는 재료들이다.

표 12-5 개스킷 재료

Gasket type	Advantages/disadvantages
Silicon	▪ Good gas tightness ▪ Available in several thicknesses ▪ May deform and obstruct gas flow
EPDM rubber	▪ Good gas tightness ▪ Thin sheets may not be readily available
PTFE	▪ Difficult to make gas-tight
PTFE-coated glass fiber thread	▪ Easy to handle ▪ Available in several thicknesses ▪ Requires more compression for gas tightness
EPDM/PTFE	▪ Available in several thicknesses

표 12-5에 나타나 있는 모든 재료는 비교적 저렴하고 개스킷으로 성형하기 쉽다. 표 12-5의 재료 중에서 EPDM은 가스 기밀성 면에서 가장 우수한 재료이나 얇게 만들기 어렵다. PTFE는 EPDM에 비해 가스 기밀성이 약간 더 낮다. EPDM와 PTFE를 혼합하여 만든 개스킷은 설계자가 원하는 정확한 두께를 얻을 수 있는 장점이 있다. PTFE에 유리섬유를 코팅한 것은 가장 취급하기 용이하며, 다양한 두께를 얻을 수 있으나 가스 기밀성을 위해 더 압축되어야 한다. 가스 기밀성은 적절한 접착제를 이용하여 연료전지(MEA) 홀더(보통 Mylar)에 개스킷을 접착하는 방법으로 개선할 수 있다.

대기압에서 운전되는 소형 스택의 경우 실리콘과 같은 연성 개스킷으로도 충분한 실링을 얻을 수 있다. 일반적으로 PEMFC 또는 DMFC의 설계 시 가장 중요한 것은 개스킷이 연료전지(MEA)의 두께와 거의 같아야 한다는 것이다. 대형 또는 가압 스택의 경우 연성 개스킷은 압력에 의해 변형되어 가스 유동을 방해할 수 있다. 이는 (1) 더 단단한 개스킷 사용, (2) 유동 채널에 브리지(bridge)를 설치, (3) 유동 채널을 더 넓고 깊게 가공 등의 방법으로 방지할 수 있다.

12.8.2 SOFC

SOFC와 같은 고온형 연료전지는 실링과 관련된 문제가 많다. 대부분 특정 전지 및 스택 설계에 대하여 맞춤형 실링 설계를 사용한다. 원통형 및 일체형 SOFC(제13장 참조)는 실링이 전혀 필요하지 않다. 평판형 SOFC의 경우 단위 전지마다 많은 실링이 필요하므로, 면적에 따라 설계가 크게 변할 수 있다. SOFC용으로 개발된 실링들 중 대표적인 2가지는 접착형 실링과 압축형 실링이다[25, 26].

접착형 실링 접착형 실링은 두 가지 종류가 있는데, 먼저 단단한 형태의 실링은 주변의 다른 구성요소와 거의 비슷한 열팽창 계수를 가져야 한다. 부드러운 형태의 실링은 열팽창 계수가 매우 큰 폭으로 변할 수 있어야 하고, 접합 온도는 연료전지의 운전 온도와 다른 구성 부품의 안정성 한계 온도 사이의 값이어야 한다. SOFC에서 해결해야 할 문제 중 하나는 가스 누출이 없도록 세라믹 구성요소를 실링하는 것이다. 최근에는 연료전지의 운전 온도(650~800℃)와 비슷한 변이 온도를 갖는 유리와 세라믹을 실링으로 사용한다[25]. 이러한 실링은 연료전지가 가열될수록 재료가 부드러워지고 기밀한 실링을 형성하며, 유리와 유리 세라믹 실링은 필요한 특성을 갖도록 매우 다양한 조성비로 주문 제작이 가능하고, 가격이 저렴하며 제조 및 사용이 쉽다. 하지만 깨지기 쉽고 냉각 시 연료전지의 고장이 발생할 가능성 등의 단점이 있다. 대형 연료전지의 경우 유리 세라믹 재료는 원하는 대로 제작할 수 있음에도 불구하고 열팽창 계수가 적절하지 않으며, 유리의 이산화규소가 연료전지 내부로 이동하는 현상에 의해 성능의 열화를 초래할 수 있다. 또한, 때때로 연료전지 운전 중 증발될 수 있으며, 이는 다른 구성요소에 문제를 야기할 수 있다[25, 26].

또 다른 실링 재료는 용융 금속 충전재를 사용하는 금속 땜질로서 이는 완벽한 실링을 보장하며 제작이 쉬워 맞춤형 제작이 가능하다. 이러한 실링의 문제점들은 이들이 도체이며, 종종 SOFC의 운전 조건에 호환되지 않는다는 점이다. 접착형 실링은 조밀한 구조를 갖고, 따라서 부가적인 압력이 필요 없다.

압축형 실링 압축형 실링은 운전되는 온도 범위에서 탄성이 있어야 하며, 실링 할 부품 사이의 표면의 흠이나 굴곡(roughness)들을 채울 수 있을 만큼 충분한 연성을 가져야 한다. 접착형 실링과 비교할 때 압축형 실링이 가지는 장점은 열응력의 감소, 더 넓은 범위의 열팽창 계수, 낮은 가격 및 제작이 용이함 등이 있다. 하지만 압축형 실링은 원하는 온도 범위에서 실링의 역할이 가능한 재료를 찾는 것과 스택 구성요소들과 체결된 상태를 유지하기 위해 압력이 필요하다는 것이 문제가 되고 있다. 압축형 실링을 사용하기 위해서는 하중을 견딜 수 있는 프레임이 필요한데, 이는 부피가 크고 가격이 비싸며, 스택 설계를 복잡하게 만든다. 또한, 각 부품들이 제대로 동작하기 위해 필요한 압력이 서로 다를 수 있기 때문에 모든 구성요소들 사이의 압력의 균형을 맞추어야 한다[25, 26].

SOFC에 사용되는 압축형 실링에는 운모(mica), 운모 혼합 실링이 있다. 이러한 실링들은 열 순환 운동에 견디는 능력이 있으나, 가스 누출률이 크다. 이는 실링의 양쪽 면에 유리 박막(thin layer)을 넣어서 해결할 수 있다. 이와 같은 공정의 결과가 성공적이지만, 실링으로 사용하기 위해서는 개선해야 할 점이 많이 남아 있다.

12.9 엔드 플레이트

기존의 연료전지 스택들은 그림 12-10과 같이 표면(분리판과 엔드 플레이트)이 정확하게 서로 평행인 상태로 설계되어 있다. 엔드 플레이트는 연료전지 스택을 지지할 수 있도록 충분히 기계적으로 튼튼해야 하며, 연료전지 스택의 모든 각 단일전지의 표면에 압축력을 균일하게 분배할 수 있어야 한다. 수많은 단일전지로 구성된 연료전지 스택에서 허용 오차가 누적되면 연료전지 스택의 끝부분 단일전지는 평행에서 상당히 벗어나게 된다. 엔드 플레이트로 사용되는 재료들은 저온 스택 경우에는 매우 다양하지만 스택이 대형화될수록 연료전지 스택의 끝에서 단일전지의 표면으로 압축 강도를 균일하게 보내는 것은 더욱 중요해진다. 일부 연료전지 스택은 마지막 분리판이 엔드 플레이트 역할을 하도록 설계되어 있으나(한 면은 유동장, 반대쪽 면은 평평한 면), 대부분의 스택들은 마지막 분리판 다음에 별도의 판을 엔드 플레이트로 사용한다. 확실히 분리판과 엔드 플레이트가 분리된 것을 사용할 때 보다 엔드 플레이트 역할을 하는 분리판으로 사용할 재료의 선택 범위가 훨씬 더 제한적이다. 엔드 플레이트 재료의 선택 시 몇 가지 고려사항은 다음과 같다.

- 높은 압축 강도
- 진동 및 충격 저항성
- 요구하는 온도 범위에서 안정성
- 낮은 가격

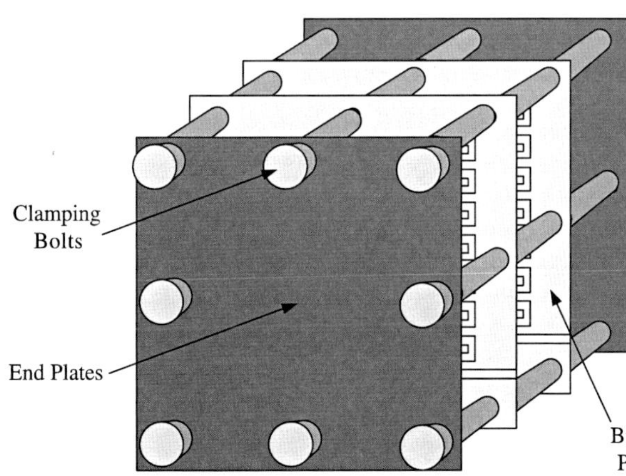

그림 12-10 엔드 플레이트, 조임 나사, 분리판으로 구성된 두 개의 단일전지 스택

- 기계적 안정성(스택을 위한 지지력 제공)

다음과 같은 재료들이 일반적으로 연료전지의 엔드 플레이트로 사용되고 있다.

- 그래파이트
- 스테인리스 강
- 알루미늄
- 티타늄
- 니켈
- 발포 금속(metal foam)
- PVC
- 폴리카보네이트
- 폴리에틸렌
- 기타 다양한 고분자들

앞에서 열거한 특성 외에 엔드 플레이트는 연료전지를 운전하기 위해 필요한 공기, 연료, 물 및 기타 재료를 받아들이는 역할을 하는 연결자 또는 단자를 포함해야 되기 때문에 기계 가공이 용이해야 한다. 단자들은 외부 배관을 통하여 서로 연결될 수 있으며, 연결자 또는 단자는 연료전지와 연결된 밸브, 열 교환기 및 기타 필요한 연료전지의 보조장치(balance-of-plant)에 연결된 배관으로 연결될 수 있다.

12.10 연료전지 분리판, 개스킷, 엔드 플레이트 및 전류 집전체의 제작

제작된 연료전지(MEA)에 따라(제11장 참조) 유동장의 설계를 선택해야 하며, 분리판, 개스킷, 엔드 플레이트, 전류 집전체를 제작할 적절한 재료를 선택해야 한다. 여기서 예시로 선택한 재료 및 설계는 표준 온도 및 압력, 공기 공급의 조건에서 작동하는 휴대용 단일 연료전지 스택을 기준으로 한 것이다. 본 예시의 스택 구성품들은 제13장에서 조립될 것이다.

12.10.1 분리판 설계

분리판을 제작하기 위한 재료는 저렴하고 가공이 용이한 것을 선택해야 하므로 그래파이트 또는 높은 전도도를 가지는 견고한 구조의 내부식성 재료를 사용한다. 유동장은 연료전지(MEA)에 적합하도록 설계되어야 하며 연료전지 스택의 크기는

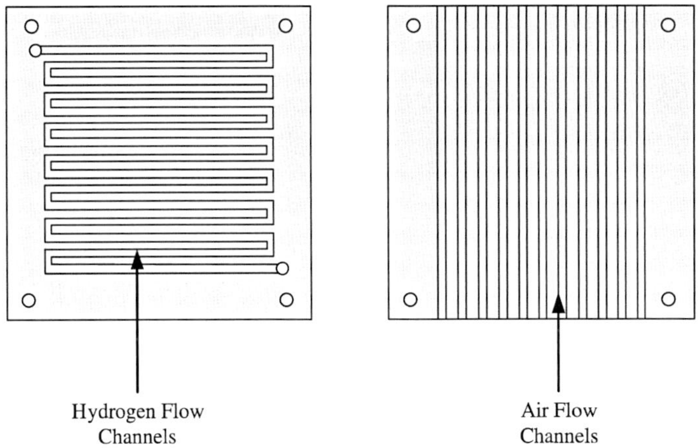

그림 12-11 PEMFC용 분리판의 수소 및 공기 유동 채널 설계

해당 사용 목적에 적절해야 한다. 이 장에서 설명한 바와 같이 가장 일반적인 분리판의 유동장 설계는 굴곡형이다. 많은 기계 가공 업체 및 연료전지 회사들은 설계도면을 제공해주면 다양한 재료를 가공하여 분리판을 제작해준다(Clean Fuel Cell Energy, LLC 등). 설계도면은 유동 채널의 설계, 분리판과 연료전지 스택을 결합하기 위한 나사나 기타 조임 장치를 위해 필요한 구멍들이 포함되어야 한다. 그림 12-11에 그래파이트로 만든 PEMFC 스택의 분리판의 예가 나타나 있다.

12.10.2 개스킷 선택

그림 12-12에 나타나 있는 소형 공기 흡입 스택은 0.010~0.020 inch 실리콘 개스킷을 사용한다(연료전지[MEA] 두께에 따라 다름). 또 다른 일반적인 방법은 애노드 개스킷으로는 0.010 inch 두께의 유리섬유 강화 실리콘 고무를, 캐소드 개스킷으로는 0.010 inch 두께의 푸란(furan)을 사용하는 것이다. 개스킷은 가스 누출을 방지하기 위한 실링 역할을 위해 전극/확산 층과 분리판 사이에 들어가는데, 그림 12-12에서 보는 바와 같이 개스킷은 MEA로의 가스 유동을 막지 않기 위해 MEA 및 유동 채널의 둘레에 위치하도록 내부를 잘라낸다.

12.10.3 엔드 플레이트

엔드 플레이트는 금속, 고분자, 또는 다양한 재료로 만들 수 있으며, 나사와 너트 또는 기타 조임 장치를 이용하여 스택이 정위치에 고정되도록 하고, 개스킷 및 금속 전류 집전체는 그림 12-13에 나타나 있는 것처럼 엔드 플레이트의 상단에 위치시키

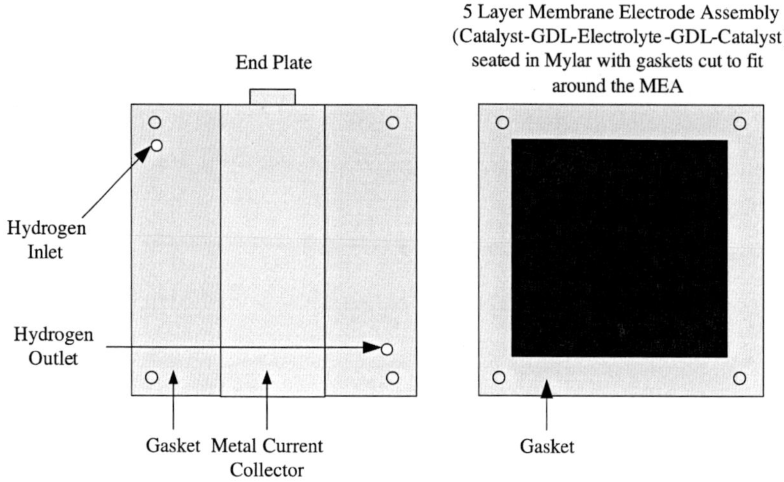

그림 12-12 PEMFC의 개스킷, 엔드 플레이트, MEA

거나 연결한다. 대부분의 휴대용, 공기 공급 연료전지 스택의 엔드 플레이트는 그림 12-13에서 보는 것처럼 개스킷/전류 수집기, 전도성 분리판의 바깥에 위치한다.

12.10.4 전류 집전체

금속 전류 집전체는 모든 종류의 전도성 금속으로 만들 수 있으며, 엔드 플레이트 위에 설치하여 전자를 수집한다. 사용되는 재료는 주석, 황동, 알루미늄 등의 다양한 금속들이다. 그림 12-12와 12-13에 전류 집전체 설계의 한 가지 예가 나타나 있다.

단원요약

실제 연료전지(MEA)는 제작 후 스택으로 조립되어야 한다. 분리판은 연료와 산화제를 균일하게 분배하고, 전류를 모아서 부하에 전력을 공급하고, 열, 물, 부산물을 균일하게 분배하거나 제거하는 등의 여러 가지 기능을 한다. 분리판은 특정 연료전지의 비용, 스택 크기, 화학적 저항성, 고온, 고압 등의 환경 조건에 의해 결정된다. 현재 연료전지에서 요구되는 모든 조건을 만족시키는 분리판은 없다. 적절한 분리판을 선택하는 것은 가장 전도도가 우수한 재료와 화학적 비활성, 제작 용이성 사이의 절충안을 찾아야 하는 어려운 문제이다. 분리판 제작에 일반적으로 사용되는 재료는 그래파이트, 코팅된 금속판, 복합재료 및 고온 세라믹 등이다. 이들 중 저온형 연료전지에서 가장 성능이 좋은 것은 비다공성 그래파이트인데 보호용 코팅이 필요 없고

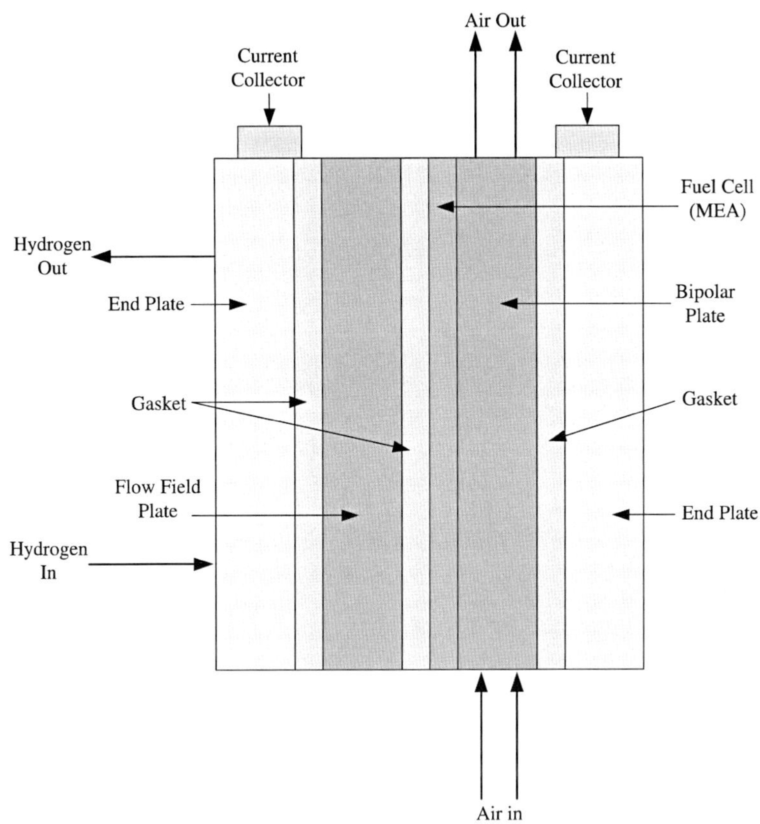

그림 12-13 단위 전지(PEMFC) 스택의 엔드 플레이트, 분리판, 개스킷, 전류 집전체, MEA

높은 부식 저항성과 우수한 열 전도도와 전기 전도도를 가진다. 그래파이트 분리판은 금속 분리판에 비해 전기 전도도, 압축 강도, 재활용성이 낮지만 여전히 대부분의 PEMFC와 DMFC에서 선호하는 재료이다. 하지만 대량 생산 효율이 낮아 가격이 비싸다. 복합재료 분리판은 공정이 복잡하지만 실링, 매니폴드, 냉각 시스템, 기타 기능들을 자유롭게 합쳐서 만들 수 있다는 장점이 있고, 그래파이트판에 비하여 제조가 쉽다. 고온형 연료전지의 유동장/전류 집전체/인터커넥터로 사용되는 재료는 연료전지가 운전되는 온도에 따라 다르다. 몇몇 세라믹과 스테인리스 강은 이러한 조건에서 잘 작동하지만, 고온형 연료전지 또한 저온형 연료전지에서처럼 분리판/인터커넥터 재료의 선택에서 동일한 난관에 직면하고 있다.

유동장 설계는 연료전지에 반응물을 균일하게 공급하고 생성물을 배출하기 위하여 매우 중요하다. 일반적으로 사용되는 설계는 기존의 굴곡형에서 병렬형, 깍지형,

핀형 또는 여러 유동장의 조합에 이르기까지 다양하다. 분리판의 생산에 다양한 공정이 사용가능한데 생산에 최적화되었는지, 연료전지 종류에 따라 대량 생산이 가능한지를 주의 깊게 고려하여 선택해야 한다. 엔드 플레이트의 설계 또한 주의 깊은 선택을 해야 한다. 엔드 플레이트가 연료 유동장의 일부가 아니라면 스택 압축에 견딜 수 있는 수많은 견고한 재료들로 만들 수 있다. 그러나 엔드 플레이트가 유동장 또는 냉각 채널을 갖는다면 분리판의 재료와 동일해야 하고 주의 깊게 선택되어야 한다.

연습문제

1. 캐소드에 9개의 병렬 채널이 있는 연료전지의 활성 면적이 25 cm^2이고 전류 밀도가 0.7 A/cm^2이다. 각 채널의 폭, 깊이, 채널 간격이 각각 1 mm, 1 mm, 1 mm이다. 입구의 공기는 75℃에서 100퍼센트로 가습된다. 압력은 2 atm이고, 유동장을 통과하며 0.2 atm의 압력 강하가 있다. 산소 화학량론비(stoichiometric ratio)는 2.0이다. 공기 입구 및 출구에서의 속도와 Reynolds 수를 계산하라.
2. 면적이 250 cm^2인 단일 PEMFC 그래파이트판의 캐소드 유동장을 통한 압력 강하를 계산하라. 스택은 70℃, 1 atm에서 100퍼센트 포화된 공기로 운전한다. 유동장은 폭, 깊이, 간격이 각각 0.8 mm, 1 mm, 1 mm인 24개의 병렬 굴곡형 채널로 구성되어 있다.
3. 연료전지의 활성 면적과 전류 밀도가 각각 250 cm^2, 0.6 A/cm^2이고 캐소드에 25개 병렬 채널이 있다. 각 채널은 폭, 깊이, 채널 간 간격이 각각 1.5 mm, 1.5 mm, 1 mm이다. 입구의 공기는 80℃에서 100퍼센트 가습된다. 압력은 3 atm이고, 유동장을 통한 압력 강하는 0.3 atm이다. 산소 화학량론비는 3.0이다. 공기 입구 및 출구에서의 속도, Reynolds 수와 압력 강하를 계산하라.

참고문헌

[1] O'Hayre, Ryan, Suk-Won Cha, Whitney Colella, and Fritz B. Prinz. *Fuel Cell Fundamentals*. 2006. New York: John Wiley & Sons.

[2] Barbir, Frano. *PEM Fuel Cells: Theory and Practice*. 2005. Burlington, MA: Elsevier Academic Press.

[3] Li, Xianguo, and Imran Sabir. "Review of Bipolar Plates in PEM Fuel Cells: Flow-Field Designs." *International Journal of Hydrogen Energy*. Vol. 30, 2005, pp. 359-371.

[4] Mehta, Viral and Joyce Smith Copper. "Review and Analysis of PEM Fuel Cell Design and Manufacturing." *Journal of Power Sources*. Vol. 114, 2003, pp. 32-53.

[5] Hermann, Allen, Tapas Chaudhuri, and Priscila Spagnol. "Bipolar Plates for PEM Fuel Cells:

A Review." *International Journal of Hydrogen Energy*. Vol. 30, 2005, pp. 1297-1302.
[6] Cha, S.W., R. O'Hayre, Y. Saito, and F.B. Prinz. "The Scaling Behavior of Flow Patterns: AModel Investigation." *Journal of Power Sources*. Vol. 134, 2004, pp. 57-71.
[7] U.S. Patent 6,551,736 B1. Fuel Cell Collector Plates with Improved Mass Transfer Channels. Gurau, Vladimir Gurau, Frano Barbir, and Jay K. Neutzler. Teledyne Energy Systems, Inc, Hunt Valley, MD. April 22, 2003.
[8] Nguyen, Nam-Trung and Siew Hwa Chan. "Micromachined Polymer Electrolyte Membrane and Direct Methanol Fuel Cells -A Review." *J. Micromech. Microeng*. Vol. 16, 2006, pp. R1-R12.
[9] Mench, M.M., Z. H Wang, K. Bhatia, and C. Y. Wang. "Experimental Study of a Direct Methanol Fuel Cell." Electrochemical Engine Center, Department of Mechanical and Nuclear Engineering, Pennsylvania State University, 2002.
[10] Wang, C. Y., M.M. Mench, S. Thynell, Z.H. Wang, and S. Boslet. "Computational and Experimental Study of Direct Methanol Fuel Cells." *Int. J. Transport Phenomena*. Vol. 3, August 2001.
[11] Hsieh, ShouShing, Ching-Fang Huang, Jenn-Kun Kuo, Huang-Hsiu Tsai, and Sheng-Huang Yang. "SU-8 Flow Field Plates for a Micro PEMFC." *Journal of Solid State Electrochemistry*. Vol. 9, 2005, pp. 121-131.
[12] Gulzow, E., M. Schulze, and U. Gerke. "Bipolar Concept for Alkaline Fuel Cells." *Journal of Power Sources*. Vol. 156, 2006, pp. 1-7
[13] Muller, M. C. Muller, F. Gromball, M. Wolfle, and W. Menz. "Micro-Structured Flow Fields for Small Fuel Cells." *Microsystem Technologies*. Vol. 9, 2003, pp. 159-162.
[14] Muller, M.A., C. Muller, R. Forster, and W. Menz. "Carbon Paper Flow Fields made by WEDM for Small Fuel Cells." *Microsystem Technologies*. Vol. 11, 2005, pp. 280-281.
[15] Feindel, Kirk, W. Logan, P.A. LaRocque, Dieter Starke, Steven H. Bergens, and Roderick E. Wasylishen. *J. Am. Chem. Soc*. Vol. 126, 2004, pp.11436-11437.
[16] He, Suhao, Matthew M. Mench, and Srinivas Tadigadapa. "Thin Film Temperature Sensor for Real-Time Measurement of Electrolyte Temperature in a Polymer Electrolyte Fuel Cell." *Sensors and Actuators A*. Vol. 12, 2006, pp. 170-177.
[17] Chen, X., N.J. Wu, L. Smith, and A. Ignatiev. "Thin Film Heterostructure Solid Oxide Fuel Cells." *Applied Physics Letters*. Vol. 84, No. 14, April 2004.
[18] Motokawa, Shinji, Mohamed Mohamedi, Toshiyuki Momma, Shuichi Shoji, and Tesuya Osaka. "MEMS-Based Design and Fabrication of a New Concept Micro Direct Methanol Fuel Cell." *Electrochem. Comm*. Vol. 6, 2004, pp. 562-565.
[19] Lee, Shuo-Jen, Yu-Pang Chen, and Ching-Han Huang. "Electroforming of Metallic Bipolar Plates with Micro-Featured Flow Field." *Journal of Power Sources*. Vol. 145, 2005, pp. 369-375.
[20] Hsieh, Shou-Shing, Sheng-Huang Yang, Jenn-Kun Kuo, Chin-Feng Huang, and Huang-Hsiu Tsai. "Study of Operational Parameters on the Performance of Micro PEMFCs with Different Flow Fields." *Energy Conversion and Management*. Vol. 47, 2006, pp. 1868-1878.
[21] Change, Min-Hsing, Falin Chen, and Nai-Siang Fang. "Analysis of Membraneless Fuel Cell Laminar Flow in a Y-Shaped Microchannel." *Journal of Power Sources*. Vol. 159, 2006, pp. 810-816.

[22] Choban, E.R., J.S. Spendelow, L. Gancs, A. Wieckowski, and P.J.A. Kenis. "Membraneless Laminar Flow-Based Micro Fuel Cells Operating in Alkaline, Acidic, and Acidic/Alkaline Media." *Electrochimica Acta.* Vol. 50, 2005, pp. 5390-5398.

[23] Cohen, Jamie L, Daron A. Westly, Alexander Pechenik, and Hector D. Abruna. "Fabrication and Preliminary Testing of a Planar Membraneless Microchannel Fuel Cell." *Journal of Power Sources.* Vol. 139, 2005, pp. 96-105.

[24] Cohen, Jamie L., David J. Volpe, Daron A. Westly, Alexander Pechenik, and Hector D. Abruna. "A Dual Electrolyte H_2/O_2 Planar Membraneless Microchannel Fuel Cell System with Open Circuit Potentials in Excess of 1.4 V." *Langmuir.* Vol. 21, 2005, pp. 3544-3550.

[25] The Fuel Cell Handbook. EG&G Technical Services. 7th ed. U.S. Department of Energy, Nov. 2004.

[26] Larminie, James and Andrew Dicks. Fuel Cell Systems Explained. 2000. John Wiley & Sons, Ltd, Chichester, England.

Chapter 13

연료전지 스택 설계

제11장 및 제12장에서 설명한 바와 같이 연료전지 설계 시에는 많은 변수들을 고려해야 한다. 설계 고려사항 중 가장 중요한 것은 전체적인 스택의 설계 및 구성이다. 대부분 일반적으로 사용되는 스택 구성은 앞 장에서 설명한 분리판 배치로서 그림 13-1에 나타나 있다. 이 장에서는 이외에 다양한 스택 구성들을 제시할 것이다. 이와 같은 모든 스택 구성 형태에 따라 재료, 설계, 구성요소를 제작하는 방법은 미세한 차이가 있다. 연료전지 스택의 설계 시 다음과 같은 몇 가지를 고려해야 한다.

- 요구 출력에 따른 크기, 무게, 부피
- 가격
- 운전 온도
- 가습 및 물 관리(적용 가능한 경우)
- 연료 및 산화제 압력
- 연료의 종류와 저장

이러한 문제점들은 설계 요구 사항이 되어 연료전지 시스템 전체를 설계하는 사람에게 도움이 되어야 한다. 기본적인 설계 변수 및 여러 요구 사항에 대한 요약이 표 13-1에 나타나 있다.

연료전지의 설계를 돕기 위하여 2개의 부록이 준비되어 있다. 연료전지 설계의 상세한 기술적인 내용과 모든 고객의 요구 사항을 만족시킬 수 있는 방법에 대한 포괄적인 계획이 수립되어야 한다. 부록 H는 제품 설계 규격에 대한 요약 목록을 제시하고 있다. 회사 또는 프로젝트의 규모에 따라서, 전체 보고서가 이 표의 일부 항목에 대하여 작성되어야 한다.

부록 I는 표 13-1보다 좀 더 상세한 목록을 제시하고 있으며, 설계자가 스택 설계에 있어서 중요한 세부 요소들에 대해 결정할 수 있도록 도와줄 것이다. 연료전지의

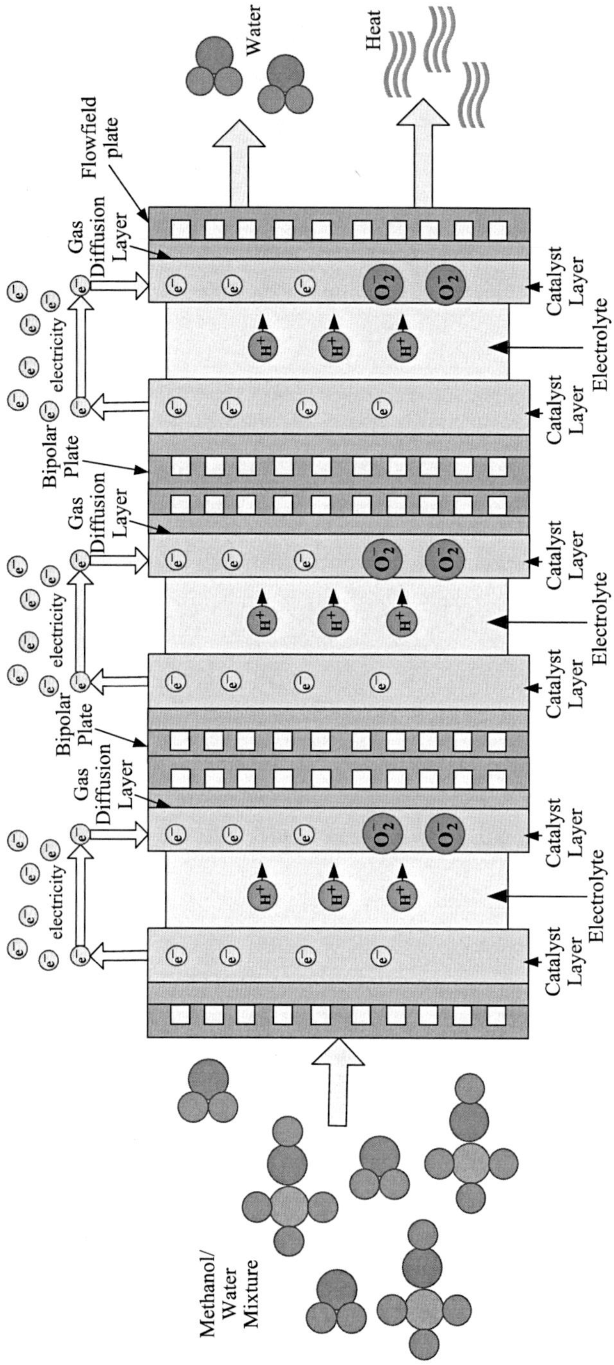

그림 13-1 DMFC 스택

표 13-1 연료전지 설계 변수

Requirements	▪ Power Density/Voltage ▪ Efficiency ▪ Start-up ▪ Transient Response ▪ Weight Size/Shape
Operation Conditions	▪ Temperature ▪ Pressure ▪ Humidity ▪ Flow Rate
Porous Electrode Layer or Gas Distribution Layer	▪ Thickness ▪ Material properties such as porosity, conductivity, temperature resistance, chemical resistance
Electrolyte Layer	▪ Thickness ▪ Material properties such as porosity, conductivity, temperature resistance, chemical resistance
Catalyst Layer	▪ Thickness/Loading ▪ Composition
Fuel Cell Design	▪ Bipolar Plate Material ▪ Channel Design/Layout ▪ Channel Size ▪ Rib Size ▪ End Plate Material ▪ Cooling Channels ▪ Cell Interconnects

설계는 제11장에서 설명하였으며, 분리판, 엔드 플레이트, 개스킷의 설계와 재료에 대해서는 제12장에서 설명하였다. 이 장에서는 이러한 구성요소를 연료전지 스택으로 통합하는 방법과 이때 마주할 수 있는 잠재적 문제에 대하여 설명할 것이다.

13.1 연료전지 스택 크기

연료전지 스택을 설계하려면, 2가지 독립적인 변수인 최대 출력, 전압 또는 전류를 고려해야 한다. 출력은 스택의 전압과 전류의 곱임을 상기한다.

$$W_{FC} = V_{st} \cdot I \tag{13-1}$$

필요한 최대 출력과 전압은 용도에 따라 다르므로 연료전지 스택 설계의 첫 단계는 원하는 용도에서 요구하는 전력량을 결정하는 것이다. 표 13-2에 일부 연료전지

표 13–2 연료전지의 몇 가지 용도에 따라 일반적으로 요구되는 출력과 전압

Application	Maximum power requirement	Voltage requirement	Average power supply
Cell Phone	1.2 to 3 W	1.2 to 4.2 V	1.7 W
Laptop	40 W	8 to 12.6 V	15 W
Fuel Cell Powered Scooter	5.9 to 7.7 kW	38 to 51 V	1.2 kW
Automobile	120 kW	255 to 284 V	50 to 85 kW
Backup Power Source	5 kW	24 to 30 V	1.26 kW
Stationary Power	10 to 500 kW	12 to 480 VAC	5 kW

의 용도에 따라 요구되는 최대, 평균 출력과 전압을 제시하고 있다.

특정 출력/전압 요구량은 해당 용도뿐만 아니라 산업 표준에 따라 다르다. 일반적으로 장치가 운전되는 중에 생성할 수 있는 출력과 전압의 최고치를 따르는 것이 가장 안전하다.

예제 13.1 표 13–2에 나타난 노트북용 연료전지를 설계한다. 연료전지는 40 W의 출력과 최대 약 13 V의 전압을 공급할 수 있어야 한다. 식 (13–1)을 사용하여 스택 전류는 다음과 같이 계산할 수 있다.

$$W = V_{st} \cdot I$$

$$40 \text{ watts} = (13 \text{ V}) * I$$

$$I = 3.08 \text{ A}$$

평균 출력이 15 W이고 평균 전압이 12 V인 경우, 식 (13–1)을 사용하여 다시 스택 전류를 계산하면 다음과 같다.

$$15 \text{ watts} = (12 \text{ V}) * I$$

$$I = 1.25 \text{ A}$$

전류 밀도를 0.6 A/cm^{2}로 가정하고 식 (13–2)를 사용하면, 필요한 총 활성 면적은 5.13 cm^{2}이다. 각 단일전지의 면적이 2 cm^{2}이라면, 최대 출력을 공급하기 위해 필요한 연료전지는 약 2.6 또는 3개가 된다.

연료전지 스택 설계 시 또 다른 초기 고려 사항은 전류와 출력 밀도이다. 이들은 처음부터 바로 계산하는 것이 불가능하고, 요구 출력, 스택 전압, 효율, 체적과 무게의 한계로부터 계산할 수 있다. 전류는 전류 밀도와 활성 면적의 곱으로 계산된다.

$$I = i * A_{cell} \tag{13–2}$$

연료전지의 전위차와 전류 밀도의 관계는 분극 곡선으로 나타낼 수 있다.

$$V_{cell} = f(i) \tag{13-3}$$

분극 곡선은 실험으로 얻은 연료전지의 출력으로 결정되며, 설계자가 적절한 출력을 얻기 위해 필요한 스택 크기를 결정하는 데 도움을 준다. 그림 13-2~13-8에 단일 PEMFC, DMFC, SOFC, PAFC, MCFC, AFC, PCFC의 분극 곡선들을 나타내었다. 설계자는 분극 곡선 상의 전압과 그에 해당하는 전류 밀도를 이용하여 공칭 운전점(nominal operating point)을 선택한다. 대부분의 연료전지 개발자는 공칭 출

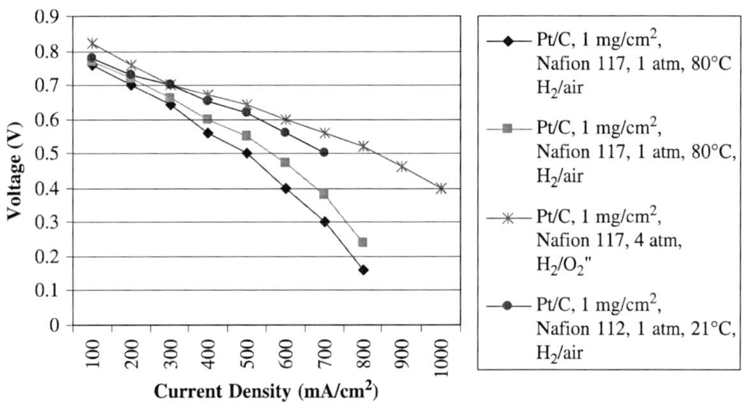

그림 13-2 단일 PEMFC의 분극 곡선[33, 34]

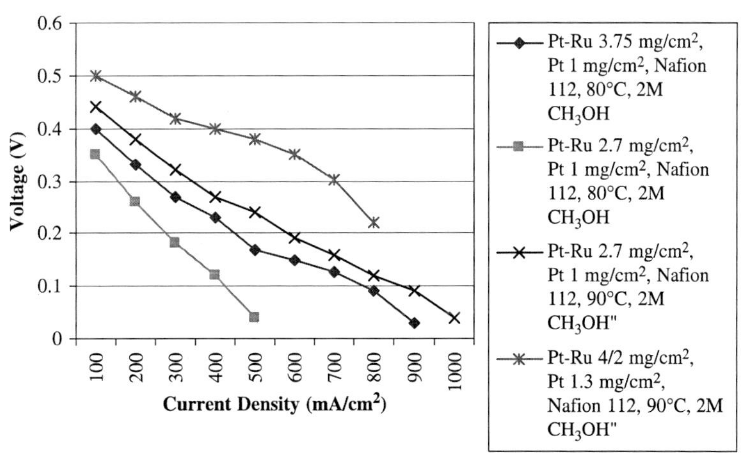

그림 13-3 단일 DMFC의 분극 곡선[29, 30]

력을 얻기 위해 0.6~0.7 V 사이의 공칭 전압을 사용한다. 연료전지 시스템은 정확한 설계, 재료, 운전 조건, 보조 장치, 전자회로들이 선택된다면 단일전지당 0.8 V 또는 그 이상의 공칭 전압으로 설계할 수 있다. 보조 장치 구성요소, 전자회로, 연료의 종류, 운전 조건은 제14장에서 제16장에 걸쳐 설명할 것이다.

그림 13-2~13-8에 나타나 있는 것처럼, 연료전지의 성능은 용도별 요구사항에 따른 압력, 온도, 습도에 의해 결정되므로, 때로는(연료전지 종류에 따라) 온도, 압력, 습도를 증가시키고 기타 중요한 연료전지의 변수들을 최적화하여 성능을 향상시킬 수 있다. 이러한 특정 변수들을 최적화 할 때 시스템의 문제, 무게, 가격이 중요한 요인으로 작용하기 때문에 압력, 온도, 습도와 같은 변수들의 증가시킬 수 있는 값은 용도에 따라 다르다. 그림 13-2~13-8은 문헌에 나타나 있는 실제 결과를 보여

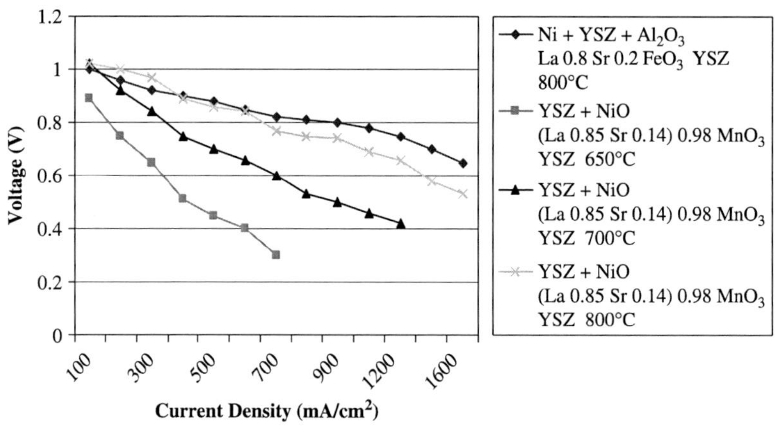

그림 13-4 단일 SOFC의 분극 곡선[13, 14]

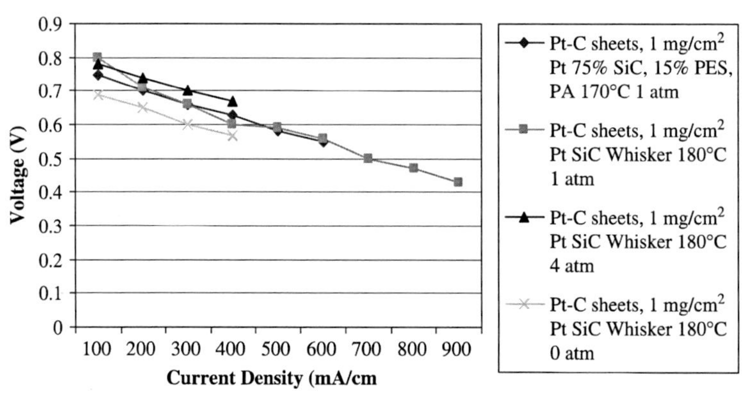

그림 13-5 단일 PAFC의 분극 곡선[16, 17, 18]

주고 있는데, 대다수의 제조업체들은 제시된 결과보다 더 우수한 성능을 얻고 있지만, 보통 공개하지 않는다. 제16장에서는 연료전지의 운전 조건에 대해 보다 상세히 설명할 것이다.

연료전지를 설계할 때 설계자는 연료전지가 최대 출력에서 운전할 필요가 있을 때의 출력 밀도를 결정해야 한다. 최대 출력을 낮은 전력 밀도에서 얻으려면, 분극 곡선의 좌측 부분을 이용하고, 연료전지 면적 및 스택 크기를 크게 한다[4]. 소형, 휴대용 연료전지 경우, 효율을 최대로 해야 하며, 면적당 출력 밀도가 높아야 한다. 출력 밀도가 높을수록 전압과 스택의 크기가 작아지고 가격이 낮아진다.

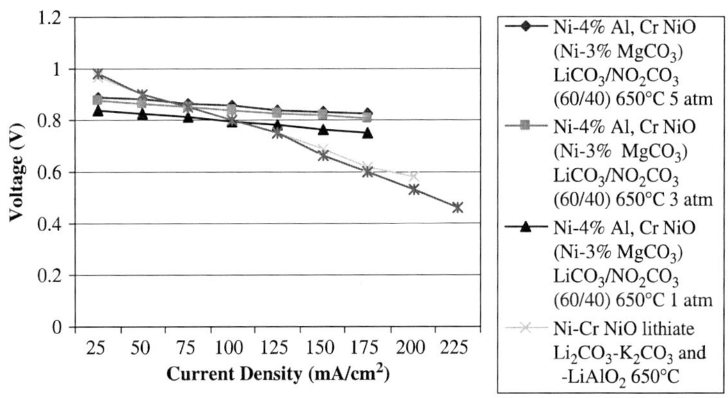

그림 13-6 단일 MCFC의 분극 곡선[26, 27, 28]

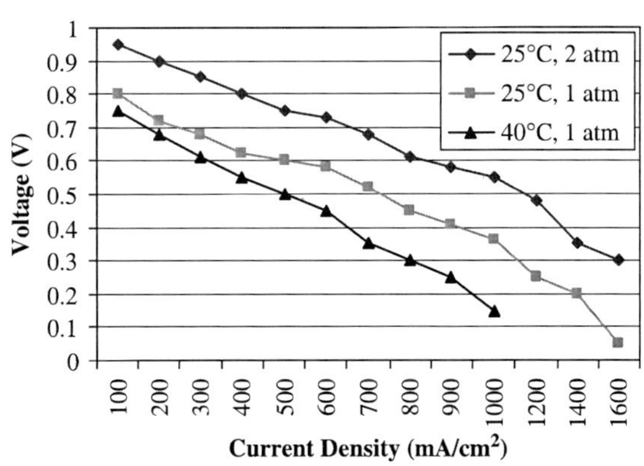

그림 13-7 단일 AFC의 분극 곡선- 애노드는; PTFE 8%; Raney Ni 77%, Cu 15%, 캐소드는: PTFE 분말 10%, Ag 90%, 전해질은: 30 wt.%의 KOH가 들어있는 3 mm 두께의 석면[22, 24]

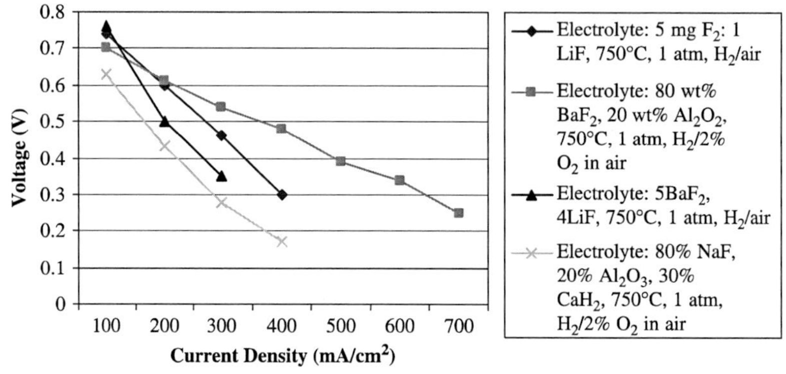

그림 13-8 단일 PCFC의 분극 곡선[15]

13.2 단일전지 개수

스택에 들어가는 단일전지의 수는 필요한 최대 전압과 운전 전압에 의해 결정된다. 스택의 총 전위차는 스택 전압의 합 또는 단일전지의 평균 전위차와 스택의 단일전지 개수의 곱과 같다.

$$V_{st} = \sum_{i=1}^{N_{cell}} V_i = \overline{V}_{cell} * N_{cell} \tag{13-4}$$

단일전지의 면적은 스택에서 요구되는 전류를 얻을 수 있도록 설계되어야 한다. 이 전류 값을 스택의 총 전압과 곱하면, 스택에 대한 최대 요구 출력을 구할 수 있다. 대부분의 연료전지 스택은 단일전지들이 직렬로 연결되어 있으나, 스택은 총 전류 값을 증가시키기 위하여 병렬로 연결하도록 설계할 수 있다. 단일전지는 조립하기 어렵고, 저항 손실이 클 수 있기 때문에 작거나 매우 큰 활성 면적을 갖는 단일전지를 대량으로 사용하지 않는다.

활성 면적이 큰 연료전지를 사용하는 경우, 균일한 온도를 얻기 어렵고, 습도와 물 관리 조건도 균일하게 얻기 어렵다. 표 13-3에 다양한 연료전지의 종류별 평균 전압, 전류 밀도, 출력 밀도를 정리하였다. 표 13-3에 나타나 있는 전류 밀도는 문헌에서 볼 수 있는 추산된 값이며, 연료전지의 종류와 시스템에 따라 종종 더 높은 값(최대 1,500 mA/cm^2)이 될 수 있다.

전압 및 전류 밀도는 공칭 출력에서의 값이며, 분극 곡선 상의 임의의 점에서 선택할 수 있다. 선택된 평균 전압과 그에 해당하는 전류 밀도는 스택 크기와 효율에

표 13-3 다양한 연료전지의 종류에 따른 전압 및 전류 밀도

Fuel cell type	Average voltage (full load voltage) (V)	Current density (mA/cm^2)
PEMFC	0.60 to 0.70	300 to 1000
DMFC	0.35 to 0.40	200 to 600
AFC	0.70 to 0.80	300 to 800
MCFC	0.60 to 0.80	200 to 600
PAFC	0.60 to 0.70	300 to 600
SOFC	0.70 to 0.80	300 to 1200
PCFC	0.50 to 0.60	200 to 600

큰 영향을 미친다. 전압이 높을수록 효율이 높다는 것을 의미하며, 효율은 연료전지의 재료, 유동 채널 설계와 시스템의 온도, 열, 습도, 압력, 반응물 유량 등의 조건의 최적화에 따라 결정된다. 연료전지 스택의 효율은 다음과 같은 식으로 구사할 수 있다.

$$\eta_{stack} = \frac{V_{cell}}{1.482} \tag{13-5}$$

예제 13.2 스쿠터에 동력을 공급하기 위해 출력이 5.9 kW인 연료전지의 전압, 전류, 면적, 단일전지 수를 설계하라.

그림 13-2의 분극 곡선을 참고하면, 0.6 V가 약 500 mA/cm^2에서 얻어진다. 비정상적인 급가속에 대한 여유를 얻기 위하여, 이와 같은 첨두 출력 이하의 값을 종종 선택한다. 그림 13-2의 전압과 전류 밀도는 이미 측정된 값이므로, 0.6 V 및 500 mA/cm^2를 운전 전압 및 전류 밀도로 사용한다.

연결될 단일전지의 수는 요구되는 운전 전압에 따라 결정된다. 전기 스쿠터 산업체들은 48 V 전기 모터를 표준으로 채택하였으므로, 단일전지의 수는 가장 일반적으로 필요한 출력에서 스택이 운전될 때 48 V가 나오도록 선택한다. 이같은 요구사항을 만족하는 연료전지의 총 전류는 5,900 W/0.6 V=9,833.3 A이다. 단일전지의 수는 요구 전압의 함수이므로 48 V/0.6 V=80개의 단일전지가 필요하다. 총 면적은 9,833.3 A/0.5 A/cm^2= 19,666.6 cm^2이고 단일전지당 면적은 19,666.6 cm^2/80개이므로 단일전지당 약 246 cm^2이다.

13.3 스택 구성

기존의 양극형(bipolar) 스택 설계에서 스택은 단일전지의 캐소드가 이웃한 단일

전지의 애노드와 직렬 연결되어 있는 많은 단일전지를 갖고 있다. 연료전지 스택의 주요 구성요소는 단일전지(MEA), 개스킷, 전기적으로 연결해 주는 분리판, 엔드 플레이트이다. 단일전지들은 나사, 봉, 조임쇠 등을 이용하여 체결한다. 연료전지 설계의 적합성을 검토할 때 다음과 같은 사항들을 고려해야 한다.

- 연료 및 산화제는 각 단일전지로 균일하게 분배되어야 하며, 단일전지의 표면 전체에 걸쳐 균일하게 분배되어야 한다.
- 온도는 스택 전체에 걸쳐 일정해야 한다.
- 고분자 전해질을 사용하는 연료전지를 설계하는 경우, 멤브레인이 마르거나 flooding이 없도록 해야 한다.
- ohmic 손실은 최소화해야 한다.
- 스택은 확실히 실링되어 가스 누출이 없도록 해야 한다.
- 스택은 견고하여 사용 환경에 견딜 수 있어야 한다.

가장 일반적인 연료전지 구성은 그림 13-9와 같으며, 이 책의 전체에서 설명하고 있는 바와 같다. 각 단일전지(MEA)는 연료와 산화제를 분배하기 위해 양면에 유동장을 가진 판(분리판)에 의해 분리되어 있다. 연료전지 스택의 엔드 플레이트는 한 쪽 면에만 유동장을 가진다. 연료전지 스택의 대부분은 연료전지의 종류, 크기, 사용하는 연료에 관계없이 이러한 구성을 가진다.

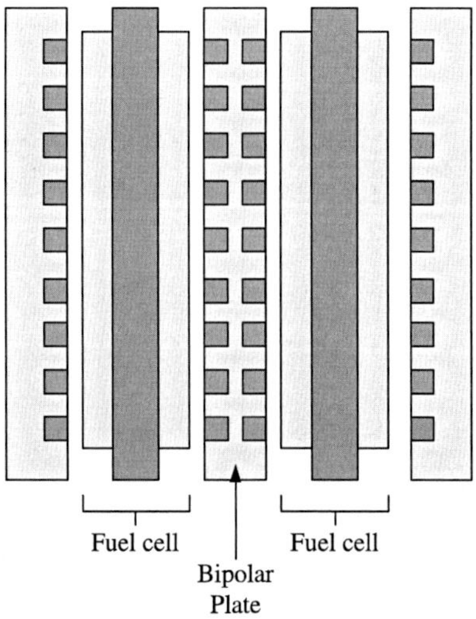

그림 13-9 일반적인 연료전지 스택 구성(2-전지 스택)

또 다른 연료전지의 구성은 고온형 연료전지에 일반적으로 사용되는 원통형(tubular) 구성으로, 전체적으로 전기적인 접촉을 함으로써 서로 직렬 연결된다. 원통형 연료전지의 경우 일반적으로 길이가 30 cm 이상이며, 내부의 다공성 지지체 원통은 원통형 구조를 유지한다[38]. 이와 같은 연료전지 형태에서는 전류가 한 단일전지에서 이웃한 단일전지로 흐르는 경로가 짧으므로 ohmic 손실이 작다. 원통형 단일전지들이 빽빽하게 배치된 경우에는 단일전지들을 병렬로 연결하는 것이 쉽다. 그림 13-10에 원통형 구조의 예가 나타나 있다.

이외에도 다양한 연료전지 스택 설계가 사용되고 있다. 최근 Lynnetech 사에서 그림 13-11과 같이 기존의 분리판 대신에 기둥형 유동장을 사용하는 흥미로운 설계(U.S. Patent No. 7,125,625)를 고안하였다. 전도성을 가지는 기둥들이 가스 격리판

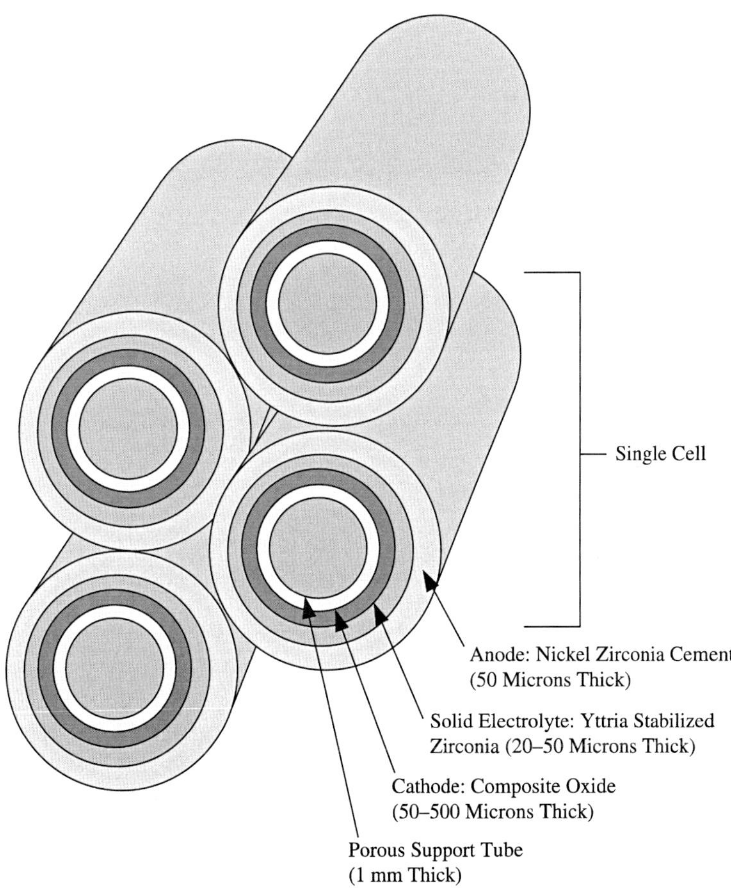

그림 13-10 SOFC 연료전지의 스택 구성(4-전지 스택)[38]

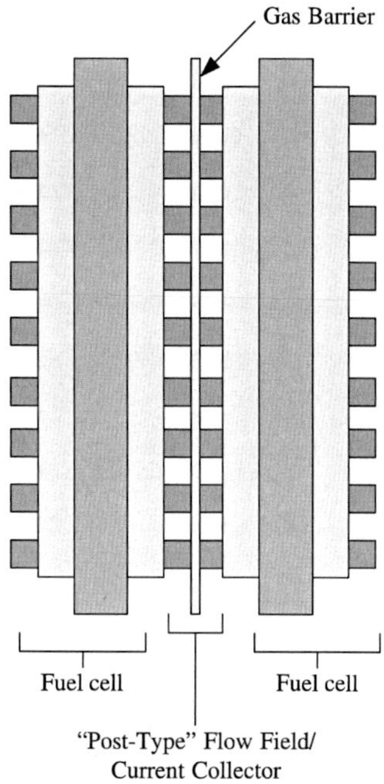

그림 13-11 기둥형 유동장/전류 집전체를 사용한 연료전지 스택의 단면도[43]

의 양면에 반응물의 유동장을 형성한다.

크기가 큰 연료전지 스택보다 면적이 1 cm^2 이하인 MEMS(micro electro mechanical) 연료전지를 사용하면 연료전지 설계 및 구성을 좀 더 다양하게 할 수 있으

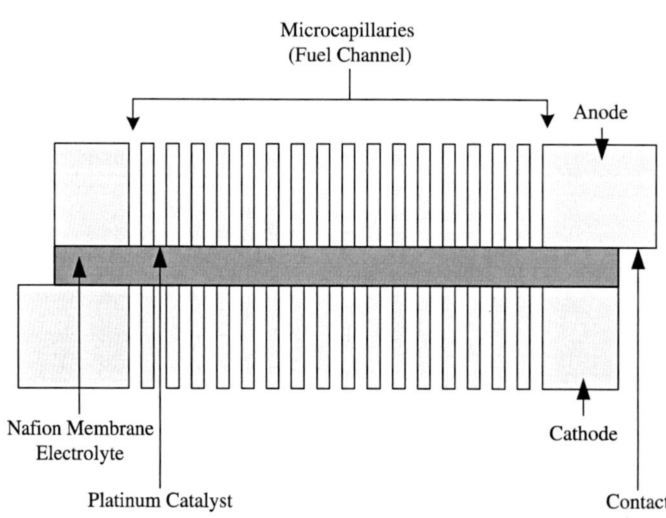

그림 13-12 다공성 실리콘-기반 마이크로-DEFC 스택의 단면도[39]

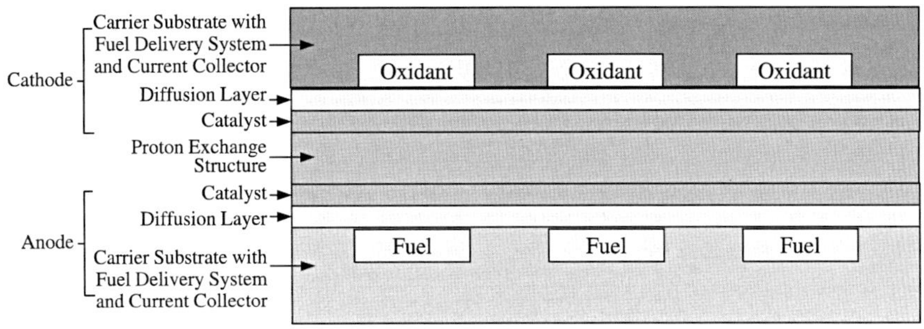

그림 13-13 기존의 소형 연료전지 스택의 단면도[40]

며, 이에 대한 주목할 만한 설계가 그림 13-12에 나타나 있다. 유동장은 실리콘으로 구성되어 있으며, 프로톤 교환 멤브레인(PEM)은 두 유동장 사이에 고정되어 있다. 백금은 작은 기둥들 위에 증착되어 촉매와 전류 집전체의 역할을 동시에 한다. 유동장은 모세관 압력을 이용하여 연료를 정확하게 분배하고 크로스오버를 최소화하기 위하여 정밀하게 제작되어야 한다. 각 전극의 면적은 1 cm^2이다[39].

소형 연료전지는 기존의 양극형(bipolar)(그림 13-13)과 평면형(그림 13-14)의 두 가지 기본 설계를 사용한다. 평면형 설계의 경우 2차원 설계이며 양극형과 비슷한 성능을 얻기 위해서는 넓은 표면적이 필요하다. 연료와 산화제는 연료전지의 한쪽 면에 있는 채널들을 통해 전달된다. 연료와 산화제 채널은 서로 순차적으로 교차되고(깍지형과 유사), 연료전지의 반응은 채널들 사이에서 진행된다[40].

그림 13-15와 같은 초소형 연료전지의 구조는 보통 실리콘으로 제작하며 연료와 산화제가 섞이지 않고 층류(laminar flow)로 전달될 수 있는 작은 크기로 설계한다[41]. 연료와 산화제는 별도의 입구를 가지며, 전극은 실리콘 구조 위에 스퍼터링(sputtering)이나 증발(evaporation) 방법을 사용하여 증착한다.

그림 13-16의 초소형 연료전지 설계는 미국 특허번호 7,029,781에서 인용한 것으로 연료와 산화제를 운반하는 애노드 채널과 캐소드 채널을 분리하는 분리기(divider)

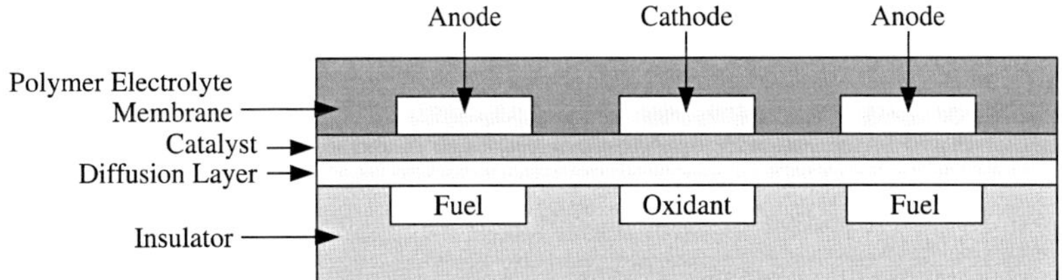

그림 13-14 평면형 소형 연료전지 스택의 단면도[40]

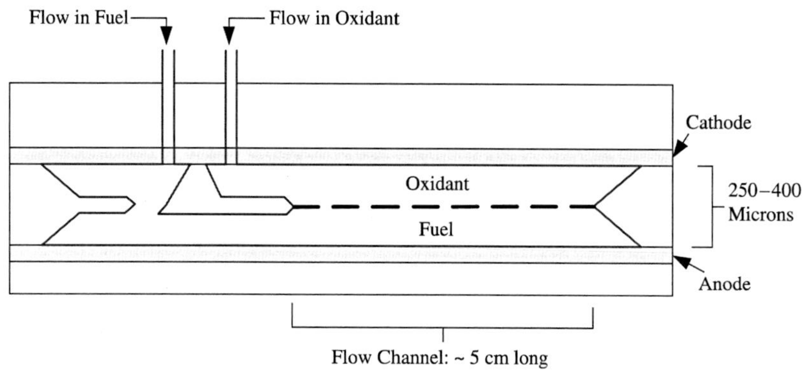

그림 13-15 멤브레인이 없는 초소형 연료전지 스택의 단면도[41]

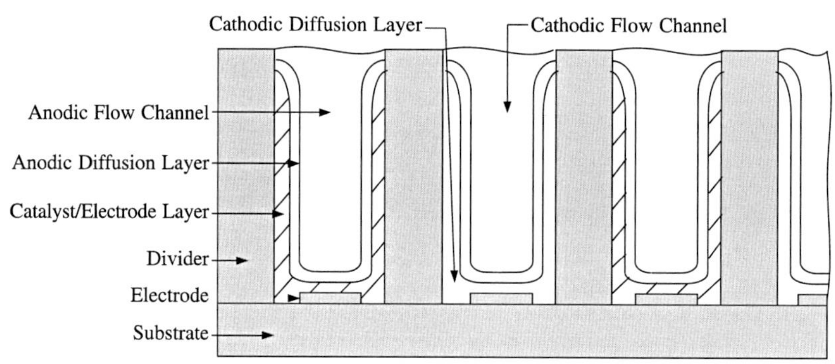

그림 13-16 초소형 연료전지 스택의 단면도[42]

를 갖고 있다. 이와 같은 설계는 뛰어난 촉매 면적-대-부피의 비를 가지며 반응물이 교차하여 흐르도록 하여 우수한 연료전지 냉각 성능을 제공한다.

13.4 연료 및 산화제 분배

연료전지의 성능은 반응물의 유량에 의해 결정되는데, 반응물의 불균일한 분배는 단일전지들의 성능이 서로 달라지는 결과를 가져온다. 각 단일전지에 반응물 공급을 병렬로 함으로써 균일한 반응물 유동을 얻을 수 있다. 반응물 가스는 하나의 매니폴드(manifolds)를 통하여 스택 내부의 모든 단일전지에 병렬로 공급되어야 한다. 일부 스택은 외부 매니폴드를 사용하며, 그 외의 스택들은 내부 매니폴드 시스템을 사용하고 있다. 외부 매니폴드의 장점 중 하나는 단순하다는 것인데, 매니폴드 내부의 압력 강하를 줄여주고, 단일전지 사이의 유동 분배를 향상시킨다. 한 가지 단점은 가스의 유동 방향이 반대이므로 전극의 온도 분포가 불균일해질 수 있다는 점이다. 각 외부 매니폴드는 가스 누출을 방지하도록 스택의 모서리에 실링을 하기 위한 개스킷이 필요하다. 내부 매니폴드는 연료전지 내부의 자체 채널을 통하여 가스를 분배하며, 가스의 유동 방향이 좀 더 자유롭다는 장점이 있다. 가장 일반적인 방법은 스택이 조립될 때 분리판 내부의 구멍들이 정렬되어 형성된 배관들을 이용하는 방법이다. 내부 매니폴드는 스택을 좀 더 자유롭게 설계할 수 있도록 해주지만, 연료 유동 채널 분배 설계에 따라 분리판의 설계가 복잡해진다는 단점이 있다. 연료전지에 가스를 공급하고 수집하는 매니폴드는 크기가 정확해야 한다. 매니폴드를 통한 압력 강하는 균일한 유동 분배가 가능하도록 각 단일전지에서 발생하는 압력 강하보다 작은 크기이어야 한다. 단일전지에 대한 유동을 분석하면,

1. 각 연결부로 공급되는 유량은 배출되는 유량과 동일해야 한다.
2. 각 부분의 유동은 유량과 유동 길이의 함수인 압력 강하를 가져야 한다.
3. 폐 루프(closed loop)에서 압력 강하의 합은 0이 되어야 한다.

스택을 설계할 때 매니폴드의 구조, 크기, 수, 전반적인 가스 유동의 패턴, 가스 채널 깊이, 전극의 반응을 위한 활성 면적 등의 요인들을 고려해야 한다. 매니폴드 구멍들의 형상은 사각형에서 원형까지 다양할 수 있으며, 구멍의 면적이 유동 속도 및 패턴을 결정하므로 중요하다. 유동 패턴은 일반적으로 그림 13-17과 같이 배출 가스가 유입 가스의 반대 방향으로 흐르는 U-형(역 유동) 또는 그림 13-18과 같이 유입 및 배출 가스 방향이 동일한 Z-형(병렬 흐름)이다. 매니폴드 내부의 압력 변화는 스택 내부의 적층된 단일전지에 유동 분배를 균일하게 하도록 유동 구조 채널 내부보다 훨씬 작다[58].

압력 강하는 Bernoulli 식으로 계산할 수 있다.

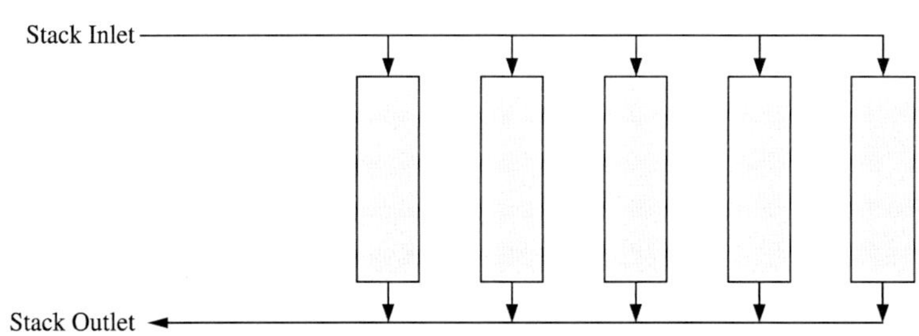

그림 13-17 U-형 매니폴드

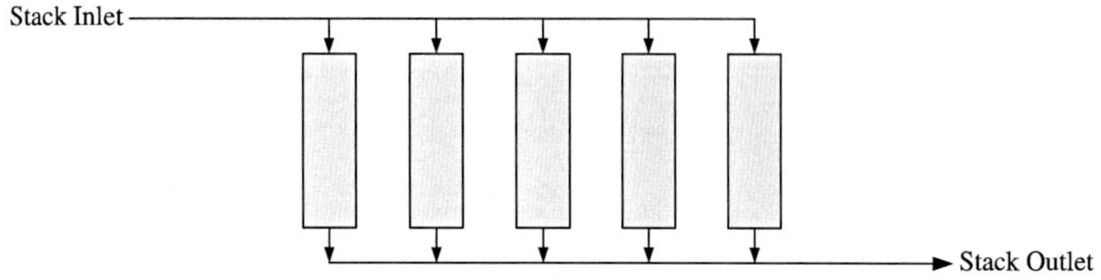

그림 13-18 Z-형 매니폴드

$$\Delta P(i) = -\rho\frac{[u(i)]^2 - [u(i-1)]^2}{2} + f\rho\frac{L_s}{D_H}\frac{[u(i)]^2}{2} + K_f\rho\frac{[u(i-1)]^2}{2} \tag{13-6}$$

여기서, ρ는 가스의 밀도(kg/m^3), v는 속도(m/s), f는 마찰 계수, L_s는 매니폴드의 부분 길이(m), D_H는 매니폴드의 부분 수력(hydraulic) 직경(m)이고, K_f는 국소 압력 손실 계수이다.

층류(laminar flow)인 경우($Re < 2300$), 원통형 배관의 마찰 계수 f는

$$f = \frac{64}{Re} \tag{13-7}$$

연료전지 매니폴드의 벽은 스택이 분리판과 함께 결합되었을 때 거친(rough) 것으로 고려한다. 난류의 경우 마찰 계수는 벽 거칠기의 함수이다. 마찰 계수는[3]

$$f = \frac{1}{\left(1.14 - 2\log\frac{\varepsilon}{D}\right)^2} \tag{13-8}$$

여기서, $\frac{\varepsilon}{D}$는 상대적 거칠기로서 최대 0.1의 값을 가진다.

13.5 상호연결 (Interconnection)

앞에서 설명한 것처럼 단일전지당 전압은 약 0.6~0.7 V인 작은 값이다. 따라서 필요한 전압을 얻기 위해서는 많은 단일전지들을 직렬로 연결해야 하는데, 가장 간

단한 방법은 각각의 애노드와 캐소드를 직선으로 연결하는 것이다. 이때 전자들이 전압의 손실없이 전극의 표면을 가로질러 전류 집전체로 흐를 수 있어야 하기 때문에 이 방법은 전극이 뛰어난 전도체이거나 전류가 매우 낮은 경우에만 사용할 수 있다.

일반적인 단일전지 연결 방법은 이 책에서 여러 번 설명하였던 분리판을 상호연결용으로 사용하는 것이다(제12장 참조). 분리판은 한 단일전지의 캐소드를 다음 단일전지의 애노드와 전기적으로 연결함과 동시에 애노드로 연료를 공급하고 캐소드로 산소를 공급한다. 많은 연료전지에서 분리판을 사용하지만, 모든 연료전지에 사용되는 것은 아니다. 13.5.1~13.5.2절에서는 또 다른 종류의 상호연결을 설명한다.

13.5.1 SOFC

SOFC에 사용되는 인터커넥터 재료는 800~1,000℃의 온도를 견딜 수 있어야 한다. 이러한 재료들 대부분이 YSZ 전해질과 열팽창 계수가 다르므로 SOFC의 상호연결을 위한 재료를 찾는 것은 매우 중요한 문제이다. 이러한 문제를 해결하기 위하여 Siemens 사에서 개발한 $Cr_5Fe-Y_2O_3$ 합금과 같은 새로운 합금들을 개발하고 있다[61]. 하지만 이러한 재료들은 캐소드를 크롬으로 피독시킬 수 있다. 크롬은 인터커넥터에서 기화되어 (La, Sr)MnO_3(LSM)/YSZ/gas의 3상 경계에 증착되어 급격한 촉매 비활성화를 가져온다[61]. 저온형 SOFC의 경우, 인터커넥터의 재료로 크롬이 포함되지 않고 가격이 더 저렴한 재료를 사용할 수 있다(제12장 참조). 일부 재료들은 전기 전도도를 낮추고 물질 전달을 방해하는 산화물 코팅을 형성한다.

원통형 SOFC 설계에서 가장 일반적으로 사용되는 인터커넥터의 재료는 란탄 크롬철강(lanthanum chromite)이며, 전도도를 증가시키기 위하여 마그네슘이나 알칼리 금속들을 섞는다[61]. 원통형 SOFC들 사이의 상호연결의 예시가 그림 13-19에 나타나 있다. 인터커넥터로 사용하는 재료는 조밀한 상태를 만들 수 있도록 매우 높은 온도(1,625℃)에서 소결시켜야 한다. 앞에서 언급한 바와 같이 SOFC의 제작에 사용되는 모든 재료가 기계적, 화학적으로 호환성이 있어야 하며, 비슷한 열팽창 계수를 가져야 하고, 증착된 각 층들 사이가 완벽하게 접착되어야 하는 것 등의 중요한 문제들이 해결되어야 한다.

13.5.2 AFC

현재 대부분의 AFC 시스템은 가스쪽 전극(가스 채널쪽의 전극 부분) 위에 PTFE 층을 가진다. PTFE는 절연체이므로 전극 표면에 전기적 연결을 만들기 어렵다. 따

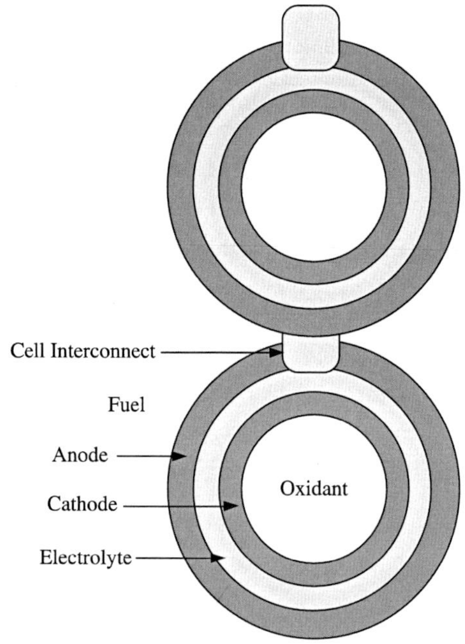

그림 13-19 원통형 SOFC의 상호연결

라서 일반적인 분리판 구성은 AFC에서 사용할 수 없다. 연결부는 보통 전극의 모서리 부분에 만들거나, 때로는 간단히 전선을 사용하여 한 단일전지의 캐소드를 다른 단일전지의 애노드와 연결하기도 한다. 이로 인하여 복잡한 직렬/병렬연결이 만들어진다. AFC의 캐소드들은 서로 마주보고 있어서 한 개의 채널로 2개의 캐소드에 공기를 공급할 수 있다. 복잡한 연결 패턴은 가끔 이온 전도성인 전해질이 스택 내의 모든 단일전지와 접촉하고 있기 때문에 발생하는 연료전지 전해질 내의 내부 전류로 인한 문제점을 줄이기 위하여 사용된다. 병렬연결은 전압을 감소시키는 반면에 전류를 증가시키고, 교류 패턴은 때때로 전해질 내부의 전기장의 균형을 이루는 데 도움을 준다[61].

13.6 스택 결합(Clamping)

스택 결합 및 단일전지들의 조립에 대한 설계는 연료전지의 성능에 상당한 영향을 미칠 수 있다. 연료전지 내부의 층 사이에서 반응물이 누출되는 것을 방지하고, 접촉 저항의 최소화를 위하여 스택 구성요소들을 서로 결합시키는 데 적절한 압력이 필요하다. 결합력은 개스킷, 연료전지 층, 내부 힘들에 압축을 가하기 위해 필요한 힘과 같다. 결합력은 구성요소 간 접촉 계면의 특성에 영향을 준다. 개스킷, 분리판, 엔드 플레이트들에 비해서 단일전지 층들의 두께가 얇고 기계적 강도가 낮기 때문에 스택의 설계와 조립에 있어서 가장 중요한 목표는 정확하고 균일한 압력 분배를 얻는 것이다. 만약 부적절하거나 불균일한 결합력이 가해지면, 연료 누출, 내부 연소, 허용 불가능한 접촉 저항과 같은 문제가 발생한다. 너무 강한 압력은 단일전지의 층들을 손상시킬 수 있으며, 기공 구조의 파괴와 가스 확산 통로의 봉쇄와 같은 결과를 초래하여 연료전지의 성능이 감소하게 된다. 모든 스택들은 각기 사용된 재료와 설계가 다르므로 서로 다른 결합력을 가진다. 나사의 토크는 다음의 식으로 계산할 수 있다[3].

$$T_t = \frac{F_{clamp} K_b D_b}{N_b} \tag{13-9}$$

여기서, T_t는 조이는 토크(Nm), F_{clamp}는 결합력(N), K_b는 마찰 계수, D_b는 나사의 공칭 직경(m), N_b는 나사의 개수이다.

13.7 PEMFC 물 관리

앞에서 언급한 바와 같이 PEMFC에서 최적의 성능을 얻기 위해 중요한 과제는 MEA 내의 물 균형을 유지하는 것이다. 고분자 멤브레인의 프로톤 전도도는 수분 함량에 의해 결정되며, 멤브레인의 수분 함량은 몇 가지 과전위에 영향을 주고, 수분의 고갈과 flooding은 연료전지의 성능에 악영향을 끼친다. MEA가 적절하게 가습되지 않으면, 프로톤 전도도가 감소하여 저항이 증가한다. 또한, MEA의 수분이 고갈되면 활성화 과전위를 증가시킨다.

과도한 수분 또한 문제를 일으킨다. 수분의 제거가 충분하지 않으면 전극, 가스 확산 배면, 또는 가스 채널들의 flooding으로 인해 촉매의 반응 사이트로 반응물이 확산되는 것을 방해하여 확산 과전위를 증가시킨다. 멤브레인의 물 함량이 적절하게 유지되도록 하기 위해서는 전류 밀도, 온도, 반응물 유량, 압력, 가습, 설계, 구성요소 재료들과 같은 많은 변수의 최적화가 필요하다[6].

PEMFC 내의 물은 가습되어 공급되는 반응물 가스 또는 캐소드에서 반응의 결과로 생성된다. 한쪽 또는 양쪽의 반응물 가스 습도는 가스의 온도, 압력, 유량, 채널 설계, 멤브레인의 두께에 따라 달라진다. 캐소드에서 물의 생성량은 전류 밀도에 비례하며, 정확한 유동 채널 또는 가열기 설계를 통하여 조절할 수 있다(제12장과 제9장 참조).

물은 주로 가스 채널을 통하여 전달되나, 일부는 멤브레인과 전극을 통하여 운반된다. 제7장에서 설명한 것처럼 고분자 멤브레인에서는 2가지 전달 과정이 일어나며 이는 그림 13-20에 나타나 있다.

첫 번째 전달 과정은 연료전지에 부하가 인가될 때 발생하며, 프로톤이 물 분자와 함께 고분자 멤브레인을 통하여 애노드에서 캐소드로 전달된다. 이러한 현상을 전기삼투 드래그(electro-osmotic drag)라 한다(제7장에서 언급함). 한 개의 프로톤과 같이 이동하는 물 분자의 평균 개수를 전기-삼투 드래그 계수(electro-osmotic drag coefficient)라 한다. 두 번째 전달 과정은 캐소드의 농도 구배에 의해 물이 멤브레인을 통해 애노드로 확산되는 것이며, 이를 역확산(back diffusion)이라 한다.

캐소드에서 물의 축적은 전기 삼투 드래그와 캐소드에서 물의 생성이라는 두 가지 원인으로 인하여 발생한다. 캐소드의 물은 가스 확산 층을 통하여 유동 채널로 전달되거나, 가열기를 통하여 기화되거나, 멤브레인을 통하여 애노드로 역확산된다 [6].

PEMFC에서 물을 제거하는 한 가지 방법은 반응물 유동을 이용하는 것이다. 포화되지 않은 반응물 가스는 유동 채널의 액체 상태의 물을 흡수한다. 물 제거율 및 액

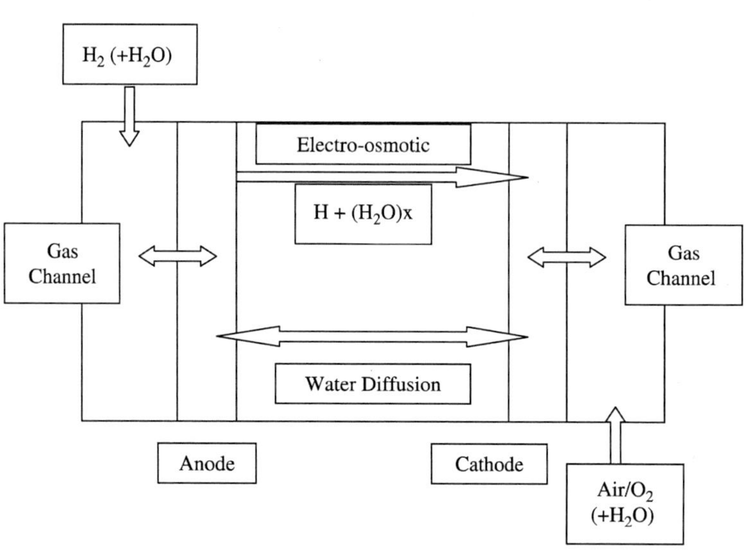

그림 13-20 PEMFC의 물 전달 과정

상의 물과 기상의 물의 비는 운전 조건과 설계에 따라 달라진다. 운전 온도, 압력, 유량이 가스 내의 수증기 함량, 물 기화율, 증기압에 실질적인 영향을 미치므로 물 제거 효율은 이러한 변수들에 의해 결정된다. 제16장에서 연료전지 운전 변수에 대하여 상세히 설명할 것이다.

13.7.1 물 관리 방법

캐소드에서 반응 결과로 생성되는 물의 양이 멤브레인의 수화 상태를 유지시키는데 충분하지 않으면, 공급하는 반응물 가스를 가습하는 것이 필요하다. 애노드에서 높은 전류 밀도가 요구되어 멤브레인이 탈수되면 필요한 가습량은 증가한다. 이러한 현상은 물의 역확산 현상보다 전기 삼투 드래그가 훨씬 강할 때 발생하며 애노드에서 캐소드쪽으로 더 큰 유속(flux)을 가지게 한다. 이 문제는 두꺼운 고분자 멤브레인을 사용할 때 더 심각해지는데, 두꺼운 멤브레인은 가습 상태를 유지하기 위하여 더 많은 물이 필요하기 때문이다[6].

애노드의 가습량은 수소 가습 온도를 통하여 쉽게 제어할 수 있다. 캐소드에서는 반응으로 인한 생성과 전기 삼투 드래그로 인해 물이 쉽게 축적되기 때문에 물의 양을 제어하는 것이 훨씬 어렵다. 가스 확산 층은 전극에서 물을 제거하는 데 중요한 역할을 한다. 물의 농도 구배는 가스 확산 층의 특성(다공성, 소수성, 친수성과 같은)에 달려있다. 또한, 채널의 폭, 길이, 깊이, 채널 사이의 간격 같은 유동 채널의 기하학적 형상에 따라 전극으로 전달되는 반응물의 유속과 확산율에 영향을 줌으로써 연료전지 내부의 물의 양을 조절하며 물이 흐르는 방법을 결정한다[6].

연료전지의 용도에 따라서, 가습기 같은 보조시스템을 사용하는 것은 무게, 크기, 시스템 복잡성, 소요 전력의 증가로 인하여 바람직하지 않을 수 있다. 반응물 가스의 가습이 불가능할 때 연료전지에서 물을 관리하는 다음과 같은 몇 가지 방법이 일반적으로 사용되고 있다[3, 6].

- MEA의 직접 가습
- 물 역확산을 향상시키는 얇은 멤브레인
- 담지된 촉매 입자를 이용한 내부 멤브레인 가습
- 가스 확산 층의 구조 개선

소형, 휴대용 연료전지의 경우, 한쪽 끝이 막힌(dead-ended) 설계는 애노드에서 물의 축적을 효율적으로 방지한다. 전기 삼투 드래그와 물 역확산이 평형을 이루면 애노드에서 물 축적은 발생하지 않는다.

캐소드의 물 관리는 주로 온도, 캐소드 유동, 채널 구조, 공기 유량, 가스 확산 층의 영향을 받는다. 공기가 연료전지에 사용되는 경우, 자연 대류 또는 소형 팬이나 송풍기에 의한 강제 대류로 스택 내부로 공급된다. 자연 대류는 소형 또는 휴대용 연료전지에 사용할 수 있지만, 강제 대류를 사용하면 연료전지를 더욱 효율적으로 만들 수 있다. 하지만 강제 대류를 이용하는 경우 물 관리가 더욱 어려워진다.

13.8 연료전지 스택 조립

제11, 12장의 연료전지 설계를 바탕으로 스택을 제작하기 위해서는 구성요소들을 조립해야 한다. MEA, 분리판, 엔드 플레이트, 개스킷이 모두 설계되거나 선택되면, 다음 과정은 스택을 조립하는 것이다. 스택을 결합하기 위한 나사 또는 다른 방법을 선택하는 것은 간단한 일이다. 나사나 조임 장치는 금속이므로 분리판의 전류로부터 확실히 격리되어야 한다. 스택이 작은 경우, 나일론 나사를 사용한다. 스택을 결합하기 위하여 사용할 수 있는 재료와 방법은 다양하며, 매우 기본적인 공기를 사용하

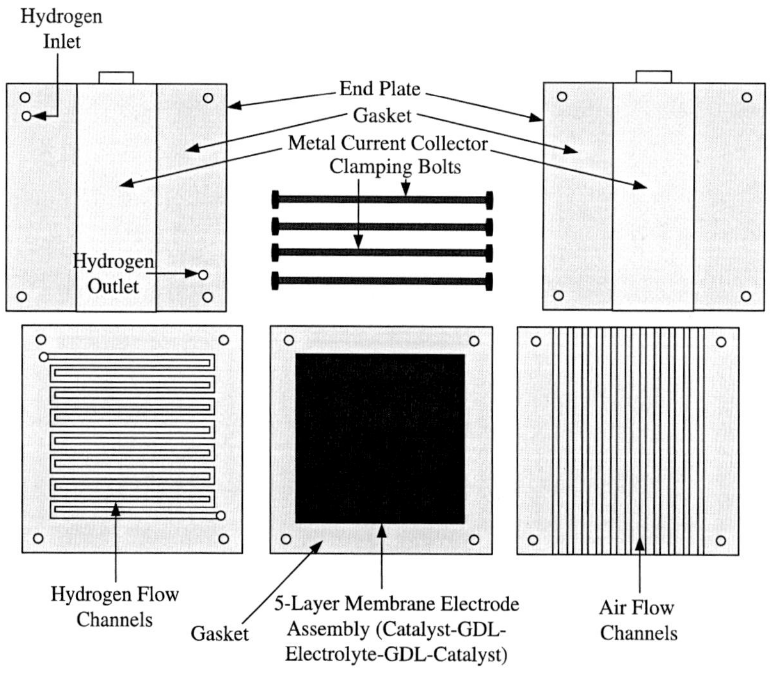

그림 13-21 단일전지 스택 부품들

는 단일전지 스택의 부품들이 그림 13-21에 나타나 있다.

단원요약

연료전지 설계 시 많은 변수들을 고려해야 한다. 가장 기본적인 설계 고려 사항들은 요구 전력, 크기, 중량, 부피, 가격, 과도 응답, 운전 조건 등이다. 이와 같은 초기 요구 사항으로부터 좀 더 상세한 설계 요구 사항(단일전지의 개수, 재료 및 구성 요소 선택, 유동장 설계 등)을 선택할 수 있다. 가장 일반적으로 사용되는 스택 구성은 양극형 구성으로 이는 앞 장에서 설명하였다. 또한 이 장에서는 이러한 구성 외에도 원통형, 기둥형(post-type) 유동장, 평면형, 멤브레인이 없는 스택과 같은 다양한 스택 구성 방법을 제시하였다. 또한, 연료전지 전체에 걸쳐 균일한 반응물 공급을 위한 일반적인 매니폴드 형태와 스택을 통해 흐르는 전류의 여러 가지 상호연결 방법을 제시하였다. 마지막으로 설명한 내용은 PEMFC에서 스택의 결합과 물 관리의 중요성이다.

연습문제

1. 80℃, 1 atm의 공기와 수소로 운전되는 연료전지 스택을 설계하라. Pt/C의 담지량은 1 mg/cm^{2}이고 전해질은 Nafion 117을 사용한다. 총 출력은 250 Watts이다. 그림 13-2의 적절한 분극 곡선을 스택 설계에 참고하라.
2. 90℃에서 2 M의 CH_3OH로 운전되는 연료전지 스택을 설계하라. Pt-Ru 담지량은 2.7 mg/cm^{2}이고, Pt/C 담지량은 1 mg/cm^{2}이며, 전해질로 Nafion 112을 사용한다. 총 출력은 50 Watts이다. 그림 13-3의 적절한 분극 곡선을 스택을 설계하는 데 참고하라.
3. 700℃에서 운전되는 SOFC 스택을 설계하라. 총 출력은 250 Watts이다. 그림 13-4의 적절한 분극 곡선을 스택의 설계에 참고하라.
4. 180℃, 1 atm에서 운전되는 PAFC 스택을 설계하라. 총 출력은 100 Watts이다. 그림 13-5의 적절한 분극 곡선을 스택 설계에 참고하라.
5. 25℃, 1 atm에서 운전되는 AFC 스택을 설계하라. 총 출력은 50 Watts이다. 그림 13-6의 적절한 분극 곡선을 스택의 설계에 참고하라.

참고문헌

[1] Sousa, Ruy Jr., and Ernesto Gonzalez. "Mathematical Modeling of Polymer Electrolyte Fuel Cells." *Journal of Power Sources*. Vol. 147, 2005, pp. 32-45.

[2] O'Hayre, Ryan, Suk-Won Cha, Whitney Colella, and Fritz B. Prinz. *Fuel Cell Fundamentals*. 2006. New York: John Wiley & Sons.

[3] Barbir, Frano. *PEM Fuel Cells: Theory and Practice*. 2005. Burlington, MA: Elsevier Academic Press.

[4] Lin, Bruce. "Conceptual Design and Modeling of a Fuel Cell Scooter for Urban Asia." Princeton University, Masters Thesis. 1999.

[5] Mench, M.M., Z.H. Wang, K. Bhatia, and C.Y. Wang. "Design of a Micro-direct Methanol Fuel Cell." Electrochemical Engine Center, Department of Mechanical and Nuclear Engineering, Pennsylvania State University. 2001.

[6] Mench, Matthew M., Cao-Yang Wang, and Stephan T. Tynell. "An Introduction to Fuel Cells and Related Transport Phenomena." Department of Mechanical and Nuclear Engineering, Pennsylvania State University. Draft. http://mtrl1.mne.psu.edu/Document/jtpoverview.pdf Last Accessed March 4, 2007.

[7] You, Lixin, and Hongtan Liu. "A Two-Phase Flow and Transport Model for PEM Fuel Cells." *Journal of Power Sources*. Vol. 155, 2006, pp. 219-230.

[8] Springer et al. "Polymer Electrolyte Fuel Cell Model." *J. Electrochem. Soc*. Vol. 138, No. 8, 1991, pp. 2334-2342.

[9] Li, Xianguo. *Principles of Fuel Cells*. 2006. New York: Taylor & Francis Group.

[10] Springer et al. "Polymer Electrolyte Fuel Cell Model."

[11] Rowe, A. and X. Li. "Mathematical Modeling of Proton Exchange Membrane Fuel Cells." *Journal of Power Sources*. Vol. 102, 2001, pp. 82-96.

[12] Chen, R. and T.S. Zhao. "Mathematical Modeling of a Passive Feed DMFC with Heat Transfer Effect." *Journal of Power Sources*. Vol. 152, 2005, pp. 122-130.

[13] Subhash, Singhall C. "*High Temperature Solid Oxide Fuel Cells Fundamentals, Design and Applications.*" Pan American Advanced Studies Institute. Rio de Janeiro,Brazil. Pacific Northwest National Laboratory, U.S. Department of Energy. July, 2003.

[14] Chung, Brandon W., Christopher N. Chervin, Jeffrey J. Haslam, Ai-Quoc Pham, and Robert S. Glass. "Development and Characterization of a High Performance Thin-Film Planar SOFC Stack." *Journal of the Electrochemical Society*. Vol. 152, No. 2, 2005, pp. A265-A269.

[15] Zhu, Bin. "Proton and Oxygen Ion-Mixed Conducting Ceramic Composites and Fuel Cells." *Solid State Ionics*. Vol. 145, 2001, pp. 371-380.

[16] Yoon, K.H., J.Y. Choi, J.H. Jang, Y.S. Cho, and K.H. Jo. "Electrode/Matrix Interfacial Characteristics in a Phosphoric Acid Fuel Cell." *Journal of Applied Electrochemistry*. Vol. 30, 2000, pp. 121-124.

[17] Yoon, K.H., J.H. Jang, and Y.S. Cho. "Impedance Characteristics of a Phosphoric Acid Fuel Cell." *Journal of Materials Science Letters*. Vol. 17, 1998, pp. 1755-1758.

[18] Song, Rak-Hyun and Dong Ryul Shin. "Influence of CO Concentration and Reactant Gas Pressure on Cell Performance in PAFC." *International Journal of Hydrogen Energy*. Vol. 26, 2001, pp. 1259-1262.

[19] Soler, J., T. Gonzalez, M.J. Escudero, T. Rodrigo, and L. Daza. "Endurance test on a single cell of a novel cathode material for MCFC." *Journal of Power Sources*. Vol. 106, 2002, pp. 189-195.

[20] Silva, V.S., J. Schirmer, R. Reissner, B. Ruffmann, H. Silva, A. Mendes, L.M. Madeira, and

S.P. Nunes. "Proton Electrolyte Membrane Properties and Direct Methanol Fuel Cell Performance." *Journal of Power Sources*. Vol. 140, 2005, pp. 41-49.

[21] Yamada, Masanori and Itaru Honma. "Biomembranes for Fuel Cell Electrodes Employing Anhydrous Proton Conducting Uracil Composites." *Biosensors and Bioelectronics*. Vol. 21, 2006, pp. 2064-2069.

[22] Rowshanzamir, S. and M. Kazemeini. "A New Immobilized-Alkali H2/O2 Fuel Cell." *Journal of Power Sources*. Vol. 88, 2000, pp. 262-268.

[23] Coutanceau, C., L. Demarconnay, C. Lamy, and J.M. Leger. "Development of Electrocatalysts for Solid Alkaline Fuel Cell (SAFC)." *Journal of Power Sources*. Vol. 156, 2006, pp. 14-19.

[24] Verma, A and S. Basu. "Direct Use of Alcohols and Sodium Borohydride as Fuel in an Alkaline Fuel Cell." *Journal of Power Sources*. Vol. 145, 2005, pp. 282-285.

[25] Gulzow, E., M. Schulze, and U.Gerke. "Bipolar Concept for Alkaline Fuel Cells." *Journal of Power Sources*. Vol. 156, 2006, pp. 1-7.

[26] Morita, H., M. Komoda, Y. Mugikura, Y. Izaki, T. Watanabe, Y. Masuda, and T. Matsuyama. "Performance Analysis of Molten Carbonate Fuel Cell Using a Li/Na Electrolyte." *Journal of Power Sources*. Vol. 112, 2002, pp. 509-518.

[27] Wee, Jung-Ho. "Performance of a Unit Cell Equipped with a Modified Catalytic Reformer in Direct Internal Reforming Molten Carbonate Fuel Cell." *Journal of Power Sources*. Vol. 156, 2006, pp. 288-293.

[28] Bove, Roberto and Piero Lumghi. "Experimental Comparison of MCFC Performance Using Three Different Biogas Types and Methane." *Journal of Power Sources*. Vol. 145, 2005, pp. 588-593.

[29] Nakagawa, Nobuyoshi and Yikun Xiu. "Performance of a Direct Methanol Fuel Cell Operated." *Journal of Power Sources*. Vol. 118, 2003, pp. 248-255.

[30] Lim, C. and C. Y. Wang. "Development of High Power Electrodes for a Liquid Feed Direct Methanol Fuel Cell." *Journal of Power Sources*. Vol. 113, 2003, pp. 145-150.

[31] Wong, C.W., T.S. Zhao, Q. Ye, and J.G. Liu. "Experimental Investigations of the Anode Flow Field of a Micro Direct Methanol Fuel Cell." *Journal of Power Sources*. Vol. 155, 2006, pp. 291-296.

[32] Liu, J.G., T.S. Zhao, Z.X. Liang, and R. Chen. "Effect of Membrane Thickness on the Performance and Efficiency of Passive Direct Methanol Fuel Cells." *Journal of Power Sources*. Vol. 153, 2006, pp. 61-67.

[33] Yan, Qiangu, Hossein Toghiani, and Junxiao Wu. "Investigation of Water Transport Through Membrane in a PEM Fuel Cell by Water Balance Experiments." *Journal of Power Sources*. Vol. 158, 2006, pp. 316-325.

[34] Fabian, Tibor, Jonathan D. Posner, Ryan O'Hayre, Suk-Won Cha, John K. Eaton, Fritz B. Prinz, and Juan G. Santiago. "The Role of Ambient Conditions on the Performance of a Planar, Air-Breathing Hydrogen PEM Fuel Cell." *Journal of Power Sources*. Vol. 161, 2006, pp. 168-182.

[35] Kim, Jun-Yeop, Oh Joong Kwon, Sun-Mi Hwang, Moo Seong Kang, and Jae Jeong Kim. "Development of a Miniaturized Polymer Electrolyte Membrane Fuel Cell with Silicon Separators." *Journal of Power Sources*. Vol. 161, 2006, pp. 432-436.

[36] Wells, Brian and Henry Voss. "DMFC Power Supply for All-Day True Wireless Mobile

Computing." *Polyfuel, Inc.* May 17, 2006. http://www.hydrogen.energy.gov/pdfs/review06/fcp_39_wells.pdf. Last accessed November 4, 2006.

[37] Bosco, Andrew. "General Motors Fuel Cell Research. Hy-Wire." http://www.ansoft.com/workshops/altpoweree/Andy_Bosco_GM.pdf. Last accessed November 4, 2006.

[38] U.S. Patent No. 4,490,444. "High Temperature Solid Oxide Fuel Cell Configurations and Interconnections." Arnold O. Isenberg, Forest Hills, PA. Westinghouse Electric Corporation. December 25, 1984.

[39] Aravamudhan, Shyam, Abdur Rub Abdur Rahman, and Shekhar Bhansali. "Porous Silicon-Based Orientation Independent, Self-Priming Micro-Direct Ethanol Fuel Cell." *Sensors and Actuators A.* Vol. 123-24, 2005, pp. 497-504.

[40] Nguyen, Nam-Trung and Siew Hwa Chan. "Micromachined Polymer Electrolyte Membrane and Direct Methanol Fuel Cells -A Review." *J. Micromech. Microeng.* Vol. 16, 2006, pp. R1-R12.

[41] U.S. Patent Application Publication No. US 2006/0003217 A1. Planar Membraneless Microchannel Fuel Cell. Cohen, Jamie L., David James Volpe, Daron A. Westly, Alexander Pechenik, and Hector D. Abruna. January 5, 2006.

[42] U.S. Patent No. 7,029,781 B2. Microfuel Cell Having Anodic and Cathodic Microfluidic Channels and Related Methods. Lo Priore, Stefano, Michele Palmieri and Ubaldo Mastromatteo. STMicroelectronics, Inc. Carollton, TX. April 18, 2006.

[43] U.S. Patent No. 7,125,625 B2. Electrochemical Cell and Bipolar Assembly for an Electrochemical Cell. Cisar, Alan j., Craig C. Andrews, Charles J. Greenwald, Oliver J. Murphy, Chris Boyer, Rattaya C. Yalamanchili, and Carlos E. Salinas. Lynntech, Inc. College Station, TX. October 24, 2006.

[44] Choban, Eric R., Larry J. Markoski, Andrzej Wieckowski, and Paul J. A. Kenis. "Microfluidic Fuel Cell Based on Laminar Flow." *Journal of Power Sources.* Vol. 128, 2004, pp. 54-60.

[45] Aravamudhan, Shyam et al. "Porous Silicon-Based Orientation Independent, Self-Priming Micro-Direct Ethanol Fuel Cell."

[46] Nguyen, Nam-Trung and Siew Hwa Chan. "Micromachined Polymer Electrolyte Membrane and Direct Methanol Fuel Cells -A Review."

[47] U.S. Patent Application Publication No. US 2006/0003217 A1. Planar Membraneless Microchannel Fuel Cell.

[48] U.S. Patent No. 7,029,781 B2. Microfuel Cell Having Anodic and Cathodic Microfluidic Channels and Related Methods.

[49] Cha, S.W., R. O'Hayre, Y. Saito, and F.B. Prinz. "The Influence of Size Scale on the Performance of Fuel Cells." *Solid State Ionics.* Vol. 175, 2004. pp. 789-795.

[50] Heinzel, A., C. Hebling, M. Muller, M. Zedda, and C. Muller. "Fuel Cells for Low Power Applications." *Journal of Power Sources.* Vol. 105, 2002, pp. 250-255.

[51] Lu, G. Q. and C. Y. Wang. "Development of Micro Direct Methanol Fuel Cells for High Power Applications." *Journal of Power Sources.* Vol. 144, 2005, pp. 141-145.

[52] Blum, A., T. Duvdevani, M. Philosoph, N. Rudoy, and E. Peled. "Water Neutral Micro Direct Methanol Fuel Cell (DMFC) for Portable Applications." *Journal of Power Sources.* Vol. 117, 2003, pp. 22-25.

[53] Dyer, C. K. "Fuel Cells for Portable Applications." *Journal of Power Sources.* Vol. 106,

2002, pp. 31-34.

[54] Liu, Shaorong, Qiaosheng Pu, Lin Gao, Carol Korzeniewski, and Carolyn Matzke. "From Nanochannel Induced Proton Conduction Enhancement to a Nanochannel Based Fuel Cell." *Nano Letters*. Vol. 5, No. 7, 2005, pp. 1389-1393.

[55] Mitrovski, Svetlana M., Lindsay C. C. Elliott, and Ralph G. Nuzzo. "Microfluididc Devices for Energy Conversion: Planar Integration and Performance of a Passive, Fully Immersed H_2-O_2 Fuel Cell." *Langmuir*. Vol. 20, 2004, pp. 6974-6976.

[56] Modroukas, Dean, Vijay Modi, and Luc G. Frechette. "Micromachined Silicon Structures for Free-Convection PEM Fuel Cells." *J. Micromech. Microeng*. Vol. 15, 2005, pp. S193-S201.

[57] Wozniak, Konrad, David Johansson, Martin Bring, Anke Sanz-Velasco, and Peter Enoksson. "A Micro Direct Methanol Fuel Cell Demonstrator." *J. Micromech. Microeng*. Vol. 14, 2004, pp. S59-S63.

[58] Koh, Joon-Ho, Hai-Kyung Seo, Choong Gon Lee, Young-Sung Yoo, and Hee Chun Lim. "Pressure and Flow Distribution in Internal Gs Manifolds of a Fuel Cell Stack." *Journal of Power Sources*. Vol. 115, 2003, pp. 54-65.

[59] Chang, Paul A.C., Jean St-Pierre, Jurgen Stumper, and Brian Wetton. "Flow Distribution in Proton Exchange Membrane Fuel Cell Stacks." *Journal of Power Sources*. Vol. 162, 2006, pp. 340-355.

[60] Lee, Shuo-Jen, Chen-De Hsu, and Ching-Han Huang. "Analyses of the Fuel Cell Stack Assembly Pressure." *Journal of Power Sources*. Vol. 145, 2005, pp. 353-361.

[61] Larminie, James and Andrew Dicks. Fuel Cell Systems Explained. 2000. John Wiley & Sons, Ltd, Chichester, England.

Chapter 14

연료전지 시스템 설계

연료전지 시스템 설계는 연료전지의 용도와 요구되는 시스템의 효율에 따라 가장 단순한 설계부터 매우 복잡한 설계까지 다양하다. 연료전지 시스템은 연료전지 스택 및 기타 보조장치를 사용하여 매우 효율적으로 만들 수 있다. 그림 14-1에 가장 단순한 연료전지 시스템의 예가 나타나 있다. 일반적으로 연료전지 스택이 커질수록 보조시스템은 복잡해지지만, 복잡한 보조시스템은 연료전지 스택의 효율을 증가시켜준다. 연료전지와 보조시스템의 설계 및 최적화는 앞으로도 상당한 시일이 소요될 것으로 보인다.

그림 14-1에 나타나 있는 연료전지 시스템의 구성요소들에 대한 간단한 설명은 다음과 같다.

- **산화제(공기) 유동** : 산화제인 공기는 대기에서 연료전지로 공급되기 전 필터를 통과하여 미세입자들을 걸러낸다. 압력 변환기는 연료전지로 공급되는 공기의 압력을 일정하게 유지시킨다. 연료전지로 공급되기 전 한 번 더 필터를 통과하여 미세입자들을 제거하고 가습기를 통해 가습하여 최종적으로 연료전지 스택으로 공급된다.
- **수소 유동** : 순수한 수소는 압축 탱크에 저장되어 있다. 수소가 시스템으로 공급되기 전에 하나 이상의 체크 밸브가 있으며, 질량 유량 제어기 및 압력 변환기는 압력 및 유량을 확인하고 일정량을 유지한다.
- **물과 수소 배출** : 수소는 필터를 통과하여 미세입자들을 제거한 후 연료전지 스택에서 배출되는데, 이때 압력 변환기는 수소를 배출하기 전에 필터를 통과한 수소 유동의 압력을 기록한다. 물은 외부 생성 물 배출구를 통하여 제거된다.

연료전지 시스템은 스택이 대형이고 온도, 압력, 수분 및 열을 지속적으로 관찰해야하며, 연료 처리기가 필요할수록 복잡해진다. 전력 및 열을 생산하기 위해 탄화수

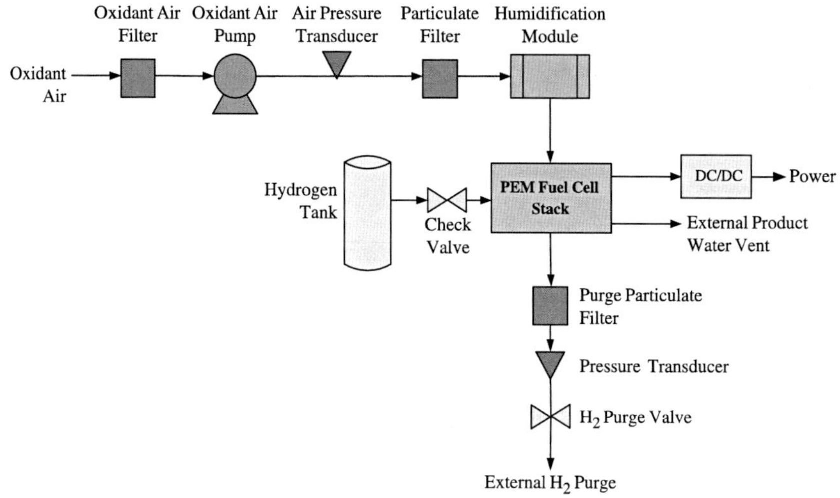

그림 14-1 단순한 PEMFC 시스템

소계 연료가 수소로 개질될 경우, 연료 처리기 및 가스 정화기가 필요하다. 연료전지 시스템과 보조시스템에서 자주 사용되는 추가적인 구성요소들은 열 교환기, 펌프, 팬, 송풍기, 압축기, 전력 변환기, 변환기 및 조절기, 물 관리장치, 제어 시스템 등 이다. 그림 14-2에 좀 더 복잡한 연료전지 시스템의 예가 나타나 있다.

그림 14-2에 나타나 있는 구성요소들에 대한 간단한 설명은 다음과 같다.

- **산화제(공기) 유동** : 산화제인 공기는 대기로부터 흡입되어 미세입자를 걸러낸 후 연료전지에 공급된다. 공기 압력 변환기는 연료전지로 공급되는 공기의 압력을 일정하게 유지한다. 연료전지 스택으로 공급되기 전에 미세입자를 다시 한 번 여과시킨다.
- **메탄올 유동** : 메탄올/물 혼합물은 메탄올 저장탱크에 저장되는데, 이를 연료전지 스택으로 공급할 수 있도록 순환시키려면 펌프가 필요하다. 혼합기는 메탄올과 수분을 균일하게 섞어 용액을 만든다. 메탄올 센서는 연료전지로 유입되는 메탄올의 농도(몰 농도)를 제어 시스템에 알리는 역할을 하며, 냉간 시동히터(cold start heater)는 정확한 기체-대-액체 비를 얻을 수 있도록 메탄올을 필요한 온도로 가열한다. 또한, 열전대(thermocouple)는 연료전지로 공급되는 메탄올의 온도를 측정하는데 사용된다.
- **물, 메탄올, CO_2의 배출** : 연료전지 스택에 존재하는 물, 메탄올, CO_2 용액은 가스-액체 분리기 또는 충전층(packed bed)을 통하여 액체와 기체 성분으로

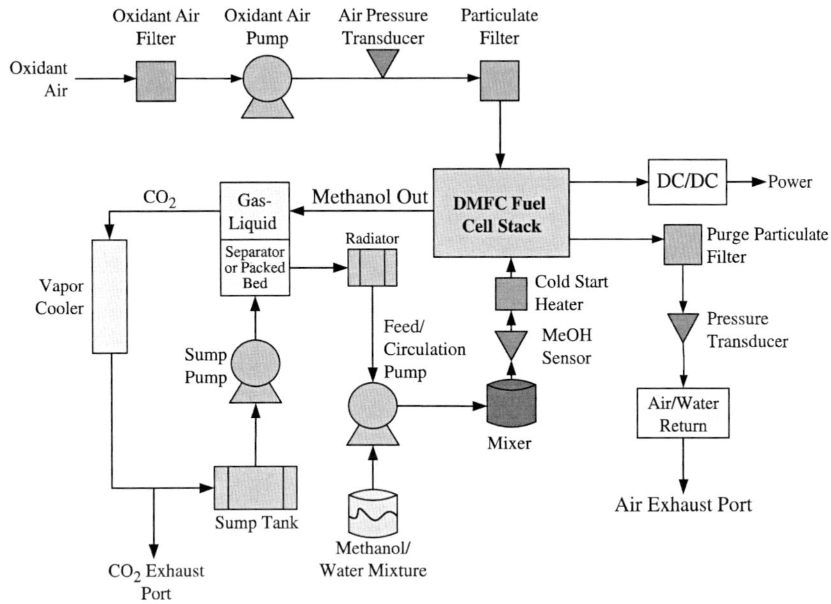

그림 14-2 DMFC 시스템

분리된다. 가스는 냉각된 후(CO_2로부터 수분과 여분의 메탄올을 분리하기 위하여), 배기 장치로 보내지고 물/메탄올 용액은 배수 탱크(sump tank)에 저장된다. 가스-액체 분리기로부터 나오는 액체(물/메탄올)와 배수 탱크에 저장된 물/메탄올을 펌프로 뽑아낸 2개의 유동이 합쳐져 라디에이터로 공급되고 냉각된 후 메탄올 공급 라인으로 보내진다.

- **공기/물 배출**: 연료전지 스택에서 공기/물을 제거하는 흐름은 미립자 여과기를 통과하고 압력 변환기는 유동의 압력을 기록한다. 그후 공기는 배출되고, 남은 물은 배수 탱크로 보내진다.

그림 14-1과 14-2에는 몇 개의 센서와 압력 변환기가 나타나 있다. 완벽한 제어 시스템은 데이터를 측정하고 기록하는 열전대, 압력 변환기, 메탄올, 수소, 산소 또는 고도 센서와 질량 유량 제어기로 구성되며, 측정된 데이터를 바탕으로 데이터 수집과 제어 프로그램에 피드백하여 온도, 습도, 압력 또는 유동률을 제어한다.

제11, 12장에서 설명한 바와 같이 연료전지 촉매, 멤브레인, 분리판은 연료전지의 개선을 위하여 매우 중요한 분야이고 스택 최적화 또한 중요하다. 이 장에서는 연료 및 전기 관련 보조시스템의 선택 및 설계에 초점을 두고 설명할 것이다.

14.1 연료 보조시스템 (Fuel subsystem or BOP(Balance Of Plant))

연료 보조시스템(BOP)은 반응물을 가압, 냉각, 가열, 가습한 후 연료전지에 전달해야 하기 때문에 매우 중요하다. 이를 위하여 송풍기, 압축기, 펌프, 가습 시스템 등과 같은 장치들이 사용되어야 한다. 그 밖에도 터빈과 같은 장치는 연료전지에서 배출되는 고온의 배기가스로부터 에너지를 생산해 낼 수 있기 때문에 하이브리드화하여 사용할 수 있다. 이와 같은 보조시스템 구성장치들은 다양한 용도로 사용되고 있는 완성도 높은 장치들이며, 많은 회사로부터 쉽게 구할 수 있다. 14.1.1~14.1.5절은 이와 같은 보조시스템의 주변 설비들에 대해 설명하고, 연료전지 발전 보조시스템의 설계에 필요한 관련 식의 일부를 소개한다.

14.1.1 가습 시스템 (Humidification system)

PEMFC에서 수소 가습 시스템은 연료전지의 PEM이 탈수되지 않도록 하기 위하여 필요하다. 앞에서 언급한 바와 같이 높은 전류 밀도에서 고분자 멤브레인을 탈수시키고 이온 전달을 느리게 하는 ohmic 가열(ohmic heating)이 발생하기 때문에 PEMFC에서 물 관리는 중요한 문제이다. 극단적인 경우에 멤브레인이 물리적인 손상을 입을 수 있다. 소형 연료전지 스택, 또는 최대 출력 하에서 연속적으로 운전되지 않는 스택은 가습이 필요하지 않거나 스택 자체적으로 가습할 수 있다. 반면 대형 연료전지 시스템에서는 공기나 수소 또는 두 가지 모두 연료 주입구에서 가습되어야 한다. 다음은 가스를 가습하는 방법이다.

- 가스를 물에 통과시켜 거품을 일으킴(이슬점 가습)
- 물 또는 수증기 주입
- 급속 증발
- 물 투과성 매질을 통한 물과 열의 교환
- 흡수 표면에서 물과 열의 교환

이와 같은 가습 방법들의 예시가 그림 14-3에 나타나 있다. 실험실 스케일에서는 버블링 또는 이슬점 가습이 가장 일반적인 방법이며, 물의 온도를 히터로 제어하여 필요한 가습도를 얻는다. 이러한 장치들은 연료가 물방울과 같이 이동하지 않도록 설계되어야 한다. 다양한 상업용 가습 장치가 이용 가능하나 대부분의 연료전지 개발자들은 자신의 연료전지 시스템을 위하여 자체적으로 개발한 가습기를 탑재하려고 한다. 상용화된 연료전지 가습 시스템의 한 예가 그림 14-4에 나타나 있다.

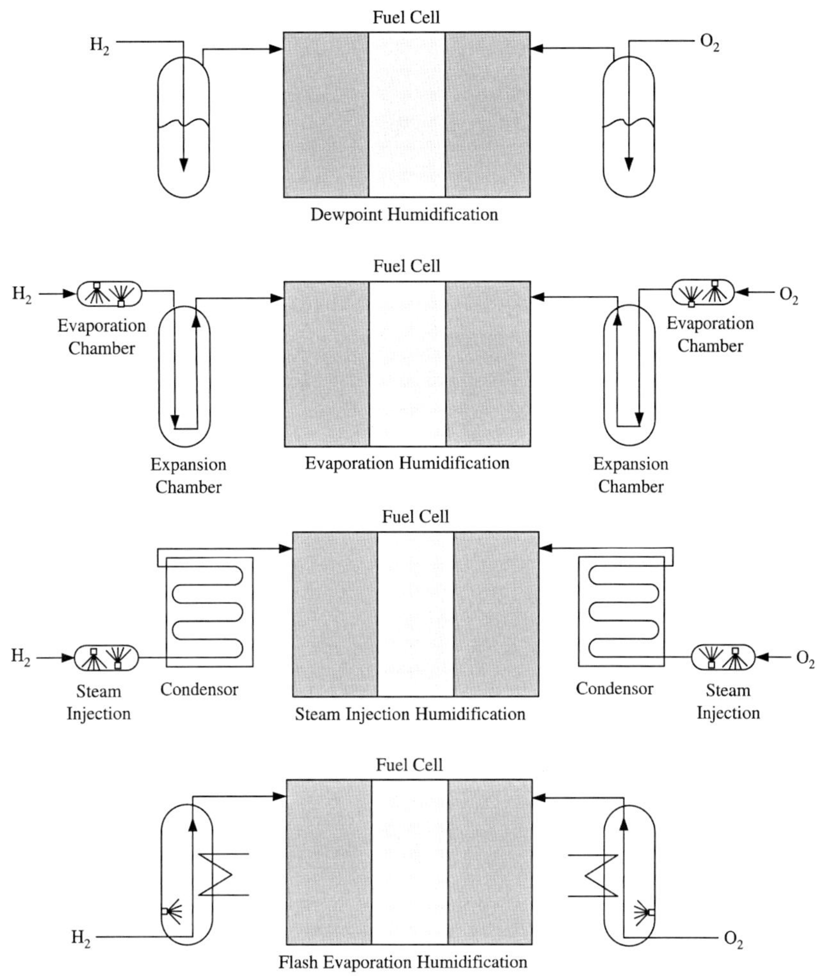

그림 14-3 기존의 가습 방법 (a) 이슬점 가습, (b) 증발 가습, (c) 수증기 주입 가습, (d) 급속 증발 가습

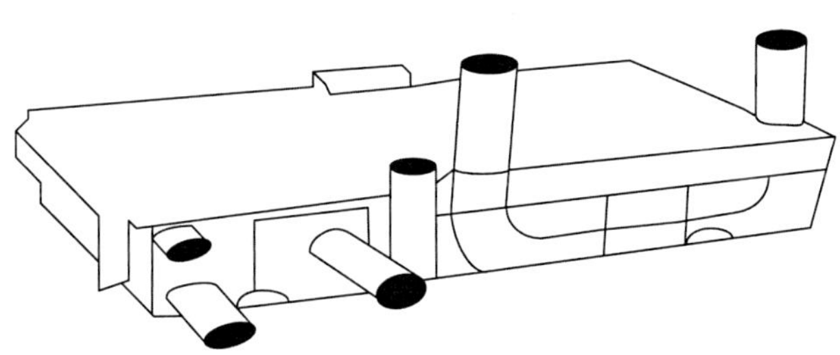

그림 14-4 가습 시스템의 예

다음은 가습 시스템의 설계 시 고려해야 하는 몇 가지 주의사항이다[13].

- 시스템의 열 손실을 최소화한다.
- 물은 연료전지에 필요한 입구 가스 온도 또는 비슷한 온도의 증기 상태로 전달되어야 한다. 이는 연료전지에 연결된 가습 장치 뒤쪽의 배관을 가열해야 한다는 것을 의미한다.
- 습도는 연료전지 시스템 설계에 따라 제어되어야 한다.

총 압력이 일정할 때, 습도는 혼합물 내 증기의 분압에 따라 달라진다. 증기가 A이고 고정된 상이 B인 증기-가스 시스템의 경우[24],

$$\Phi = \frac{M_A p_A}{M_B(p_{tot} - p_A)} \tag{14-1}$$

공기-물 시스템의 경우,

$$\Phi = \frac{M_{H_2O} p_{H_2O}}{M_{air}(p_{tot} - p_{H_2O})} = \frac{18 * p_{H_2O}}{29 * (p_{tot} - p_{H_2O})}$$

증기의 몰 분율은,

$$x_{vap} = \frac{\dfrac{\Phi}{M_{H_2O}}}{\dfrac{1}{M_{air}} + \dfrac{\Phi}{M_{H_2O}}} \tag{14-2}$$

포화 습도는 기체가 주어진 온도에서 액체와 평형을 이루는 상태에서의 습도를 말한다.

$$\Phi_s = \frac{M_{H_2O} p^0_{H_2O}}{M_{air}(p_{tot} - p^0_{H_2O})} = \frac{18 * p^0_{H_2O}}{29 * (p_{tot} - p^0_{H_2O})} \tag{14-3}$$

상대 습도는 실제 습도와 포화 습도 간의 비이다.

$$\Phi_{water} = 100 * \frac{\Phi}{\Phi_s} = \Phi_R \frac{p_{tot} - p^0_{H_2O}}{p_{tot} - p_{H_2O}} \tag{14-4}$$

공기-물 시스템에서 포함하고 있는 가스 및 증기 1파운드의 온도를 1°F 증가시키기 위하여 필요한 열은,

$$c_s = (c_p)_{H_2O} + \Phi(c_p)_{air} \approx 0.24 + 0.45*\Phi \qquad (14\text{-}5)$$

습구 온도는 액체의 표면에서 대류에 의한 표면으로의 열전달 속도와 표면에서 증발되어 제거되기 위해 필요한 열전달 속도가 동일할 때 얻어지는 동적 평형 온도이다[24]. 분압과 증기압은 보통 총 압력에 비하여 상대적으로 작으므로, 습구 식은 습도 조건의 항으로 표현할 수 있다[24].

$$\Phi_s - \Phi = h_c \frac{T - T_w}{\lambda k_1} \qquad (14\text{-}6)$$

공기-물 시스템 경우 이 식은 다음과 같다.

$$\Phi_s - \Phi = 18h_c \frac{T - T_w}{29\lambda k_1}$$

단열 포화 온도는 단열 시스템에서 공기 흐름이 온도 T_s에서 물과 혼합될 때의 온도이다. 이는 다음과 같이 표현할 수 있다.

$$\Phi_s - \Phi = c_s \frac{T - T_s}{\lambda} \qquad (14\text{-}7)$$

습공기 선도(psychrometric chart)는 가스-증기 혼합물의 물성치를 결정하는 데 큰 도움을 준다. 공기와 물의 혼합물에 대한 습공기 선도의 한 예가 그림 14-5에 나타나 있다. 선도 상의 한 점은 특정 공기와 물의 혼합물을 의미하며, 포화선 상하의 점은 공기 온도의 함수로서 포화 공기 혼합물을 의미한다. 또한, 포화선과 온도 축 사이의 곡선들은 특정 습도에서 공기와 물의 혼합물을 나타낸다.

연료를 가습하는 쉬운 방법은 그림 14-6에 나타나 있는 것처럼 직접 물/수증기 주입을 하는 것이다. 주입할 물의 양은 다음 식을 이용하여 계산할 수 있다[13].

$$\dot{m}_{H_2O} = \dot{m}_{air} \frac{M_{H_2O}}{M_{air}} \frac{\varphi P_{sat}(T)}{P - \varphi P_{sat}(T)} - \frac{\varphi_{amb} P_{sat}(T_{amb})}{P_{amb} - \varphi_{amb} P_{sat}(T_{amb})} \qquad (14\text{-}8)$$

여기서, φ, φ_{amb}는 연료전지 입구와 주변 공기의 상대 습도, T, T_{amb}는 연료전지 입구와 주변 공기의 온도, P, P_{amb}는 연료전지 입구와 주변 공기의 압력이다.

필요한 양의 물을 정확하게 공급하기 위하여 계량 펌프가 사용된다. 물은 공기와 물의 접촉 면적을 최대화하기 위해서 미세한 분무 형태로 주입해야 한다. 또한, 가습은 가열을 필요로 하기 때문에 어떤 시스템들에서는 단순한 물의 주입이 유동을

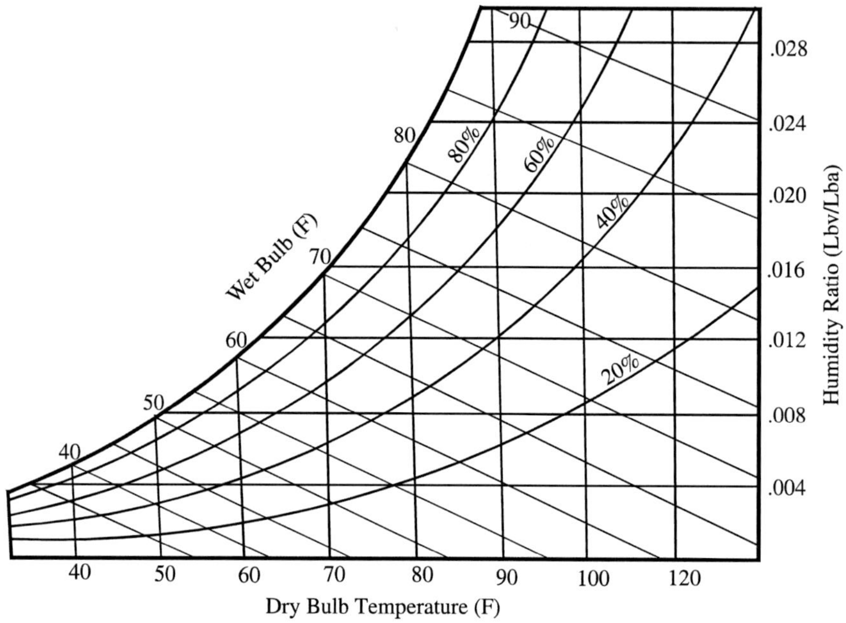

그림 14-5 습공기 선도(psychrometric chart)의 예[25]

가습하기에 충분하지 않을 수도 있다. 따라서 연료전지 시스템 내의 열원 또는 별도의 열 교환기를 통하여 열이 물에 전달되어야 한다. 또한, 연료전지로 공급되는 가스의 균일한 가습을 위해 증기가 주입된 후 충분하게 혼합되는 데 필요한 배관의 길이를 계산해야 한다.

상용 가습기들은 일반적으로 가열 코일과 온수 분무기를 사용하여 필요한 온도와 습도의 가스를 만든다. 그림 14-7은 가습 장치에서 발생하는 과정을 나타낸다. A는 건구 온도 T_1과 습도 H_1인 투입 공기를 나타낸다. 건구 온도 T_2와 습도 $H_2(B)$가

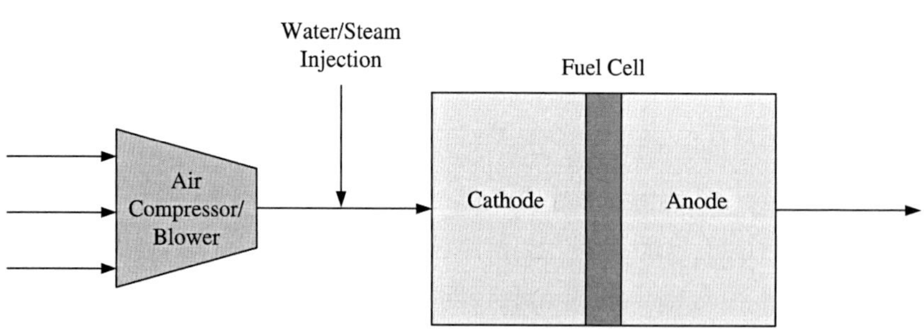

그림 14-6 물/수증기 주입 가습 시스템

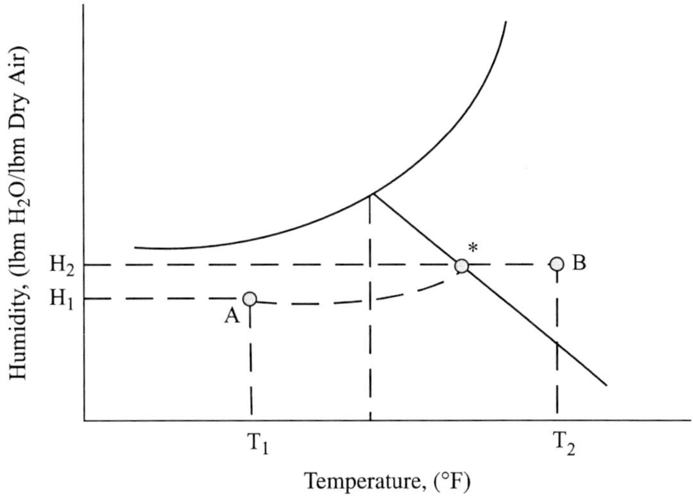

그림 14-7 가습 과정의 예

필요하다면 분무기를 이용하여 A에서 *으로 이동한 후, 가열하여 B에 도달하는 방법을 사용할 수 있다.

14.1.2 팬과 송풍기(Fan and Blower)

연료전지를 냉각하거나 연료전지에 공기를 공급하는 경제적인 방법은 팬이나 송풍기를 이용하는 것이다. 연료전지에 공기를 공급하기 위해 팬이나 송풍기를 사용할 때, 배기구는 외부로 개방된다. 팬이나 송풍기는 전기 모터로 구동되므로, 작동하기 위하여 연료전지나 다른 전원의 전력을 필요로 한다. 가장 일반적으로 사용되는 팬은 축류 팬(axial fan)으로, 단순히 공기를 이동시키는 경우는 효과적이지만 압력 차이가 큰 부분을 통과하는 경우에는 효과적이지 않으며 역압(back pressure)이 매우 낮다[18]. 축류 팬은 대부분의 수소-공기 PEMFC의 설계에 적합하다. 실제 팬의 소비 전력은 다음의 식으로 주어진다.

$$W_{act} = \frac{W_{ideal}}{\eta_s} \tag{14-9}$$

이상적인(ideal) 팬의 소비 전력은 다음과 같이 계산한다.

$$W_{ideal} = mc_{p,avg}(T_2 - T_1) + \frac{v_2^2}{2} - \frac{v_1^2}{2} \tag{14-10}$$

여기서, $c_{p,avg}$는 입구와 출구의 평균 온도에서의 비열이다. 이상적인 배출 온도는 다음 수식에서 계산할 수 있다.

$$\frac{T_2}{T_1} = \left(\frac{P_2}{P_1}\right)^{(\gamma-1)/\gamma} \tag{14-11}$$

여기서, T_2는 등엔트로피(isentropic) 온도, γ는 가스의 비열용량(specific heat capacities)의 비 C_p / C_v이다. 실제의 배출 온도는,

$$T_2 = T_1 + \frac{1}{c_{p,avg}}\left\{\frac{W_{act}}{m} - \left(\frac{v_2^2}{2} - \frac{v_1^2}{2}\right)\right\} \tag{14-12}$$

실제의 팬에 대한 정보는 제조사의 데이터에서 얻을 수 있다. 필요한 실제의 속도 및 전력은 입구 체적 유량과 압력 상승을 결정하면 제조사의 데이터 표로부터 구할 수 있다. 팬의 데이터는 때때로 무차원 변수 형태로 표현될 수 있으며 다음과 같이 정의된다.

배출 계수(discahrge coefficient): $$C_Q = \frac{\dot{V}}{ND^3} \tag{14-13}$$

압력 계수(pressure coefficient): $$C_H = \frac{\Delta P}{\rho N^2 D^2} \tag{14-14}$$

등엔트로피 효율(isentropic efficiency): $$\eta_{fan} = \frac{W_{ideal}}{W_{actual}} \tag{14-15}$$

비속도(specific speed) : $$N_s = \frac{N\dot{V}^{1/2}\rho^{3/4}}{(\Delta P)^{3/4}} \tag{14-16}$$

여기서, $\dot{V}$은 체적 유량, ρ는 유체 밀도, D는 회전 날개 직경, N은 팬 속도, ΔP는 팬 압력 상승, W는 팬 소비 전력이다. 이상적인 팬의 소비 전력은:

$$W_{ideal} = m\left[c_{p,avg}T_1\left(\left(\frac{P_2}{P_1}\right)^{(\gamma-1)/\gamma} - 1\right) + \left(\frac{v_2^2}{2} - \frac{v_1^2}{2}\right)\right] \tag{14-17}$$

실제 팬의 소비 전력은 다음 식을 이용하여 계산할 수 있다.

$$W_{act} = V\left[\Delta P + \frac{\rho v_2^2 - v_1^2}{2}\right] \tag{14-18}$$

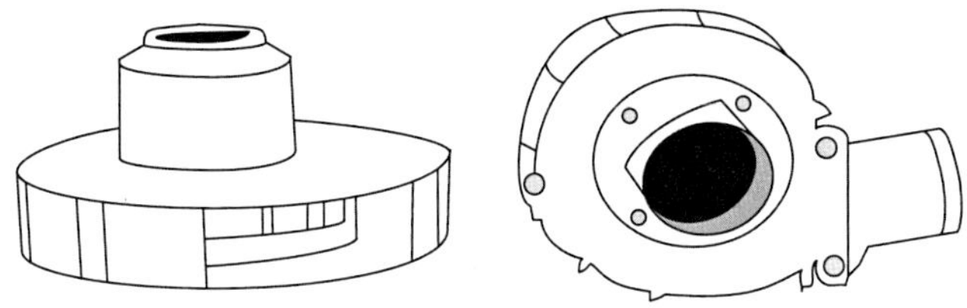

그림 14-8 방사형 송풍기의 예

총 압력은 $P_0 = P + \frac{\rho v_2^2}{2}$ 와 같이 표현되므로,

$$W_{act} = V * \Delta P_0 \tag{14-19}$$

더 큰 압력 차이는 축 방향으로 공기나 가스를 흡입한 후 방사상으로 배출하는 원심(centrifugal) 팬을 이용하여 얻을 수 있다[21]. 원심 팬은 소형~중형 연료전지에서 냉각 공기를 순환시키는 용도로 사용된다. 원심 팬으로 만들 수 있는 압력은 3~10 cm 정도의 압력 수두이다[18].

또한 송풍기도 공기를 연료전지로 공급하는 시스템에 사용된다. 그림 14-8에 방사형 송풍기의 예가 나타나 있다. 일반적으로 송풍기는 시동 시 배터리를 이용하고, 연료전지의 출력 중 일부를 사용하여 계속 작동한다(다른 보조시스템 장치들처럼). 필요한 송풍기 전력은

$$W = (\Delta PV)/\eta_{blower} \tag{14-20}$$

여기서, η_{blower} 는 송풍기 효율이다.

팬과 송풍기는 제조되어 판매되고 있으며, 연료전지 시스템의 설계 시 중요한 변수들인 필요한 공기 유량, 강성, 효율, 소음, 가격, 소비 전력, 무게를 고려해야한다. 또한, 팬과 송풍기의 성능은 온도, 속도, 사용하는 가스의 밀도에 따라 달라지는데, 대부분의 성능 변수들이 표준 조건에서 평가되기 때문에 팬 또는 송풍기를 선택할 때 이와 같은 변수들을 고려하는 것이 중요하다. 송풍기 선택 시 스파크가 발생하지 않는 브러시리스 모터(spark-free brushless motor)는 (특히 수소를 연료로 사용하는 경우) 연료전지 시스템에 고 신뢰성, 긴 수명, 신속한 제어 및 응답 시간 등의 많은 장점을 제공한다.

예제 14-1 압력 강하가 0.5, 유량이 0.013067 ft^3/min인 송풍기의 소비 전력을 계산하

라. 송풍기의 효율은 50%이다.

$$W = (\Delta PV)/\eta_{blower} = (0.5 * 0.013067\ \text{ft}^3/\text{min})/0.50 = 0.013\ \text{W}$$

소비 전력은 0.013 W이다.

예제 14-2 20℃, 100 kPa에서 팬으로 공기를 연료전지 시스템으로 공급하고자 한다. 팬은 0.6 kPa의 압력 상승으로 0.05 m^3/s의 공기를 공급한다. 실제 전력은 50 W이고, 출구 속도는 1 m/s이다. 팬의 효율을 계산하라.

압력 상승을 이용하면, P_2 =100.6 kPa가 된다. 효율을 계산하기 위해 이상적인 일을 계산해야 한다.

$$w_{ideal} = c_p(T_2 - T_1)$$

여기서, T_2는 등엔트로피 비(isentropic ratio)에서 얻을 수 있고, γ는 1.38이다.

$$\frac{T_2}{T_1} = \left(\frac{P_2}{P_1}\right)^{(\gamma-1)/\gamma} = (293.15) * \left(\frac{100.6}{100}\right)^{(1.38-1)/1.38} = 293.63\ \text{K}$$

$$w_{ideal} = (1.005) * (293.63 - 293.15) = 0.4858\ \text{kJ/kg}$$

이고,

$$\eta_s = \frac{W_{ideal}}{W_{act}} = \frac{W_{ideal}}{\dot{w}_{act}/\dot{m}}$$

여기서, $m = \dot{v}/V = \dot{v}/(RT/P) = (0.05 * 100)/(0.286 * 293.15) = 0.0596\ \text{kg/s}$

따라서

$$\eta_s = \frac{W_{ideal}}{W_{act}} = \frac{W_{ideal}}{\dot{w}_{act}/\dot{m}} = \frac{0.4858\ \text{kJ/kg}}{(0.05\ \text{kW}/0.0596\ \text{kg/s})} = 0.579$$

14.1.3 압축기

공급되는 공기를 압축하는 것은 단위 시간과 단위 체적당 산소의 농도를 증가시킴으로써 연료전지 효율을 증가시킨다. 이는 더 작고 가벼운 연료전지 스택을 사용할 수 있음을 의미한다. 또한, 물질 전달 문제로 인한 높은 전류 밀도에서 전압 강하를 지연시킬 수 있다. 압력이 높아지면 더 낮은 체적 유량으로 동일한 몰 유량을 공급할 수 있다. 포화 상태의 공기를 만드는 데 물이 더 적게 필요하므로(공기 1몰당) 가습이 쉬워진다. 유동 채널에서 더 큰 압력 강하가 허용될 수 있으므로 유동 채널의 설계는 훨씬 자유로워진다. 압축기(팬이나 송풍기)는 연료전지 또는 다른 전원으로 전력을 공급받는 전기 모터로 구동된다. 압축은 등온(isothermal) 또는 단열(adiabatic) 과정이다. 등온 압축은 주변 환경과 온도 평형을 이루고, 단열 압축은 주변 환경과 열 교환 없이 압축한다.

연료전지 시스템에 사용되는 압축기는 루츠(Roots), 스크류(Screw), 다이아프램(diaphragm), 피스톤(piston) 압축기 같은 양 변위 압축기(positive displacement compressors)와 원심(centrifugal)/방사형(radial), 축류(axial flow) 압축기와 같은 연속 유동 압축기(continuous flow compressor)의 2가지 형태가 있으며, 각기 유동을 제어하는 방식은 다르다.

루츠 압축기와 같은 양 변위 압축기는 가격이 저렴하며 다양한 유량 범위에서 사용할 수 있다. 하지만 압력 차이가 작을 경우에 대해서만 효율이 높다. 스크류 또는 Lysholm 압축기는 교차 회전하는 2개의 스크류로 구성되며, 두 스크류 사이의 가스를 전진 방향으로 이동시켜 압축한다. 스크류 압축기는 2가지 형태로 나눌 수 있는데, 첫 번째는 외부 모터가 하나의 회전자(rotor)를 구동하고, 두 번째 회전자는 첫 번째에 의해 회전하게 되는 방식이다. 두 번째 형태는 두 스크류를 동조(synchronizing)기어로 연결한 형태이다. Lysholm 압축기의 장점은 다양한 범위의 압축비를 사용할 수 있으며, 입구의 공기 압력의 8배까지 증가시킬 수 있지만 가격이 비싼 것이 흠이다[18].

가장 일반적인 형태의 압축기는 원심 압축기이며, 운동 에너지를 이용하여 압력 증가를 얻는다. 가격이 저렴하고 넓은 범위의 유량을 처리할 수 있지만, 낮은 유량에서는 작동할 수 없으며, 이는 압력이 적절하게 조정되어야 함을 의미한다. 원심 압축기는 큰 유속에서 유속과 압력을 동시에 변화시킬 수 있어 높은 효율을 가진다. 일반적으로 원심 압축기는 엔진의 터보 차지 시스템에서 볼 수 있다. 그림 14-9는 PEMFC용 모터 구동-터보 압축기가 나타나 있다.

축류 압축기는 대형 날개를 이용하여 공기를 좁은 단면적의 장치를 통하여 밀어 넣는다. 가격이 비싸지만, 넓은 범위의 유량에 대해 효율이 높다.

압축기의 효율은 연료전지 시스템의 전체 효율을 위하여 중요하다. 효율과 이상(ideal) 배출 온도는 P_1에서 P_2로 압력을 상승시키기 위하여 실제로 한 일의 비를 사용하여 구할 수 있다(14.1.2절과 유사).

$$\frac{T_2}{T_1} = \left(\frac{P_2}{P_1}\right)^{(\gamma-1)/\gamma} \tag{14-21}$$

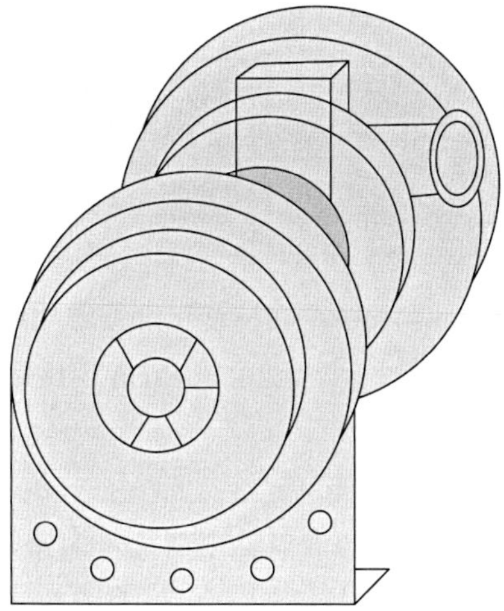

그림 14-9 PEMFC용 모터 구동-터보 압축기의 예

여기서, T_2는 등엔트로피 온도이며, γ는 가스의 비열용량 비, C_p/C_v이다. 이 식을 사용하기 위해서 다음과 같은 몇 가지 일반적인 가정이 필요하다[19].

- 압축기로부터의 열 유동은 무시
- 압축기를 통하여 흐르는 가스의 운동 에너지는 무시
- 가스는 이상기체이므로 일정 압력에서 비열 C_p는 상수

시스템이 행한 실제 일은

$$W = c_p\,(T_2 - T_1)m \tag{14-22}$$

여기서, m은 압축된 가스의 질량(공기 유량, g/s), T_1과 T_2는 각각 입구와 출구 온도이며, c_p는 일정 압력에서 비열이다(J/gK). 효율은 이와 같은 두 일의 비이므로

$$\eta = \text{isentropic work/real work} = \frac{c_p(T_2 - T_1)m}{c_p(T_2 - T_1)m} \text{ and } \eta_c = \frac{(T_2 - T_1)}{(T_2 - T_1)} \tag{14-23}$$

압축 종료 시의 온도 변화는 다음 수식으로 구할 수 있다.

$$\Delta T = T_2 - T_1 = \frac{T_1}{\eta_c}\left(\left(\frac{P_2}{P_1}\right)^{\frac{\gamma-1}{\gamma}} - 1\right) \tag{14-24}$$

여기서, γ는 비열의 비이다(2원자(diatomic)기체의 경우, $k=1.4$). 총 효율은 압축

기 효율과 축(shaft)의 기계적 효율을 곱한 값이다.

$$\eta_T = \eta_m \times \eta_c \tag{14-25}$$

가스의 온도를 증가시키기 위하여 필요한 전력은 다음과 같이 정의한다.

$$W = c_p \Delta T \dot{m} \tag{14-26}$$

압축 과정에 관련된 비효율성을 감안하여, 앞의 식에 대입하면

$$P_{compressor} = c_p \frac{T_1}{\eta_c}\left(\left(\frac{P_2}{P_1}\right)^{\frac{\gamma-1}{\gamma}} - 1\right)\dot{m} \tag{14-27}$$

현재 많은 압축기가 상업적으로 제작되고 있으며, 연료전지 시스템의 설계 시 고려해야 할 중요한 변수들은 온도, 압력, 사용하는 기체, 신뢰성, 효율, 내부식성 재료 등이다.

예제 14-3 100 kPa, 298 K의 공기가 2 kg/s로 압축기로 공급되고, 압력을 100 kPa 상승시킨다. (a) 이상(ideal) 압축기와 (b) 75%의 효율을 가지는 단열 압축기에 대하여 소비 전력, 단열 효율, 배출 온도를 계산하라.

이상기체 법칙을 사용하여,

$$v_1 = \frac{RT_1}{P_1} = \frac{0.287*298}{100} = 0.8553$$

체적 유량은 다음과 같이 계산할 수 있다.

$$V_1 = v_1 * m = 0.8553*2 = 1.710\ \frac{\mathrm{m^3}}{\mathrm{s}}$$

(a) 배출 압력은 다음과 같이 계산된다.

$$P_2 = P_1 + \Delta P = 100 + 100 = 200\ \mathrm{kPa}$$

이상기체 법칙에 의해 T_2는

$$\frac{T_2}{T_1} = \left(\frac{P_2}{P_1}\right)^{(\gamma-1)/\gamma} = (298)*\left(\frac{200}{100}\right)^{(1.38-1)/1.38} = 360.68\ \mathrm{K}$$

이상 일은 다음과 같이 계산할 수 있다.

$$W = c_{p,\,avg}(T_2 - T_1)m = 1.005*(360.68 - 298)*(2) = 125.98\ \mathrm{kW}$$

이상 압축기의 효율은 100%이다.

(b) 효율이 75%인 단열 압축기인 경우

$$W_{act} = \frac{W_{ideal}}{\eta_s} = \frac{125.98}{0.75} = 167.98\ \text{kW}$$

실제 배출 온도는 다음과 같이 계산할 수 있다.

$$T_2 = T_1 + \frac{W_{act}}{m * c_{p,avg}} = 298 + \frac{167.98}{2*1.005} = 381.57\ \text{K}$$

예제 14-4 출력이 50 kW인 연료전지 스택이 압력 2 bar로 운전된다. 1.0 bar, 22℃에서 양론비 1.5로 스크류 압축기를 이용하여 스택으로 공기를 공급한다. 평균 단일전지 전압은 0.7 V이다. 회전자 속도 계수는 300 rev/minK$^{1/2}$이며, 효율은 0.6이다. 공기 압축기의 필요한 회전 속도, 압축기에서 배출되는 공기의 온도, 압축기를 구동하기 위하여 필요한 전기 모터의 전력을 구하라.

우선 공기의 질량 유량을 구해야 한다.

$$m = 3.57 \times 10^{-7} \times \lambda \times \frac{P_e}{V_c}\ \text{kg/s, where } \lambda \text{ is the stoichiometry}$$

$$m = \frac{3.57 \times 10^{-7} \times 1.5 \times 50{,}000}{0.70} = 0.03825\ \text{kg/s}$$

다음 이를 질량 유동 계수로 변환해야 한다.

$$m_{ff} = \frac{0.03825 \times \sqrt{295.15}}{1.0} = \frac{0.657\ \text{kg}}{s\ \sqrt{K}\ \text{bar}}$$

질량 유동 계수는 표준 압축기 성능 도표에서 회전자 속도 계수와 효율을 구하는 데 도움을 준다. 이 예제에서 회전자 속도 계수는 300 rev/minK$^{1/2}$, 효율은 0.6으로 주어졌다. 회전자 속도는

$$300 \times \sqrt{295.15} = 5{,}153.98\ \text{rpm}$$

온도 상승은 다음과 같이 계산한다.

$$\Delta T = \frac{295.15}{0.6}\left(\left(\frac{2.0}{1.0}\right)^{0.286} - 1\right) = 107.86\ \text{K}$$

유입 공기 온도는 22℃이므로 배출 온도는 129.86℃가 된다. PEMFC의 경우 스택은 냉각이 필요하나, PAFC의 경우 적절한 사전 가열 단계가 필요하다. 압축기의 소비 전력은

$$W_{compressor} = 1{,}004 \times \frac{295.15}{0.6}\left(\left(\frac{2.0}{1.0}\right)^{0.286} - 1\right) * 0.03825 = 4{,}142.15\,\mathrm{kW}$$

이 전력은 베어링 및 구동축의 기계적 손실을 무시한다. 대부분의 PEMFC는 유입 공기의 가습을 필요로 하며, 이는 비열용량과 비열용량 비를 변화시켜 압축기의 성능에 영향을 준다. 때때로 공기를 압축 후 뜨거운 공기를 가습하기도 한다.

14.1.4 터빈

가압 연료전지 시스템에서 일반적으로 배출 가스는 뜨겁고 가압(유입 압력보다는 낮음)되어 있다. 연료전지로부터 나오는 이러한 뜨거운 가스를 터빈을 통과시켜 기계적 일로 전환할 수 있다. 이러한 에너지로 공기를 압축하는 데 필요한 일을 상쇄시킬 만큼 충분한 일을 얻을 수 있도록 시스템을 설계할 수 있다. 터빈의 효율은 연료전지 시스템에 적용여부를 결정하는 중요한 요소이다[18]. 그림 14-10, 14-11은 각각 터빈을 사용하는 SOFC와 MCFC 연료전지 시스템의 예이다.

압축기와 팬의 경우와 같이 터빈의 이상(ideal) 효율과 배출 온도는 다음 식을 이용하여 계산할 수 있다.

$$\frac{T_2}{T_1} = \left(\frac{P_2}{P_1}\right)^{(\gamma-1)/\gamma} \tag{14-28}$$

해당 식을 대입하면, 효율은 다음과 같아진다.

$$\eta_{turbine} = \frac{T_1 - T_2}{T_1 - T_2} = \frac{T_1 - T_2}{T_1}\left(1 - \left(\frac{P_2}{P_1}\right)^{\frac{\gamma-1}{\gamma}} - 1\right) \tag{14-29}$$

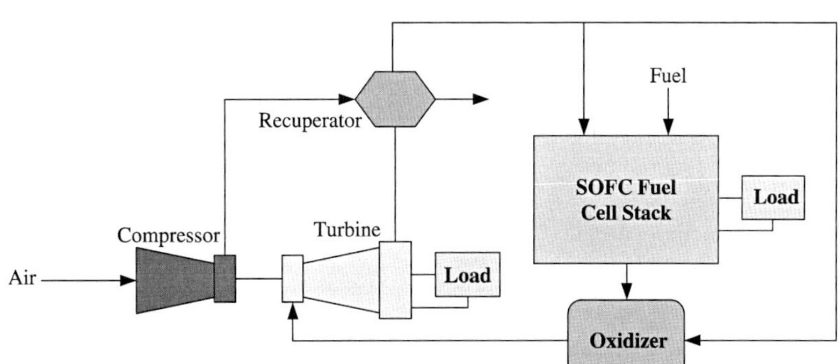

그림 14-10 터빈/압축기를 포함하는 SOFC 시스템

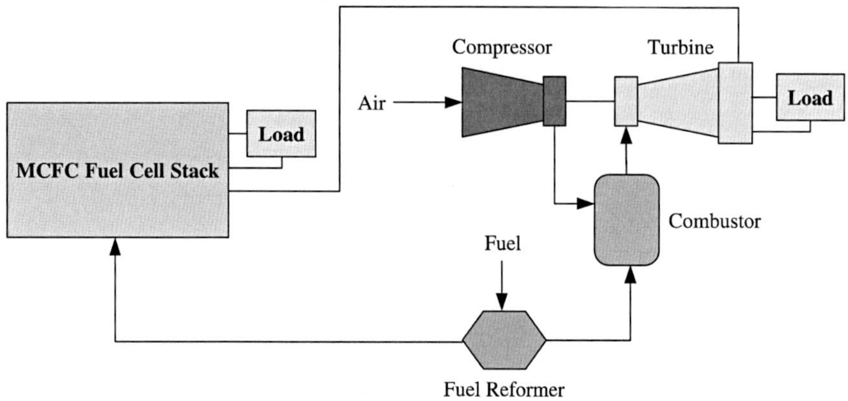

그림 14-11 터빈/압축기를 포함하는 MCFC 시스템

여기서, η_c는 P_1과 P_2 사이에서 실제 일과 이상 등엔트로피 일 사이의 비율이다. 터빈 출구에서 온도는

$$\Delta T = T_2 - T_1 = \eta_c T_1\left(\left(\frac{P_2}{P_1}\right)^{\frac{\gamma-1}{\gamma}} - 1\right) \tag{14-30}$$

터빈의 생산 전력은 압축기와 동일한 식으로 구할 수 있다.

$$W = c_p \Delta T \dot{m} \tag{14-31}$$

$$P_{turbine} = c_p \eta_c T_1\left(\left(\frac{P_2}{P_1}\right)^{\frac{\gamma-1}{\gamma}} - 1\right)\dot{m} \tag{14-32}$$

압축과 팽창 과정의 비효율성으로 인하여, 터빈은 다른 시스템 구성요소가 필요로 하는 일의 일부분만 회수할 수 있다. 배출 온도가 높을 경우 터빈은 연료전지 보조시스템에 필요한 전력 전체를 생산할 수도 있다.

예제 14-5 예제 14-4의 연료전지의 경우 배출 온도는 100℃(383.15 K)이고 압력은 1.8 bar이다. 터빈의 효율 및 회전자 속도는 각각 0.55, 4,000 rev/(minK$^{1/2}$)이다. c_p =1,100 J/kgK, γ=1.38일 때 배출 가스로부터 얻을 수 있는 전력은 얼마인가?

캐소드 배출 가스 질량은 연료전지 내에 존재하는 물에 의해 증가할 수 있지만, 질량 변화는 매우 작기 때문에 이 문제에서는 이를 무시하고 0.03825 kg/s 값을 사용한다. 먼

저 질량 유량을 계산하면,

$$m_{ff} = \frac{0.03825 \times \sqrt{383.15}}{1.8} = \frac{0.416 \text{ kg}}{s\sqrt{K} \text{ bar}}$$

회전자 속도는

$$Sp_{rotor} = 5{,}000 \times \sqrt{383.15} = 97{,}871.09 \text{ rpm}$$

효율이 0.55이므로 배출 가스로부터 얻을 수 있는 전력은

$$P_{turbine} = 1{,}100 \times 0.55 \times 383.15\left(\left(\frac{1.0}{1.8}\right)^{0.275} - 1\right) * 0.03825$$
$$\approx -1{,}323.37 \text{ kW}$$

이는 연료전지의 출력 50 kW에 유용하게 추가되는 전력량이나, 압축기를 구동하기에는 충분치 않다.

14.1.5 펌프

송풍기, 압축기, 팬과 더불어 펌프는 연료전지 보조시스템에서 가장 중요한 구성요소 중의 하나이다. 이러한 구성요소들은 연료, 가스, 응축물을 시스템 내에서 이동시키기 위하여 필요하며, 연료전지 시스템 효율을 결정하는 중요한 요소들이다. 소형에서 중형의 PEMFC는 약 10 kPa 또는 1 m 수두의 역압(back pressure)을 갖는데[19], 앞에서 설명한 것처럼, 대부분의 축류 또는 원심 팬으로 처리하기에는 너무 큰 압력이다. 그림 14-12에 다이아프램(diaphragm) 펌프의 예가 나타나 있다. 더 큰 다이아프램 펌프는 1~2 m 수두의 역압에서도 사용할 수 있다[18].

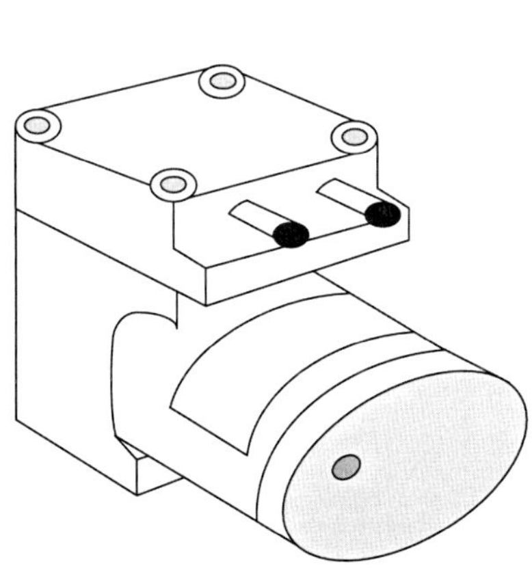

그림 14-12 소형 다이아프램 펌프의 예

이러한 펌프의 특성은 다음과 같다.

- 저렴한 가격
- 장기간의 신뢰성
- 10 kPa의 압력에 대하여 작동 가능
- 다양한 크기가 가능

연료전지의 용도에 따라 적절한 펌프를 선택하는 것이 중요하다. 팬, 송풍기, 압축기와 마찬가지로 펌프에서 고려해야 할 요인들은 효율, 신뢰성, 내부식성 재료와 특정 연료전지 시스템에서 요구되는 온도, 압력, 유량으로 작동할 수 있는 성능 등이다. 적절한 모터 속도/회전력 곡선을 가지는 고효율 펌프의 사용은 연료전지 스택과 시스템을 좀 더 효율적으로 만들어 준다. 또한, 스파크가 없는 브러시리스 모터는 연료전지 시스템(특히, 수소를 연료로 사용하는 경우)에 대하여 고 신뢰성, 긴 수명과 신속한 제어 및 응답 시간과 같은 많은 장점을 제공한다. 연료전지 스택에 사용할 수 있는 다양한 형태의 펌프는 수조, 가스 추출 장비, 소규모 화학 공정 플랜트와 같은 여러 다른 분야에서 사용되기도 한다. 현재 사용되는 대부분의 펌프는 소음이 없고 수년간 사용이 가능하다. 펌프 성능 특성을 표현하는 식은 팬의 성능 특성식(식 (14-13)~(14-16))과 동일하다.

예제 14-6 펌프로 100 kPa의 압력 상승 및 10 kg/s의 유량으로 물을 이동시키고자 한다. (a) 이상적 펌프, (b) 최대 효율에서의 축류 펌프와 (c) 최대 효율에서의 원심 펌프에서 필요한 일, 배출 온도, (계산 가능하다면) 펌프 속도 및 직경을 계산하라. 축류 펌프의 최대 효율은 다음의 변수를 가진다.

$$(C_Q)_{max} = 0.6398 \quad (C_H)_{max} = 1.4922 \quad \eta_{max} = 0.8488$$

원심 유동 펌프의 최대 효율은 다음의 변수를 가진다.

$$(C_Q)_{max} = 0.11509 \quad (C_H)_{max} = 5.3317 \quad \eta_{max} = 0.93508$$

(a) 이상 일은 다음과 같이 계산할 수 있다.

$$W_{ideal} = \dot{m}v\Delta P = (10)(1.002*10^{-3})*100 = 1.002\,\text{kW}$$

배출 온도는 입구 온도와 같다.

(b) 실제의 일은 다음과 같이 계산할 수 있다.

$$W_{act} = \frac{W_{ideal}}{\eta_{\max}} = \frac{1.002}{0.8488} = 1.18\,\text{kW}$$

온도 변화는 다음과 같이 주어진다.

$$\Delta T = \frac{W_{act} - W_{ideal}}{mc_p} = \frac{1.18 - 1.002}{(10)(4.181)} = 0.00427\,\mathrm{K}$$

최대 효율에서 다음 식을 펌프 직경 및 속도에 대하여 적용할 수 있다.

$$D = \left[\frac{(C_H)_{\max} m^2}{\rho \Delta P (C_Q)^2_{\max}}\right]^{1/4} \quad \text{and} \quad N = \frac{m}{\rho D^3 (C_Q)_{\max}}$$

$$D = \left[\frac{(C_H)_{max} m^2}{\rho \Delta P (C_Q)^2_{max}}\right]^{1/4} = \left[\frac{1.4922*(10)^2}{(998)*(100)*0.6398^2}\right]^{0.25} = 0.246\,\mathrm{m}$$

$$N = \frac{m}{\rho D^3 (C_Q)_{max}} = \frac{10}{998*0.246^3*0.6398} = 1.0546\,\mathrm{rps} = 63.28\,\mathrm{rpm}$$

(c) 실제의 일은 다음과 같이 계산할 수 있다.

$$W_{act} = \frac{W_{ideal}}{\eta_{max}} = \frac{1.002}{0.93508} = 1.072\,\mathrm{kW}$$

온도 변화는 다음과 같이 주어진다.

$$\Delta T = \frac{W_{act} - W_{ideal}}{mc_p} = \frac{1.072 - 1.002}{(10)(4.181)} = 0.00166\,\mathrm{K}$$

최대 효율에서,

$$D = \left[\frac{(C_H)_{\max} m^2}{\rho \Delta P (C_Q)^2_{\max}}\right]^{1/4} = \left[\frac{5.3317*(10)^2}{(998)*(100)*0.11509^2}\right]^{0.25} = 0.403\,\mathrm{m}$$

$$N = \frac{m}{\rho D^3 (C_Q)_{\max}} = \frac{10}{998*0.403^3*0.11509} = 1.330\,\mathrm{rps} = 79.81\,\mathrm{rpm}$$

예제 14-7 1 kW PEMFC가 그림 14-13과 같이 80℃, 3 atm에서 0.65 V로 운전된다. 공기 양론비는 2.5이며, 압축기와 터빈 효율은 0.6이다. 압축기로 투입되는 공기의 온도와 압력은 25℃, 1 atm이다. (a) 압축기에 필요한 전력과 해당 온도 변화를 구하라. (b) 이 연료전지 시스템의 경우 가습기가 필요한가? (c) 터빈을 연료전지 시스템에 도입하는 것은 유용한가? 그렇다면, 터빈과 관련된 온도 변화를 계산하라. (d) 스택에서 발생되는 열의 크기를 계산하라.

(a) 공기의 분자량이 28.97×10^{-3} kg/mol이고 공기 중 산소의 몰 분율이 0.21인 경우, 유입 공기 유량은 다음과 같이 계산할 수 있다.

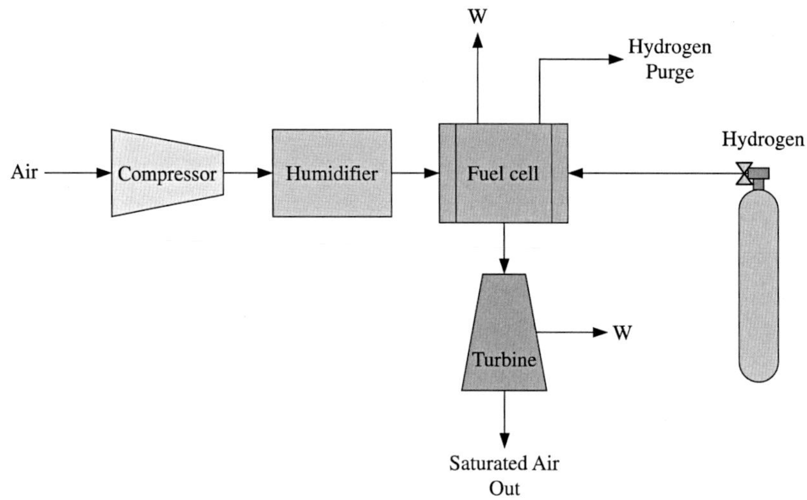

그림 14-13 예제 14-7의 연료전지 시스템

$$m_{air,in} = \frac{S_{O_2} \times M_{air} \times P}{4 \times x_{O_2} \times V_{cell} \times F}$$

$$m_{air,in} = \frac{2.5 \times 28.97 \times 10^{-3} \times 1000}{4 \times 0.21 \times 0.65 \times 96{,}485} = 0.001375\,\mathrm{kg/s}$$

공기가 25℃, γ=1.4일 때, 공기의 압축으로 인한 온도의 상승은 다음과 같이 계산할 수 있다.

$$\Delta T = T_2 - T_1 = \frac{T_1}{\eta_c}\left(\left(\frac{P_2}{P_1}\right)^{\frac{\gamma-1}{\gamma}} - 1\right)$$

$$\Delta T = \frac{298}{0.6}\left(\left(\frac{303{,}975.03}{101{,}325.01}\right)^{\frac{1.4-1}{1.4}} - 1\right) = 183.35\,\mathrm{K}$$

c_p =1,004 J/kg*K인 경우, 공기를 압축하기 위하여 필요한 전력은

$$P_{compressor} = c_p\frac{T_1}{\eta_c}\left(\left(\frac{P_2}{P_1}\right)^{\frac{\gamma-1}{\gamma}} - 1\right)\dot{m}$$

$$P_{compressor} = 1{,}004 * \frac{298}{0.6}\left(\left(\frac{303{,}975.03}{101{,}325.01}\right)^{\frac{1.4-1}{1.4}} - 1\right) * 0.001375\,\mathrm{kg/s}$$

$$= 253.12\,\mathrm{W}$$

온도 상승이 크기 때문에 투입하기 전에 공기를 냉각할 필요가 있다.

(b) 배출 공기 유량은 다음과 같이 계산할 수 있다.

$$m_{air,out} = \frac{S_{O_2} \times M_{air} \times P}{4 \times x_{O_2} \times V_{cell} \times F} - \frac{32 \times 10^{-3} \times P}{4 \times V_{cell} \times F}$$

$$m_{air,out} = \frac{2.5 \times 28.97 \times 10^{-3} \times 1000}{4 \times 0.21 \times 0.65 \times 96{,}485}$$

$$- \frac{32 \times 10^{-3} \times 1000}{4 \times 0.65 \times 96{,}485} = 0.001246\,\text{kg/s}$$

배출 공기의 습도가 100%이고, 80℃인 물의 포화 증기압이 47.39 kPa이면, 건조한 공기의 압력은 배출 공기의 총 압력에서 포화 증기압을 뺀 값이다. 유동 채널에 의한 압력 강하로 인하여 배출 압력이 유입 압력보다 작고, 압력 강하가 20 kPa라고 하면, 303,975.03−20,000=283,975.03 Pa가 되고, 건조 공기의 압력은 283,975.03 Pa−47,390 Pa=236,585.03 Pa이다.

물의 분자량이 18이고 공기의 분자량이 28.97이면, 절대 습도는

$$\omega = \frac{m_w}{m_a} = \frac{18 \times P_W}{28.97 \times P_a} = \frac{18 \times 47{,}390}{28.97 \times 236{,}585.03} = 0.1245$$

따라서 연료전지에서 배출되는 물의 질량 유량은

$$m_w = \omega m_a = 0.1245 \times 0.001246\,\text{kg/s} = 0.000155\,\text{kg/s}$$

물의 생성 속도는

$$m_{H_2O} = \frac{M_{air} \times P}{2 \times V_{cell} \times F} = \frac{28.97 \times 10^{-3} \times 1000}{2 \times 0.65 \times 96{,}485} = 0.000231\,\text{kg/s}$$

연료전지로 공급되어야 하는 물의 유량은 0.000155−0.000231=−0.000076이며, 이는 물을 공급할 필요가 없음을 나타내므로 가습기는 필요 없다. 총 배출 유량은 건조 공기 유량에 물의 유량을 더한 값으로서 0.001246 kg/s+0.000155 kg/s =0.001401 kg/s이다.

(c) c_p=1100 J/kg*K이고, γ=1.33이며, 터빈 출구 압력이 대기압보다 크다면 (~283,975.03 −100,000 Pa=183,975.03), 터빈 출력은 다음과 같이 계산할 수 있다.

$$P_{turbine} = c_p \eta_c T_1 \left(\left(\frac{P_2}{P_1} \right)^{\frac{\gamma-1}{\gamma}} - 1 \right) \dot{m}$$

$$P_{turbine} = 1{,}100 * 0.6 * 353.15 \left(\left(\frac{183{,}975.03}{283{,}975.03} \right)^{\frac{1.33-1}{1.33}} - 1 \right) * 0.001401$$

$$= -33.33\,\text{W}$$

압축기에 필요한 253 Watts에 약 33 Watts를 유용하게 기여하고 있다. 터빈을 통한 온도 변화는 다음과 같이 계산할 수 있다.

$$\Delta T = \eta_c T_1\left(\left(\frac{P_2}{P_1}\right)^{\frac{\gamma-1}{\gamma}} - 1\right)$$

$$\Delta T = 0.6*353.15\left(\left(\frac{183{,}975.03}{283{,}975.03}\right)^{\frac{1.33-1}{1.33}} - 1\right) = -21.62\text{ K}$$

이는 배출 가스 온도를 58.38 K 낮춘다.

(d) 열 발생 속도는

$$q = P*\left(\frac{1.25}{V_{cell}} - 1\right) = 1000*\left(\frac{1.25}{0.65} - 1\right) = 923.077\text{ W}$$

14.2 전기 보조시스템 (Electrical subsystem or BOP(Balance Of Plant))

연료전지의 전기 출력은 이상적인 전원이 되지 않는다. 모든 연료전지의 출력은 크게 변화하고 제한된 과부하 용량을 갖는 DC 전압이다. 그럼에도 불구하고, AC 전력망-연결 발전과 AC 또는 DC 독립 부하와 같은 많은 용도에 유용하다. 연료전지 스택은 부하 변화에 대한 반응이 느리며, 시동 역시 더디다. 연료전지 단자 전압은 부하에 따라 최대 ±50%까지 변할 수 있다. 연료전지를 배터리처럼 동작하도록 만들려면, 연료전지는 전력 급증을 상쇄할 수 있도록 설계되어야 하며, 부하는 연료전지의 한계에 맞출 수 있도록 재설계되거나, 정교한 전자회로가 필요하다. 그림 14-14는 연료전지 시스템의 주요 요소의 전력 회로 구성요소를 보여주는 일반적인 개략도이다.

2가지 기본적 전력 회로는 전력 조정기와 인버터이다. 연료전지의 출력은 일정하지가 않으며, 전류를 증가시키면 다른 장치에 비해 상대적으로 크게 전압이 감소된다. 일반적으로 연료전지 전압은 운전 전압에 비해 높거나 낮은 값에서 전압 조정

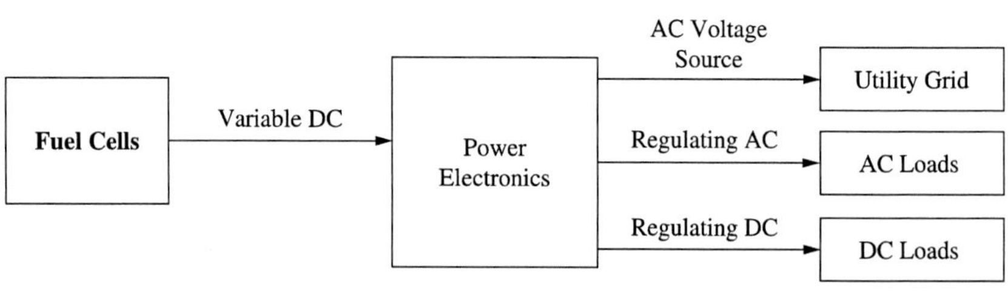

그림 14-14 주요 요소의 전력 회로[12]

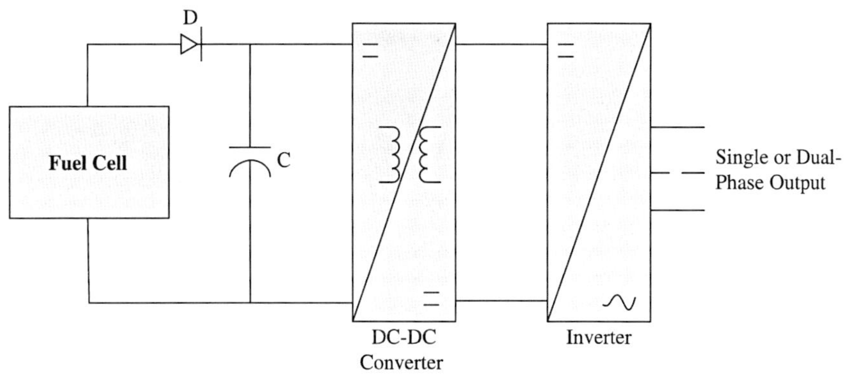

그림 14-15 일반적인 연료전지 전력 회로 접속 블록선도[9]

기, DC/DC 변환기, 초퍼(chopper) 회로를 사용하여 제어된다. 연료전지가 생산하는 전류는 직류(DC)로서, 소형 연료전지 시스템의 경우에는 오히려 이러한 직류 전원이 유리하다. 그러나 전력망에 연결된 대형 연료전지 시스템은 인버터를 이용하여 교류(AC)로 변환해야 한다. 그림 14-15에서 보는 바와 같이 인버터에 필요한 전압 수준으로 승압시키기 위하여 DC-DC 승압 변환기가 필요하다. 이러한 승압 변환기는 연료전지 전압을 승압시키는 역할 이외에 인버터 입력 전압을 조정하고 저전압 회로와 고전압 회로를 격리시킨다. 전력 반도체 장치의 기본 소자들은 다음과 같이 분류할 수 있다.

- 다이오드
- 사이리스터(Thyristors) 또는 실리콘 제어 정류기(SCR)
- 전력 MOSFET
- 절연 게이트 양극형 트랜지스터(IGBT)
- 통합 게이트-정류 사이리스터(IGCT)

이 소자들은 14.2.1절과 14.2.2절에서 상세히 설명할 것이다.

14.2.1 전력 다이오드

전력 다이오드는 DC-DC, DC-AC, AC-DC 전력 변환에 사용된다. 그림 14-16은 다이오드 기호이다. 다이오드는 순간적으로 통전되기 때문에 이상적인 스위치로 간주할 수 있다. 차단 시, 다이오드 전류는 회복 시간 t_{rr} 동안 역방향으로 흐른다. 다이오드는 저속 회복 다이오드, 고속 회복 다이오드, Schottky 다이오드로 분류할 수

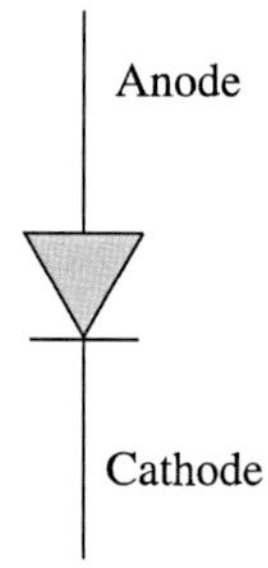

그림 14-16 다이오드 기호

있다. 저속 회복 다이오드는 낮은 전압을 갖도록 설계되므로 t_{rr}이 크다. 저속 회복 다이오드는 선형 주파수 전력 정류에 사용된다. 고속 회복 다이오드는 고주파수 회로에 이용되도록 설계되며, 작은 역 회복 시간(reverse recovery time)이 필요한 제어 스위치와 함께 사용된다. Schottky 다이오드는 순방향 전도도 강하가 낮고 스위칭 시간이 빠르지만, 차단 전압이 낮으며 DC-to-DC 변환기의 정류기 회로에 사용된다[22, 23].

14.2.2 스위칭 장치

연료전지는 매우 불안정한 전압을 제공하는데, 대부분의 전기 및 전자 장비는 안정된 전압을 필요로 하므로, 전압 출력을 조정해야 한다. 전압은 동작 전압 이하의 고정치로 전압을 하강시키거나, 상승시켜 조정할 수 있다. 대부분의 경우에는 높은 전압으로 상승시키며, 전압 조정은 스위칭 또는 초핑(chopping) 회로를 통해 가능하다. 앞으로 설명할 기본적인 전자적 스위치는 MOSFET, IGBT, 사이리스터(SCR) 소자이다.

전력 MOSFET 금속산화물 반도체 전계효과트랜지스터(MOSFET)는 게이트에 전압을 인가하여 통전시키는 전압 제어 소자이다. 소자가 "on"(통전)되면 드레인과 소스 사이의 저항은 매우 작아진다. 전류 경로는 저항처럼 동작하고, 그 "on" 값인 R_{DSon}는 낮은 전압으로 바꿔주는 소자의 경우는 0.01 ohms이며, 높은 전압으로 바꿔주는 소자 경우는 0.1 ohms이다. 그림 14-17에 MOSFET 소자의 예가 나타나 있다. 일반적으로 MOSFET은 1 kW 미만의 전력 시스템에서 사용된다.

MOSFET 전류-전압 특성은 2가지 구분되는 영역을 갖는데, 전도성 전압 강하를 결정하는 접촉성 저항과 일정 전류 영역이다[22]. 일반적인 MOSFET 용도는 스위칭 모드 전원 공급기와 배터리 충전기가 있다[23].

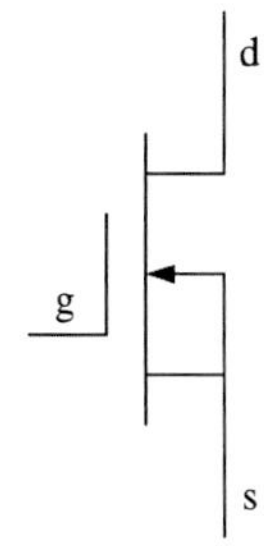

그림 14-17 MOSFET 소자의 예

절연 게이트 양극형 트랜지스터(IGBT) IGBT(절연 게이트 양극형 트랜지스터)는 MOSFET과 기존의 양극형 트랜지스터를 결합한 소자이다. IGBT는 통전된 게이트에서 무시할 수 있는 전류와 상당히 낮은 전압을 필요로 한다. 주요 전류는 컬렉터(collector)에서 에미터(emitter)로 흐르며, 전압은 소자 전체에서 모든 전류에 대해 0.6 V 이상 상승하지 않는다. 그림 14-18은 스위칭 시간이 1~4 μsec이고 최대 전압이 1700, 최대 전류가 600인 IGBT 소자의 예가 나타나 있다[18]. IGBT는 1 kW에서 수백 kW 범위의 시스템에서 주로 사용된다. IGBT의 단점은 스위칭 시간이 느리다는 것으로, 저전력 시스템에서 불리하다. 일반적인 IGBT의 용도는 모터 제어를 위한 DC-AC 인버터, UPS 시스템 및 저전력 조명 등이다[22, 23].

사이리스터 또는 실리콘 제어 정류기(SCR) 가장 일반적인 전자 스위치 중 하나는 사이리스터로서 전자 스위치로만 사용되며, 순방향과 역방향 양쪽으로 전압을 차단한다. 게이트로 입력되는 전류의 펄스로 인해 차단 상태에서 전도 상태로 바뀌고, 전류가 0으로 떨어질 때까지 전도 상태를 유지한다. 그림 14-19는 사이리스터 소자의 한 예이다.

스위칭에 영향을 주기 위하여 사이리스터에서 필요한 에너지는 MOSFET 또는

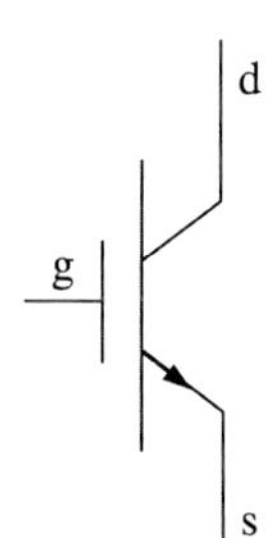

그림 14-18 IGBT 소자의 예

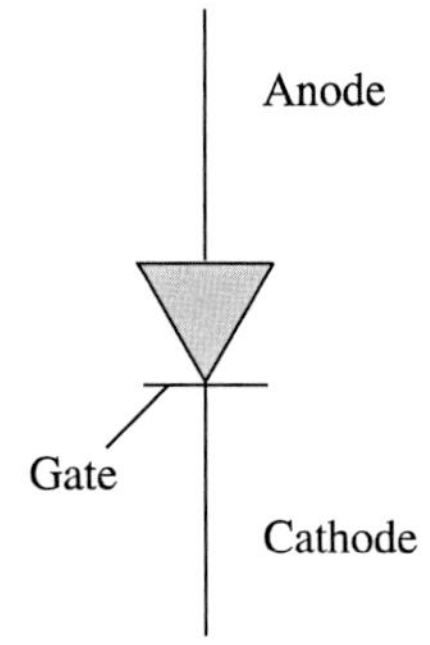

그림 14-19 사이리스터 소자의 예

IGBT보다 더 크다. DC 스위칭에 관한 사이리스터의 주요 장점은 스위칭 시간이 매우 길지만, 높은 전류와 전압을 스위칭할 수 있다는 점이다. 상용화된 사이리스터는 매우 큰 전류 및 정격 전압을 제공한다. 사이리스터 및 SCR은 고전력 고정형 바이패스 스위치와 UPS 시스템에 사용되고 있다[22, 23].

통합 게이트-정류 사이리스터(IGCT) IGCT는 고전압, 고전력 소자이며, 1997년에 처음으로 소개되었다[22]. 이 소자는 음의 차단 전류를 필요로 하는 비대칭-블로킹 게이트 차단 사이리스터(GTO)이다. IGCT는 중형 전압 전달 스위치, 산업용 구동 시스템과 같은 전력 분배 시스템 분야에 일반적으로 사용된다.

14.2.3 스위칭 조정기

스위칭 조정기는 입력 전압원으로부터 소량의 에너지를 받아서 출력으로 보낸다. 에너지 손실은 매우 작으므로 스위칭 조정기는 일반적으로 85% 이상의 효율을 가진다. 효율은 입력 전압의 영향을 적게 받기 때문에 고압전원으로부터 부하에 전력을 공급할 수 있다. 그림 14-20에 초퍼 회로(chopper circuit)가 나타나 있다. 구성요

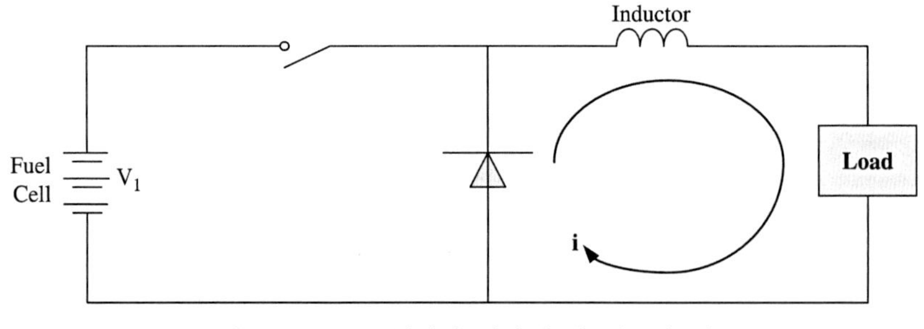

그림 14-20 스위치가 차단될 때 전류의 경로

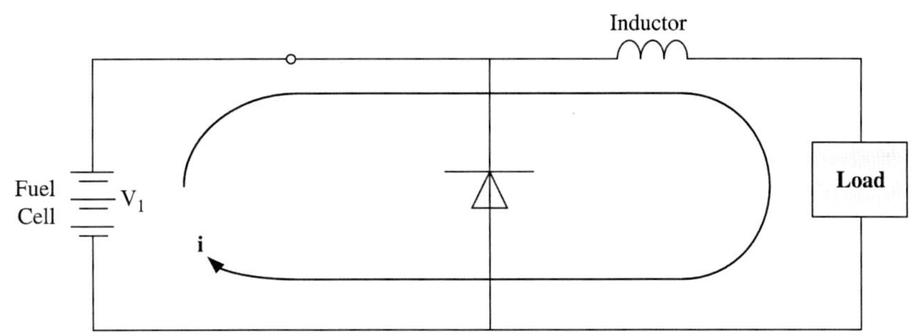

그림 14-21 스위치가 연결될 때 전류의 경로

소들은 전기 스위치, 다이오드, 인덕터이다. 그림 14-20은 전류가 차단된 후 전류가 인덕터와 부하를 통하여 흐를 때의 전류의 경로를 표시하고 있다. 인덕터에 저장된 에너지는 다이오드를 이용하여 부하로 흐르는 전류를 유지한다.

그림 14-21과 같이 스위치가 연결될 때 전류는 인덕터와 부하를 통하여 흐른다. 출력 전압 V_2는 다음 식에 의해 구할 수 있다.

$$V_2 = \frac{t_{ON}}{t_{ON} + t_{OFF}} V_1 \tag{14-33}$$

여기서, t_{ON}, t_{OFF}는 각각 전기 스위치의 연결(on)과 차단(off) 시간이다. 전압 강하(step-down) 초퍼 회로의 주요 에너지 손실은 다음과 같다.

- 전기 스위치의 스위칭 손실
- 스위치가 연결된 상태에서 스위치 내부의 전력 손실
- 다이오드 손실
- 인덕터의 저항으로 인한 전력 손실

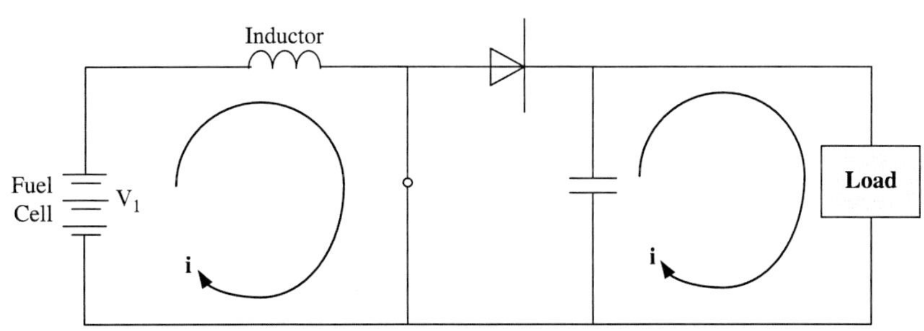

그림 14-22 스위치가 연결될 때 전류 경로

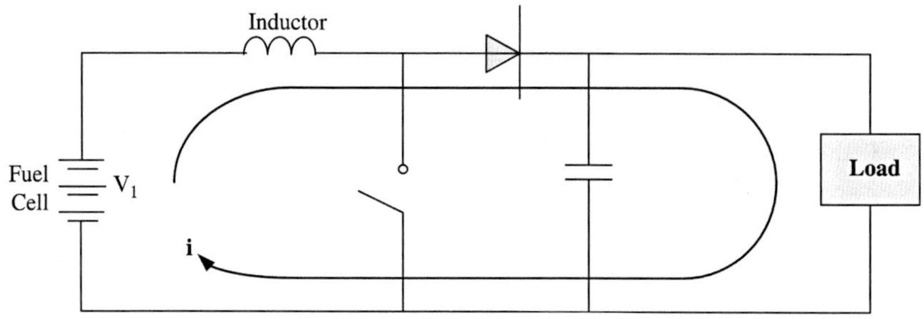

그림 14-23 스위치가 차단될 때 전류 경로

전압 하강 초퍼의 효율은 보통 90% 이상이며 최대 98%까지 가능하다. 연료전지는 저전압 장치이므로, 주로 전압을 상승시키는 것이 요구되는데, 이는 그림 14-22~14-23에 나타나 있는 스위칭 회로를 이용하여 얻을 수 있다.

전하가 커패시터에 저장된 후 스위치가 연결되면, 전류는 인덕터에 저장된다. 커패시터의 방전에 의해 부하에 전류가 공급되고, 다이오드는 전류가 스위치를 통해 역방향으로 흘러 충전되는 것을 방지한다. 스위치가 차단되면, 인덕터 전압은 상승하는데, 커패시터 이상으로 상승하면 전류는 다이오드를 통하여 흐르고, 커패시터를 충전하고, 부하로 공급된다.

회로의 손실은 전압 하강 조정기와 동일한 원인으로부터 발생한다. 인덕터 및 스위치를 통하는 전류는 출력 전류보다 크기 때문에 손실이 더 크다. 승압 조정기의 효율은 buck보다 약간 작으나, 최소한 80%의 효율을 얻어야 한다.

이와 같은 전압-상승과 전압-하강 스위칭 또는 초핑 회로는 DC-DC 변환기이다. 이들은 다양한 전력과 전압에 대해 제품화되어 있다. 그러나 원하는 사양으로 제작된 DC-DC 변환기가 없는 경우, 쉽게 설계하여 만들 수 있다.

DC-to-DC 변환기(DC-to-DC converter) DC-to-DC 변환기는 연료전지가 부하 전류에 따라 변화하기 때문에 전압을 조정하기 위하여 사용된다. 대부분의 연료전지 시스템은 낮은 전압에 대하여 설계되므로, DC-DC 승압 변환기는 전압을 증가시키기 위하여 주로 사용된다. 다음에 몇 가지 형태의 DC-DC 변환기에 대해서 나타내었다.

단일-스위치 승압 변환기(Single-switch converter) 승압 변환기는 연속 전도 모드(CCM)와 불연속 전도 모드(DCM)의 2가지 동작 모드를 가진다. 연속 전도 모드에서 인덕터 전류는 각 스위칭 주기 이후 0보다 크고, 불연속 전도 모드에서 인덕터

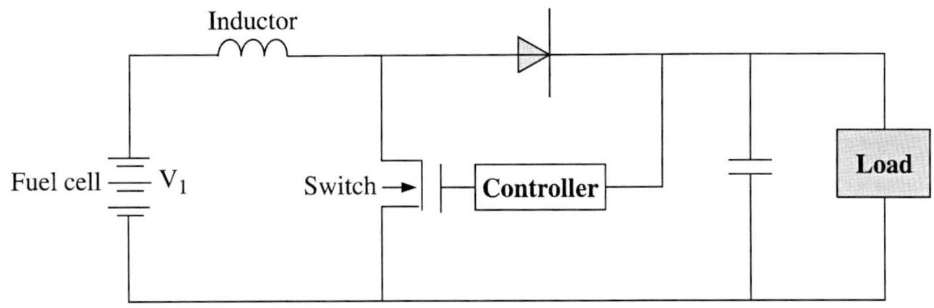

그림 14-24 단일 스위치 승압 변환기

전류는 각 스위칭 주기 이후 0이다[22]. 승압 변환기는 그림 14-24와 같이 스위치, 다이오드, 인덕터, 커패시터, 제어기로 구성된다.

작동하는 동안 스위치는 연결과 차단을 반복하여 입력 전압을 필요한 전압으로 승압한다. 연결 상태에서 에너지는 인덕터에 저장되고, 부하 전류는 커패시터에 의해 공급된다. 차단 상태에서는 인덕터에 저장된 에너지가 부하로 전달된다.

푸시-풀 DC-DC 변환기(Push-pull DC-DC converter) 푸시-풀 DC-DC 변환기는 출력 전압을 증가시키기 위해 변압기를 사용한다. 전원 스위치는 동시에 연결되지 않고 교대로 연결된다[22]. 정확하게 설계되면 수백 와트의 출력을 생성할 수 있다.

브리지 DC-to-DC 변환기(Full bridge DC-to-DC converters) 브리지 DC-DC 변환기는 푸시-풀 변환기와 비슷하며 변압기 누설과 출력 정류기 회복으로 인한 과도 과전위와 같은 몇 가지 결함을 갖고 있다[22]. 4개의 스위치가 변압기에 양 전압과 음 전압을 인가하기 위하여 교대로 연결 및 차단된다.

14.2.4 인버터 (Inverters)

연료전지는 대부분의 시스템에서 이점을 가지는 DC(직류)로 발전하며 가정과 사무실의 주전원으로 사용할 수 있다. 하지만 대부분의 연료전지 시스템은 궁극적으로 AC(교류) 전력망에 연결되어야 하므로 연료전지의 출력은 DC에서 AC로 변환되어야 한다.

단상(single-phase) 변환기의 주요 구성요소는 그림 14-25에 나타나 있으며, A~D로 표시된 4개의 스위치를 가지고 있고, 각 스위치를 가로질러 다이오드가 연결되어 있다. 저항과 인덕터는 AC로 구동되는 부하를 의미한다. 인버터가 동작할 때, 스위치 A와 D는 연결되고, 전류는 부하로 흐른 다음 이 스위치들은 차단된다. 전류는 동일한 방향으로 흘러 다이오드를 통과하고 스위치 B와 C를 거쳐 전원으로

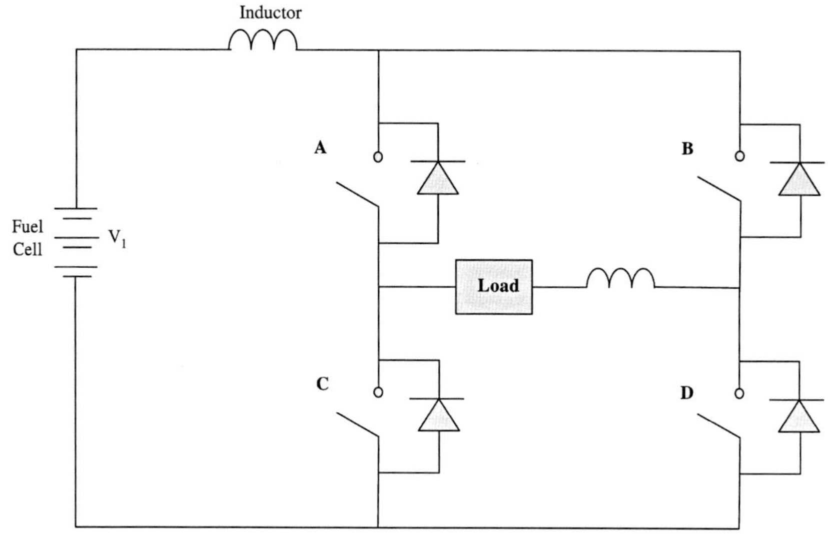

그림 14-25 단상 AC를 생성하는 H-브리지 인버터 회로

돌아온 다음 스위치 B와 C가 연결되고 전류는 좌측으로 흐른다.

삼상(three-phase) 전기는 3개의 병렬 회로를 이용하여 생성되며, 대부분의 가정에는 단상으로 공급되지만, 대부분의 산업용 설비는 모두 삼상을 이용하고 있다. 기본적 회로는 그림 14-26과 같다. 다이오드가 연결된 6개의 스위치가 우측의 삼상 변압기에 연결되어 있다.

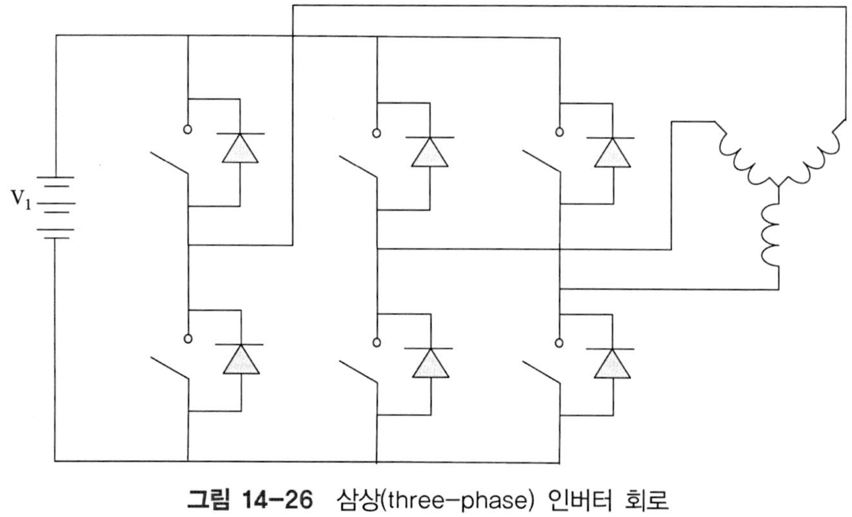

그림 14-26 삼상(three-phase) 인버터 회로

스위치를 연결하고 차단하는 신호는 마이크로프로세서에서 발생시키는데, 삼상으로부터 얻어서 스위치를 연결 또는 차단한다. 다른 센서의 디지털 신호를 사용할 수 있으며, 명령 및 정보를 시스템의 다른 부분으로 전송하거나 수신할 수 있다. 대부분의 다른 전자 회로처럼 스위치는 각 용도에 맞게 설정할 수 있는 하드웨어로서 연료전지, 태양전지, 풍력 발전기 등 다양한 용도의 시스템에서 사용할 수 있다.

14.2.5 슈퍼커패시터 (Supercapacitor)

최근 슈퍼커패시터는 실용적인 에너지 저장 장치로 각광받고 있다. 현재 상용화된 슈퍼커패시터의 특성은 다음과 같다.

- 기존의 커패시터에 비해 에너지 밀도가 최대 100배 크다.
- 방전 시간이 빠르다.
- 커패시턴스 범위는 0.43~2,700 F 이상이며, 공칭 전압은 2.3~100 V, 전류 범위는 3~600 A이다.
- 유지보수가 필요없다.

슈퍼커패시터는 부하에 의해 발생되는 순간적인 전력 급증에 대처할 수 있다. 커패시터에 저장되는 에너지는 다음과 같다.

$$W_j = \frac{1}{2*CV^2} \tag{14-34}$$

이 식은 슈퍼커패시터에 저장되는 에너지가 전압의 제곱에 비례함을 나타내며, 상당한 전압 강하가 발생하면, 대량의 저장된 에너지가 방출될 수 있음을 의미한다. 또한, 시스템 전체의 여러 가지 손실이 고려될 필요가 있다. 예를 들어 DC-DC 승압 변환기 같은 다른 구성요소에 필요한 전력과 저항으로 인한 손실이 있는데, 이러한 2가지 손실을 포함하여 식으로 나타내면 다음과 같다.

$$\frac{1}{2}\left[CV_{\text{sup}}^2 - C(0.7*V_{\text{sup}})^2\right]*\kappa = P_{in-rush}*t \tag{14-35}$$

여기서, C는 슈퍼커패시터의 커패시턴스, κ는 효율이고, $P_{in-rush}$는 돌발 전력량(watts), t는 돌발 전류의 지속 주기이다.

14.2.6 휴대폰용 전력회로

휴대폰의 부하는 3 W(듀얼-모드 폰의 아날로그 동작 시)~수 mW(휴대폰의 대기

상태) 정도이다[1]. 리튬 이온 배터리의 사용 시간을 넘어서기 위해 큰 부하에서의 높은 전력 변환기 효율과 작은 부하에서의 작은 대기 전류가 필요하다.

일반적인 초소형 연료전지는 연료전지의 종류, 설계, 부하에 따라서 약 0.2~0.4 V를 발전한다[2]. 단일 연료전지는 단일전지들의 적층, 수분 관리, 연료 분배, 열 관리와 관련된 많은 문제점이 없으므로 설계 관점에서 보면 이상적인 연료전지이지만, 전력 변환 관점에서 보면 문제가 있다.

몇 가지 변수들로 전력 변환기를 나타낼 수 있다. P_{ov}는 논리, 게이트 구동을 위하여 필요한 전력이며, 일반적으로 작은 양이지만, 낮은 부하에서는 중요한 인자로 작용한다. MOSFET 스위칭 손실 인자는[1],

$$K = \frac{fV_{out}t_{switch}}{2} \tag{14-36}$$

K는 volts를 단위로 사용하며 입력 전류와 곱하면 스위칭 손실을 얻는다. 따라서 손실은 부하에 따라 선형적으로 증가한다. 이와 유사하게 출력 커패시터의 등가 직렬 저항, r_c의 손실은 부하에 따라 선형적으로 증가한다[1]. 총 저항 R은 가장 현저하게 입력 전류의 제곱에 비례하여 증가하는 손실을 발생시키며, 연료전지의 와류저항, 인덕터 저항, MOSFET 통전-상태 저항, PCB 트레이스 저항을 포함한다.

입력 전류는 다음의 식으로부터 구할 수 있다[1].

$$RI_m^2 + \left(K + r_c\frac{P_{out}}{V_{out}} - V_{in}\right)I_{in} + P_{ov} + P_{out} - r_c\left(\frac{P_{out}}{V_{out}}\right)^2 = 0$$

입력 전류를 구하면 효율은[1],

$$\eta = \frac{P_{out}}{V_{in}I_{in}}$$

위의 식들을 함께 보면, 효율은 입력 전압에 따라 크게 떨어지고[1], 저항 R은 변환기 설계를 좌우함을 알 수 있다[1].

1 V의 입력 전압과 1 W의 부하를 가지는 경우, 효율은 85% 이상이다[1]. 동일 부하에서 입력 전압이 0.4 V인 경우 효율은 67%이다. 연료전지 시스템은 전력 변환기에서 다양한 방법으로 감소된 효율의 영향을 받는다. 따라서 연료전지가 부하를 구동하기 위한 충분한 전력을 생산하도록 하려면 연료전지는 커져야 하며, 0.4 V의 입력 전압을 가지는 샘플 변환기에서 1.5 W 이상의 전압 붕괴 점에 도달할 수 있어야

한다[3].

전압 붕괴는 전력을 사용하는 많은 장치에서 볼 수 있는 현상이다. 고전압 송전망의 임의의 점에서 손실이 50%를 초과할 때 지역적인 정전이 발생한다. 승압 변환기에서 제어기는 duty 사이클을 증가시키면 승압 비가 증가된다고 가정한다. 효율이 감소되면 승압 비를 감소시키는 대신 인덕터와 낮은 쪽 스위치의 손실을 증가시켜 duty 사이클을 증가시키는 점에 도달한다. 제어기는 빠르게 최대 duty 사이클에 도달하고, 부하를 줄이며, 연료전지나 변환기를 손상시킬 우려가 있다[1].

전압 붕괴를 방지하려면, 연료전지 스택의 승압비(필요한 출력 전압과 실제 입력 전압의 비)가 최대한 1에 가깝도록 설계되어야 한다. 연료전지의 일반적인 특성은 승압비가 부하에 따라 변화한다. 따라서 연료전지와 변환기 설계자는 이와 같은 모든 운전 특성을 고려해야 한다[1].

14.2.7 차량용 DC-DC 변환기

차량용 연료전지 시스템은 2가지 전압 회로를 가지고 있다. 연료전지의 고전압 회로(~2,000~4,000 V)는 공기 압축기, 에어컨 압축기의 작동 같은 큰 부하에 전원을 공급한다. 저전압 회로는 기존의 12 V 황산 배터리이며, 이는 연료전지 시스템의 시동과 조명, 라디오와 같은 작은 부하의 전원으로 사용된다. DC-DC 변환기는 연료전지 차량의 두 회로 사이의 에너지 유동을 관리한다.

연료전지/배터리/DC-DC 변환기 시스템은 시동 모드와 정상 모드의 2가지 동작 모드를 가진다. 수소는 고압 실린더에 저장되어 있으며 산소는 공기를 압축기를 이용하여 압축시켜 연료전지로 공급된다. 시동 시, 12 V 배터리에서 압축기를 작동시켜 산소를 연료전지로 공급하기 위한 에너지가 고전압 회로로 전달된다. 수소와 산소는 연료전지로 공급되어 고전압 회로를 위한 DC 전력을 발전한다.

연료전지가 안정적인 DC 전압을 출력하기 시작하면 차량은 정상 운전 모드로 진입한다. 이 모드에서는 연료전지가 차량에 필요한 모든 에너지를 공급한다. DC-DC 변환기는 이제 buck 변환기로서 작동하고 에너지를 고전압 회로에서 저전압 회로로 전달한다.

3 kW 양방향 DC-DC 변환기의 설계는 배터리의 높은 전류로 인한 문제를 해결해야 한다. 만약 변환기가 승압 모드이고, 배터리 전압이 10 V인 경우, 3 kW의 출력을 얻으려면 효율이 85%라 가정할 경우 스택의 입력 전류가 350 A가 되어야 한다. 고전류는 변환기의 저전압 측에 대한 전력단의 설계를 어렵게 만든다. 주요 전력 손실원은 스위칭 장치이며, 이와 같은 용도에 MOSFET을 이용하는 경우 전도도 손실이

가장 크다.

14.2.8 대형용 다중 레벨 변환기

다중 레벨 변환기는 배터리, 연료전지, 태양전지, 풍력 터빈 등의 다양한 전력원들의 전압-균형 문제없이 부하 또는 전력망에 전력을 공급할 수 있도록 연결시킬 수 있기 때문에 분산 에너지원 영역에서 주목 받고 있다[9]. 다중 레벨 인버터의 일반적 기능은 다양한 레벨의 DC 전압들을 필요한 AC 전압으로 변환하는 것이다. 따라서 다중 레벨 인버터는 AC 전력망과 태양전지, 연료전지 등의 신재생 에너지원 또는 커패시터, 배터리 등의 에너지 저장 장치들과의 직렬 또는 병렬연결에 이상적인 장치이다. 또한, 기존의 변환기에 비해 스위칭 주파수가 낮은데, 이는 스위칭 손실의 감소와 효율의 증가를 의미한다.

연료전지 기술이 발전하려면 전력 변환기 기술의 향상도 필요하다. 시스템 설계의 시작 단계에서 전력 변환 설계 변수를 고려하여 설계하면, 적절한 크기의 연료전지와 통합될 수 있는 저가의 소형 변환기로 높은 에너지 밀도와 출력을 가지는 시스템을 구성할 수 있다.

14.3 연료전지 하이브리드 전력 시스템

연료전지 하이브리드 전력 시스템은 다양한 형태의 시스템에 적용할 수 있는 장기간 휴대용 또는 고정 전원이 될 수 있다. 배터리, 커패시터, 태양전지 등의 전력원과 함께 사용될 때 연료전지는 주전원, 보조전원, 또는 백업용 전원으로 사용할 수 있다. 시스템에 필요한 전력이 작다면, 에너지를 배터리나 커패시터에서 얻거나, 또는 그 반대로 할 수 있다. 이는 데이터 수집 장비나 다수의 장치로 전력을 공급하는 시스템과 같이 시스템이 요구하는 전력의 크기가 변화하는 경우에 특히 유용하다. 시스템이 필요로 하는 전력이 일정하다면, 하이브리드 전력 시스템은 별다른 장점이 없다.

그림 14-27에 하이브리드 전력 시스템의 예가 나타나 있다. DMFC/리튬-이온 배터리 충전 시스템은 DMFC, 리튬-이온 배터리, 정전압 조정 시스템, 스마트 배터리 충전기와 같은 주요 구성요소를 포함하고 있다.

연료전지 내부의 마이크로 제어기를 저전력 대기 상태 또는 설정된 시간 이후 대기 상태를 유지하기 위하여 연료전지 내부에 6.1 Wh(watt-hour) 리튬-이온 배터리

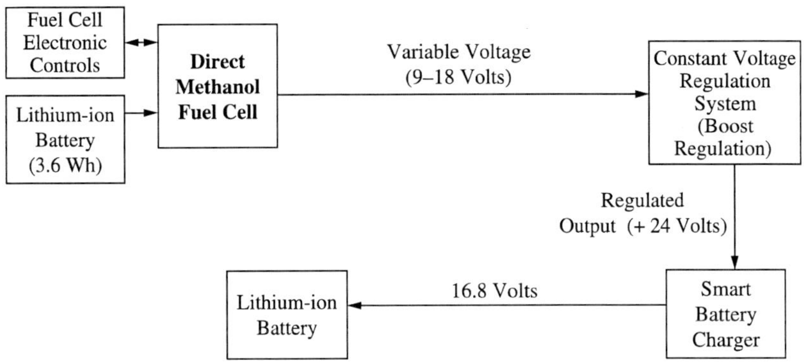

그림 14-27 DMFC/리튬 이온 배터리 충전 시스템의 블록선도

를 장착한다. 또한, 배터리는 시스템이 즉시 시동할 수 있도록 하며, 시스템을 종료하는 동안 보호하는 역할을 한다. 배터리는 연료전지가 운전되는 동안 자동적으로 충전되는데, 충전 회로는 배터리의 전압이 4.2 V가 되거나 2시간 동안 충전되면 자동으로 충전을 멈춘다.

14.4 시스템 효율

제6~9장에서 설명한대로 실제 연료전지 효율은 열, 전극 반응 속도, 전기 저항과 이온 저항, 물질 전달과 같은 다양한 손실들을 고려해야 한다. 또한, 연료 처리기, 압축기, 펌프, 송풍기, 팬, 전기 보조시스템 등에서 추가적으로 손실이 발생한다. 그림 14-28은 일반적인 연료전지 시스템의 단계별 효율을 정의하기 위하여 사용되는 에너지 흐름을 표시한 블록선도이다.

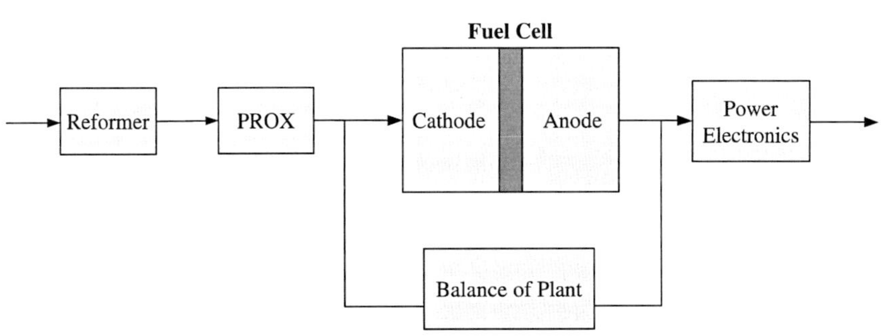

그림 14-28 일반적인 연료전지 시스템의 블록선도

시스템의 효율은 전기 에너지 출력, E_{net}와 시스템으로 공급되는 연료의 에너지, F_{in}의 비이다.

$$\eta_{sys} = \frac{E_{net}}{F_{in}} \tag{14-37}$$

실제 효율은 여러 시스템 효율을 곱한 값이다.

$$\eta_{sys} = \frac{H}{F_{in}} \frac{H_{cons}}{H} \frac{E_{FC}}{H_{cons}} \frac{E_{net}}{E_{FC}} \tag{14-38}$$

여기서, H는 연료 처리기가 생성하는 수소의 에너지, H_{cons}는 연료전지의 전기화학적 반응에 의해서 소모되는 수소의 에너지, E_{FC}는 연료전지의 발전량(W)이다.

연료전지 효율은 연료 효율과 전압 효율의 2가지 부분으로 나눌 수 있다. 연료전지 효율을 정의하는 일반적인 방법은 양론비(stoiometric ratio)를 사용하여 나타내는 것이다. 수소는 보통 1.1~1.2의 양론비로 연료전지 스택에 공급된다. 연료 효율은 연료전지에서 소모되는 수소와 연료전지에 공급되는 수소 사이의 비이다.

$$\eta_{fuel} = \frac{H_{cons}}{H} = \frac{H_{cons}}{S_{H_2} H_{cons}} = \frac{1}{S_{H_2}} \tag{14-39}$$

사용되지 않은 수소는 스택 내부의 다른 부분, 즉 터빈/확장기나 연료 처리 과정에서 전력을 생산하기 위하여 사용되기도 한다. 연료의 소모는

$$F_{in} = \frac{S_{H_2} H_{cons}}{\eta_{ref}} - (S_{H_2} - 1) H_{cons} \tag{14-40}$$

연료전지의 전압 효율은

$$\eta_{FC} = \frac{E_{FC}}{H_{cons}} = \frac{V_{cell}}{1.482} \tag{14-41}$$

연료전지가 생산하는 전력은 전력 회로 보조시스템에 의해 일정한 전압과 전류 형태로 만들어진다. 일부 전력은 시스템의 보조시스템을 가동하기 위하여 사용된다. 그 결과 전력 변환과 와류 손실 효율은

$$\eta_{FC} = \frac{E_{net}}{E_{FC}} = (\eta_{DC} - \xi) \tag{14-42}$$

여기서, $\xi = \dfrac{E_{aux}}{E_{FC}}$ 이고, 이는 와류 부하를 가동시키기 위하여 필요한 전력과 전체 전력의 비이다. 이 식은 와류 부하가 주 부하와 동일한 전압과 전류에서 작동할 때 유효하다. 전체 시스템 효율은

$$\eta_{sys} = \eta_{sref}\eta_{PROX}\eta_{fuel}\eta_{FC}\eta_{PC} \tag{14-43}$$

시스템이 개질(reforming)단계를 포함하고 있지 않다면, $\eta_{sref}\,\eta_{PROX}$는 제외할 수 있다.

단원요약

연료전지 시스템은 단순한(또는 매우 복잡한) 발전 보조시스템과 전기 보조시스템을 사용함으로써 매우 효율적으로 작동할 수 있다. 일반적으로 연료전지 스택이 대형화될수록 연료전지 발전 보조시스템은 복잡해진다. 연료전지 발전 보조 시스템과 전기 보조시스템의 설계 및 최적화 방법은 상당히 다양하다. 본 장에서 살펴본 발전 보조시스템은 가습기, 팬, 송풍기, 압축기, 터빈, 펌프 등으로 구성된다. 연료전지의 출력이 불안정하고 때로는 출력 전압이 매우 낮기 때문에 연료전지 시스템에는 잘 설계된 전기 보조시스템이 필요하다. 전력회로와 제어 회로는 적절하고 효율적인 전력 시스템을 만들기 위하여 전력을 승압하고 조정한다. 이 장에서 다룬 전력회로는 다이오드, SCR, MOSFET, IGBT, IGCT, 변환기, 인버터이다. 이 장에서 설명한 나머지 유용한 주제는 슈퍼커패시터, 하이브리드 전력 시스템, 시스템 효율의 계산 방법 등이다.

연습문제

1. 50 kW 연료전지가 대기압, 65℃, 산소 양론비 2.0의 조건에서 단일전지당 0.7 V로 운전되고 있다. 액체인 물은 캐소드 배출구에서 배출된다. 3일 동안 운전한다고 할 때 연료전지 내부에 저장되어 있어야 할 물의 양을 계산하라.
2. 50 kW 연료전지 시스템에 공기를 공급하는 압축기 내부의 온도를 계산하라. 공기는 20℃, 1 atm의 건조 상태이고, 공급 압력은 2 atm이라고 가정한다. 연료전지는 단일전지당 0.75 volts를 생산하고 양론비가 2인 산소로 동작한다. 압축기의 효율은 0.65이다.
3. 문제 2에서 설명한 연료전지의 경우, 배출 공기를 이용하여 터빈을 가동시킨다면 회수할 수 있는 전력량을 계산하라. 배출 가스는 습도가 100%이며 압력 강

하가 0.3 atm이다. 터빈의 효율은 65%이다.

4. 문제 2에서 설명한 연료전지의 경우, 75℃의 연료전지 입구에서 공기를 완전 포화시키기 위하여 필요한 물의 양(g/s)을 계산하라.
5. 문제 2에서 설명한 연료전지의 경우, 공기 가습 과정에 필요한 열량(W)을 계산하라.

참고문헌

[1] Kimball, Jonathan W. "Power Converters for Micro Fuel Cells." *Power Electronics Technology, October*, 2004.

[2] Lin, Bruce. "Conceptual Design and Modeling of a Fuel Cell Scooter for Urban Asia." Princeton University, Masters Thesis, 1999.

[3] Mench, M.M., Z.H. Wang, K. Bhatia, and C.Y. Wang. "Design of a Micro-direct Methanol Fuel Cell," Electrochemical Engine Center, Department of Mechanical and Nuclear Engineering, Pennsylvania State University, 2001.

[4] Mikkola, Mikko. "Experimental Studies on Polymer Electrolyte Membrane Fuel Cell Stacks." Helsinki University of Technology, Department of Engineering Physics and Mathematics, Masters Thesis, 2001.

[5] Brunstein, Vladimir. "DC-DC Converters Condition Fuel Cell Outputs." Advanced Power Associates Corp., New Milford, NJ. November 01, 2002.

[6] Makuch, Gregg. "Micro Fuel Cells Strive for Commercialization." Neah Power Systems, Bothel, Washington. February 01, 2004.

[7] Dinsdale, Julian. "New Energy Conservation Technologies." Ceramic Fuel Cells Limited ESAA Residential School Queensland University of Technology and University of Queensland, January 2004.

[8] Li, Xianguo. *Principles of Fuel Cells*. 2006. New York: Taylor & Francis Group.

[9] Ozpineci, Burak, Leon M. Tolbert, and Zhong Du. *Multiple Input Converters for Fuel Cells*. Industry Applications Conference, 2004. 39th IAS Annual Meeting. Conference Record of the 2004 IEEE. Volume 2, Issue , 3- Oct. 2004 p. 791-797.

[10] "Fuel Cell Origins." Smithsonian Institution, 2001. http://fuelcells.si.edu.

[11] Tse, Lawrence and Duane Bong. "A Brief History of Fuel Cells." http://www.visionengineer.com.

[12] "Power Electronics for Fuel Cells Workshop." National Fuel Cell Research Center. August 8-9, 2003.

[13] Barbir, Frano. *PEM Fuel Cells: Theory and Practice*. 2005. Burlington, MA: Elsevier Academic Press.

[14] Izenson, Michael G. and Roger W. Hill. "Water and Thermal Balance in PEM Fuel Cells." *Journal of Fuel Cell Science and Technology*. Vol. 1, 2004, pp. 10-17.

[15] Chen, F.C., Z. Gao, R.O. Loutfy, and M. Hecht. "Analysis of Optimal Heat Transfer in a PEM Fuel Cell Cooling Plate." *Fuel Cells*. Vol. 3, No. 4, 2003.

[16] Zhang, Yangjun, Minggao Ouyang, Qingchun Lu, Jianxi Luo, and Xihao Li. "A Model

Predicting Performance of Proton Exchange Membrane Fuel Cell Stack Thermal System." *Applied Thermal Engineering*. Vol. 24, 2004, pp. 501-513.

[17] Incropera, Frank P. and David P. Dewitt. *Introduction to Heat Transfer*, 4th ed. 2002. John Wiley & Sons, Inc.

[18] Larminie, James and Andrew Dicks. *Fuel Cell Systems Explained*. 2000. John Wiley & Sons, Ltd, Chichester, England.

[19] Rayment, Chris and Scott Sherwin. "Introduction to Fuel Cell Technology." Department of Aerospace and Mechanical Engineering, University of Notre Dame. May 2, 2003.

[20] Li, Xianguo. *Principles of Fuel Cells*. 2006. New York: Taylor & Francis Group.

[21] Perry, Robert H. and Don W. Green. *Perry's Chemical Engineers' Handbook*, 7th ed. 1997. McGraw-Hill: New York.

[22] *Fuel Cell Handbook*, 5th ed. EG&G Services. Parsons Incorporated. Science Applications International Corporation. U.S. Department of Energy, October 2000.

[23] Mohan, Ned, T. Undeland, and William Robbins. *Power Electronics: Converters, Applications and Design*, 2nd ed. 1995. New York: John Wiley & Sons, Inc.

[24] Robinson, Randall N. Chemical Engineering Reference Manual for the PE Exam. 5th ed. 1996. Belmont, CA: Professional Publications, Inc.

[25] GeoCool Lab. Department of Mechanical Engineering, University of Alabama. http://bama.u-a.edu/~geocool/PsychWB.doc Last Accessed March 24, 2007.

Chapter 15

연료의 종류, 수송 및 처리 공정

연료전지에서 가장 일반적으로 사용되고 있는 연료는 오염 물질의 배출이 전혀 없는 수소이지만, 몇 가지의 다른 연료도 사용된다. 연료전지는 수소의 가용성 또는 안전성의 문제로 인하여 화석 연료나 바이오 연료 등에서 생산한 수소 같은 다양한 연료를 활용할 수 있도록 설계하고 있다. 이러한 연료들을 수소로 변환하기 위해 개질기와 화학적 변환방법이 사용되는데, 개질기를 사용할 때는 개질기에서 발생하는 열과 연료전지 스택에 대한 영향을 고려해야 한다. 수소를 생산하는 다른 방법은 물의 전기분해와 생물학적 방법이 있다. 수소 이외의 다른 연료를 사용하는 것은 연료전지를 단기간에 상용화할 수 있는 장점이 있지만, 연료전지 기술의 목표는 화석 연료가 아닌 신재생 에너지원으로부터 순수한 수소를 얻는 것이다. 표 15-1에 5가지 수소 저장 기술에 대한 간단한 비교를 정리하였다.

연료를 선택할 때 가장 중요하게 고려할 사항은 저렴하고 효율적이며 안전하게 시스템 내에 저장할 수 있느냐 하는 점이다. 수소의 생산과 저장 방법은 용도에 따라 달라지므로, 여러 가지 요인을 고려해야 한다. 표 15-1에 열거된 변수들 외에도 무게, 체적, 크기, 시스템의 특성 등은 연료의 선택 시 중요하게 고려해야 할 사항들이다.

일부 연료와 저장 방법은 다른 연료와 방법에 비해 특정 용도에 대하여 더 적합할 수 있다. 예를 들어, 수소 저장 합금은 안전성, 우수한 무게 대비 수소 밀도와 체적 밀도로 인하여 휴대용 장비에 유용하게 사용 된다. 압축가스 실린더는 대량의 수소를 운반할 수 있기 때문에 휴대용, 자동차, 정치형 연료전지에 사용된다. 하지만 압축가스 실린더의 경우 일반인들에게 위험하다고 생각된다는 단점이 있다. 연료는 수소 탱크의 매우 높은 압력을 이용하여 쉽게 보급할 수 있다. 액화 수소는 차량용과 정치형 연료전지에 사용되고 있지만, 실린더를 냉각할 수 있는 장비가 필요하다는 단점이 있다.

표 15-1 수소 저장법 비교

	Compressed hydrogen (5000 psi – 350 bar)	Compressed hydrogen (10,000 – 700 bar)	Liquid hydrogen	Chemical hydrides	Metal hydrides
Current Volumetric Storage Density ($g\ H_2/L$)	~12.5 $g\ H_2/L$ = 1.5 MJ/L	~24.2 $g\ H_2/L$ = 2.9 MJ/L	~37.0 $g\ H_2/L$ = 4.4 MJ/L	>22 $g\ H_2/L$ = >2.5 MJ/L	67 $g\ H_2/L$
Current Gravimetric Storage Density (wt%)	~2.7	~3.3	~5.0	>4.0	>1.0
Energy Density (System Volumetric Capacity) (kWh/L)	0.6 – 0.9	1.0 – 1.3	1.2 – 1.6	0.5 – 1.4	0 – 1.8
Specific Energy (Gravimetric Capacity) (kWh/kg)	2.0 – 2.5	1.5 – 2.0	2.0 – 4.5	1.2 – 1.6	0.1 – 0.5
Temperature (°C)	25	25	–253	25	25
Pressure (bar)	350	700	4	—	50
System Cost per kWh ($/kWh)	$12	$16	$6	$8	$16

그 외에도 화학적 수소화물과 같은 다양한 연료 및 연료 저장 방법이 있으나, 대부분 연구 및 개발 단계에 있다. 화학적 수소화물과 다른 새로운 수소 기술은 이러한 연료에 대한 연구가 진행되면서 점차 발전될 것이다.

이밖에 연료전지로 연료를 공급하기 위해 사용되는 방법은 연료전지로 공급하기 전에 다양한 연료를 개질하여 수소를 생산하는 방법이다. 일반적으로 사용되는 개질기 기술들로는 수증기 개질, 내부 개질, 메탄올 개질, 부분 산화 개질 등이 있다. 이러한 개질 기술들은 잘 정립되어 있으나, 대부분의 연료전지에서 요구하는 일산화탄소의 농도(수 ppm)를 달성하기 위한 최종 단계인 일산화탄소의 처리 과정이 아직 충분히 개발되어 있지 않다. 개질기 기술은 다양한 열, 화학적 유동들을 통합해야 하므로 복잡하고, 부피가 크며 비싸다.

이 장에서는 연료전지 연료의 종류, 선택, 저장, 수송, 처리에 대해 다음과 같은 항목들을 중심으로 설명할 것이다.

- 수소 저장 방법
- 수소를 제외한 일반적인 연료의 종류
- 연료의 처리
- 기타 수소 생산 방법

15.1 수소

수소의 저장과 수송에 대한 문제점들은 연료전지의 상업화에 걸림돌이 되고 있다. 몇 가지 가능성 있는 수소 저장 방법들로는 압축 수소, 액화 수소, 수소 저장 합금 내 저장, 개질 과정을 이용한 탄화수소 내의 저장과 같은 방법들이 있다.

압축 수소는 휴대용 및 수송용 장비에 대하여 가장 유망한 수소 저장 기술로 간주되고 있다. 이전에는 24.8 MPa(3,600 psig)의 금속 탱크가 사용되어 왔지만 현재는 34 MPa(5,000 psig)의 더 큰 압력으로 저장할 수 있는 경량 폴리탄산에스테르 탱크가 사용된다. 압축 수소 저장 기술의 단점은 낮은 에너지 저장 밀도로서, 34 MPa에서 31 g/L로 저장할 수 있다[2, 17].

압축 수소 외에 가능성이 있는 수소 저장방법에는 금속 수소화물이 있다. 수소는 특정 금속 화합물과 결합하여 금속 수소화물이 되며, 가열하면 수소를 방출한다. 기존의 기술로는 수소를 금속 대비 1~2%의 무게 비(wt.%)로 저장할 수 있다. 시스템 내에서 더 큰 무게 비를 얻을 수 있다면, 금속 수소화물은 휴대용 장치들의 수소 저장 방법이 될 수 있을 것이다.

15.1.1 가스

수소를 압축가스 형태로 저장하는 방법은 수소를 공급하기 위하여 가장 널리 사용되는 방법으로, 연료전지의 경우 배출 가스가 전혀 없다. 수소는 다른 원소들과는 달리 독특한 특성을 많이 가지고 있는데, 가장 가볍고 가장 풍부한 원소이며, 산소와 함께 연소되어 대량의 에너지를 방출하며, 무게 대비 큰 에너지를 가진다. 또한, 수소는 가연성과 연소성이 뛰어나며, 공기에 4~75%의 체적 비로 혼합하면 연소한다[4]. 수소는 표준 온도 및 대기압에서 체적당 매우 낮은 에너지 밀도를 갖고 있다. 압력을 가하여 압축 수소로 저장하거나 액체 수소로 바꾸면 체적 밀도는 낮출 수 있다. 표 15-2에 연료전지의 연료로 사용할 수 있는 수소, 메탄올, 에탄올, 프로판, 휘발유의 관련된 물성치들을 비교하여 나타내었다. 이러한 기타 연료들의 상세한 설명은 15.2절에서 볼 수 있다. 수소는 지구상에 자연적인 형태로 존재하지 않으므로 천연가스의 수증기 개질, 석탄 가스화, 전기분해, 탄화수소 또는 바이오매스(biomass)의 개질/산화 등의 다양한 방법 중 하나를 선택하여 제조해야 한다.

다양한 관점에서 볼 때 수소는 미래의 에너지원으로 좋은 선택이 될 수 있으며, 그 이유는 다음과 같다[3].

표 15-2 수소와 다른 연료의 비교([14], [15]에서 요약)

Property	Hydrogen	Methanol	Ethanol	Propane	Gasoline
Hydrogen Weight Fraction	1	0.12	0.13	0.18	0.16
Molecular Weight (g/mol)	2.016	32.04	46.0634	44.10	~107.0
Density (kg/m^3) 20°C and 1 atm	0.08375	791	789	1.865	751
Normal Boiling Point (°C)	−252.8	64.5	78.5	−42.1	27 to 225
Flash Point (°C)	<−253	11	13	−104	−43
Flammability Limits in Air (Volume %)	4.0 to 75.0	6.7 to 36.0	3.3 to 19	2.1 to 10.1	1.0 to 7.6
CO_2 Production per Energy Unit	0	1.50			1.80
Autoignition Temperature in Air (°C)	585	385	423	490	230 to 480
Higher Heating Value (MJ/kg)	142.0	22.9	29.8	50.2	47.3
Lower Heating Value (MJ/kg)	120.0	20.1	27.0	46.3	44.0
Volumetric Energy Density (Wh/L)	405	4600	6100	6600	9700
Gravimetric Energy Density (Wh/kg)	39,000	6400	7850	13,900	12,200

- 수소는 다양한 원료들로부터 만들 수 있으며, 완벽한 신재생 에너지이다. 물은 수소를 생산할 수 있는 가장 풍부하고 청정한 원료이다.
- 수소는 기체, 액체, 고체의 다양한 형태로 저장이 가능하며, 또한 메탄올, 에탄올, 수소 저장 합금, 화학적 수소화물, 탄소 나노튜브와 같은 다양한 화합물과 물질 형태로도 저장이 가능하다.
- 전기를 사용하여 높은 효율로 수소를 생산할 수 있고, 또한 높은 효율로 수소를 전기로 바꿀 수 있다.
- 다른 연료들처럼 안전하게 수송, 저장할 수 있다.

연료전지에 사용하기 위한 수소와 다른 연료들은 탄화수소를 사용하여 저렴하고 쉽게 만들 수 있다. 수소는 산업, 주거, 수송, 휴대용 장비를 비롯한 모든 경제 분야에 에너지를 제공할 수 있는 잠재력을 가지고 있다. 또한, 수소는 자동차에 사용되고 있는 화석 연료를 대체할 수 있으며, 전력망을 통하여 전기를 공급받을 수 없는 외딴 지역에서 해결책이 될 수 있다. 수소의 가장 큰 장점은 화석 연료에 비해 친환경적이라는 점이지만, 친환경적인 기술을 사용하여 수소를 생산하는 경우에만 오염

물질의 배출이 없다. 다음의 3가지 방법 중 하나로 수소를 생산하는 경우에만 오염물질의 배출이 없다.

- 원자력, 태양전지, 신재생 에너지원에서 생산한 전기를 사용하여 전기분해
- 새로운 탄소 포집, 저장 기법과 함께 화석 연료의 수증기 개질
- 신재생 바이오매스에 기반한 열화학적 또는 생물학적 기법[4]

수소를 생산하는 데 있어서 탄화수소를 원료로 사용하면 오염물질과 이산화탄소를 배출함으로써 에너지원으로 수소를 사용할 때 얻을 수 있는 중요한 장점들이 사라진다. 수소를 생산하는 데 있어서 가장 오염물질이 적은 방법은 전기를 이용한 물의 전기분해이다.

안전성 수소는 위험한 연료로 여겨지는데, 이는 휘발유와 대부분의 탄화수소 연료들이 한정된 범위의 연료-대-공기 비에서 점화되는 것과 달리(휘발유의 경우 1.3~7.1%) 수소는 넓은 범위의 농도(공기 중 4~75%)에서 점화가 가능하기 때문에 부분적으로는 사실이다. 또한, 수소는 상대적으로 낮은 점화 에너지(공기의 양론비 조건에서 0.2 mJ, 이는 메탄, 프로판, 이소옥탄의 점화 에너지의 10% 미만)를 갖기 때문에 낮은 에너지의 스파크가 눈에 거의 보이지 않는 화염을 일으킬 수 있다[4, 5, 17].

한편, 수소는 가장 가벼운 분자로서 누출되면 빠르게 확산되는 경향이 있으며, 공기보다 가벼우므로 수소는 축적되지 않고 위쪽으로 확산된다. 인화의 최소점은 수소가 휘발유보다 높기 때문에 점화되기 전까지 수소의 농도를 높일 수 있다. Ford 사와 미국 에너지성(DOE)의 지원하에 DTI에서 실시한 수소의 안전성 연구에 따르면 수소가 밀폐된 공간에서 천천히 누출되는 것이 가장 위험하다.

순수한 수소를 연료로 사용함에 있어서 가장 큰 관심사는 충돌로 인한 폭발 가능성이다. 충돌이 발생한 경우에 안전장치가 배터리로 공급되는 전원을 끊고 수소 유동을 차단하도록 설계된다. 자동차에서 수소로 인한 화재나 폭발의 위험은 휘발유와 동일하다.

일반적으로 천연가스 실린더는 화재 시 내용물을 방출하도록 설계된 압력 해제장치(PRD)가 장착된다. 가스의 누출은 대부분 압력 증가로 인한 것이 아니고 재료의 열화로 인하여 발생하므로, 대부분의 공융(eutectic) 스위치는 특정 온도에 도달하면 내부의 가스를 방출되도록 설계된다. 이러한 안전장치들은 화염 속에 완전히 뒤덮인 경우 동작하도록 설계되므로 수소의 급속 방출(5분 이내)은 바람직하지 않으며, 적절히 제어하며 방출하는 것이 갑작스러운 고장 및 폭발에 대해 효과적인 방법이다.

압축가스 저장 수소를 저장하는 가장 실용적인 방법은 가스 상태로 압축하는 방법이다. 압축가스 저장의 문제점은 압축하더라도 가스를 저장하기 위하여 큰 부피가 필요하다는 것과 저장용기의 충격에 견디는 능력이다. 저장 조건은 상온에서 3,600 psi(가스 실린더에 대한 표준)로 설정한다. Redlich–Kwong 상태 방정식(식 15–1)은 이와 같은 조건에서 몰당 체적을 0.117 L/mol로 추정한다(이상기체 상태 방정식으로 계산한 0.101 L/mol보다 16% 큼)[17].

$$\left(P + \frac{a}{V_m(V_m + b)T^{1/2}}\right)(V_m - b) = RT \tag{15–1}$$

여기서, V_m은 몰당 체적, R은 이상기체 상수, P는 압력, a와 b는 다음 식으로부터 얻을 수 있는 경험적 상수이다.

$$a = 0.42748\, R^2 * T_c^{2.5}/P_c$$

$$b = 0.08664\, R\, T_c/P_c$$

여기서, T_c는 임계 온도, P_c는 임계 압력, R은 이상기체 상수이다.

수소를 압축하여 실린더로 넣기 위해 필요한 일은 약 5~10%의 에너지 손실과 같다[17]. 온도는 실린더가 압축 수소로 채워지면 상승하고, 압력은 실린더가 냉각될 때까지 공칭 운전 압력보다 높다. 사용하는 동안 수소의 팽창으로 인한 온도의 감소는 방출 속도가 매우 느리기 때문에 큰 문제가 되지 않는다[17].

현재의 수소 저장용 실린더는 수소 취화(embrittlement) 현상에 내성이 있는 강철 합금으로 제작한다. 좀 더 개량된 저장용기는 견고성과 경량성을 위하여 알루미늄에 탄소 섬유를 감싼 형태로 제작한다[17]. 최근에는 탄소 섬유에 수지 또는 기타 결합제를 주입하여 제작한 복합 실린더가 연구되고 있다. 그림 15–1은 압축 수소 실린더의 단면도이다.

여러 회사가 5,000 psi, 10,000 psi에서 견딜 수 있는 탄소 섬유 강화용기를 개발하고 있다. 용기의 내부 층은 수소가 투과되지 않도록 하기 위해 고분자로 만든다. 중간층은 탄소 섬유와 에폭시 수지의 복합재로 제작되며, 외부 층은 충격 및 손상에 내성을 가질 수 있도록 용기의 바깥 표면에 위치한다. 온도 센서는 용기 내부의 온도를 측정한다[2]. 이러한 저장용기는 무게가 가벼워 최대 9.5%의 수소 밀도를 가질 수 있다[17]. 상용화된 수소 압축가스 실린더의 몇 가지 예가 표 15–3에 나타나 있다.

현재 압축 수소 가스 실린더에서 가장 문제가 되고 있는 것은 가격, 무게, 필요한 체적이다. 최근 진행되고 있는 연구들은 무게와 체적을 증가시키지 않고 실린더의

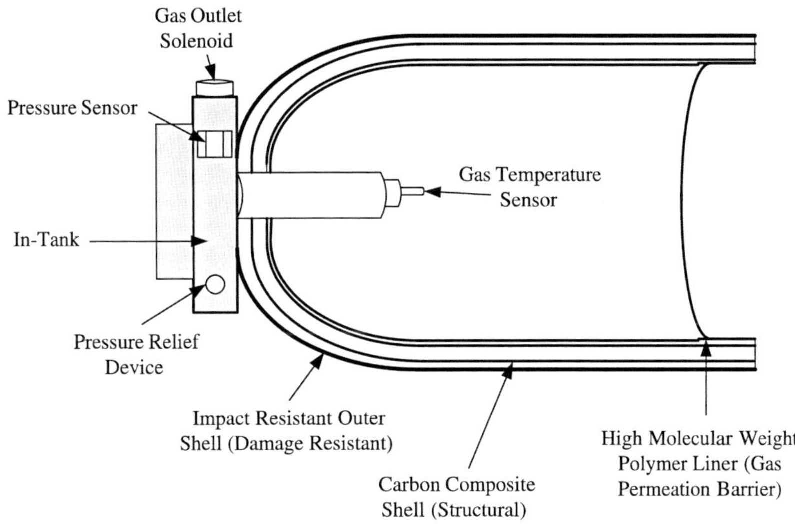

그림 15-1 압축 수소의 저장

두께를 만족시킬 수 있는 저가의 탄소 섬유의 개발에 중점을 두고 있다. 현재 실린더의 무게 및 체적 저장 용량을 증가시키기 위해 2가지 방법이 사용되고 있다. 첫 번째는 저온-압축 탱크를 이용하여 가스 탱크 온도가 감소하면 체적 용량이 4배로 증가하도록 동작한다. 총 시스템 용량은 냉각 시스템에 의해 증가된 체적이 있기 때문에 크게 감소하지 않는다.

두 번째는 기존의 상용화된 탱크의 개조이다. 휘발유 탱크의 개조는 손쉽게 차량

표 15-3 수소 압축가스 실린더의 예

Property	Compressed hydrogen 1	Compressed hydrogen 2	Compressed hydrogen 3	Compressed hydrogen 4 [5, 7]	Compressed hydrogen 4 [6, 7]
Cylinder Height	31 in (79 cm)	51 in (130 cm)	21 in (53 cm)	—	—
Cylinder Diameter	7 in (18 cm)	9 in (23 cm)	4 in (10 cm)	—	—
Cylinder Weight	65 lb (30 kg)	133 lb (60 kg)	12 lbs (5 kg)	81 lbs (37 kg)	68 lbs (31 kg)
Cylinder Volume	65 ft^3 (1840 L)	196 ft^3 (5550 L)	11 ft^3 (330 L)	8 ft^3 (237 L)	7 ft^3 (200 L)
Cylinder Pressure at Room Temperature	2000 psi (137 bar)	2000 psi (137 bar)	1800 psi (124 bar)	5000 psi (344 bar)	4351 psi (300 bar)
Total H_2 Mass	—	—	—	11 lb (5 kg)	11 lb (5 kg)

의 가용 공간을 얻을 수 있는 장점이 있다[2].

15.1.2 액체

수소는 압축가스로 저장할 때 보다 액체로 저장할 때 에너지 밀도를 증가시킬 수 있기 때문에 액체 수소는 차량용과 정치형 연료전지 시스템에서 사용되고 있다. 액체 수소 탱크는 압축가스 탱크와 동일한 체적일 때 더 많은 수소를 저장할 수 있다. 액체 수소의 체적 용량은 0.070 kg/L로서, 10,000 psi 가스탱크의 0.030 kg/L에 비해 큰 체적 용량을 가진다[2]. 현재 액체 수소 탱크에서 해결해야 할 문제는 수소의 증발, 수소 액화에 필요한 에너지, 체적, 무게, 탱크의 가격 등이다. 수소 액화에 필요한 에너지가 크므로 에너지 소요량, 즉 가격을 줄일 수 있는 새로운 액화 방식이 필요하다. 비용을 줄이고 안전성을 증가시키기 위해서 수소 증발은 최대한 막아야 한다.

액체 수소를 사용하려면 극저온 기술과 값비싼 단열 실린더가 필요하다. 온도 20 K, 증기압 0.1 MPa에서, 5.3 wt% H_2를 얻을 수 있다[1, 2]. 이 온도에서 액체 수소의 밀도는 70 g/L이고, 이와 같은 낮은 온도에서 240 g의 수소를 운반하는 것은 뛰어난 단열을 유지하더라도 매우 어려우며, 일반적으로 액체 질소를 사용하여 장비를 냉각시키는 것이 필요하다[2]. 수소를 20 K로 냉각시킨 후 액화시키는 데 필요한 에너지는 액화 수소의 저장을 고려할 때 중요한 사항이다. 이 에너지는 수소가 가지는 총 에너지의 33~40%에 달한다[1, 2].

또 다른 문제는 열이 천천히 누출되면서 액체 수소가 가열되고 시간이 흐르면서 점차 가스로 바뀐다는 것이다. 이러한 가스가 배출되지 않으면, 탱크 내부에 축적되어 압력이 증가하면서 결국 탱크의 균열이나 결함을 일으키므로 최소한의 증발률은 필요하다.

최근에는 고압가스와 극저온 저장 방식을 결합한 하이브리드 탱크에 대한 연구가 진행되고 있다. 이러한 하이브리드 탱크는 수소 저장 합금보다 가볍고 상온 용기보다 간단하다. 온도가 액체 수소 탱크만큼 낮지 않으므로, 액화를 위한 에너지 손실이 적고 일반적인 액체 수소 탱크에 비해 증발 손실이 적다[2].

그림 15-2는 약 10 kg의 수소를 저장할 수 있는 이중 벽 탱크로 구성된 최신의 액체 수소 저장 시스템이다. 이러한 탱크는 일반적으로 낮은 수소 침투성, 큰 탄성 계수와 강도, 수소 취화에 대한 내성, 낮은 비중 등의 특성을 보이는 스테인리스 강 또는 알루미늄 합금으로 제작된다. 알루미늄은 높은 열팽창 계수와 낮은 비중을 가짐으로 스테인리스 강 대신에 사용되기도 한다. 일반적으로 스테인리스 강의 두께는

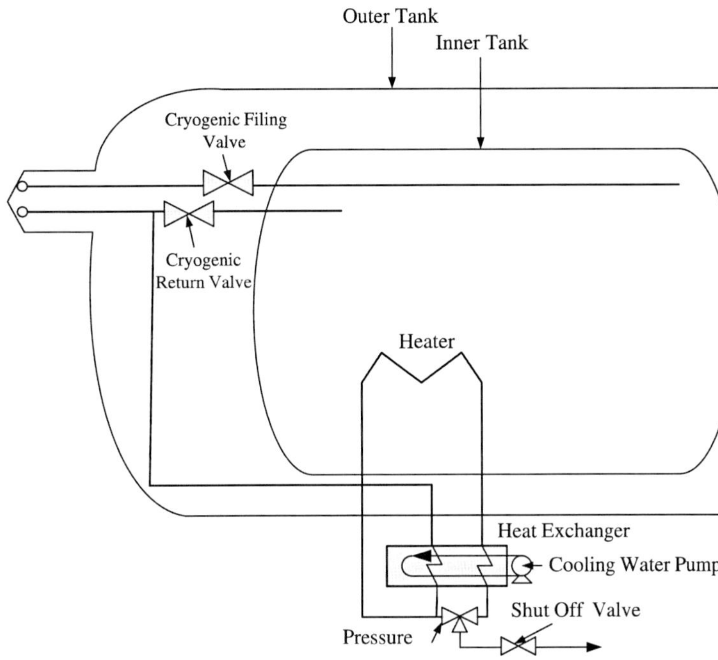

그림 15-2 액체 수소 저장

2~4 mm이며, 전체 시스템의 무게는 보통 약 150 kg이다[2, 6]. 내부와 외부 탱크 사이의 공간은 단열을 위하여 사용되며 지지체 구조는 유리 또는 탄소 섬유 강화 플라스틱으로 제작한다. 시스템이 3일 이상 사용되지 않을 경우 일반적인 증발에 의한 손실률은 하루에 1~3%이다[2, 7]. 차량용으로 설계된 2가지 액체 수소 탱크에 대한 비교가 표 15-4에 나타나 있다.

표 15-4 연비가 34 km/L이고 총 주행 가능 거리가 640 km인 차량용으로 설계된 액체 수소 탱크

Vessel type	Liquid hydrogen 1[5, 7]	Liquid hydrogen 2[6, 7]
Volume (L)	135	121
Weight (kg)	31.3	28.0
H_2 (kg)	5	5
E/V (MJ/L)	4.4	5.6
E/m (MJ/kg)	19	24

15.1.3 탄소 나노섬유

탄소 나노튜브는 상온, 대기압에서 소량의 수소를 저장할 수 있다. 최근 여러 연구 그룹에서 수소 연료전지 차량용으로 62 kg H_2/m^3과 총 시스템 무게 대비 6.5%의 수소를 저장하는 것을 목표로 하는 미 에너지성(DOE) 기준을 충족시키기 위해 탄소 나노튜브를 활용한 기술을 연구하고 있다[6, 7].

탄소 나노튜브의 구조는 전자 현미경을 이용하여 확인할 수 있으며 크기가 나노미터이고, 몇 가지 공정을 거쳐 만들 수 있다. 현재, 그래파이트 나노섬유, 단일벽 탄소 나노튜브(single walled carbon nanotube, SWNT), 다중벽 탄소 나노튜브(multiwalled carbon nanotube, MWNT)의 3가지 형태가 수소 저장용으로 검토되고 있다.

그래파이트 나노섬유는 탄화수소 또는 일산화탄소를 적절한 촉매 위에서 분해시켜 만든다. 판형, 리본형, 절곡형(herringbone) 배열과 같은 많은 유형의 구조가 관찰되고 있다. 이 3가지 형태의 그래파이트 나노섬유는 그림 15-3과 같다. 그래파이트 나노섬유는 길이가 50~100 nm이고, 직경은 5~100 nm이다[8]. 그래파이트 나노섬유는 넓은 범위의 수소 저장량을 갖고 있는 것으로 보고되고 있다.

단일벽 탄소 나노튜브 또는 다중벽 탄소 나노튜브는 그림 15-4에서 보는 바와 같

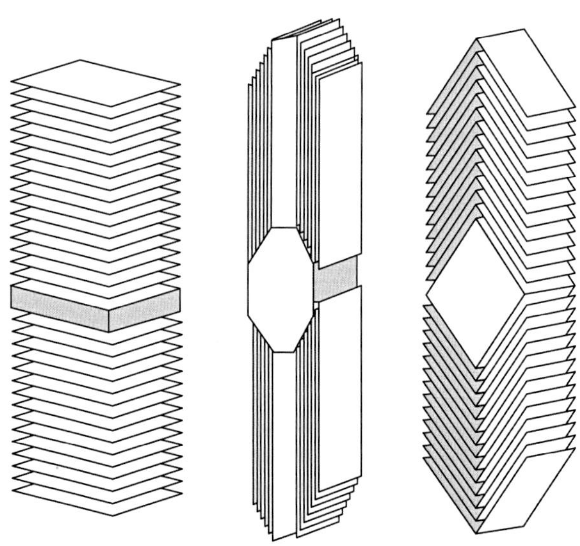

그림 15-3 3가지 형태의 그래파이트 나노섬유의 개략도 (a) 판형, (b) 리본형, (c) 절곡형(herringbone) 구조(Bessel, C.A. et al. J. Phys. Chem B. 2001, 105(6), 1115[8])

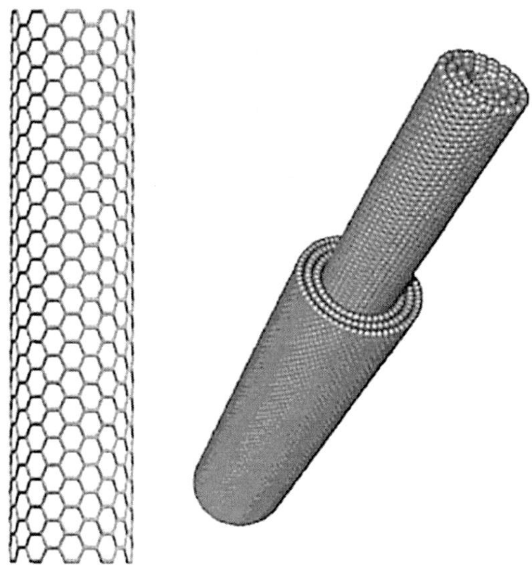

그림 15-4 단일벽 나노튜브(SWNT)와 다중벽 나노튜브(MWNT)[37]

이 매우 규칙적이고 매끈한 그래파이트 구조의 표면을 갖고 있으며, 보통 두 탄소 전극 사이에서 발생하는 전기 아크, 레이저 어블레이션(ablation) 또는 화학적 기상 증착을 이용하여 만든다. 그래파이트 나노섬유, SWNT, MWNT가 저장할 수 있는 수소의 양에 대한 실험 기법에서 사용된 재료의 순도 및 미세한 차이 등으로 인하여 실험 결과들을 정확하게 해석하기 어렵기 때문에 아직 과학자들 사이에서도 의견이 일치하지 않고 있다. 최근에 들어서야 탄소 나노튜브에 관한 실험에서 일부 일관성 및 재현성을 보여주기 시작하고 있다[6, 8, 37]. 여전히 그래파이트 나노섬유에 수소를 저장하는 것에 대한 논란의 여지가 남아 있으며 탄소 나노튜브를 이용한 수소 저장의 실용화 가능성은 아직까지 명확하지 않다. 표 15-5는 차량용 탄소계 흡수제의 저장량을 평가한 결과이다.

표 15-5 연비가 34 km/L이고 총 주행 가능 거리가 640 km인 차량용으로 설계된 탄소계 흡수제의 저장량 평가

Vessel type	Li-doped carbon nanofibers [7, 9]	K-doped carbon nanofibers [7, 9]	30 wt% carbon nanofibers [6, 7]
Volume (L)	33	51	24
Weight (kg)	43	66	35
H_2 (kg)	5	5	5
E/V (MJ/L)	15	10	28
E/m (MJ/kg)	11	7.8	19

15.2 기타 일반적인 연료

모든 형태의 연료전지에서 선호되는 연료는 수소지만 다양한 연료들을 연료전지에 사용할 수 있다. 보통 다른 연료들은 연료의 분자를 분해하여 수소를 얻기 때문에 순수한 수소를 연료로 사용하는 경우에 비해 비효율적이다. 연료는 연료전지 내부 또는 외부에서 연료 분자를 분해하여 수소를 생산할 수 있어야 한다. 연료전지 내부에서 처리 가능한 연료로는 메탄올, 에탄올, 암모니아 등이 있으며, 연료전지로 직접 공급되어 백금 촉매 층에 의해 연료 분자가 분해되어 수소가 생산된다. 일반적으로 이러한 연료들은 수소보다 안전하다고 인식되어 있으며, 수송과 보급이 용이하다. 하지만 시간이 경과하면서 이러한 연료들은 촉매 층을 천천히 피독시킨다는 중대한 단점이 있다. 연료전지 외부에서(연료 처리기에 의해) 처리되는 연료로는 천연가스, 프로판, 휘발유, 기타 석유 기반 연료 등이 있다. 메탄올, 에탄올, 암모니아도 연료전지 외부에서 개질기(reformer)를 이용하여 연료전지 촉매 층의 피독 현상을 방지할 수 있다. 일부 연료전지 시스템에서는 필요시 내부 개질 대신에 외부 개질기를 추가하는 것이 더 낫다. 그 외에도 여러 가지 화학적 방법이나 금속 수소화물의 이용 등과 같은 다양한 수소 생산 방법이 있다. 이와 같은 기타 연료들에 대한 설명이 다음 15.2.1~15.7.1절에 상세히 나타나 있다.

15.2.1 메탄올

메탄올(CH_3OH)은 알코올 연료로서 현재 가장 중요한 화학물질 중 하나이다. 또한, 현재의 공급망으로도 쉽게 공급할 수 있고, 에너지 밀도가 압축 수소에 비해 훨씬 크기 때문에 연료전지의 연료로 사용하는 데 있어서 장점을 가진다. 전 세계적으로 생산되고 있는 메탄올의 약 90%는 천연가스로부터 합성되고 석탄이나 바이오매스와 같은 원료로도 생산될 수 있다. 생산된 메탄올의 약 75%는 화학용으로 이용되고 있으며, 약 25%는 연료로 사용되고 있다[12].

메탄올이 휴대 장비와 연료전지 차량의 연료로 가능성을 높이 평가받고 있는 이유는 다음과 같다.

- 수소보다 에너지 밀도가 높다.
- 수소보다 안전한 연료로 인식되고 있다.
- 수소 기반시설 구축비용을 절감시킬 수 있다(제2장 참조).
- 높은 옥탄가와 성능 특성을 가지고 있다. 높은 옥탄가는 차량에 따라서 엔진

마력을 약 7~10% 이상 증가시킬 수 있다.

- 휘발유 엔진을 약간 변경하여 메탄올을 사용할 수 있도록 할 수 있다.
- 메탄올 사용 시 상당한 양의 반응 배출물을 절감할 수 있다.

일부 연구는 새롭게 수소의 기반시설을 구축해야 하는 것에 비해 메탄올은 현재의 기반시설을 크게 변경시킬 필요가 없으므로 연료전지의 신속한 상업화를 위하여 직접 메탄올 연료전지(DMFC)가 최상의 선택이라고 제시하고 있다. 또한, 메탄올에 대한 부정적인 인식이 없으며 이미 대량 생산되고 있다. 반면에 다른 연구에서는 메탄올 기반시설을 적절히 정비하려면 수소 기반시설 구축만큼의 비용이 필요하다고 보고하고 있다[36, 38].

15.2.2 에탄올

에탄올은 이미 공급망이 존재하고 있으며, 수소에 비해 소비자들에게 더 친숙하기 때문에 매력적인 연료이다. 에탄올은 메탄올에 비해 에너지 밀도가 높으며(에탄올 : 8.0 kWh/kg, 메탄올 : 6.1 kWh/kg) 수소가 풍부한 액체이다. 에탄올은 옥수수, 사탕수수, 기타 유형의 식물과 같은 다양한 공급원으로부터 생산될 수 있다. 미국에서는 주로 옥수수를 가열, 발효, 증류 처리하여 생산하며, 브라질은 사탕수수를 주 공급원으로 이용한다. 옥수수보다 스위치그라스(switchgrass), 사탕수수와 같이 더 높은 에너지를 얻을 수 있는 식물들이 에탄올 생산에 더 효과적이다. 에탄올 생산을 위한 그 외의 재료들은 목재, 농업 폐기물과 같은 섬유소(cellulose) 공급원 등이 있다[45].

에탄올은 메탄올과 비슷한 다음과 같은 이유로 연료전지의 연료로 고려되고 있다.

- 수소에 비해 에너지 밀도가 높다.
- 수소보다 안전한 연료로 인식되고 있다.
- 수소 인프라 구축비용을 절감할 수 있다(제2장 참조).
- 휘발유 엔진을 약간만 변경하여 에탄올을 사용할 수 있다.

에탄올은 다양한 생물학적 자원에서 추출할 수 있으므로(화석 연료를 이용하는 것처럼) 수소의 저장과 기반시설 구축 문제를 극복할 수 있다.

15.2.3 금속 수소화물(수소 저장 합금)

고유한 안전성과 높은 수소 함량 및 체적 밀도를 가지는 금속 수소화물은 휴대용 군사 장비와 양방향 수소 저장용으로 많이 사용된다[17]. 금속 수소화물은 압축 수소와 액체 수소보다 무게와 체적이 작고 상대적으로 낮은 온도와 압력에서 수소를 방출할 수 있으므로, 양방향 수소 저장 시스템으로 사용할 수 있다. 대부분의 연료전지 시스템에서는 연료전지에서 발생하는 폐열을 이용하여 금속 수소화물이 수소를 방출하도록 설계한다. 사용이 끝난 저장탱크를 새로운 탱크로 교체하거나 재충전하여 사용할 수 있다. 소형 금속 수소화물 탱크의 재충전은 5~15분이 소요된다[17]. 그림 15-5는 금속 수소화물 탱크이며 일반적으로 소형 압축가스 실린더와 유사하다.

금속 수소화물은 금속 원자가 안정한 화합물을 형성하기 위하여 수소와 결합할 때 형성된다. 단위 체적당 대량의 수소가 흡수될 수 있어서 비교적 무거움에도 불구하고 저장 밀도는 우수하다. 일반적으로 금속 수소화물은 표면적 대 질량의 비를 극대화하기 위하여 분말(powder)형태로 제작된다. 금속 수소화물의 문제점은 비싼 가격, 가스 불순물에 대한 민감성, 낮은 수소 밀도 등이다[17].

금속 수소화물은 수소를 방출할 때 주위의 열을 흡수하며, 저장탱크 내에서 비교적 낮은 압력인 1~10 atm을 유지하기 때문에 다른 연료 저장 방식에 비해 안전하다[17]. 금속 수소화물의 흡착 반응은,

$$M + (x/2)\ H_2 \rightarrow MH_x\ (\text{exothermic}, (\Delta H < 0)$$

여기서, 금속 원자 M 한 개당 수소 원자의 수 x는 금속의 화학적 성질의 함수이다[1, 17]. 열은 반응 평형을 자유 수소 생성 방향으로 치우치게 하고, H_2의 높은 분압은 수소의 금속 흡착 방향으로 평형을 이동시킨다[17]. 질량 작용 법칙에 따라 평형

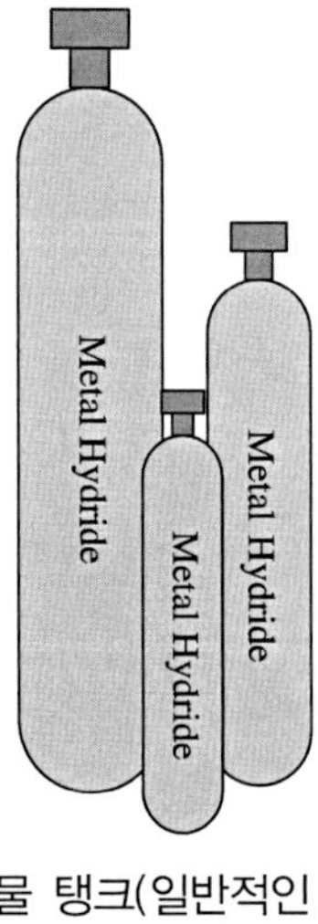

그림 15-5 금속 수소화물 탱크(일반적인 휴대용 크기: 20~700 L)

상수는 $K_{eq} = [H_2]^{(-x/2)}$이며, 이를 자유 에너지 공식에 대입하면,

$$\Delta G = -RT \ln K_{eq} = (x/2)\, RT \ln (P_{H_2}) \tag{15-2}$$

높은 깁스 자유 에너지의 수소화물은 주어진 온도의 금속 수소화물 시스템에서 낮은 수소 평형 압력과 강한 금속-수소 결합을 가진다. 금속은 수소를 저장하는 유용한 매체이며, 금속이 수소와 강하게 결합하여 충전된다. 그러나 이 결합이 너무 강하면 금속은 가열이나 감압 하더라도 수소를 방출하지 않는다.

수소화물은 불순물(산소 또는 수증기에 피독된다)에 민감하여 순수한 수소로 수소화물을 만드는 데 주의를 기울여야 한다.

수소의 저장 매체로 금속 수소화물을 사용하는 것은 열역학적 특성과 반응속도의 영향을 받는다. 수소의 분리는 빠른 속도로 진행되며, 속도를 결정하는 단계는 분말로의 열전달이다. 일반적으로 금속 수소화물은 열 전도도가 1~2 W/mK로서 열을 잘 전도시키지 못한다[17]. 다른 물질과 비교해보면 구리(최상의 열 전도체 중의 하나)의 열 전도도는 401 W/mK, 유리는 1.0 W/mK, 유리섬유(단열재)의 열 전도도는 0.05 W/mK이다[16, 17].

압력 용기의 벽과 금속 수소화물 사이로 열이 전달되어야 하며, 큰 표면적, 즉 작은 입자 크기를 가질수록 수소 흡착과 탈착이 빠르다. 열 전도성은 알루미늄 폼(foam)에 금속 수소화물을 삽입하거나, 분말 사이로 뜨거운 유체가 흐르는 채널을 통과시켜 개선할 수 있는데, 이러한 과정을 통해 정미 열 전도도를 최대 7~9 W/mK까지 증가시킬 수 있다[17].

수소는 입자를 약화시키고 더 작은 조각으로 분해하려는 경향이 있다. 이것은 금속 수소화물의 총 표면적을 증가시켜 수소 탈착/흡착 율을 증가시키지만, 수소화물 입자가 작을수록 가스 유동에 유입될 수 있으므로 수소 배출구에서 입자를 걸러내기 위한 필터가 필요하다. 이는 금속 수소화물을 장기간 사용할 때 고려해야 한다[17].

금속 수소화물과 연료전지 사이에 수소 저장용기를 추가하는 것은 금속 수소화물로의 열전달이 불안정하기 때문에 수소 공급을 안정화시키기 위하여 필요하다.

금속착체 수소화물은 단순한 금속 수소화물에 비해 큰 수소 저장량을 가진다. 한 예로 alanate(AlH_4)는 다음과 같은 반응식에 따라서 티타늄 도판트가 촉매로 작용하여 반응이 촉진될 때 수소를 가역적으로 저장 및 방출할 수 있다.

$$NaAlH_4 = {}^1/_3 Na_3AlH_6 + {}^2/_3 Al + H_2$$
$$Na_3AlH_6 = 3NaH + Al + {}^3/_2 H_2$$

첫 번째 반응은 1 atm, 33℃의 온도에서 3.7 wt.% 수소를 방출할 수 있고, 두 번째 반응은 110℃에서 1.8 wt.% 수소를 방출할 수 있다[1, 16, 17]. 방출 가능한 수소의 양은 저장할 수 있는 수소의 양보다 중요하며, 시스템의 (총) 질량 및 체적 용량을 결정하는 핵심 변수이다[2].

현재 금속 수소화물이 가지는 문제점들은 작은 수소 용량, 느린 흡입/방출 속도, 가격 등이다. 2010년 DOE의 시스템 목표인 6 wt.%를 아직 달성하지 못하고 있으며, 차량용으로 사용하기에는 수소 방출 속도가 너무 느리고 저장 밀도 또한 낮다(약 50%). 금속 수소화물에 대한 지속적인 연구를 통해 향후 연료전지에 사용할 수 있는 금속착체 수소화물의 설계 및 개발이 이루어질 것이다[18].

리튬 아미드(lithium amide)를 기반으로 새로운 금속착체 수소화물 시스템이 개발되었으며, 반응은 285℃, 1 atm에서 진행된다.

$$Li_2NH + H_2 = LiNH_2 + LiH$$

이러한 반응은 6.5 wt.% 수소가 가역적으로 저장될 수 있도록 한다[1, 2]. 이 시스템이 가지는 문제점은 반응 온도가 너무 높아서 PEMFC를 사용하는 휴대용 장비에 적용하려면 온도를 낮춰야한다는 것이다[18]. 따라서 향후 연구는 용량 및 운전 조건에 대한 추가적인 개선을 목표로 할 것으로 예상된다. 표 15-6은 일부 금속 수소화물 시스템의 저장 특성을 요약하였다.

15.2.4 화학적 수소화물

화학적 수소화물 저장은 수소가 화학 반응에 의해 생산되는 기술을 의미하며, 일반적으로 화학적 수소화물, 물 또는 알코올로 이루어진다. 이러한 반응은 비가역적이며, 부산물은 폐기되어야 한다. 수소는 고체 상태인 화학적 수소화물과 화학 반응에 의해 생산될 수 있다. 이러한 기술은 금속 수소화물과 개질법 사이에 위치하는 기술이다. 수소화리튬, 수소화리튬알루미늄, 수소화붕소나트륨과 같은 화학물질들

표 15-6 금속 수소화물 시스템의 저장 특성[7, 18]

Alloy material	TiVMnTiF	TiCrMnM	LaNi5	FeMnTi	FeTi
System Volume (L)	568	365	450	433	563
System Weight (kg)	6.0	5.0	3.4	5.0	5.44
Capacity (kg H_2)	848	705.7	478.9	705.7	766.8
Capacity (MJ H_2)	1.492	1.933	1.064	1.629	1.362
Energy Density (MJ/kg)	4.988	5.227	3.683	3.713	5.321

은 물과 결합하여 열과 수소를 생산할 수 있다[32].

$$LiH + H_2O \rightarrow LiOH + H_2(\Delta H = -312kJ/mol\ LiH)$$

$$LiAlH_4 + 4H_2O \rightarrow LiOH + Al(OH)_3 + 4H_2(\Delta H = -727kJ/mol\ LiH)$$

$$NaBH_4 + H_2O \rightarrow NaOH + H_3BO_3 + 4H_2$$

이와 같은 합성물은 가역적인 금속 수소화물보다 가볍고, 수소가 물과의 반응으로부터 생산되기 때문에 더 많은 수소를 방출할 수 있다. 3가지 화학적 수소화물의 예와 수소 저장 용량이 표 15-7에 나타나 있다.

문헌에 나타난 대략적인 방법은 수소, 물 실린더, 혼합 장치, 제어 밸브의 중량에 여분의 20%가 추가되어야 한다는 것이다. 예를 들어, 250 g의 수소를 생산하는 LiH의 경우, 0.98 kg의 수소화물과 2.2 kg의 물탱크가 필요하고 추가적으로 200 g의 제어 시스템과 혼합 시스템이 필요하다. 수소화물은 질소 또는 아르곤 분위기에서 보관되어야 하며 물과의 접촉을 차단해야 한다[32].

화학적 수소화물이 가지는 문제점은 열 발생과 가격이다. $LiAlH_4$의 반응으로 방출되는 H_2 1몰당 182 kJ의 열이 발생하고, 연료전지가 최대 출력일 때 수 kilowatts의 열이 발생한다. 이는 연료전지 자체에서 발생되는 열보다 크다.

금속 수소화물은 현재 대량 생산되지 않고 실험 용도로 95% 이상의 순도로 만들기 때문에 가격이 비싸며 새로운 화학적 수소화물을 제조하는 것보다 반응 후에 남아있는 폐기물을 재처리하여 저렴하게 화학적 수소화물을 재활용하기 위한 방법이 필요하다.

가수분해 반응 가수분해 반응은 수소를 생산하기 위한 물과 화학적 수소화물 간의 반응이다. 가장 일반적으로 연구된 반응 중 하나는 다음과 같은 수소화붕소나트륨과 물의 반응이다.

표 15-7 화학적 수소화물 비교[1, 17, 32]

	LiH	LiAlH	NaBH
Hydrogen-to-hydride ratio (wt%)	25.2%	21.1%	21.3%
Hydrogen-to-hydride plus stoichiometric water ratio (wt%)	7.7%	7.3%	7.3%
Hydrogen-to-system ratio (wt%), assuming 20% additional weight	6.4%	6.1%	6.1%
Mass of hydride powder needed for 250 g hydrogen output	980 g	1177 g	1173 g
Cost for mass of hydride given above	$268	$503	$178

$$NaBH_4 + 2H_2O = NaBO_2 + 4H_2$$

반응을 활성화시키기 위한 일반적인 방법은 수소화물을 비활성 현탁액으로 만들어 수분과의 접촉으로부터 보호하고 수소화물을 펌프로 이송시킬 수 있도록 하는 방법이다. 연료가 필요하면 이 현탁액을 물과 혼합하여 반응시킴으로써 고 순도의 수소를 생산한다. 이러한 반응은 수성 매질의 pH를 조절하거나 촉매를 사용하여 제어할 수 있다.

이러한 반응은 수소화물의 수소 용량이 크고, 수소 방출 속도가 빠르지만, 물과 연료를 분리해서 탑재해야 하고, 수소화붕소나트륨이 장치 외부에서 재생성되어야 한다. 현재 이러한 수소 생성 방법의 가격, 수명에 미치는 영향, 필요한 재생성 에너지와 같은 측면에서 조사되고 있다[32].

현재 연구 중인 다른 가수분해 반응은 $Mg(OH)_2$와 H_2를 생산하는 MgH_2와 물의 반응이다. 수소가 필요하지 않을 때 반응이 진행되는 것을 막기 위하여 MgH_2 입자는 비수성 현탁액에 저장되어 있다. $Mg(OH)_2$의 용량은 최대 11 wt.%로 크지만 수소화붕소나트륨 시스템과 유사한 문제점을 가지고 있다.

수소화/탈수소화 반응 수소화 및 탈수소화 반응은 오랫동안 연구되어 왔으며, 수소 저장에 대한 뛰어난 가능성이 있는 여러 시스템들이 보고되고 있다. 이러한 반응들 중 하나는 데칼린(decalin)−나프탈렌 반응으로, 다음과 같은 반응을 통하여 210℃에서 7.3 wt.%의 수소를 방출할 수 있다.

$$C_{10}H_{18} = C_{10}H_8 + 5H_2$$

수소 방출 속도는 백금계 또는 귀금속 촉매를 사용함으로써 증가하며, 현재 반응에 필요한 온도를 낮추기 위한 연구가 진행되고 있다. 탈수소화 시스템의 장점은 물이 필요하지 않다는 것과 흡열 반응이어서 수소를 생산할 때 제거되어야 할 폐열이 없다는 것이다[1, 32].

새로운 화학적 방식 연구하고 있는 새로운 방법은 LiH, NaH, MgH_2와 같은 가벼운 금속 수소화물과 메탄올, 에탄올을 반응시키는 방법이다(알코올 분해). 이러한 반응에서는 수소의 생산을 제어할 수 있으며, 상온에서도 반응이 가능하다. 가수분해 반응처럼, 알코올 분해 반응 생산물은 차량 외부에서 재순환되어야 한다. 알코올은 차량 내부에 탑재 되어야 하기 때문에 시스템의 무게, 체적이 증가하고 구조가 복잡해진다. 그림 15-6은 화학적 수소화물 시스템의 한 예이다.

또 다른 새로운 화학적 방식은 다음과 같은 반응으로 암모니아−보란(ammonia−

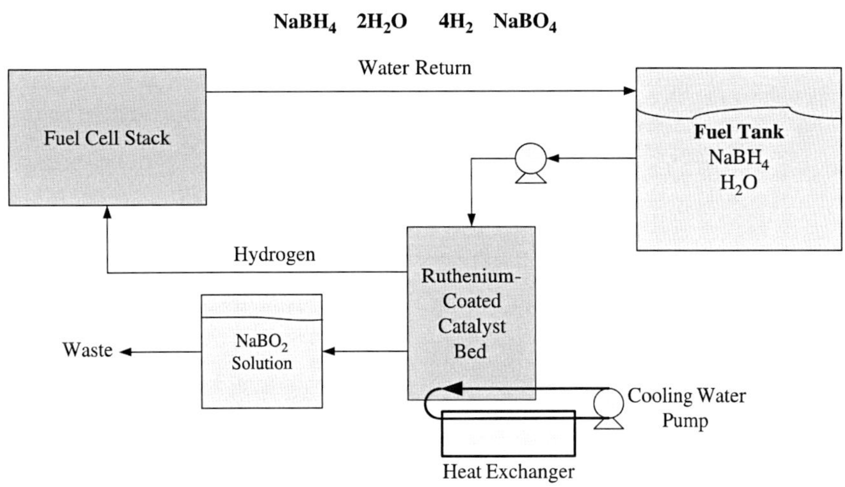

그림 15-6 화학적 수소화물 시스템 예

borane)에서 수소를 생성하는 방법이다.

$$NH_3BH_3 = NH_2BH_2 + H_2 = NHBH + H_2$$

이러한 반응은 120℃ 이하에서 일어나며 6.1 wt.% 수소를 방출한다. 수소 방출 속도와 선택성은 나노 크기의 암모니아-보란 입자를 다공성 구조 내에서 혼합하여 개선할 수 있다. 표 15-8은 몇 가지 종류의 화학적 수소화물을 비교한 표이다.

15.2.5 암모니아

암모니아 개질은 비료로 상용화된 화학 원료로부터 청정한 연소를 제공하므로 일

표 15-8 화학적 수소화물([1]에서 인용)

Name	Formula	Percent hydrogen	Density (kg/L)	Volume (L) to store 1 kg H_2
Lithium hydride	LiH	12.68	0.82	6.5
Beryyllium hydride	BeH_2	18.28	0.67	8.2
Sodium hydride	NaH	4.3	0.92	25.9
Aluminum hydride	AlH_3	10.8	1.3	7.1
Potassium hydride	KH	2.51	1.47	27.1
Calcium hydride	CaH_2	5.0	1.9	1.1
Lithium borohydride	$LiBH_4$	18.51	0.67	8.0
Sodium borohydride	$NaBH_4$	10.58	1.0	9.5
Aluminum borohydride	$Al(BH_4)_3$	16.91	0.545	11
Palladium hydride	Pd_2H	0.471	10.78	20

반 화석 연료의 개질과는 다르다. 암모니아는 천연가스와 질소를 증기 개질하여 생산한다. Haber 공정의 반응은 고온에서 이루어지고 질소와 반응하기 위하여 고압(약 100 bar)으로 압축되어야 한다. 공정 효율 및 비용은 메탄올 생산과 매우 비슷하다.

암모니아는 무게의 17.6% 수소 원자를 포함하고 있다. 이는 메탄올의 부분 산화 개질로 얻을 수 있는 수소의 양에 버금갈 정도로 우수하며, 암모니아 개질로 얻어지는 생성물이 수소와 질소 가스 외에는 없다는 장점이 있다. 또한, 암모니아는 10 bar의 비교적 낮은 압력과 300 K에서 601 g/L의 액체 밀도(55 g/L의 H_2 체적 밀도와 동등)로 쉽게 액화할 수 있다[1, 17].

암모니아에서 수소를 얻는 것은 다음과 같은 단순한 해리 반응이다.

$$NH_3 \rightarrow {}^{1}/{}_{2}N_2 + {}^{3}/{}_{2}H_2(\Delta H = +46.4\ kJ/mol\ NH_3)$$

반응은 600℃ 이상에서 일어나므로, 연료전지의 종류에 따라 외부 열원이 필요할 수도 있다. 예를 들어, 기존의 PEMFC는 80℃로 생성물 등을 배출한다[1, 17, 19]. 개질기와 반응에 필요한 열을 얻는 방법은 여러 가지가 있으며, 한 가지 방법은 개질기의 출구에서 수소를 연소시켜 개질기에서 필요한 온도와 반응에 필요한 열을 제공하는 것이다. 또 다른 방법은 필요한 열을 공급할 수 있도록 소모되지 않은 수소를 연소시켜 충분한 열을 공급할 수 있도록 연료전지의 애노드를 설계하는 것이다. 변환기 출구에서 배출되는 수소에 포함된 암모니아의 농도를 수ppm 정도로 감소시켜야 한다면 900℃의 온도가 필요하다.

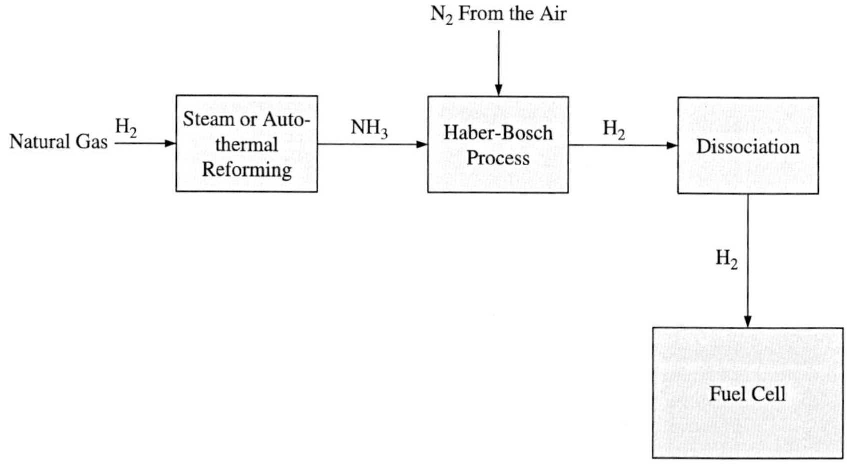

그림 15-7 암모니아를 이용한 수소 공급

생산된 수소 가스에 해리되지 않은 암모니아의 농도가 50 ppm 이하라도 산 전해질이나 고분자 전해질을 사용하는 연료전지를 손상시키기에는 충분한 양이므로 변환기로부터 배출되는 가스를 산 세정기에 통과시켜 암모니아를 완전히 제거해야 한다. 또 다른 문제점은 암모니아의 유독성으로 유출물 및 증발 배출물은 호흡기관을 손상시킬 수 있다. 그림 15-7에 암모니아/연료전지 시스템의 예가 나타나 있다.

15.2.6 천연가스

천연가스는 메탄이 대부분을 차지하며 소량의 에탄, 프로판, 기타 탄화수소계 연료로 구성된 탄화수소의 혼합물이다. 천연가스는 압축가스 상태(CNG) 또는 액화 상태(LNG)로 저장할 수 있다. 액화 상태의 경우 −260°F로 초저온 냉각되며 단열된 가압 탱크에 저장된다[1, 46]. 미량의 질소, 이산화탄소, 헬륨, 황 등의 불순물이 존재한다. 천연가스는 유정에서 추출 또는 원유와 함께 얻거나 쓰레기 매립 과정의 부산물로서 얻을 수 있다. 천연가스는 탄소를 적게 포함하고 있기 때문에 휘발유에 비해 CO 배출량이 적다. 천연가스에 적용되는 처리과정은 지역에 따라 다르다. 특정 지역에서는 필요에 맞도록 에탄, 프로판, 부탄과 혼합된다. 천연가스는 냄새가 없으므로, 천연가스 회사는 일반적으로 안전을 위해 가스에 독특한 향을 가지는 티오펜(thiophene)과 메르캡탄(mercaptan)을 첨가한다.

15.2.7 프로판

프로판은 휘발유에 비해 상대적으로 단순한 분자(C_3H_8)이며 연료로 사용 시 더 완전하게 연소되며, 천연가스 처리 과정과 석유 정제 과정의 부산물로 생산된다. 프로판은 휘발유에 비해 탄화수소는 약 1/3, NO_x는 20%, CO는 60% 정도 적게 배출하는 청정한 연료이다. 프로판은 난방용 연료, 엔진 연료, 취사용 연료, 화학 원료와 같은 많은 분야에서 사용되고 있다. 표준 조건에서 프로판은 기체이지만, 적절한 압력(100~300 psi)을 이용하면 저장 및 수송이 용이하다. 프로판은 오랫동안 차량용 연료로 사용되어 왔으며, 1992년의 에너지 정책 조례(EPACT)가 제정되기 전까지 영업용 차량에 널리 사용되었다. 프로판은 휘발유 에너지 밀도의 약 73%를 가지고 있어서 대형의 탱크를 필요로 하거나 자동차의 경우 동일한 연비를 얻기 위하여 자주 충전해야 한다[1, 46].

15.2.8 휘발유와 기타 석유계 연료

석유는 높은 가치를 가지는 액체 원료, 용매, 윤활유 등을 제공하는 탄화수소계 물질들의 혼합물이다. 대부분의 탄화수소는 4~12개의 탄소 원자를 가지며 끓는점은 80~437°F이다[1]. 다양한 종류의 화석 연료를 석유, 역청 사암(tar sand), 유혈암(oil shale), 가스 수소화물, 석탄, 천연가스에서 생산할 수 있다. 휘발유는 원유의 정제 과정에서 생산된다. 석유계 연료는 등유, 나프타, 휘발유, 디젤, 경유, 중유 등으로 전 세계 에너지 공급의 50% 이상을 차지한다. 휘발유는 엔진 윤활성의 개선, 부식 감소, 연소 특성을 개선하기 위하여 화학적 합성물을 첨가한다. 연료전지 시스템의 경우, 선택된 연료의 종류에 따라 다른 형태의 개질기가 사용된다. 연료에서 발견되는 불순물은 연료를 선택할 때 매우 중요하게 고려해야 할 사항이다. 일반적으로 화석 연료에서 발견되는 불순물들은 황, 질소, 산소, CO, CO_2, NOx, SOx, VOCs, OH^-, 유기 금속 등이 있다[1, 46]. 연소 생성물 중 불순물들로 인한 벤젠, 포름알데히드, 아세트알데히드, 1, 3-부타디엔 등은 발암 물질로 알려져 있다. 휘발유는 누출될 경우 수면 위로 확산되어 다공성 토양과 지표수에 빠르게 침투하므로 환경에 악영향을 미친다. 또한, 인화성이 매우 강하며, 휘발성이 커서 화재 및 폭발의 위험이 있으며, 상대적으로 높은 비율의 탄화수소를 포함하고 있어서 인체의 신경계에 영향을 줄 수 있다. 휘발유는 누출 시 빠르게 기화되어 잔류물을 거의 남기지 않는다. 휘발유는 복잡한 화학물질로서 복잡한 생산 공정이 필요하지만, 성능과 배출가스 기준을 만족시키기 위하여 연료의 성분들을 조정하는 것이 편리하다. 미국에서 소비되는 휘발유의 약 95%가 자동차와 모터사이클용 연료로 사용되고 있다. 현재 이미 존재하는 기존 기반시설을 사용할 수 있으므로 석유계 연료를 연료전지용 연료로 사용하자는 의견이 제기되고 있다. 많은 연구가 이러한 의견에 반대하고 있지만 연료전지 차량에 휘발유를 사용하는 것을 사실상 묵인하고 있다[1, 46].

15.2.9 바이오 연료

바이오매스는 해조류와 수목을 비롯한 살아있는 유기체, 동물 퇴비에서 도시 폐기물에 이르는 자연적인 유기 물질을 말한다. 바이오매스는 신재생 연료의 중요한 자원이며 연소 또는 변환을 통해 바이오가스, 에탄올, 합성 가스, 액체 탄화수소 등으로 바꿀 수 있다. 바이오가스의 구성은 원료와 생산 방법에 따라 상당히 다르다. 일반적으로 바이오가스는 메탄, 이산화탄소, 기타 유기 물질들과 결합된 질소의 혼합물이다. 바이오가스는 저위 발열량(LHV)을 가지기 때문에, 특히 MCFC, SOFC, PAFC에서 연료로 사용할 경우 장점이 있다. 메탄올과 에탄올은 바이오연료로부터 생산할 수 있으며 일부 연료전지 시스템에 사용할 수 있다[1].

15.3 연료 처리공정

각 연료전지의 종류별로 사용할 수 있는 연료의 종류가 다르다. 스택의 운전온도가 낮을수록 연료의 정제에 대한 필요성이 더욱 커진다. 연료 처리 시스템의 복잡성은 연료전지의 종류와 사용되는 연료에 따라 달라진다. 연료 처리 시스템은 일반적으로 연료를 수소로 바꿔주는 촉매 반응기들을 연결하여 구성한다. PAFC에 공급되는 연료는 0.5% 미만의 일산화탄소가 포함된 수소여야 하고, PEMFC에 공급하는 연료는 일산화탄소가 전혀 없어야 한다. MCFC와 SOFC 같은 연료전지들은 내부 개질이 가능한 높은 온도에서 운전된다. PEMFC와 PAFC는 더 엄격한 연료 처리 공정이 필요하므로 좀 더 상세히 살펴볼 것이다. 대부분의 연료 처리 시스템은 연료 개질, 수성가스 전환 반응(water shift reaction), 일산화탄소 제거의 세 가지 공정으로 이루어진다.

액상의 탄화수소 연료는 수소보다 단위 체적당 더 큰 에너지를 가지며, 가격이 저렴하다. 메탄올은 휘발유보다 이산화탄소의 배출량이 적으며, 장기적인 관점에서 석유 의존도를 줄일 수 있다. 표 15-9에 탄화수소계 연료들의 무게 및 체적 에너지 밀도를 나타내었다.

또 다른 중요한 문제는 부분 산화에 의해 얻어지는 순도 40%의 수소나 증기 개질에 의해 얻어지는 순도 75%의 수소를 연료전지의 애노드에서 사용할 수 있도록 연료전지가 최적화되어야 한다는 것이다. 수소 순도의 감소는 연료전지 효율의 저하를 의미한다. 또한, 수성가스 전환 반응(water-gas shift reaction, 그리고 모든 증기 개질기)에 필요한 물을 공급하거나 배출되는 물을 재순환하여 사용할 수 있어야 한다. 필요한 물의 양은 부분 산화의 경우 H_2 1 g당 3 g, 증기 개질의 경우 H_2 1 g당 4.5 g이다[1, 46].

PEMFC의 경우 CO 피독은 중요한 문제이다. CO는 전극의 백금을 피독시켜 주어

표 15-9 연료의 무게 및 체적 에너지 밀도(저위 발열량 기준)[17]

Fuel	By mass	By volume
Hydrogen Gas, atmospheric pressure	120 MJ/kg	11 kJ/L @STP
Compressed Hydrogen Gas, 3600 psi	120 MJ/kg	2700 kJ/L @3600 psi
Gasoline	44 MJ/kg	31800 kJ/L in liquid
Methanol	20 MJ/kg	15900 kJ/L liquid
Natural Gas (pure methane)	50 MJ/kg	36 kJ/L @STP
Compressed Methane, 3600 psi	50 MJ/kg	8700 kJ/L @ 3600 psi

표 15-10 탄화수소 개질을 이용하여 생산되는 수소[17]

		Steam reforming			Partial oxidation		
Fuel	Formula	Wt% H_2	g H_2 per L_{fuel}	Moles H_2O per mol fuel	Wt% H_2	g H_2 per L_{fuel}	Moles H_2O per mol fuel
Methanol	CH_3OH	19%	150	1.0	13%	100	0.0
Ethanol	C_2H_5OH	26%	209	3.0	22%	168	2.0
Methane (LNG)	CH_4	50%	205	2.0	38%	151	1.0
Gasoline	$C_8H_{15.4}$	43%	301	16.3	28%	200	8.1
Diesel Fuel	$C_{14}H_{25.5}$	42%	357	28.3	28%	231	14.2

진 전류 밀도에서 전압을 감소시킨다. 개질기에서 생성되는 수소에서 CO를 완전히 제거하기가 힘들고, 연료전지 효율의 급격한 감소를 일으키지 않으려면 최대 50 ppm의 CO 농도만 허용할 수 있으므로, 수성가스 전환 반응 과정을 거치더라도 CO를 제거하기 위한 최종 제거 단계가 필요하다. 따라서 CO를 제거하기 위해 선택적 산화기(PROX)가 필요하며[1, 17], 동일한 출력을 가지는 연료전지에서 개질된 수소를 사용하는 연료전지는 크기가 커진다.

다양한 탄화수소들로부터 부분산화 개질과 증기개질을 통해 생산되는 수소의 양이 표 15-10에 나타나 있다. 두 개질 공정은 일산화탄소를 전환시켜 더 많은 수소를 생산하는 수성가스 전환 반응을 포함하고 있다.

우수한 전체 무게 분율과 수소 밀도가 연료로부터 얻어질 수 있으나, 이는 필요한 개질기 장비 또는 필요한 여분의 물의 추가적인 무게를 고려하지 않은 경우이다.

개질 공정의 효율을 간단히 비교해 볼 수 있는 방법은 수소 백분율과 증기-대-탄소 비(S/C)를 사용하는 것이다. 수소의 백분율은 연료 개질기 출구의 개질된 증기 내의 수소의 몰 백분율이다.

$$y_{H_2} = \frac{n_{H_2}}{n_{tot}} \tag{15-3}$$

여기서, n_{H_2}는 연료 개질기가 생산하는 몰 수, n_{tot}는 출구의 모든 가스의 몰 수이다. 증기-대-탄소 비는 연료의 탄소 원자 몰(n_c) 수 대비 물 분자 몰(n_{H2O}) 수의 비이다.

$$\frac{S}{C} = \frac{n_{H_2O}}{n_c} \tag{15-4}$$

연료 개질기의 효율은 고위 발열량(HHV)의 항으로 나타낼 수 있다.

$$\eta_{FR} = \frac{\Delta H_{HHV,H_2}}{\Delta H_{HHV,Fuel}} \tag{15-5}$$

각 개질 공정별로 생산하는 수소의 양이 다르고, 요구되는 증기-대-탄소 비가 다르며, 장점 및 단점이 다르다.

15.3.1 탈황

대부분의 화석 연료 기반의 액체들은 황화물을 포함하고 있으며, 연료 처리 공정 전에 제거되어야 한다. 1 ppb 정도의 낮은 농도로도 PEMFC의 애노드 촉매를 영구적으로 피독시킬 수 있다. 휘발유에는 보통 약 300~400 ppm의 황화물이 포함되어 있다. 연료 처리기의 수명을 보장하기 위하여 탈황 과정은 매우 중요하다. 최근 몇 년동안 연료에 포함된 황의 양을 제한함으로써 차량 배출물을 감소시켰다. 연료전지 스택용으로 설계되는 모든 탈황 시스템은 주의 깊게 설계해야 한다. 공통적인 과정은 니켈-산화 몰리브데늄 또는 코발트-산화 몰리브데늄을 촉매로 사용하여 다음과 같은 반응식에 따라 유기 황화물을 수황화물로 변화시키는 탈황 반응기(HDS reactor)를 사용하는 것이다[1, 17, 45]:

$$(C_2H_5)_2S + 2H_2 \rightarrow 2C_2H_6 + H_2S$$

수소 분해 속도는 300~400℃ 사이에서 온도를 증가시킬수록 증가한다[1]. 티오펜(C_4H_4S)과 테트라하이드로티오펜(THT, $C_4H_8O_2S$)과 같은 황화물은 반응 속도가 느리고 산화아연에 흡착되어 황화아연을 형성한다.

$$H_2S + ZnO \rightarrow ZnS + H_2O$$

황을 제거하는 방법으로 HDS는 PEMFC 또는 PAFC 시스템에 적합하다. 하지만 SOFC나 MCFC 시스템에는 HDS를 위한 여분의 수소가 없기 때문에 적용할 수 없다.

15.3.2 증기 개질

증기 개질은 연료를 증기와 결합하여 생성물을 생성하며, 흡열 과정이다. 증기 개질은 다음 식과 같이 메탄과 일반적인 탄화수소와 동등한 반응이다.

$$CH_4 + H_2O \rightarrow CO + 3H_2 \ (\Delta H = +206.2\ \text{kJ/mol})$$

$$C_nH_m + nH_2O \rightarrow nCO + (m/2 + n)\ H_2$$

다음 단계는 수성가스 전환 반응이다. 남아있는 일산화탄소의 대부분이 물과 반응하여 수소를 추가로 생산한다. 일반적인 변환은 증기 개질기에서 배출되는 생성물의 7.1%를 차지하는 CO(또는 부분 산화 반응기일 경우 46.1%)가 수성가스 전환 반응기를 거쳐 0.5%로 감소한다[17].

$$CO + H_2O \rightarrow CO_2 + H_2 \ (\Delta H = -41.2\,kJ/mol)$$

이러한 반응은 보통 500℃ 이상의 온도에서 니켈 촉매를 사용하여 진행된다[1, 17]. 생성 가스는 일산화탄소, 이산화탄소, 수소, 메탄, 증기의 혼합물이다. 생성물의 구성은 반응기의 온도, 운전 압력, 공급가스의 구성, 반응기로 공급된 증기의 양 등에 의해 결정된다. 증기 개질 시스템은 연료전지의 폐열을 흡열 과정인 증기 개질

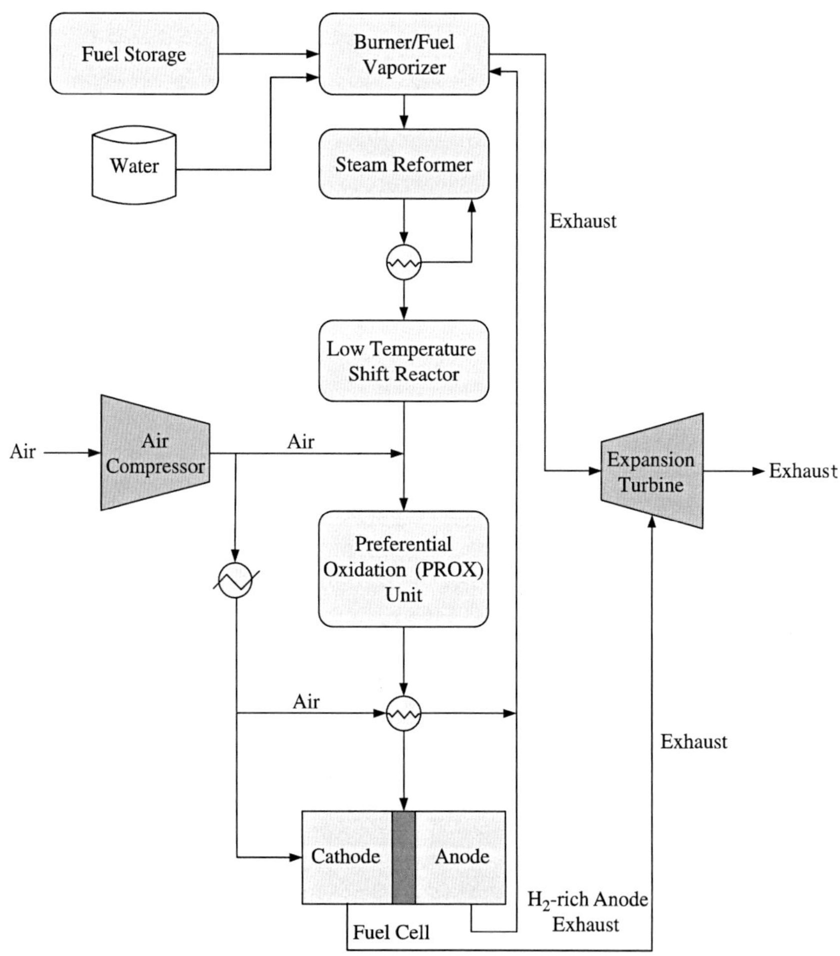

그림 15-8 메탄올 증기 개질 PEMFC 시스템

공정에 사용할 수 있기 때문에 효율적이다. 또한, 증기 개질기는 물에서도 수소를 얻을 수 있기 때문에 대량의 수소를 생산할 수 있다. 연료전지 시스템에서 허용되는 CO는 소량이므로 연료의 추가 처리 공정이 필요하다. 천연가스 개질의 경우, 온도가 낮을수록 발열반응이 되는데, 이때 역반응이 진행됨으로 인해서 온도가 낮아질수록 메탄 형성이 주된 반응이 된다[45]. 증기 개질이 가지는 문제점은 연료전지의 애노드가 75%의 농도를 가지는 수소 유동에 최적화되어야 한다는 것이다. 이보다 수소의 양이 작아지면 연료전지의 효율이 감소한다. 또한, 물은 수성가스 전환 반응과 증기개질을 위해 공급되거나 배기로부터 재순환시켜 공급한다. 증기 개질에서 필요한 물의 양은 H_2 1 g당 물 4.5 g이다. 그림 15-8은 메탄올 증기 개질 PEMFC 시스템의 예를 보여준다.

예제 15-1 증기 개질 공정에서 개질기는 수성가스 전환 반응을 거쳐 메탄(CH_4)을 소비한다. 결합 반응에 대한 수소 생산량과 증기-대-탄소 비는 얼마인가?

증기 개질 반응에서 CH_4와 수성가스 전환 반응의 결합 반응은,

$$CH_4 + 2H_2O(g) + CO_2 + 4H_2$$

이 반응은 다음과 같은 수소 백분율을 가진다.

$$y_{H_2} = \frac{4\mathrm{mol}H_2}{4\mathrm{mol}H_2 + 1\mathrm{mol}CO_2} = 0.80$$

증기-대-탄소 비율은,

$$\frac{S}{C} = \frac{n_{H_2O}}{n_c} = 2$$

15.3.3 탄소 축적

탄소 축적은 개질 시스템을 거쳐 생성되는 연료에 발생할 수 있는 잠재적인 위험이다. 공기나 증기가 없을 때 천연가스는 650℃의 온도에서 다음의 반응식처럼 분해된다[1, 17].

$$CH_4 \rightarrow C + 2H_2 \ (\Delta H = +75.0\,\mathrm{kJ/mol})$$

탄화수소의 분자량이 클수록 메탄보다 빠르게 분해되므로 탄소 축적의 가능성이 커진다. 일산화탄소의 과잉으로 인한 Boudouard 반응은,

$$2CO \rightarrow C + CO_2$$

앞의 반응으로 인해 형성된 탄소의 양은 연료 유동에 증기를 공급하여 감소시킬 수 있다. 증기의 공급을 통해 다음의 반응이 진행된다.

$$C + H_2O \rightarrow CO + H_2$$

연료의 유동에 공급되어야 하는 증기의 양은 쉽게 계산할 수 있다. 증기 개질 촉매 상의 탄소 축적에 대한 많은 연구가 진행되고 있다. 니켈 촉매에 흡착되는 탄소는 수초만에 촉매를 피독시키며 반응기를 막는 원인이 된다.

15.3.4 내부 개질

대부분의 내부 개질 개념은 MCFC 또는 SOFC 스택에 사용하기 위하여 개발되고 적용되어 왔다. 분자량이 작은 탄화수소를 개질하기 위하여 필요한 열은 스택에서 발생되는 열을 사용할 수 있다. 내부 개질의 2가지 주요 방식은 직접 개질과 간접 개질이다. 외부 개질과 비교할 때 내부 개질의 장점은 다음과 같다[1].

- 외부 개질기가 필요 없으므로 시스템 가격을 낮출 수 있다.
- 필요한 증기의 양이 적다.
- 수소의 공급이 더 균일하다.
- 메탄의 변환율이 높다.
- 시스템 효율이 더 높다.

간접 내부 개질 간접 내부 개질은 스택 가까이에 위치한 개질기에서 메탄의 변환이 이루어진다. 예를 들어 각 단일전지마다 평판 개질기가 위치하도록 설계할 수 있고, 여기서 좀 더 변형시켜 각 단일전지로 들어가는 가스 공급 채널에 개질 촉매가 위치하도록 설계할 수도 있다. 간접 내부 개질의 개념은 그림 15-9와 같다.

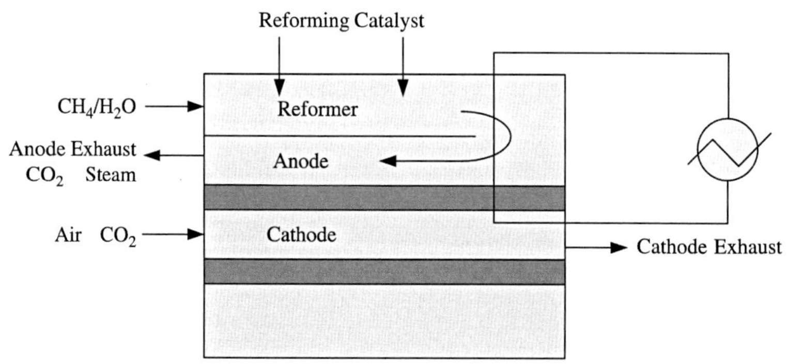

그림 15-9 간접 내부 개질

직접 내부 개질 직접 내부 개질에서 연료전지의 애노드에서 개질 촉매를 연료 공급 채널 측에 위치시키거나 개질 반응이 애노드 내부에서 일어나도록 하여 연료를 개질한다. 이러한 방법은 애노드로부터 전달되는 열과 MCFC 또는 SOFC 내의 전기화학적 반응으로 발생하는 증기를 개질에 사용한다. 직접 개질 스택에서 사용되는 가스는 천연가스, 나프타, 등유, 석탄 가스 등이 있다. 그림 15-10은 직접 내부 개질의 개략도이다.

15.3.5 탄화수소 직접 산화

탄화수소 직접 산화는 메탄을 높은 효율로 이산화탄소와 물로 변환한다. 탄화수소 직접 산화의 중요한 문제는 탄소 축적이다. 이 방법은 새로운 세라믹 애노드를 적용한 SOFC용으로 연구되고 있으며, 공정에 대한 개발은 아직까지 R&D 단계에 머물고 있다.

15.3.6 부분 산화

부분 산화는 증기 개질에 비해 열과 물 관리 문제가 간단하므로 단순하며 저렴한 시스템이다. 부분 산화 시스템의 한 예가 그림 15-11에 나타나 있다. 부분 산화 개질기는 짧은 시동 시간과 다양한 연료를 사용할 수 있고 응답이 빠르다는 장점이 있다.

메탄을 비롯한 탄화수소들은 다음과 같은 반응을 통하여 연료전지에 공급하기 위한 수소로 변환될 수 있다.

$$CH_4 + 1/2O_2 \rightarrow CO + 2H_2 \ (\Delta H = -247 \text{ kJ/mol})$$

부분 산화는 촉매 없이 1,200~1,500℃에서 반응이 진행되며, 촉매를 사용하는 다른 공정들과는 달리 황화물과 같은 불순물들을 제거하지 않아도 된다는 장점이 있

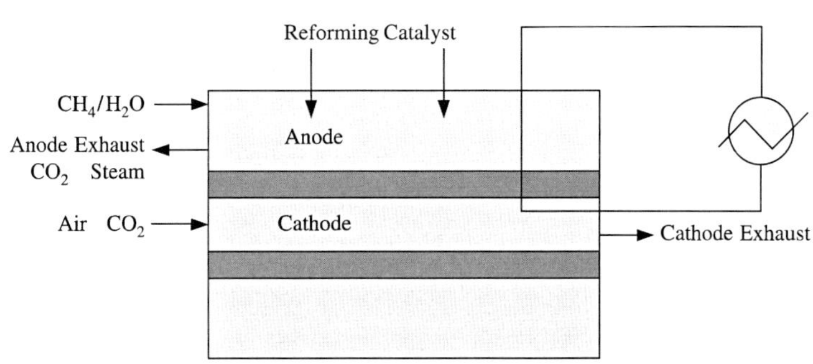

그림 15-10 직접 내부 개질

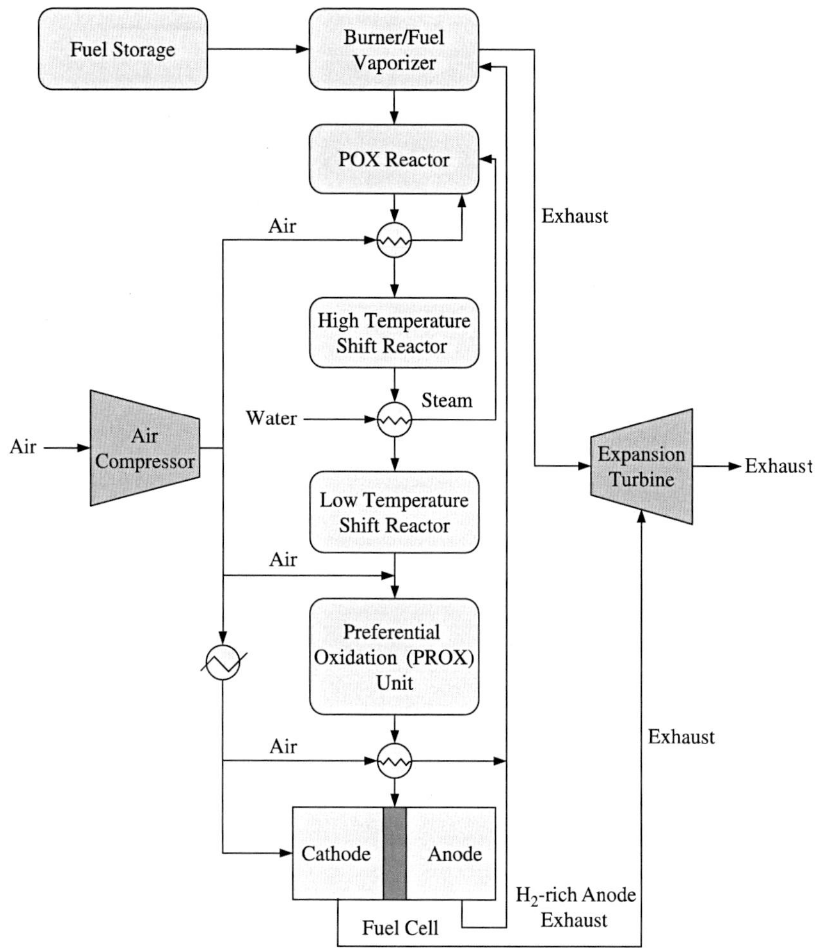

그림 15-11 POX/PEMFC 시스템

다. 부분 산화 공정은 촉매를 사용하는 다른 공정들에 비해 훨씬 분자량이 큰 탄화수소들을 개질할 수 있어 디젤유나 중유 같은 분자량이 큰 석유계 연료들을 개질하는데 있어서 이상적인 공정이다. 또한, 대규모 반응에 효과적이지만 소규모 반응의 경우 문제가 발생할 수 있다. 증기 개질과는 달리 연료전지에서 발생하는 열을 부분 산화 반응에 이용할 수 없으므로 효율이 감소한다. 또 다른 중요한 문제점은 연료전지의 애노드가 40%의 수소 농도를 가지는 유동에 최적화되어야 한다는 점이다[1, 45]. 낮은 농도의 수소는 연료전지의 효율이 감소한다는 것을 의미한다. 또한, 반응에 필요한 물을 공급하기 위해서 연료전지에서 배출되는 물을 재순환시켜 공급하거나 따로 물을 공급해야 하며, 부분 산화 공정에서 필요한 물의 양은 H_2 1 g당 3 g이다.

예제 15-2 부분 산화 개질기가 메탄과 공기를 사용한다. 최대 수소 생산량과 개질기 효율은 얼마인가? 표준 압력, 온도에서 메탄의 HHV는 55.5 MJ/kg(880 MJ/mol)이고 H_2의 HHV는 142 MJ/kg(284 MJ/kmol)이다.

공기의 경우, 전체 반응은

$$C_xH_y + 1/2x(O_2 + 3.76N_2) \leftrightarrow xCO + 1/2yH_2 + 1.88xN_2$$

메탄의 경우, 전체 반응은

$$CH_4 + 1/2(O_2 + 3.76N_2) \leftrightarrow CO + 2H_2 + 1.88N_2$$

수소 생산량은

$$y_{H_2} = \frac{2\ \mathrm{molH_2}}{2\ \mathrm{molH_2} + 1\ \mathrm{molCO} + 1.88\ \mathrm{molN_2}} = 0.41$$

HHV의 항으로 나타낸 연료 개질기 효율은 다음과 같다.

$$\eta_{FR} = \frac{\Delta H_{HHV,H_2}}{\Delta H_{HHV,Fuel}} = \frac{2\ \mathrm{kmolH_2}(284\ \mathrm{MJ/kmolH_2})}{1\ \mathrm{kmolC_x Y_y}(880\ \mathrm{MJ/kmolC_x Y_y})} \approx 65\%$$

15.3.7 열분해

열분해는 공기가 없는 반응기에서 탄화수소를 가열하여 수소와 고체 탄소로 분리시키는 공정이다. 보통 가벼운 탄화수소를 사용하며, 생산된 수소의 순도가 매우 높다. 열분해 공정의 문제는 생성된 고체 탄소를 제거해야 한다는 것으로 일반적으로 반응기를 끈 후 공기를 주입하여 탄소를 이산화탄소로 만들어 제거하는 방법을 사용한다. 탄소가 축적되면 반응기가 막히고 탄소를 제거하기 위한 공기를 공급하는 것이 불가능해지므로 대량의 수소를 생산하기 위해서는 공정의 정확한 제어와 촉매를 피독시키고 반응기를 막을 수 있는 탄소의 축적을 방지하는 것이 핵심적인 기술이다[1].

15.3.8 메탄올 개질

메탄올 개질은 액체인 메탄올을 사용하며, 높은 효율과 에너지 밀도를 가지며 휘발유보다 개질하기에 용이하므로 PEMFC용으로 연구 중인 개질 기술 중에서 가장 앞서고 있다. 개질기의 성능 예는 표 15-11에 나타나 있다. 메탄올은 무게의 12.5% 상당의 수소를 포함하고 있다. Johnson Matthey 사는 부분 산화 시스템에 있어서 상단에 위치한 PROX의 추가적인 20% 체적과 95% 효율을 가정하여 전체 효율이 89% 일 것이라 예측하였다[1]. 개질을 수행하는 연료전지는 끝이 막혀 있을 수 없으

표 15-11 개질기 성능 예[1]

Reformer volume	7.2 L
Reformer weight	9.5 kg + cleanup unit weight
Hydrogen output after cleanup	1.36 L/s
Hydrogen output	0.061 mol/s
Fraction of hydrogen in output	43%
Fraction of CO in output	8 +/– 5 ppm
Overall efficiency	76%
Output per mole of methanol	2.3 mol H_2

므로, 애노드의 수소 활용도는 약 85%로 감소되어 총 효율은 76%가 된다. 개질기에서 생산되는 수소의 낮은 농도는(순수한 수소를 사용하는 경우와 비교할 때) 연료전지의 전압을 A/cm^2 당 약 0.128 volts 또는 최대 출력을 약 20% 감소시킨다[1, 17].

이때 필요한 250 g의 수소를 생산하기 위해서는 55몰의 메탄올이 필요한데, 이는 1.8 kg 또는 2.2 L의 메탄올과 같고, 압축가스 실린더 또는 금속 수소화물 수소 저장장치에 비해 매우 작다. 전체 시스템의 체적은 9.4 L이고, 전체 시스템의 무게는 11.3 kg에 PROX의 무게를 더한 값이 된다[1, 17, 23].

15.4 생물학적 수소 생산

최근 여러 가지 바이오연료 처리 시스템들이 연구 단계에 있다. 수소를 생산하기 위한 생물학적 공정의 3가지 종류는 다음과 같다.

- 수소화 효소(hydrogenase) 또는 질소화 효소(nitrogenase) 반응에 있어서 단세포 유기체를 이용한 광합성
- 혐기성 소화 방식으로 수소를 생산하는 박테리아
- 수소 생산 유기체를 이용하여 복합 유기 분자들을 수소로 변환될 수 있는 합성물로 분해하는 여러 박테리아들의 조합을 이용하는 공정

15.4.1~15.4.2절에서는 현재 연구 중에 있는 가장 대표적인 생물학적 수소 생산 공정인 광합성과 소화 공정을 설명할 것이다.

15.4.1 광합성

광합성은 광화학적 반응에 의해 빛에너지를 생화학적 에너지로 변환하는 과정과 대기 중의 이산화탄소를 당분과 같은 유기 합성물로 변환시키는 과정으로 구성되어

있다. 식물과 해조류는 태양 에너지를 흡수하며, 몇몇의 해조류와 남조류는 수소 형성을 촉진하는 수소화 효소 또는 질소화 효소를 보유하고 있어 광합성 시 당분 대신에 수소를 생산한다[1].

녹조류 중 일부는 수소를 생산하는데, 문헌에서 일반적으로 언급되고 있는 것으로는 Scenedesmus, Chlamydomonas, C. reinhardtii, Anabaena Cylindrica, Synechococcus, Rhodobacter sp, Rubrivivax gelatinosus, Rhodovulum sulfidophilum, R. sphaeroides 등을 비롯한 많은 종류가 있다. Scenedesmus는 혐기성 조건의 어둠 속에 있다가 빛에 노출될 때 수소를 생성한다. 이러한 녹조류는 물 분해 유기체로서 수소화 효소를 이용하여 물을 수소로 환원시키는 생물광분해(biophotolysis)를 한다. 녹조류 중 하나인 Chlamydomonas의 돌연변이 형태를 연속 유동 반응기에 적용하여 수소를 생산하기 위한 많은 연구들이 진행되고 있다. 수소화 효소 반응을 통해 높은 효율로 수소를 생산할 수 있지만 산소에 매우 민감하여 이러한 유형의 박테리아를 이용한 연구를 매우 어렵게 하고 있다. 최근 들어 National Renewable Energy Laboratory(NREL)에서는 C. reinhardtii 주변의 산소와 황을 제어하여 수소의 생산을 향상시키는 새로운 방법을 개발하였다. 해조류의 양식을 통해 정상적인 조건 하에서 성장시킨 후, 산소와 황을 제거하여 수소를 생산하는 신진 대사로 교체시킨다. 이와 같은 사이클은 수소를 생산하도록 여러 번 반복할 수 있다[1].

질소-고정 녹조류인 Anabaena Cylindrica는 수시간 동안 아르곤 대기 중에서 수소와 산소를 동시에 생산한다. 수소 생산은 정상 조건 하에서 일어나지만 질소 고정보다 느리다. 해조류에 질소 공급을 차단함으로써 수소 생산을 증가시킬 수 있다.

연구 중인 대부분의 광합성 시스템은 효율이 낮지만, 최근의 유전자 공학의 발전은 더욱 효율적인 시스템이 가능하도록 하며, R. Sphaeroides와 같은 것은 광에너지 변환 효율이 10%의 태양전지 시스템 효율에 근접한 7%의 광에너지 변환 효율을 가진다[1].

15.4.2 소화 공정

수소는 빛이 없는 상태에서 미생물들의 유기 물질 소화에 의해 생산될 수 있다. 이러한 박테리아들의 대부분은 분자량이 작은 다양한 산을 이용하여 수소를 생산한다. 불행하게도 반응속도가 느리고, 수소의 부반응과 함께 미생물 수소화 효소의 억제로 인하여 대량의 수소를 생산할 수 없다. 수소 생성 효소는 수소의 축적 과정에서 수소의 생산을 방해한다. 또한, 일반적으로 수소는 유기물 또는 이산화탄소와 반응하여 메탄을 생성한다. 소화 공정의 주요 과제 중의 하나는 수소 생산을 촉진하도록 메탄의 생산을 억제하는 것이다. 이러한 유형의 시스템에서 온도를 증가시키는 것은 유기 효소와 박테리아를 비활성화시키기 때문에 공정 효율을 증가시키는 효과적인 방법이 아니다. 연구결과 가장 가능성이 있는 박테리아로는 ecscherichica coli, aerobacter aerogenes, aerobactor cloacae, pseudomonas sp, Clostridium butyricum 등이 있다. 가장 우수한 박테리아 중 하나는 Clostridium butyricum으로서 37℃에서 1 g의 유기물로부터 시간당 35 mmol(784 mls)의 수소를 생산한다[1]. 수소 생산을 위한 생물학적 공정의 이용은 시스템 개발의 단계에 있고 광합성-해조류-박테리아 시스템은 현재 가장 장래성 있는 기술로 평가되고 있다[1].

15.5 전해조

전해조(electrolyzer)는 전기를 이용하여 물을 수소와 산소로 분해하며, 반응이 반대로 일어난다는 점을 제외하고는 연료전지와 매우 유사하다. 전해조를 구성하는 방법은 여러 가지가 있으며, 연료전지에서처럼 다양한 전해질이 사용될 수 있다. 하지만 물이 수증기 상태로 공급되어야 하기 때문에 고온 시스템에 사용할 수 없다. 일반적으로 사용되는 전해질은 프로톤 교환 멤브레인(PEM)과 알칼리 용액이다. 기존에는 수산화칼륨이 주로 전해질로 사용되었으나, 최근에는 PEM이 더 많이 사용된다. PEM 기반의 전해조의 기본 구조는 그림 15-12와 같다. 애노드에서는 프로톤이

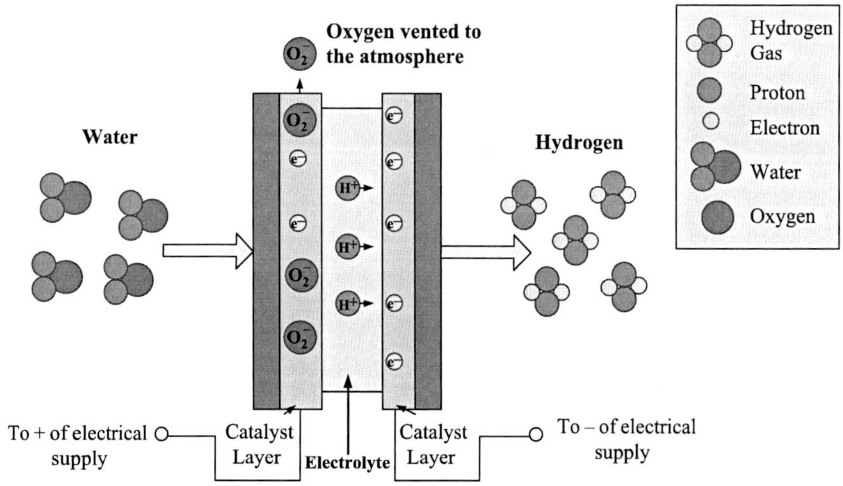

그림 15-12 PEM 전해조의 개략도

전해질로부터 제거되고 전자는 외부 전원에 의해 공급된다.

$$4H^{+} + 4e^{-} \rightarrow 2H_2$$

캐소드에서는 물이 산화되고 산소는 다음 과정을 통하여 생성된다.

$$2H_2O \rightarrow O_2 + 4H^{+} + 4e^{-}$$

PEM 전해조는 PEMFC가 가지고 있는 많은 문제점들이 적용되지 않는다. 캐소드에 공급되는 물은 냉각용으로 사용될 수 있으며, 애노드가 물로 가득차야 하므로 물의 관리가 매우 간단하다. 전해조로 생성되는 수소는 순도가 매우 높다. 전해조가 가지는 문제점은 시스템 내부의 수증기의 존재이다. 물은 연료전지에서처럼 전해질을 통하여 확산되므로, 전해질 설계자는 다양한 기법을 이용하여 이러한 현상을 회피한다. 일반적인 방법은 연료전지에서 사용되는 것보다 두꺼운 전해질을 사용하는 것이다[1].

전해조는 기본적으로 수소를 얻기 위하여 전기가 필요하기 때문에 수소 생산을 위한 이상적 방법으로 보이지 않지만 특정 용도에서는 유용하고 이상적인 수소 생산 방법일 수 있다. 가까운 시간 내에 전해조를 적용할 수 있는 분야는 휴대용 시스템이다. 보트, 군인, 연료전지 구동 자동차의 경우 한 번의 장거리 주행용으로 사용하기 위하여 충분한 양의 수소를 발생시킬 수 있는 전해조를 장착하는 것은 편리할 수 있다. 일부 연구는 이러한 방법이 가스 개질기/연료전지 시스템보다 효과적임을 증명하고 있다. 전기를 단순히 전력망으로부터 이용하는 것이 아니라 태양광 발전과 풍력 발전으로부터 이용하는 시스템도 존재하고 있다. 이러한 시스템은 야간에 충전된 후 주간에 다양한 형태로 사용될 수 있다. 수소를 전기분해로 생산하기 위하여, 태양광으로부터 전기를 생산하는 다양한 상업적 시스템이 존재하고 있다. 이러한 유형의 시스템은 성공을 거두고 있으며, 휴대용 및 정치형 전원과 통합하기 위하여 시스템의 효율 및 가격을 개선하기 위한 연구가 지속될 필요가 있다. 최근 들어 많은 전해조가 연료전지가 아닌 다른 장비에 수소를 제공하기 위하여 사용되고 있다. 전해조를 사용함으로 얻을 수 있는 장점은 (1) 생산되는 수소의 순도가 매우 높으며, (2) 필요할 때 마다 현장에서 생산할 수 있어서 저장할 필요가 없으며, (3) 고압 실린더로 공급되는 가스보다 훨씬 저렴하다는 것이다[1].

15.5.1 전해조 효율

전해조 효율은 연료전지와 같은 방법으로 계산한다. 앞에서 설명한 바와 같이 연료전지 효율은 다음 식으로 계산한다[1].

$$\eta_{fuel\_cell} = \frac{V_{cell}}{1.48} \tag{15-6}$$

이 식의 역수는 전해조의 효율이 된다.

$$\eta_{EL} = \frac{1.48}{V_{el\_cell}} \tag{15-7}$$

전해조의 손실은 연료전지와 동일하며, V_{cell}과 V_{el_cell}의 일반적인 값은 전류 밀도에 따라서 1.6~2.0 V 사이이다. 일반적인 상업용 전해조의 운전 효율은 약 60~70%이다[1].

15.5.2 전해조의 압력(high pressure)

전해조를 설계할 때 고려해야 할 사항은 전해조를 고압에서 운전할 것인가 하는 것이다. 전해조 내부의 가스는 전해조 내부에 축적되어 일정 압력 이상 되면 방출된다. 수소는 고압 실린더로 바로 방출되어 실린더를 충전시킬 수 있다. 또 다른 방식은 대기압에서 운전하는 것으로 생산된 수소 가스를 압축하여 압력을 증가시켜 실린더 내부에 저장한다. 압축에 사용되는 에너지 소비는 가스를 압축하기 위하여 행하는 일이다. P_1에서 P_2로 가스를 등온 압축하기 위한 열역학 식은[1],

$$\Delta W = P_1 V_1 \ln\left(\frac{P_2}{P_1}\right) = nRT \ln\left(\frac{P_2}{P_1}\right) \tag{15-8}$$

여기서, n은 몰 수, R은 이상기체 상수이다. 언급한 다른 방식의 경우 수소 압력의 증가로 인한 전압 상승은[1],

$$\Delta V = \frac{RT}{2F} \ln\left(\frac{P_2}{P_1}\right) \tag{15-9}$$

전압의 증가는 다음과 같이 일로 변환될 수 있다.

$$\Delta W = \Delta V \times Q \tag{15-10}$$

1몰의 수소가 생성하는 전하는 $2F$이다. 고압에서 n몰의 수소를 생산하기 위하여 필요한 일은[1],

$$\Delta W = \Delta V \times 2F \times n \tag{15-11}$$

이 식을 앞의 식에 대입하면 다음 식을 구할 수 있다[1].

$$\Delta W = \frac{RT}{2F}\ln\left(\frac{P_2}{P_1}\right) \times 2F \times n = nRT\ln\left(\frac{P_2}{P_1}\right) \tag{15-12}$$

어떤 설계도 다른 것에 비해 무조건 우수하지 않으며 설계자가 시스템의 비용, 가용 재료 등을 고려하여 판단해야 한다.

단원요약

각 연료전지의 종류에 따라 다양한 연료가 사용된다. 다양한 종류의 개질기와 화학적 변환 방법들을 사용하여 이 장에서 언급한 모든 연료를 수소로 변환할 수 있다. 가장 청정한 연료는 수소지만, 가용성 또는 안전성 등의 이유로 연료전지의 종류에 따라 다른 연료를 활용하고 있다. 일반적으로는 수소, 메탄올, 에탄올, 암모니아, 천연가스, 휘발유 등을 연료전지의 연료로 사용한다. 압축가스, 액체 수소, 금속 수소화물, 탄소 나노튜브 등의 다양한 형태로 저장된 수소를 사용할 수 있다. 또한, 수소는 다양한 화학적 반응을 이용하여 생산할 수 있다. 수소를 얻기 위하여 다양한 연료 처리 시스템들이 사용된다. 일반적으로 수소를 처리하는 방법들은 증기 개질, 내부 개질, 부분 산화, 메탄올 개질을 비롯하여 많은 방법들이 있다. 개질기 사용 시, 열 발생과 연료전지 스택에 미치는 영향을 고려해야 하며, 수소를 생산하는 다른 방법은 전기를 이용하여 물을 전기분해하는 방법과 생물학적 방법 등이 있다. 순수한 수소가 아닌 다른 연료를 사용하는 것은 단기적으로 볼 때 연료전지의 상용화를 앞당길 수 있지만, 연료전지 기술의 궁극적인 목표는 화석 연료가 아닌 신재생에너지 자원으로부터의 순수한 수소를 생산해서 이용하는 것이다.

연습문제

1. 부분 산화 개질기가 메탄의 연소로부터 열을 얻고 있다. 증기 개질기와 부분 산화 개질기에서 소비되는 메탄의 몰당 수소 생산량을 비교하라. 반응물은 950 K에서 반응기로 유입 및 유출된다고 가정한다.
2. 부분 산화 개질기에서 휘발유와 공기를 사용한다. H_2의 최대 생산량과 증기-대-탄소 비는 얼마인가?
3. 증기 개질기에서 프로판과 공기를 사용하고 있다. 반응물과 생성물이 1,000 K에서 유입 및 유출된다고 가정하고 증기-대-탄소 비와 소비되는 프로판의 몰당 수소 생산량을 계산하라.

4. 자동열(autothermal) 개질은 증기 개질, 부분 산화, 수성가스 전환 반응을 단일 공정으로 결합한 방법이다. 총 반응은

$$C_xH_y + zH_2O(l) + \left(x - \frac{1}{2}z\right)O_2 \leftrightarrow xCO_2 + \left(z + \frac{1}{2}y\right)H_2$$

메탄과 물을 사용할 때 수소 생산량, 개질기 효율과 증기-대-탄소 비를 계산하라.

참고문헌

[1] Larminie, James and Andrew Dicks. *Fuel Cell Systems Explained*, 2nd ed. West Sussex, England: John Wiley & Sons, 2003.

[2] "Gaseous and Liquid Hydrogen Storage." Hydrogen Fuel Cells, Infrastructure Technologies Program. U.S. Department of Energy. http://www.eere.energy.gov/hydrogenandfuelcells/storage/hydrogen_storage.html. Last updated 8/11/06.

[3] Barbir, Frano. *PEM Fuel Cells: Theory and Practice*. 2005. Burlington, MA: Elsevier Academic Press.

[4] "The Hydrogen Economy: A Non-Technical Review." United Nations Environment Program E. 2006.

[5] Berry, G.D. and S.M. Aceves. "Onboard Storage Alternatives for Hydrogen Vehicles." *Energy & Fuels*. Vol. 12, No. 1, 1998, pp. 49-55.

[6] Klos, H. "Technical and Economic Practicability of Carbon Nanostructures Hydrogen Storage Systems." 12th World Hydrogen Energy Conference. Vol. 2, 1998, pp. 893-898.

[7] Pettersson, Joakim and Ove Hjortsberg. "Hydrogen Storage Alternatives-Technological and Economic Assessment." December 1999. Volvo Teknisk Utveckling AB.

[8] C.A. Bessel, K. Laubernds, N.M. Rodriguez, and R.T.K. Baker. "Graphite Nanofibers as an Electrode for Fuel Cell Applications." *J. Phys. Chem. B*. Vol. 105, No. 6, 2001, pp. 1115-1118.

[9] Chen, P, X. Wu, J. Lin, and K.L. Tan. "High H2 Uptake by Alkali-Doped Carbon Nanotubes under Ambient Pressure and Moderate Temperatures." *Science*. Vol. 285, No. 5424, 1999, pp. 91-93.

[10] "Alternative Fuels for Fleet Vehicles." Pacific Northwest Pollution Prevention Resource Center, 2004. www.pprc.org. Last accessed November 20, 2006.

[11] Wittcoff, Harold A., Bryan G. Reuben, and Jeffrey S. Plotkin. *Industrial Organic Chemicals*, 2nd ed., New York: John Wiley & Sons, Inc, 2004.

[12] "Petroleum and Coal. Organic Chemistry: Structure and Nomenclature of Hydrocarbons." http://chemed.chem.purdue.edu/genchem/topicreview/bp/1organic/coal.html. Last accessed September 2, 2006.

[13] "Ethanol Fuel." http://en.wikipedia.org/wiki/Ethanol_fuel Last Updated September 2, 2006. Last accessed October 2, 2006.

[14] U.S. Department of Energy Hydrogen Analysis Resource Center. "Comparative Properties of

Hydrogen and Fuels." http://hydrogen.pnl.gov.

[15] *Perry's Chemical Engineers' Handbook*, 7th ed., 1997, McGraw-Hill.

[16] Halliday, David, Robert Resnik, and Jearl Walker. *Fundamentals of Physics*, 5th ed. 1997. John Wiley & Sons, Inc, New York. pp. 470.

[17] Lin, Bruce. "Conceptual Design and Modeling of a Fuel Cell Scooter for Urban Asia." Princeton University, Masters Thesis. 2000. http://www.spineglass.net/scooters/.

[18] T-Raissi, A., A. Banerjee, and K. Sheinkopf. "Metal hydride Storage Requirements for Transportation Applications." 31st Intersociety Energy Conversion Engineering Conference. Vol. 4, 1996, pp. 2280-2285.

[19] Saika, T., Mitsuhiro Nakamura, Tetsuo Nohara, and Shinji Ishimatsu. "Study of Hydrogen Supply System with Ammonia Fuel." *JSME International Journal Series B*, Vol. 49, No. 1, 2006, pp.78-83.

[20] Sangtongkitcharoen, W., S. Assabumrungrat, V. Pavarajarn, N. Laosiripojana, and P. Praserthdam. "Comparison of Carbon Formation Boundary in Different Modes of Solid Oxide Fuel Cells Fueled by Methane." *Journal of Power Sources*. Vol. 142, 2005, pp. 75-80.

[21] Brown, Lee. "A Comparative Study of Fuels for Onboard Hydrogen Production for Fuel Cell Powered Automobiles." *International Journal of Hydrogen Energy*. Vol. 26, 2001, pp. 381-397.

[22] Sarker, Arindam and Rangan Banerjee. "Net Energy Analysis of Hydrogen Storage Options." *International Journal of Hydrogen Energy*. Vol. 30, 2005, pp. 867-877.

[23] Choi, Yongtaek and Harvey G. Stenger. "Kinetics, Simulation, and Optimization of Methanol Steam Reformers for Fuel Cell Applications." *Journal of Power Sources*. Vol. 142, 2005, pp. 81-91.

[24] Raissi, Ali-T and David Block. "Hydrogen: Automotive Fuel of the Future." *IEEE Power and Energy Magazine*. Nov/Dec, 2004.

[25] Ghosh, P.C., B. Emonts, H. Janben, J. Mergel, and D. Stolten. "Ten years of Operational Experience with a Hydrogen-Based Renewable Energy Supply System." *Solar Energy*. Vol. 75, 2003, pp. 469-478.

[26] Kamarudin, S.K., W.R.W. Daud, A. Md. Som, A.W. Mohammad, S. Takriff, and M.S. Masdar. "The conceptual design of a PEMFC system via simulation." *Chemical Engineering Journal*. Vol. 103, 2004, pp. 99-113.

[27] Ogden, Joan M., Margaret M. Steinbugler, and Thomas G. Kreutz. "A Comparison of Hydrogen, Methanol, and Gasoline as Fuels for Fuel Cell Vehicles: Implications and Infrastructure Development." *Journal of Power Sources*. Vol. 79, 1999, pp. 143-168.

[28] Wu, S. H., D.B. Kotak, and M.S. Fleetwood. "An Integrated System Framework for Fuel Cell-ased Distributed Green Energy Applications." *Renewable Energy*. Vol. 30, 2005, pp. 1525-1540.

[29] Agbossou, Kodjo, Kolhe Mohanlal, Jean Hamelin, and Tapan K. Bose. "Performance of a Stand-Alone Renewable Energy System Based Upon Energy Storage as Hydrogen." *IEEE Transactions on Energy Conversion*. Vol. 19, No. 3, September 2004.

[30] Barbir, Frano. "PEM Electrolysis for Production of Hydrogen from Renewable Energy Sources." *Solar Energy*. Vol. 78, 2005, pp. 661-669.

[31] Balat, Mustafa and Nuray Ozdemir. "New and Renewable Hydrogen Production Processes."

Energy Sources, Vol. 27, 2005, 1285-1298.
[32] Aiello, R., M.A. Matthews, D. L. Reger, and J.E. Collins. "Production of Hydrogen Gas from Novel Chemical Hydrides." *International Journal of Hydrogen Energy*. Vol. 23, No. 12, 1998, pp. 1103-1108.
[33] Burke, Andrew and Monterey Gardiner. "Hydrogen Storage Options: Technologies and Comparisons for Light Duty Vehicle Applications." Institute of Transportation Studies, University of California, Davis. UCD-ITS-RR-05-01. January 2005.
[34] Eberle, U., G. Arnold, and R. von Helmolt. "Hydrogen Storage in Metal-Hydride Systems and Their Derivatives." *Journal of Power Sources*. Vol. 154, 2006, pp. 456-460.
[35] Zuttel, Andreas. "Materials for Hydrogen Storage." *Materials Today*. September 2003.
[36] Ananthachar, Vinay, and John J. Duffy. "Efficiencies of Hydrogen Storage Systems Onboard Fuel Cell Vehicles." *Solar Energy*. Vol. 78, 2005, pp. 687-694.
[37] Atkinson, Kaylene, Siegar Roth, Michael Hirscher, and Werner Grunwald. "Carbon Nanostructures: An Efficient Hydrogen Storage Medium for Fuel Cells?" *Fuel Cells Bulletin*. Vol. 4, Issue 38, November 2001, pp. 9-12.
[38] Thomas, C.E., Brian D. James, Frank D. Lomax, Jr., and Ira F. Kuhn. "Fuel Options for the Fuel Cell Vehicle: Hydrogen, Methanol, or Gasoline?" *International Journal of Hydrogen Energy*. Vol. 25, 2000, pp. 551-567.
[39] Maeland, Arnulf J. "Approaches to Increasing Gravimetric Hydrogen Storage Capacities of Solid Hydrogen Storage Materials." *International Journal of Hydrogen Energy*. Vol. 28, 2003, pp. 821-824
[40] Zhou, Li, Yaping Zhou, and Yan Sun. "Enhanced Storage of Hydrogen at the Temperature of Liquid Nitorgen." *International Journal of Hydrogen Energy*. Vol. 29, 2004, pp. 319-322.
[41] Lee, Jung Woo, Hyun Seok Kim, Jai Young Lee, and Jeung Ku Kang. "Hydrogen Storage and Desorption Properties of Ni-Dispersed Carbon Nanotubes." *Applied Physics Letters*. Vol. 88, No. 143126, April, 2006.
[42] Wolf, Joachim. "Liquid Hydrogen Technology for Vehicles." MRS Bulletin. September 2002.
[43] Wee, Jung-Ho. "Performance of a Unit Cell Equipped with a Modified Catalytic Reformer in Direct Internal Reforming Molten Carbonate Fuel Cell." *Journal of Power Sources*. Vol. 156, 2006, pp. 288-293.
[44] Bove, Roberto and Piero Lumghi. "Experimental Comparison of MCFC Performance Using Three Different Biogas Types and Methane." *Journal of Power Sources*. Vol. 145, 2005, pp. 588-593.
[45] Ethanol. Wikipedia. http://en.wikipedia.org/wiki/Ethanol Last Updated November 26, 2006. Last Accessed December 10, 2006.
[46] Fuel Cell Handbook, 5th ed. EG&G Services. Parsons Incorporated. Science Applications International Corporation. U.S. Department of Energy, October 2000.
[47] Browning, D., P. Jones, and K. Packer. "An investigation of hydrogen storage methods for fuel cell operation with man-portable equipment" J. Power Sources 65(1-2) March-pril 1997, pp. 187-195.

Chapter 16

연료전지 운전 조건

연료전지의 운전 조건은 연료전지의 종류와 스택의 설계 형태에 따라 크게 달라진다. 따라서 최적의 운전 조건을 설정하기 위해서는 연료전지를 작동시키기 위한 변수들의 최적화된 값을 계산해야 한다. 연료전지들의 일반적인 운전 조건을 표 16-1에 나타내었다. 이 장에서는 다음 내용들을 설명하고자 한다.

- 운전 압력
- 운전 온도
- 반응물의 유량
- 반응물의 습도
- 물질 수지(mass balance)

연료전지의 우수한 성능을 얻기 위해서는 운전 조건들을 적절하게 설정해야 한다.

16.1 운전 압력

연료전지는 대기압이나 가압된 상태에서 운전이 가능하며, 압력이 증가할수록 연료전지 성능이 향상되지만, 가스를 압축하거나 저장하는 것이 직접적으로 연료전지 시스템의 효율에 영향을 미치진 않는다. 연료를 가압하면 연료전지 내부에서 생성된 물의 처리 방식이 달라지므로, 연료전지의 운전 조건은 시스템 관점에서 분석해야 한다. 공급되는 반응물 가스의 압력에 따라 연료의 구성, 다공성 전극 또는 가스 확산 층(GDL)의 확산도, 분리판 채널 설계 등의 연료전지의 다양한 변수들이 달라질 수 있다. 포화 압력은 정해진 운전 온도에서 일정하므로 산소와 같은 산화제의 몰분

표 16–1 연료전지의 일반적인 운전 조건

Fuel cell system	Proton exchange membrane fuel cell (PEMFC)	Direct methanol fuel cell (DMFC)	Solid oxide fuel cell (SOFC)	Alkaline fuel cell (AFC)	Phosphoric acid fuel cell (PAFC)	Liquid molten carbonate fuel cell (MCFC)
Fuel	H_2	$CH_3OH + H_2O$	CO, H_2	H_2	H_2	H_2/CO/Reformate
Oxidizer	O_2, air	O_2, air	O_2, air	O_2, air	O_2, air	CO_2, O_2, air
Operating temperature	Room temperature to 100°C	Room temperature to 100°C	600 to 1000°C	Room temperature to 250°C	150 to 220°C	620 to 660°C
Operating pressure (atm)	1 to 3	1 to 3	1 atm	1 to 4	3 to 10	1 to 10
Major contaminants	CO <100 ppm, sulfur, dust	CO <100 sulfur, dust	<100 ppm sulfur	CO_2	CO <100 ppm, sulfur, dust, NH_3	H_2S, HCl, As, H_2Se, NH_3, AsH_3, dust

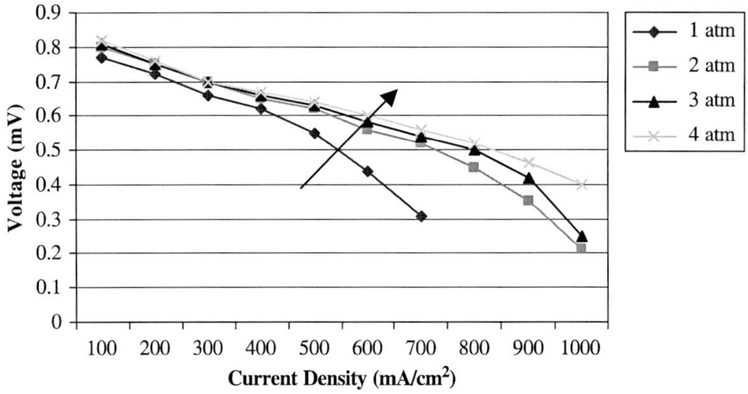

그림 16-1 압력변화에 따른 PEMFC의 성능 변화 : 애노드: Pt/C 1 mg/cm^2, 캐소드 : Pt/C 1 mg/cm^2, 전해질 : Nafion 117, 온도 : 80℃, 연료: H_2/공기 2/2, 습도 : 100%[25, 35]

율은 운전 압력이 증가함에 따라 증가하게 된다. 그림 16-1, 16-2를 통해 운전 압력이 증가할수록 연료전지의 성능이 향상되는 것을 확인할 수 있다.

대부분의 연료전지는 압력 탱크로부터 반응 가스를 공급받고 압력과 역압(back-pressure) 조정기를 통해서 반응 가스를 제어한다. 채널 내부에서 발생하는 압력 강하 때문에 입구 압력은 출구 압력보다 항상 크다. 따라서 팬, 송풍기, 압축기는 특정 압력에서 필요한 유량을 전달할 수 있어야 한다.

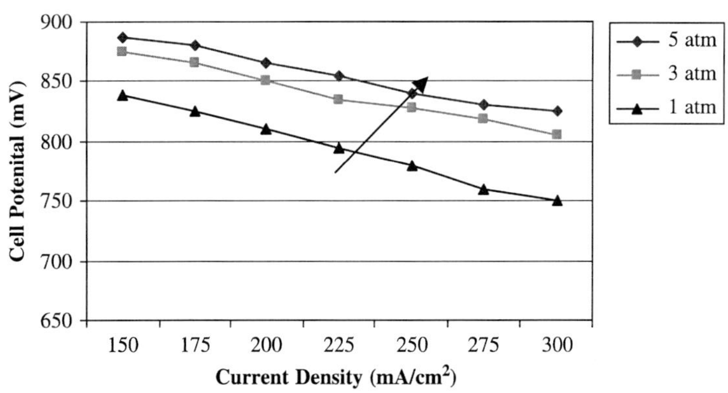

그림 16-2 압력변화에 따른 MCFC의 성능 변화: 애노드 Ni-4% Al, Cr, 캐소드 : NiO (Ni-3% $MgCO_3$), 전해질: $LiCO_3/NO_2CO_3$(60/40), 온도 : 650℃, 연료 : H_2/CO_2 : 80/20%, 산화제 : 공기/CO_2 = 70/30%[19]

16.2 운전 온도

압력과 마찬가지로 운전 온도가 높을수록 연료전지 효율이 높아진다. 연료전지의 설계에 따라 최적의 온도가 존재하므로 운전 온도는 연료전지 시스템에 기반하여 설정해야 한다. 연료전지는 전기화학 반응을 통해 열이 발생하므로 발생한 열을 적절히 제거하면서 적정 온도를 유지할 수 있어야 한다. 운전 온도는 내부 구성요소에 영향을 미치는데 PEMFC와 DMFC의 경우 운전 온도가 높아질수록 연료전지 내부의 폐열이 물의 기화를 촉진시켜 연료전지 내부에 물의 양이 줄어들게 된다. 고온형 연료전지에서는 값이 싸고, 가공이 쉬운 스택 재료를 찾기가 어렵다. 온도가 높아질수록 반응속도가 빨라지고, 개회로전압(open circuit voltage)은 낮아져서 전압 손실을 초과하는 전압 이득이 생기는 반면, 온도가 낮아지면 시스템의 시동 시간이 빨라지고, 열기계적 응력이 작아지며, 온도와 시간에 의해 좌우되는 부식 등이 감소되고, 공급되는 가스를 포화시키기 위해 필요한 물의 양이 줄어든다. PEMFC 경우 물이 기화되어 성능이 급격히 감소하는 것을 막기 위해 약 90℃를 최대 온도로 설정한다.

그림 16-3에 65~85℃ 사이의 운전 온도에 대한 PEMFC의 분극 곡선을 나타내었다. 온도가 증가하면 가스의 확산도, 멤브레인의 전도도가 증가하고, 온도가 낮아지면 물이 액체 상태로 존재하여 촉매 층과 가스 확산 층으로 스며들어 가스의 확산도를 감소시킨다. 즉, 온도가 높을수록 가스의 확산도는 증가하는 반면, 멤브레인 내의 물의 기화로 멤브레인의 전도도가 낮아지게 된다. 그림 16-4에 온도가 SOFC의

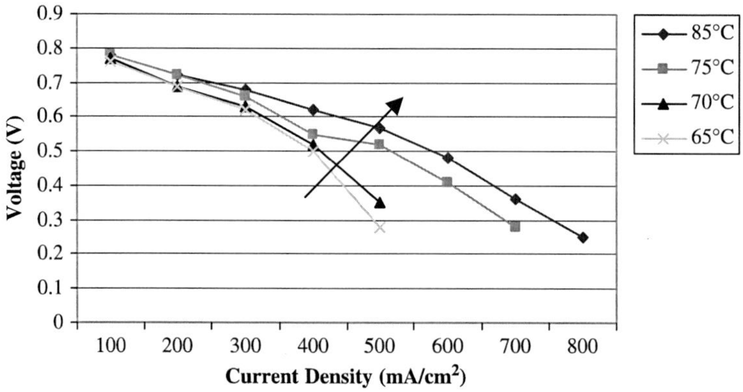

그림 16-3 온도의 변화에 따른 PEMFC의 성능 변화; 애노드: Pt/C 1 mg/cm^2, 캐소드: Pt/C 1 mg/cm^2, 전해질: Nafion 117, 연료: H_2/공기 2/2, 습도: 100% [25, 35]

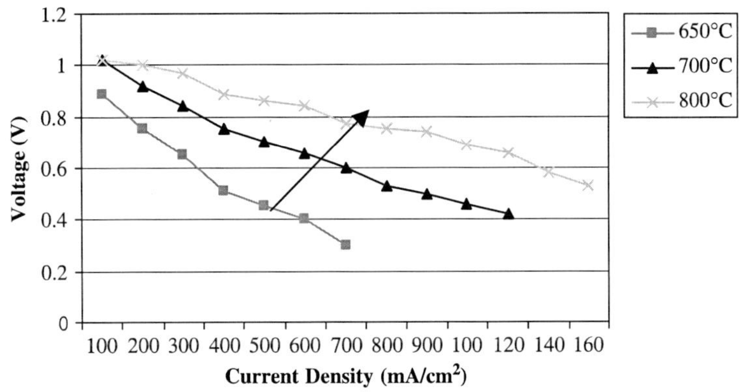

그림 16-4 온도의 변화에 따른 SOFC의 성능 변화 ; 애노드 : YSZ + NiO(두께 0.5 mm), 캐소드 :(La 0.85Sr0.14)0.98MnO$_3$, 전해질: YSZ(10 microns), 연료: H$_2$/공기 2/2[10, 11]

성능에 미치는 영향을 나타내었다. SOFC와 같은 고온형 연료전지에서도 마찬가지로 온도가 높아지면 반응속도가 빨라지는 것을 알 수 있다.

제9장에서 설명했던 것과 같이 소형 연료전지의 경우, 필요한 운전 온도를 얻기 위해 가열기가 필요한 경우가 있다. 또한, 운전 온도가 일정하게 유지되도록 하기 위하여 연료전지 내부에 열전대를 설치하여 실시간으로 온도를 관찰한다.

16.3 반응물의 유량

공급하는 반응물의 유량은 연료전지 내부에서 소비되는 반응물의 양과 같거나 더 많도록 설정해야 한다. 산소와 수소는 필요한 전류에 적합한 유량으로 연료전지 시스템에 유입되는데, 두 기체의 양론비를 일정하게 유지시키려면 가변 유동 시스템이 필요하다. 대기압으로 운전되는 경우에도 분리판의 채널로 생성된 물을 배출하려면 0.1~2.0 psi(0.7~13.8 kPa)의 대기압 이상의 압력이 필요하다. 기존 연구 결과에 따르면, 생성된 물을 제거하기 위해서는 최소 0.35 m/s의 유동 속도가 필요하다. 일반적으로 캐소드 반응이 애노드 반응에 비해 훨씬 느리므로, 산소가 더 큰 유량으로 공급된다.

공기 유량 대비 산소-수소 반응에서 요구하는 최소 양론비는 보통 2.0 또는 그 이상으로 캐소드에서 산소 농도를 높게 유지하고, 물을 연료전지 외부로 배출할 수 있도록 한다. 일반적으로 공급되는 수소의 농도가 100%일 때 공기 유량을 수소 유량의 2.5배로 설정한다.

스택의 크기에 따라 반응물의 유량이 달라지고, 유량이 더 많이 필요한 연료전지일수록 효율이 더 낮아진다. 반응물 제어 장치의 크기와 가격은 유량에 따라 달라진다[4].

그림 16-5에 수소 유량이 50 cc/min으로 일정하고 산소 유량은 다른 경우의 PCFC 연료전지의 분극 곡선을 나타내었다. 대체적으로 산소 유량이 감소할수록 연료전지의 성능이 감소하지만, 전류 밀도가 낮은 영역에서는 O_2 유량 자체가 활성화 과정에 큰 영향을 미치지 않기 때문에 유량에 따른 성능 차이가 거의 없는 것을 확인할 수 있다.

애노드와 캐소드의 화학양론비를 (1) 표준 비율인 1.2/2.0, (2) 애노드의 양론비가 큰 2.4/2.0, (3) 캐소드의 양론비가 큰 1.2/3.0로 다르게 실험한 3가지 경우의 PEMFC 성능 결과가 그림 16-6에 나타나 있다. 이를 통해 캐소드의 화학양론비가 클 때 성능이 우수한 것을 알 수 있다. 공기 대신에 순수한 산소를 사용한다면 산소에 대한 수소의 비가 실제 연료전지 내에서 일어나는 화학 반응비율과 비슷해질 것이다.

Faraday 법칙을 사용하여 수소와 산소가 반응하여 생성되는 물의 생성률을 구할 수 있다.

$$N_{H_2} = \frac{I}{2F} \tag{16-1}$$

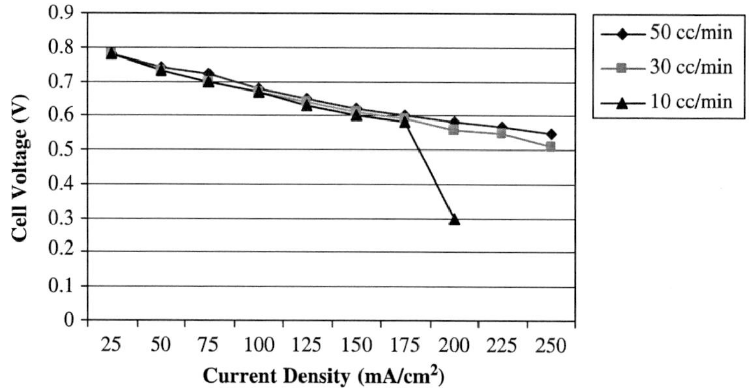

그림 16-5 산소 유량의 변화에 따른 PCFC의 성능변화; 애노드: Pt/C + 카본 종이(두께 0.2 mm), 캐소드: Pt/C + 카본 종이(두께 0.2 mm), 전해질: 전해질 매트릭스, SiC/PTFE, 전해질: 105 wt% H_3PO_4, 연료: H_2/O_2, 온도: 190℃[36]

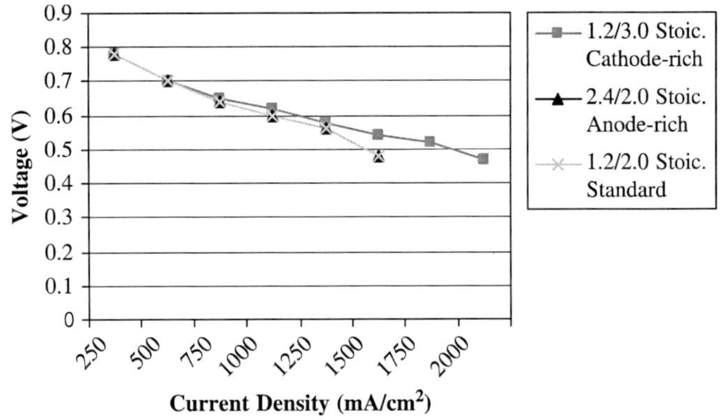

그림 16-6 양론비의 변화에 따른 PEMFC의 성능변화 ; 애노드 : Pt/C + 카본 종이(0.4 mg/cm^2), 캐소드 : Pt/C + 카본 종이(0.4 mg/cm^2), 전해질: 두께 25 μm, 연료 : H_2/공기, 온도 : 70℃[37]

$$N_{O_2} = \frac{I}{4F} \tag{16-2}$$

$$N_{H_2O} = \frac{I}{2F} \tag{16-3}$$

여기서, N은 소비율(mol/s), I는 전류(A), F는 Faraday 상수(C/mol)이다.

소비되는 반응물의 질량 유량(g/s)은

$$m_{H_2} = \frac{I}{2F} M_{H_2} \tag{16-4}$$

$$m_{O_2} = \frac{I}{4F} M_{O_2} \tag{16-5}$$

$$m_{H_2O} = \frac{I}{2F} M_{H_2O} \tag{16-6}$$

이다.

M_{H_2}, M_{O_2} 및 M_{H_2O}는 각각 수소, 산소, 물의 분자량이다. 반응물은 소비되는 양 이상으로 공급될 수 있고, 연료전지 입구에서 반응물의 실제 유량과 반응물의 소비율의 비는 양론비(S)와 같으며[3],

$$S = \frac{N_{act}}{N_{cons}} = \frac{m_{act}}{m_{cons}} \tag{16-7}$$

연료 활용도는 양론비의 역수이다.

$$\eta_{fuel\_util} = \frac{1}{S} \tag{16-8}$$

순수한 수소를 사용할 경우 연료나 물의 축적을 방지하기 위해 반응하지 않은 수소를 제거해 주어야 한다. 제거의 빈도 및 시간은 수소의 순도, 질소 침투율, 멤브레인을 통과하는 물의 양을 고려하여 정하고, 이때 발생하는 수소의 손실은 연료 활용도를 계산할 때 고려해야 한다.

$$\eta_{fuel\_util} = \frac{N_{cons}}{N_{cons} + N_{loss} + N_{prg}\tau_{prg}f_{prg}} \tag{16-9}$$

여기서, N_{loss}는 수소 손실률(mol/s), N_{prg}는 수소 제거 유량(mol/s), τ_{prg}는 수소 제거 시간(s), f_{prg}는 제거 빈도(1/s)이다.

유동 모드에서는 수소가 과도하게 공급될 수도 있다($S>1$). 앞에서 설명한 바와 같이 공기는 보통 양론비 $S=2$ 이상으로 공급하며, 사용하지 않은 가스는 펌프나 압축기를 사용해서 재순환한다. 다양한 운전 모드에서의 연료 활용도는 다음과 같다[3].

$$\eta_{fuel\_util} = \frac{N_{cons}}{N_{cons} + N_{loss}} \tag{16-10}$$

퍼징을 이용하는 막힘 모드(Dead-end mode)[3].

$$\eta_{fuel\_util} = \frac{N_{cons}}{N_{cons} + N_{loss} + N_{prg}\tau_{prg}f_{prg}} \tag{16-11}$$

유동 모드(Flow-through mode)[3].

$$\eta_{fuel\_util} = \frac{N_{cons}}{N_{act}} \tag{16-12}$$

연료전지를 설계하면서 유량을 계산하는 것이 반드시 필요하다. 순수한 수소는 화학양론비로 1.1~1.2 이상으로 공급될 수 있는데, 순수한 수소를 사용하지 않을 시에는 더 큰 화학량을 사용해 계산한다. 탄화수소를 개질하여 얻은 수소를 사용 시에는 1.5 이상의 화학양론비를 쓴다.

순수한 산소를 사용할 경우, 1.2~1.5의 양론비를 사용하지만 공기를 사용하면 2 이상을 사용한다. 유량이 커질수록 연료전지 내부에서 생성된 물을 제거하는 데 유리하고, 산소농도가 높게 유지되므로 유량에 비례하여 연료전지의 성능은 향상되지만, 공기를 공급하는 송풍기나 압축기의 전력 소비가 증가하게 된다.

16.4 반응물의 습도

제8장에서 설명한 것처럼 PEMFC에서는 스택에 반응물을 공급할 때 멤브레인의 이온 전도도를 높이기 위해 가스를 가습하여 공급한다. 그림 16-7에 나타난 분극 곡선을 살펴보면, 수소의 습도가 100%일 때 성능이 제일 우수한 것을 알 수 있다. 전류 밀도가 높으면 전기 삼투 드래그(electro-osmotic drag)에 의해 전달되는 물의 양보다, 캐소드에서의 역확산(back diffusion)으로 인해 애노드로 전달되는 물의 양이 증가하여 멤브레인이 탈수되어 성능이 저하된다[25, 35]. 공기의 습도가 낮으면 캐소드에서 역확산되는 물의 양을 감소시켜 이러한 효과를 악화시킨다. 애노드 측의 가스를 가습하면 연료전지의 성능이 향상되지만 캐소드 측의 공기를 가습하여 습도가 높을 경우 성능의 향상은 적다. 이는 캐소드에서 애노드로 물의 역확산이 일어나기 때문이다.

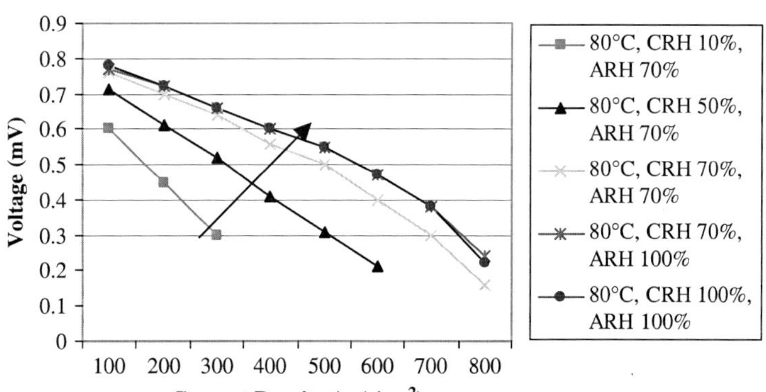

그림 16-7 습도의 변화에 따른 PEMFC의 성능변화 ; 애노드 : Pt/C 1 mg/cm^2, 캐소드 : Pt/C 1 mg/cm^2, 전해질 : Nafion 117, 연료 : H_2/Air 2/2, 습도: 100%[25, 35]

건도, 즉 가스 흐름에서 수증기량과 건조 가스량의 비는,

$$x = \frac{G_v}{G_a} \tag{16-13}$$

습도의 몰분율은,

$$\chi = \frac{N_v}{N_a} \tag{16-14}$$

가스의 몰분율은 분압의 비와 같다.

$$\chi = \frac{p_v}{p_a} = \frac{p_v}{P - p_v} \tag{16-15}$$

여기서, P는 총 압력이고, p_v 및 p_a는 각각 증기 및 가스의 분압이다. 상대 습도는 수증기 분압 p_v와 수증기와 가스의 분압 p_a의 비이다.

상대 습도는 수증기의 분압 p_v와 포화 압력 p_{vs}의 비이고 포화 압력은 주어진 조건에서 가스 내에 존재할 수 있는 최대 수증기량을 의미한다[3, 39].

$$\varphi = \frac{p_v}{p_{vs}} \tag{16-16}$$

건조 가스의 엔탈피(enthalpy)는[39],

$$h_g = c_{pg}t \tag{16-17}$$

여기서, h_g는 건조 가스의 엔탈피(J/g)이고, c_{pg}는 가스의 비열(J/gK)이고, T는 온도(℃)이다.

수증기의 엔탈피는[39],

$$h_v = c_{pv}t + h_{fg} \tag{16-18}$$

여기서, h_{fg}는 기화열로서 0℃에서 2,500 J/g이다. 따라서 가습된 가스의 엔탈피는 [3, 39],

$$h_{vg} = c_{pg}t + x(c_{pv}t + h_{fg}) \tag{16-19}$$

단위는 J/g, 건조 가스이다.

액체 상태인 물의 엔탈피는,

$$h_w = c_{pw} t \tag{16-20}$$

가스가 물과 증기 모두를 포함하고 있다면, 엔탈피는 다음과 같다[3, 39].

$$h_{vg} = c_{pg} t + x_v(c_{pv} t + h_{fg}) + x_w c_{pw} t \tag{16-21}$$

여기서, x_v는 수증기 함유량이고, x_w는 액체 상태의 물 함유량이다. 따라서 총 물 함량은,

$$x = x_v + x_w \tag{16-22}$$

공기를 연료전지에 공급할 때 가습한 상태로 유입하여 채널 입구 근처의 멤브레인의 건조를 방지한다. 공기는 상대적으로 건조한 상태로 연료전지에 유입되어 가습되는데, 온도가 낮을수록 가습에 필요한 물의 양이 작고, 연료전지 내의 공기가 가열되고, 압력이 증가할수록 가습에 필요한 물의 양이 늘어난다.

16.5 연료전지 질량 수지

연료전지의 질량 유량을 정확하게 계산하기 위해서 연료전지 보조시스템의 각 부분으로 유출입 되는 유동의 질량과 연료전지로 유출입되는 질량, 그리고 연료전지의 각 과정 별로 필요한 연료, 산화제, 물 등의 질량을 고려해야 한다. 질량 수지를 공식화하기 위한 절차는 다음과 같다.

1. 플로우차트를 작성하여 표시한다. 플로우차트에는 온도, 압력, 몰 분율, 질량 유량 및 상(phase) 등의 충분한 정보가 포함되어야 한다.
2. 모든 구성요소의 유량을 계산하기 위하여 적절한 질량 수지 식을 작성하고, 필요한 양에 대하여 답을 구한다.

그림 16-8에 나타나 있는 플로우차트의 예시에 수소와 산소가 각각 온도 T, 압력 P에서 질량 유량 m_{H_2}, m_{O_2}로 연료전지 내부에 유입되는 것을 나타내었다. 수소와 산소는 연료전지 내부에서 완전히 반응하여 물을 생성하고, 특정 온도 T, 압력 P, m_{H_2O}(질량 유량)로 배출된다. 이와 같은 반응은 다음과 같이 표현할 수 있다.

$$2H_2(g) + O_2(g) \rightarrow 2H_2O(l)$$

그림 16-8의 W_{el}는 화학적 가용성으로 인한 이용 가능한 일을 의미하고, 위의 예

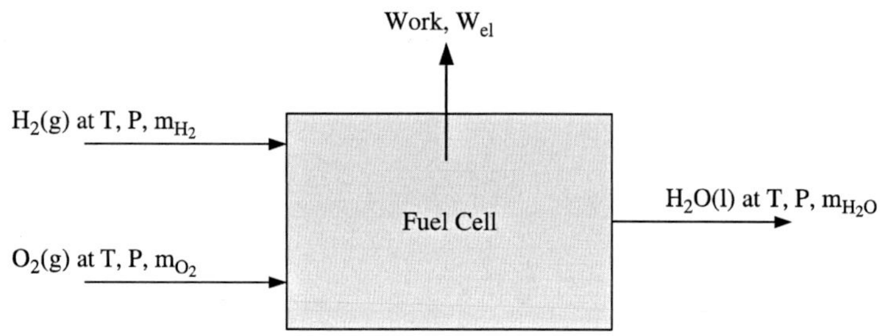

그림 16-8 질량 수지 식을 구하기 위한 플로우차트

에서 연료전지의 일반적 질량 수지는

$$m_{H_2} + m_{O_2} = m_{H_2O} + W_{el} \tag{16-23}$$

시스템의 물질 수지에 대한 형식적인 정의는 다음과 같이 표현할 수 있다.

입력		생성		출력		소비		축적
(시스템 경계를 통하여 유입)	+	(시스템 내에서 발생)	−	(시스템 경계를 통하여 유출)	−	(시스템 내에서 소모)	=	(시스템 내에서 축적)

일반적으로 질량 수지란 연료전지에 들어가는 물질의 질량의 합과 나오는 물질의 질량의 합이 같다는 것을 의미하며 다음과 같은 식으로 표현할 수 있다.

$$\sum (m_i)_{in} = \sum (m_i)_{out} \tag{16-24}$$

여기서, i는 연료전지로 유입 및 배출되는 물질이다(예를 들어 수소, 산소, 이산화탄소, 프로판 등). 입구의 유량은 단일전지의 수와 전류에 비례한다. 출력은

$$W_{el} = n_{cell} V_{cell} I \tag{16-25}$$

모든 유동은 출력에 비례하며 전압에 반비례한다.

$$I \cdot n_{cell} = \frac{W_{el}}{V_{cell}} \tag{16-26}$$

수소와 산소를 사용하는 연료전지에 대한 입구 유량은 식 (16-27)~(16-30)으로 계산할 수 있다.

수소의 질량 유량(g/s)은

$$m_{H_2,in} = S_{H_2}\frac{M_{H_2}}{2F}I \cdot n_{cell} \tag{16-27}$$

산소 질량 유량(g/s)은

$$m_{O_2,in} = S_{O_2}\frac{M_{O_2}}{4F}I \cdot n_{cell} \tag{16-28}$$

공기 질량 유량(g/s)은

$$m_{air,in} = \frac{S_{O_2}}{x_{O_2}}\frac{M_{air}}{4F}I \cdot n_{cell} \tag{16-29}$$

질소의 질량 유량(g/s)은

$$m_{N_2,in} = S_{O_2}\frac{M_{N_2}}{4F}\frac{1 - x_{O_2,in}}{x_{O_2,in}}I \cdot n_{cell} \tag{16-30}$$

PEMFC 또는 DMFC에 대한 추가적인 입구 유량은 식 (16-31)~(16-34)로 구할 수 있다.

수소 입구의 수증기(g/s)는[3]

$$m_{H_2OinH_2,in} = S_{H_2}\frac{M_{H_2O}}{2F}\frac{\varphi_{an}P_{vs(T_{an,in})}}{P_{an} - \varphi_{an}P_{vs(T_{an,in})}}I \cdot n_{cell} \tag{16-31}$$

연료 입구의 수증기(g/s)는[3]

$$m_{H_2O,fuel,in} = \frac{S_{H_2}}{x_{H_2}}\frac{M_{H_2O}}{2F}\frac{\varphi_{an}P_{vs(T_{an,in})}}{P_{an} - \varphi_{an}P_{vs(T_{an,in})}}I \cdot n_{cell} \tag{16-32}$$

산소 입구의 수증기는[3]

$$m_{H_2OinO_2,in} = S_{O_2}\frac{M_{H_2O}}{4F}\frac{\varphi_{ca}P_{vs(T_{an,in})}}{P_{ca} - \varphi_{ca}P_{vs(T_{an,in})}}I \cdot n_{cell} \tag{16-33}$$

공기 입구의 수증기(g/s)는[3]

$$m_{H_2Oinairin} = \frac{S_{O_2}}{x_{O_2}}\frac{M_{H_2O}}{4F}\frac{\varphi_{ca}P_{vs(T_{an,in})}}{P_{ca} - \varphi_{ca}P_{vs(T_{an,in})}}I \cdot n_{cell} \tag{16-34}$$

수소와 산소를 사용하는 연료전지에서 배출되는 유량은 식 (16–35)~(16–39)와 같다. 사용되지 않은 수소의 유량은

$$m_{H_2,out} = (S_{H_2} - 1)\frac{M_{H_2}}{2F} I \cdot n_{cell} \tag{16-35}$$

배출되는 산소의 유량은 공급되는 산소의 유량에서 전기화학 반응으로 소모된 산소의 양을 뺀 값과 같다.

$$m_{O_2,out} = (S_{O_2} - 1)\frac{M_{O_2}}{4F} I \cdot n_{cell} \tag{16-36}$$

질소는 연료전지 반응에 참여하지 않기 때문에 배출되는 질소 유량은 유입되는 양과 동일하고[3],

$$m_{N_2,out} = m_{N_2,in} = S_{O_2}\frac{M_{N_2}}{4F}\frac{1 - x_{O_2,in}}{x_{O_2,in}} I \cdot n_{cell} \tag{16-37}$$

감소된 공기의 유량은 간단히 산소와 질소 유량의 합이 된다[3].

$$m_{air,out} = \left[(S_{O_2} - 1)M_{O_2} + S_{O_2}\frac{1 - x_{O_2,in}}{x_{O_2,in}} M_{N_2}\right]\frac{I \cdot n_{cell}}{4F} \tag{16-38}$$

배출되는 산소의 체적 분율은 공급되는 체적 분율에 비해 매우 작다[3].

$$x_{O_2,out} = \frac{S_{O_2} - 1}{\dfrac{S_{O_2}}{x_{O_2,in}} - 1} \tag{16-39}$$

PEMFC 또는 DMFC의 추가적인 배출 유량 및 수지 식을 식 (16–40)~(16–41)에 나타내었다. 배출되는 수소에 포함된 물은 증기나 액체 형태일 수 있고, 애노드의 출구의 수증기 함량은 총 물의 양에 비해 적음을 알 수 있다.[3]

$$m_{H_2Oin,H_2out,V} = \min\left[(S_{H_2} - 1)\frac{M_{H_2O}}{2F}\frac{P_{vs(T_{out,an})}}{P_{an} - \Delta P_{an} - P_{vs(T_{out,an})}} I \cdot n_{cell}, m_{H_2Oin,H_2out}\right] \tag{16-40}$$

여기서, ΔP_{an}은 애노드에서 압력 강하이고, 액체 상태인 물의 양은 총 물의 양과

수증기 양의 차이다.

$$M_{H_2Oin,H_2out,L} = m_{H_2Oin,H_2out} - m_{H_2Oin,H_2out,V}$$

캐소드에서 배출되는 물의 양은 연료전지로 유입된 양과 연료전지에서 생성된 양, 그리고 멤브레인을 통하여 전달된 물의 양의 합과 같다.

$$m_{H_2Oin,Airout} = m_{H_2Oin,Airin} + m_{H_2Ogen} + m_{H_2OED} - m_{H_2OBD}$$

배출되는 수소 내의 물은 증기 또는 액체 상태일 수 있으며, 애노드에서와 마찬가지로 캐소드 출구에서의 수증기 양은 총 물의 양에 비해 적다[3].

$$m_{H_2Oin,Airout,V} = \min\left[\left(\frac{S_{O_2} - x_{O_2,in}}{x_{O_2,in}}\right)\frac{M_{H_2O}}{4F}\frac{P_{vs(T_{out,an})}}{P_{ca} - \Delta P_{ca} - P_{vs(T_{out,an})}} I \cdot n_{cell}, m_{H_2Oin,Airout}\right] \tag{16-41}$$

예제 16-1 수소-공기 PEMFC는 0.7 V에서 500 W를 발전한다. 건조한 수소가 20℃에서 막힘-모드(dead-end mode)로 공급되며, 압력이 120 kPa인 연료전지 입구에서 공기의 상대 습도는 50%이다. 연료전지를 냉각하기 위하여 액체 상태의 물이 공기 입구에서 투입된다. 산소의 양론비는 2이고 배출되는 공기는 80℃, 대기압에서 100% 포화상태 이다. 물의 유입 유량(g/s)은 얼마인가?

물의 질량 수지 식은

$$m_{H_2O\_air\_in} + m_{H_2O\_Inject} + m_{H_2O\_gen} = m_{H_2O\_in\_air\_out}$$

공기 중의 물의 양을 계산하기 위하여 포화 압력을 계산해야 한다. 0℃~100℃ 사이의 임의 온도에 대하여 포화 압력(Pa 단위로)을 계산하기 위하여 다음 식을 사용한다.

$$p_{vs} = e^{aT^{-1} + b + cT + dT^2 + eT^3 + f\ln(T)}$$

여기에서 a, b, c, d, e, f는 계수로서,

$a = -5,800.2206$, $b = 1.3914993$, $c = -0.048640239$,
$d = 0.41764768 \times 10^{-4}$, $e = -0.14452093 \times 10^{-7}$, $f = 6.5459673$

$T = 293.15$, $P_{vs} = 2.339$ kPa이면, 공기 중의 물의 양은 다음과 같이 계산할 수 있다.

$$m_{H_2O,airin} = \frac{S_{O_2}}{x_{O_2}}\frac{M_{H_2O}}{nF}\frac{\phi_{ca} P_{vs(T_{ca,in})}}{P_{ca} - \phi_{ca} P_{vs(T_{ca,in})}} I \cdot n_{cell}$$

$$m_{H_2O,airin} = \frac{2}{0.2095}\frac{18.015}{(4*96{,}485\ \text{As/mol})}\frac{0.50*2.339}{120\ \text{kPa} - 0.50*2.339}\frac{500\ \text{W}}{0.7\ \text{V}}*1$$

$$m_{H_2O,airin} = 0.00313\ \text{g/s}$$

생성되는 물은

$$m_{H_2O,gen} = \frac{I}{nF}M_{H_2O} = \frac{714.29}{2 \times 96485}18.015 = 0.0667\ \text{g/s}$$

배출되는 공기 중의 수증기는

$$m_{H_2Oin,H_2out,V} = \left[\left(\frac{S_{O_2} - x_{O_2,in}}{x_{O_2,in}}\right)\frac{M_{H_2O}}{4F}\frac{P_{vs(T_{out,ca})}}{P_{ca} - \Delta P_{ca} - P_{vs(T_{out,ca})}}I \cdot n_{cell}\right]$$

우선 포화 압력을 계산하면,

$$T = 80°\text{C} = 353.15\ \text{K},\ P_{vs} = 47.67\ \text{kPa},\ P_{ca} - \Delta P_{ca} = 101.325\ \text{kPa}$$

$$m_{H_2Oin,H_2out,V} = \left[\left(\frac{2 - 0.2095}{0.2095}\right)\frac{18.015}{(4*96{,}485)}\frac{47.67}{(101.325 - 47.67)}\frac{500}{0.7}*1\right]$$

$$m_{H_2Oin,airout} = 0.253\ \text{g/s}$$

따라서 물의 수지 식은 다음과 같다.

$$m_{H_2O\_air\_in} + m_{H_2O\_Inject} + m_{H_2O\_gen} = m_{H_2O\_in\_air\_out}$$

$$0.00313 + m_{H_2Oinject} + 0.0667 = 0.253$$

$$m_{H_2Oinject} = 0.22317\ \text{g/s}$$

예제 16-2 활성 면적이 100 cm^2인 PEMFC가 0.70 V, 0.50 A/cm^2로 운전되고 있다. 운전 온도는 75℃, 1 atm의 공기가 양론비 2.5로 공급되고 있다. 공기는 스택 입구 전단에서 뜨거운 물(75℃)을 주입하여 가습한다. 주변 공기 상태는 1 atm, 22℃, 상대 습도 70%이다. 공기 유량, 입구에서 공기의 100% 가습을 위하여 필요한 물의 양, 가습에 필요한 열량을 계산하라.

산소의 소비량은,

$$N_{O_2} = \frac{I}{4F} = \frac{0.50\ \text{A/cm}^2 \times 100\ \text{cm}^2}{4 \times 96{,}485} = 0.129 \times 10^{-3}\ \text{mol/s}$$

연료전지 입구에서 산소의 유량은

$$N_{O_2} = SN_{O_2,cons} = 2.5 \times 0.129 \times 10^{-3} = 0.324 \times 10^{-3}\ \text{mol/s}$$

$$N_{air} = N_{O_2,act}\frac{1}{x_{O_2}} = \frac{0.324 \times 10^{-3}}{0.21} = 1.54 \times 10^{-3}\ \text{mol/s}$$

$$m_{air} = N_{air} m_{air} = 1.54 \times 10^{-3}\ \text{mol/s} \times 28.85\ \text{g/mol} = 0.0445\ \text{mol/s}$$

ϕ=1인 연료전지 입구의 공기 중 물의 양은

$$m_{H_2O} = x_s m_{air} \quad \text{and} \quad x_s = \frac{m_{H_2O}}{m_{air}}\frac{p_{vs}}{P - p_{vs}}$$

여기서, P_{vs}는 348.15 K에서 포화 압력이고, P는 총 압력(101.325 kPa)이다.

$$p_{vs} = e^{aT^{-1} + b + cT + dT^2 + eT^3 + f\ln(T)} = 38.6\ \text{kPa}$$

$$x_s = \frac{m_{H_2O}}{m_{air}}\frac{p_{vs}}{P - p_{vs}} = \frac{18}{28.85}\frac{38.6}{(101.325 - 38.6)} = 0.384\ g_{H_2O}/g_{air}$$

$$m_{H_2O} = x_s m_{air} = 0.384\ g_{H_2O}/g_{air} \times 0.128\ g_{air}/s = 0.0491\ g_{H_2O}/s$$

70% RH, 295.15K에서 주변 공기 중 물의 양은

$$x_s = \frac{m_{H_2O}}{m_{air}}\frac{\varphi p_{vs}}{P - \varphi p_{vs}} = \frac{18}{28.85}\frac{0.70 \times 2.645}{101.325 - 0.7 \times 2.645} = 0.0116\ g_{H_2O}/g_{air}$$

$$m_{H_2O} = x_s m_{air} = 0.0116\ g_{H_2O}/g_{air} \times 0.128\ g_{air}/s = 0.001486\ g_{H_2O}/s$$

공기의 가습에 필요한 물의 양은

$$m_{H_2O} = 0.0491 - 0.001486 = 0.047614\ g_{H_2O}/s$$

가습에 필요한 열량은 열 수지 식으로부터 계산할 수 있다.

$$H_{air.in} + H_{H_2O,in} + Q = H_{air,out}$$

가습된 공기의 엔탈피는,

$$h_{vair} = c_{p,air}t + x(c_{p,v}t + h_{fg})$$

가습된 공기 :

$$h_{vair} = 1.01 \times 75 + 0.384 \times (1.87 \times 75 + 2{,}500) = 1{,}089.61\ \text{J/g}$$

주변 공기 :

$$h_{vair} = 1.01 \times 22 + 0.0116 \times (1.87 \times 22 + 2{,}500) = 51.70\ \text{J/g}$$

물 :

$$h_{H_2O} = 4.18 \times 75 = 313.5\ \text{J/g}$$

$$Q = 1{,}089.61\ \text{J/g} \times 0.128\ \text{g/s} - 51.70\ \text{J/g} \times 0.128\ \text{g/s} - 313.5\ \text{J/g} \times 0.0157\ \text{g/s} = 127.93\ \text{W}$$

단원요약

연료전지의 운전 조건은 연료전지의 종류나 스택의 설계에 따라 다르다. 최적의 운전 조건은(연료전지가 대량 생산되지 않는 한) 단일전지마다 다르므로 효율적인 연료전지 운용을 위하여 변수들의 최적화된 값을 계산하는 것이 필수적이다. 반응물의 압력을 증가시키면 연료전지의 성능은 개선되지만 압력을 증가시키기 위해 사용하는 장비로 인해서 연료전지 시스템의 전체 효율이 감소할 수 있다. 연료전지의 운전 온도가 높아질수록 빠른 반응 속도와 전압 이득을 얻을 수 있지만, PEMFC의 경우 멤브레인 내의 수분 증발로 인한 성능감소를 막기 위해 운전 온도를 20~100℃로 설정하는 것처럼 각 연료전지의 종류에 따라 최적의 온도가 존재한다. 반응물의 유량은 연료전지 내의 반응물 소비율과 최소한 일치해야 한다. 공기를 산화제로 사용하는 경우 캐소드에서 산소를 고농도로 유지해야 되기 때문에 2 이상의 양론비가 필요하다. PEMFC의 경우 습도 또한 중요한 운전 변수로, 보통 한 가지나 두 가지 반응물을 가습하여 우수한 연료전지 성능을 얻을 수 있다. 연료전지 효율 변화에 있어서 온도나 압력이 중요한 변수인 것처럼 보조 장치(BOP, balance of plant) 또한 필히 고려해야 한다. 운전 조건과 반응물에 대한 질량 수지의 계산을 통해 구한 변수들은 설계자가 특정 연료전지 시스템에 대하여 최적의 압력, 온도, 유량, 습도를 추정할 때 중요하게 사용된다.

연습문제

1. 활성 면적이 50 cm^2인 PEMFC가 0.70 V, 0.60 A/cm^2에서 운전되고 있다. 운전 온도는 60℃, 양론비 2로 공급되는 공기의 압력은 3 atm이다. 공기는 스택 유입구 전단에서 뜨거운 물(60℃)을 주입하여 가습한다. 주변 공기 상태는 1 atm, 22℃, 60% RH이다. 공기 유량, 입구에서 공기의 100% 가습을 위하여 필요한 물의 양, 가습에 필요한 열량을 계산하라.
2. 연료전지의 전압이 0.65 V, 활성 면적은 250 cm^2, 전류 밀도가 0.7 A/cm^2이다. 수소의 유량은 2 LPM이고, 70℃, 2 atm에서 80% 포화된 공기의 유량은 6 LPM이다. 수소와 산소의 양론비와 수소 유동과 공기 유동 내에 존재하는 수증기량

을 계산하라.

3. 문제 2에서 설명한 연료전지에서 배출되는 수소와 공기 내의 액체 상태의 물의 양을 계산하라.
4. 문제 2에서 설명한 연료전지에서 연료전지의 효율과 열 생성률(W)을 계산하라.
5. 수소-공기 연료전지가 0.65 V에서 50 W를 발전한다. 건조한 수소는 90℃로 막힘-모드(Dead-end mode)로 공급되고 있다. 액체 상태의 물이 연료전지를 냉각시키기 위하여 공기 입구에서 주입되고 있다. 주입되는 물의 유량(g/s)은 얼마인가?

참고문헌

[1] Sousa, Ruy, Jr. and Ernesto Gonzalez. "Mathematical Modeling of Polymer Electrolyte Fuel Cells." *Journal of Power Sources*. Vol. 147, 2005, pp. 32-45.

[2] O'Hayre, Ryan, Suk-Won Cha, Whitney Colella, and Fritz B. Prinz. *Fuel Cell Fundamentals*. 2006. New York: John Wiley & Sons.

[3] Barbir, Frano. *PEM Fuel Cells: Theory and Practice*. 2005. Burlington, MA: Elsevier Academic Press.

[4] Lin, Bruce. 2000. "Conceptual Design and Modeling of a Fuel Cell Scooter for Urban Asia." Princeton University, Masters Thesis. 1999.

[5] Mench, M.M., Z.H. Wang, K. Bhatia, and C.Y. Wang. "Design of a Micro-direct Methanol Fuel Cell." Electrochemical Engine Center, Department of Mechanical and Nuclear Engineering, Pennsylvania State University. 2001.

[6] Mench, Matthew M., Cao-Yang Wang, and Stephan T. Tynell. "An Introduction to Fuel Cells and Related Transport Phenomena." Department of Mechanical and Nuclear Engineering, The Pennsylvania State University. Draft. http://mtrl1.mne.psu.edu/Document/jtpoverview.pdf Last Accessed March 4, 2007.

[7] You, Lixin, and Hongtan Liu. "A Two-Phase Flow and Transport Model for PEM Fuel Cells." *Journal of Power Sources*. Vol. 155, 2006, pp. 219-230.

[8] Springer et al. "Polymer Electrolyte Fuel Cell Model." *J. Electrochem. Soc*. Vol. 138, No. 8, 1991, pp. 2334-2342.

[9] Li, Xianguo. *Principles of Fuel Cells*. 2006. New York: Taylor & Francis Group.

[10] Subhash, Singhall C. "Solid Oxide Fuel Cells: Fundamentals and Applications." Pan American Advanced Studies Institute. Rio de Janeiro, Brazil. Pacific Northwest National Laboratory, U.S. Department of Energy.

[11] Chung, Brandon W., Christopher N. Chervin, Jeffrey J. Haslam, Ai-Quoc Pham, and Robert S. Glass. "Development and Characterization of a High Performance Thin-Film Planar SOFC Stack." *Journal of the Electrochemical Society*. Vol. 152, No. 2, 2005, pp. A265-A269.

[12] Zhu, Bin. "Proton and Oxygen Ion-Mixed Conducting Ceramic Composites and Fuel Cells." *Solid State Ionics*. Vol. 145, 2001, pp. 371-380.

[13] Yoon, K.H., J.Y. Choi, J.H. Jang, Y.S. Cho, and K.H. Jo. "Electrode/Matrix Interfacial

Characteristics in a Phosphoric Acid Fuel Cell." *Journal of Applied Electrochemistry*. Vol. 30, 2000, pp. 121-124.

[14] Song, Rak-Hyun and Dong Ryul Shin. "Influence of CO Concentration and Reactant Gas Pressure on Cell Performance in PAFC." *International Journal of Hydrogen Energy*. 26, 2001, pp. 1259-1262.

[15] Soler, J., T. Gonzalez, M.J. Escudero, T. Rodrigo, and L. Daza. Endurance test on a single cell of a novel cathode material for MCFC. Journal of Power Sources. Vol. 106, 2002, pp. 189-195.

[16] Silva, V.S., J. Schirmer, R. Reissner, B. Ruffmann, H. Silva, A. Mendes, L.M. Madeira, and S.P. Nunes. "Proton Electrolyte Membrane Properties and Direct Methanol Fuel Cell Performance." *Journal of Power Sources*. Vol. 140, 2005, pp. 41-49.

[17] Rowshanzamir, S. and M. Kazemeini. "A New Immobilized-Alkali H_2/O_2 Fuel Cell." *Journal of Power Sources*. Vol. 88, 2000, pp. 262-268.

[18] Verma, A. and S. Basu. "Direct Use of Alcohols and Sodium Borohydride as Fuel in an Alkaline Fuel Cell." *Journal of Power Sources*. Vol. 145, 2005, pp. 282-285.

[19] Morita, H., M. Komoda, Y. Mugikura, Y. Izaki, T. Watanabe, Y. Masuda, and T. Matsuyama. "Performance Analysis of Molten Carbonate Fuel Cell Using a Li/Na Electrolyte." *Journal of Power Sources*. Vol. 112, 2002, pp. 509-518.

[20] Bove, Roberto and Piero Lumghi. "Experimental Comparison of MCFC Performance Using Three Different Biogas Types and Methane." *Journal of Power Sources*. Vol. 145, 2005, pp. 588-593.

[21] Nakagawa, Nobuyoshi and Yikun Xiu. "Performance of a Direct Methanol Fuel Cell Operated." *Journal of Power Sources*. Vol. 118, 2003, pp. 248-255.

[22] Lim, C. and C. Y. Wang. "Development of High Power Electrodes for a Liquid Feed Direct Methanol Fuel Cell." *Journal of Power Sources*. Vol. 113, 2003, pp. 145-150.

[23] Wong, C.W., T.S. Zhao, Q. Ye, and J.G. Liu. "Experimental Investigations of the Anode Flow Field of a Micro Direct Methanol Fuel Cell." *Journal of Power Sources*. Vol. 155, 2006, pp. 291-296.

[24] Liu, J.G., T.S. Zhao, Z.X. Liang, and R. Chen. "Effect of Membrane Thickness on the Performance and Efficiency of Passive Direct Methanol Fuel Cells." *Journal of Power Sources*. Vol. 153, 2006, pp. 61-67.

[25] Yan, Qiangu, Hossein Toghiani, and Junxiao Wu. "Investigation of Water Transport Through Membrane in a PEM Fuel Cell by Water Balance Experiments." *Journal of Power Sources*. Vol. 158, 2006, pp. 316-325.

[26] Fabian, Tibor, Jonathan D. Posner, Ryan O'Hayre, Suk-Won Cha, John K. Eaton, Fritz B. Prinz, and Juan G. Santiago. "The Role of Ambient Conditions on the Performance of a Planar, Air-Breathing Hydrogen PEM Fuel Cell." *Journal of Power Sources*. Vol. 161, 2006, pp. 168-182.

[27] Nguyen, Nam-Trung and Siew Hwa Chan. "Micromachined Polymer Electrolyte Membrane and Direct Methanol Fuel Cells-AReview." *J. Micromech. Microeng*. Vol. 16, 2006, pp. R1-R12.

[28] U.S. Patent No. 7,029,781 B2. Microfuel Cell Having Anodic and Cathodic Microfluidic Channels and Related Methods. Lo Priore, Stefano, Michele Palmieri, and Ubaldo

Mastromatteo. STMicroelectronics, Inc., Carollton, TX. April 18, 2006.

[29] Cha, S.W., R. O'Hayre, Y. Saito, and F.B. Prinz. "The Influence of Size Scale on the Performance of Fuel Cells." *Solid State Ionics*. Vol. 175, 2004, pp. 789-795.

[30] Heinzel, A., C. Hebling, M. Muller, M. Zedda, and C. Muller. "Fuel Cells for Low Power Applications." *Journal of Power Sources*. Vol. 105, 2002, pp. 250-255.

[31] Lu, G.Q. and C.Y. Wang. "Development of Micro Direct Methanol Fuel Cells for High Power Applications." *Journal of Power Sources*. Vol. 144, 2005, pp. 141-145.

[32] Blum, A., T. Duvdevani, M. Philosoph, N. Rudoy, and E. Peled. "Water Neutral Micro Direct Methanol Fuel Cell (DMFC) for Portable Applications." *Journal of Power Sources*. Vol. 117, 2003, pp. 22-25.

[33] Mitrovski, Svetlana, M. Lindsay, C.C. Elliott, and Ralph G. Nuzzo. "Microfluidic Devices for Energy Conversion: Planar Integration and Performance of a Passive, Fully Immersed H_2-O_2 Fuel Cell." *Langmuir*. Vol. 20, 2004, pp. 6974-6976.

[34] Wozniak, Konrad, David Johansson, Martin Bring, Anke Sanz-Velasco, and Peter Enoksson. "A Micro Direct Methanol Fuel Cell Demonstrator." *J. Micromech. Microeng*. Vol. 14, 2004, pp. S59-S63.

[35] Yan, Qiangu, H. Toghianai, and Heath Causey. "Steady State and Dynamic Performance of Proton Exchange Membrane Fuel Cell (PEMFCs) Under Various Operating and Load Changes." *Journal of Power Sources*. Vol. 161, 2006, pp. 492-502.

[36] Song, Rak-Hyun, Chang-Soo Kim, and Dong Ryul Shin. "Effects of Flow Rate Starvation of Reactant Gases on the Performance of Phosphoric Acid Fuel Cells." *Journal of Power Sources*. Vol. 86, 2000, pp. 289-293.

[37] Kim, Sunhoe, S. Shimpalee, and J.W. Van Zee. "The Effect of Stoichiometry on Dynamic Behavior of a Proton Exchange Membrane Fuel Cell (PEMFC) During Load Change." *Journal of Power Sources*. Vol. 135, 2004, pp. 110-121.

[38] Felder, Richard M., and Ronald W. Rousseau. Elementary Principles of Chemical Processes. 2nd ed. Wiley Series in Chemical Engineering, 1986.

[39] Perry, Robert H. and Don W. Green. Perry's Chemical Engineer's Handbook. 7th ed. New York: McGraw-Hill, 1997.

Chapter 17

연료전지 특성 평가

연료전지 스택의 모든 구성요소들의 특성을 평가하기 위하여 다양한 기술이 존재하며, 적절한 분석 기술을 선택하는 것은 연료전지의 원활한 운전 여부를 확인하고 이해하는 데 도움을 줄 수 있다. 이러한 기술들은 활성화 손실, ohmic 손실, 농도 손실, 연료의 크로스오버, 재료의 결함 등을 판단하는 데 유용하다. 연료전지는 단순히 각 구성요소의 특성만으로 전체의 성능을 평가하는 것이 쉽지 않기 때문에 운전 조건 하에서 in-situ 평가가 매우 중요하다. 또한, 각 구성요소들이 성능 손실의 원인이 될 수도 있지만, 구성요소들 사이의 접촉 부분에서도 손실이 일어나기 때문에 연료전지 전체 성능이 저하될 여지가 있다. 표 17-1에서는 이 장에서 분석할 기술들의 요약을 나타내고 있다.

표 17-1의 기술 외에도 이 장에서는 다음과 같은 주제들을 중점적으로 설명할 것이다.

표 17-1 연료전지 특성 평가 기술

Type of characterization	Technique
Fuel Cell Durability Testing and Examination	
Constant voltage/current/power and power cycling	Voltage-current measurements, cell impedance
Steady-state and transient testing	Polarization curve, cell impedance
Characterization of Membranes, Catalysts, Gas Diffusion Layers	
Structural analysis	SEM, TEM, EDS
Elemental analysis	XRF, ICP-MS
Particle size distribution	XRD
Electrochemical surface area	BET, cyclic voltammetry, impedance measurements
Carbon bonding interactions, polymer degradation	Neutron scattering

- 연료전지 평가 장치 세팅
- 평가 장치 조립 확인
- 기본 평가 조건과 운전 변수

기본적 조건들을 이용하여 적절하게 연료전지 실험 장치를 세팅하는 것은 정밀한 실험 결과를 얻기 위하여 필수적이다.

17.1 연료전지 평가 장치 세팅

그림 17-1에 연료전지의 성능 측정을 위한 기본적인 평가 장치가 나타나 있다. 소규모의 실험은 멀티미터, 온도/습도계, 오실로스코프(oscilloscope)만 있어도 연료전지의 성능을 평가를 할 수 있으며, 이와 같은 실험에서는 제한된 정보를 얻을

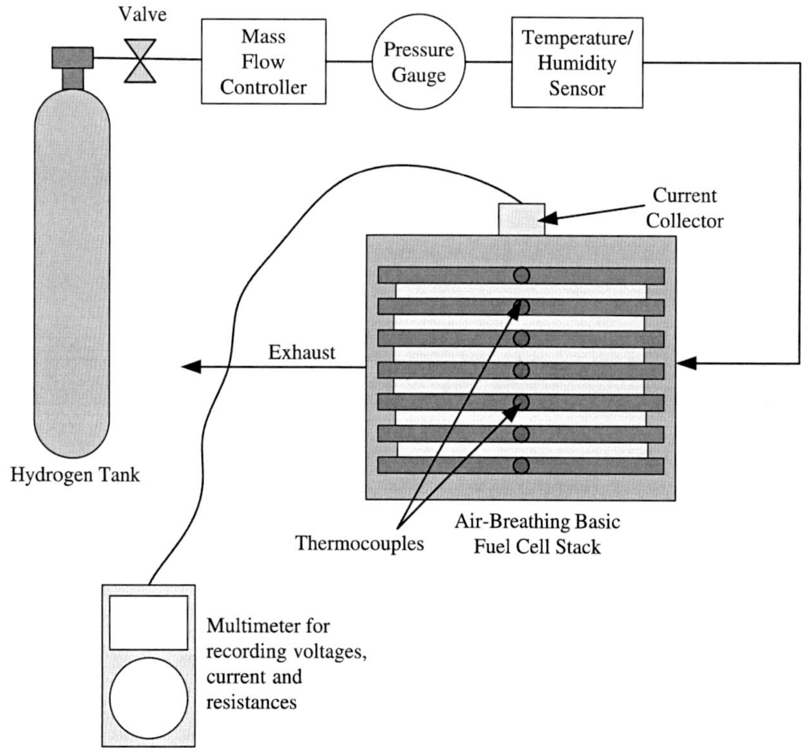

그림 17-1 기본적인 연료전지 평가 장치

수밖에 없지만, 전체적인 시스템 평가를 위해서 충분히 활용할 수 있다. 연료전지 시스템을 최적화하기 위해 다양한 연료전지 및 연료 등과 관련된 변수들을 실시간으로 모니터하는 장치를 세팅한다면, 어떻게 연료전지의 성능을 향상시킬 수 있을지에 대한 정보를 얻을 수 있다. 온도, 압력, 유량, 연료전지의 입구와 출구의 습도 등이 모니터링과 제어가 가능한 변수들이다.

질량 유동 제어기, 압력계, 열전대는 연료전지의 운전 조건을 모니터링 할 수 있게 한다. 전기화학 평가 장치(potentiostat/galvanostat)와 임피던스 해석기는 분극곡선, 전류 차단 평가, 순환 전압 전류법 등을 사용하여 연료전지의 전기적 성능을 정밀하게 측정하는 장치이다. 그림 17-2와 같은 평가 장치들을 세팅함으로써 다양한 연료전지의 변수와 운전 조건을 정확히 정할 수 있다.

연료전지 평가를 시작하기 위해 기본 운전 조건을 비롯한 여러 운전 변수들을 검증하는 것이 선행되어야 하며, 평가 장치 세팅을 확인한 후 온도, 압력, 유량을 비롯

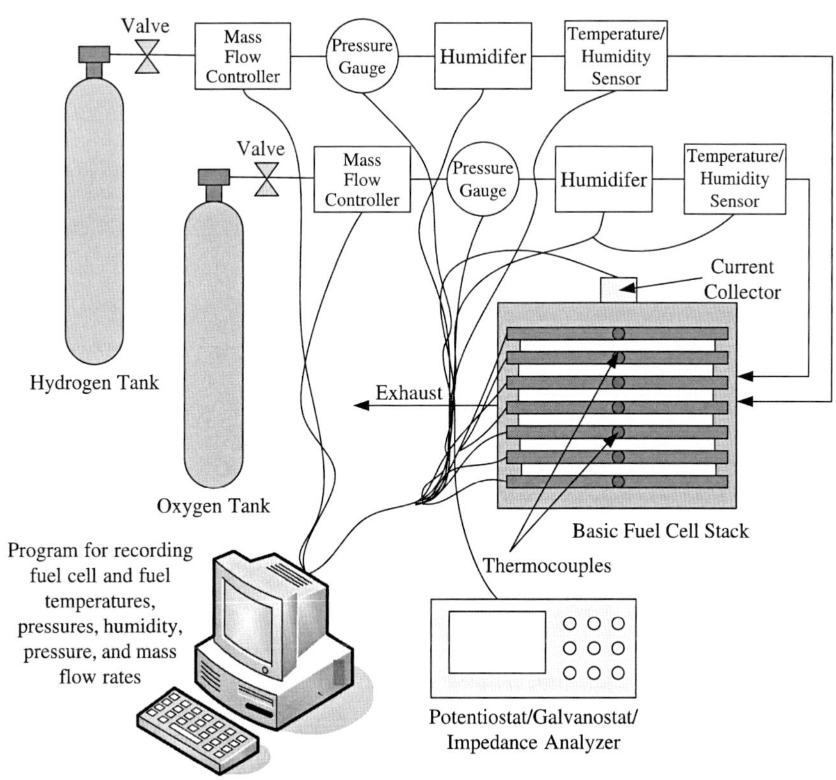

그림 17-2 연료전지 스택의 평가를 위한 실험실 규모의 연료전지 평가 장치

한 모든 운전 조건들을 평가가 진행되는 동안 지속적으로 모니터링해야 한다.

17.2 평가 장치 조립 확인

연료전지의 평가를 시작하기 전에 반드시 평가 관련 장치들이 제자리에 올바르게 위치하고 있는지 확인을 해야 한다. 이는 전압, 전류, 수소, 산소뿐만 아니라 기타 연료전지에 사용되는 화학물질에 실험자가 노출될 수 있기 때문이다. 연료전지 스택에서 사용되는 수소, 산소, 냉각제, 또는 다른 화학물질 등을 육안으로 확인하거나 압력 또는 누수 현상을 확인함으로써 이러한 위험요소들을 제거 가능하며, 실험실에서는 수소와 산소 감지 센서를 이용하는 것도 좋은 방법일 수 있다. 또한, 측정 장비 역시 적절하게 설치 되어있는지, 데이터 수집 시스템에 데이터의 전송이 가능한지, 또는 데이터 수집이 가능한지를 체크할 필요가 있다[7].

17.3 연료전지 준비

연료전지 평가를 시작하기 전에 반드시 연료전지가 적절한 상태인지 확인해야 한다. 연료전지의 종류에 따라 다르지만 대부분의 연료전지는 연료가 공급된 후 몇 초 또는 몇 분 후에 출력이 발생하기 시작하는데, 정밀하고 일관성 있는 실험을 위해서는 연료전지의 시동상태에서도 성능 평가가 가능한 방법을 이용할 필요가 있다. 연료전지 평가를 시작하기 위한 몇 가지 표준 방법들이 있으며, 일반적으로 연료전지를 평가하는 동안 전압, 전류를 비롯한 여러 운전 변수들을 기록해야 한다.

연료전지의 평가 준비를 위해 가장 많이 이용 되는 방법 중 하나는 고순도의 수소를 15분 동안 개회로전압으로 연료전지에 공급한 뒤, 600 mV/cell로 75분을 운전한다. 그리고 850 mV/cell로 20분간 운전 후, 600 mV/cell로 30분간 운전하는 것을 3 사이클 반복한다[4]. 대략적인 성능 평가 준비 과정은 4시간 정도가 소요된다.

이 외에도 여러 문헌상에 다양한 준비 과정에 대해서 많이 서술되어 있고, MEA 제조사들에 따라 제품의 최적화를 위한 다양한 준비 과정들이 있다. 적절한 준비 과정의 확립을 위해서는 세분화된 기준이 개발되어야 할 필요가 있지만, 일반적으로 가장 많이 사용되는 방법은 분극 곡선의 시작점으로부터 25%의 출력과 정격 전압이 예상치의 2% 이내에 도달하면 평가를 위한 연료전지의 준비가 완료된 것으로 판단한다[4].

17.4 기본적인 평가 조건과 운전 변수들

각각의 연료전지에 맞는 기본적인 평가 조건들이 정해져야 한다. 이러한 조건들은 평가에 사용되는 장치들, 평가 장소, 운전 조건 등이다. 정해져야 하는 기본적인 평가 조건들은 다음과 같다.

- 연료전지의 온도
- 연료와 산화제 조성
- 연료와 산화제의 입구에서 온도
- 연료와 산화제의 입구에서 이슬점 온도(상대 습도)
- 연료와 산화제의 출구에서 압력
- 연료와 산화제의 양론비(유량)
- 전류 밀도(mA/cm^2) 또는 전압(mV/cell)
- 입구와 출구에서 냉각제 온도
- 입구와 출구에서 냉각제 압력

기본적인 운전 조건의 예로 75±1℃의 평균 온도, 수소와 공기를 사용하는 연료전지를 가정해 보자. 수소와 공기의 입구 온도는 75±1℃, 이슬점 온도는 73±1℃이다. 연료와 산화제의 배기 압력은 150±2 kPa이다. 연료와 산화제는 양론비가 2로 공급되고[7], 일반적으로 전류 또는 전압은 평가하는 동안 일정하게 유지한다. 현재 기술 수준에서 전류 밀도는 200 mA/cm^2와 1,000 mA/cm^2를 사용하고[7], 만약 전압을 일정하게 유지시킨다면, 일반적으로 700 mV/cell과 850 mV/cell을 많이 사용한다[7].

백금을 촉매로 사용하는 연료전지의 평가에서 나타나는 공통적인 문제는 캐소드의 백금 표면에 백금 수산화물 층이 형성되어 가역적 전압 강하를 일으키는 것이다. 이러한 효과를 줄이기 위하여 두 개의 전류 밀도나 전압 사이를 교대로 측정하는 방법을 생각해 볼 수 있는데, 예를 들자면 850 mV/cell에서 2시간, 700 mV/cell에서 10시간 동안 교대로 측정함으로써 위와 같은 문제점을 최소화 시킬 수 있다[7]. 다음 몇 개의 문단에서는 시동단계와 준비단계, 그리고 평가 과정 동안에 관찰해야 할 몇 가지 변수들에 대해 간단히 설명하고자 한다.

17.4.1 온도

연료전지를 평가하는 동안 운전 온도는 일정하게 유지되어야 하고, 기록되어야 하는데, 특히 연료전지 스택의 온도와 더불어 채널의 입구와 출구의 온도를 확인해야 한다. 연료전지의 성능을 향상시키기 위해서는 전체 스택의 온도와 더불어 각각의 단일전지의 온도의 모니터링이 필수적이다. 균일한 온도가 유지되지 않는다면 연료전지 성능에 악영향을 끼칠 수 있기 때문이다.

17.4.2 압력

가스 압력은 일반적으로 압력 변환기를 이용하여 연료전지 스택 내의 연료 입구와 출구에서 발생한 압력 강하 정도를 측정한다. 압력을 증가시키면 어느 정도의 성능 향상을 가져올 수 있지만, 전체적으로 연료전지의 여러 변수들에 영향을 미칠 수 있으므로 높은 압력을 견딜 수 있도록 시스템이 설계되어 있는지 확인해 볼 필요가 있다.

17.4.3 유량

유량은 질량 유량 제어기를 이용하여 측정할 수 있다. 유량을 증가/감소시키거나, 혹은 유지시키는 과정을 통해 위에서 언급한 다양한 연료전지 운전 변수들의 결과가 나타나게 되는데, 이를 바탕으로 연료전지의 성능을 개선할 수 있다.

17.4.4 체결 압력

대부분의 양극형(bipolar) 연료전지의 스택 구조에서는 최적의 체결 압력을 통해서 최고의 성능을 낼 수가 있다. 약한 체결 압력은 ohmic 손실을 증가시키고, 체결 압력이 강하면 압력에 의한 손실이나 농도 손실이 발생할 수 있다[1].

17.5 분극 곡선

일반적으로 분극 곡선을 통해서 연료전지의 성능 평가를 하게 되는데, 이는 연료전지의 특성을 알아보는 가장 기본 데이터이고, 다른 논문에 발표된 실험 결과와 비교할 수 있는 가장 쉬운 방법 중 하나이다. 그림 17-3에서 나타나 있듯이 분극 곡선은 주어진 전류 밀도에 대한 연료전지의 전압으로 나타난다. 분극 곡선은 보통 전기

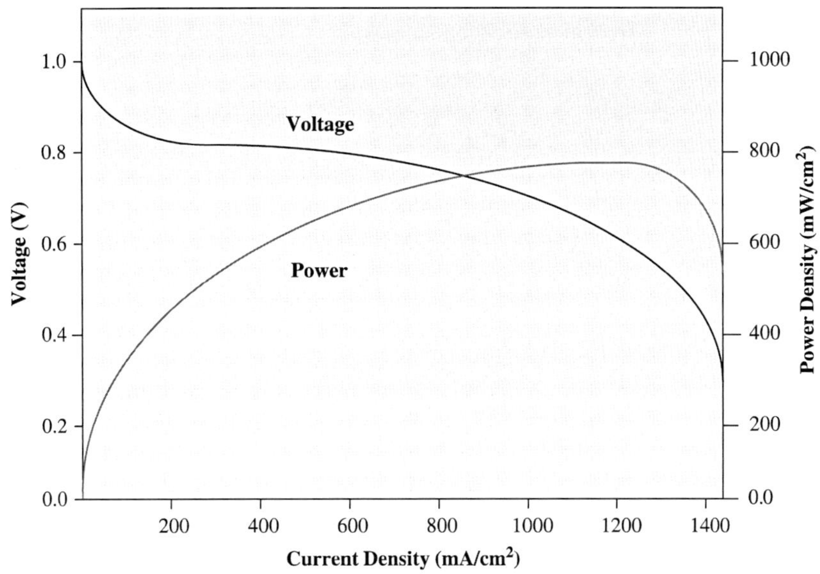

그림 17-3 PEMFC의 분극 곡선의 예

화학 평가 장치(potentiostat/galvanostat)를 사용하여 전류를 고정시키고 출력되는 전압을 측정하거나, 단계별로 인가 부하를 바꿔주면서 나타나는 전압의 값을 확인할 수 있다. 만약 전기화학 평가 장치의 사용이 불가능할 경우 연료전지의 전류와 전압의 관계를 결정하는 방법은 여러 종류의 작은 저항을 사용하여 멀티미터로 전압을 측정하는 것이다[1].

연료전지 분극 곡선에서 대표적으로 나타나는 3개의 특징적인 영역은 다음과 같다 :

- 낮은 전류 밀도에서는 활성화 분극으로 인해 퍼텐셜이 감소한다.
- 중간 범위의 전류 밀도에서는 ohmic 손실 때문에 전류가 증가함에 따라 퍼텐셜이 선형적으로 감소한다.
- 높은 전류 밀도에서 농도 분극으로 인해 퍼텐셜이 이전과는 다르게 비선형적으로 감소한다.

연료전지의 전류(부하)가 바뀌게 되면 연료전지에서 발생하는 열과 물의 수지가 바뀌고, 다시 새로운 평형에 도달할 때까지 몇 분~몇 시간이 걸린다. 따라서 평가하는 동안 새로운 평형점에 도달할 때까지 걸리는 시간을 고려하는 것이 필요한데, 이는 연료전지에 인가되는 부하가 증가하느냐 감소하느냐에 따라서 매우 다르게 나타나게 된다. 다양한 방법을 통해 적절한 부하를 인가함으로써 신뢰할 수 있는 결과를 얻을 수 있는데 미리 설정된 크기로 부하를 증가/감소시키거나 무작위로 부하의 크기가 선택되도록 할 수 있다. 가장 일반적인 방법은 단계적으로 부하를 증가 시키는 것인데, 여러 지점의 전류나 전압 값을 측정할 수 있다. 주로 사용되는 측정 방법은 개회로 전압에서 시작하여, 600 mV/cell~850 mV/cell 사이에서 5~6점을 측정하고 각 점에서 15분 동안 기다린다. 마지막 5분 동안의 데이터는 평균값으로 측정이 되고 평균 전류 대 평균 전압 그래프로 그려진다[7].

평가가 진행되는 동안 온도, 압력, 습도, 유량이 일정한 수준으로 안정적인 환경을 이룬 상황에서 측정해야 신뢰성 있는 전압/전류 그래프를 얻을 수 있다. 만약 조건들이 변화한다면 전압/전류 특성들이 바뀐다. 연료전지 환경을 안정적으로 유지시키는 것뿐만 아니라 연료전지가 안정화되어 일정한 출력을 내는 데에는 얼마간의 시간이 소모될 수 있다. 연료전지의 설계와 크기에 따라 처음 몇 분 내에 안정될 수 있지만, 대형 연료전지 스택(차량용 또는 그 이상)은 전류나 전압이 변화된 후 안정화되기까지 최고 30분이 걸릴 수 있다[1]. 대형 연료전지 시스템에서 분극 곡선을 얻는 데에는 상당한 시간이 걸릴뿐더러 제한된 수의 데이터를 얻을 수 있다.

분극 곡선의 변수들로부터 유용한 정보들을 얻을 수 있고 실험 결과의 피팅(fitting)을 통해 가역적 전지 퍼텐셜, 교환 전류 밀도, Tafel slope, 저항 또는 한계 전류 값을 얻을 수 있다. 전류가 증가 또는 감소하는 동안 나타나는 분극 곡선에서 히스테리시스(hysteresis)를 볼 수 있다. 이는 연료전지의 멤브레인의 탈수나 flooding 같은 조건의 변화로 인한 것임을 나타낸다.

연료전지가 공기를 사용할 경우와 순수한 산소를 사용하였을 경우에 발생하는 분극 곡선의 차이는 캐소드에서 발생하는 flooding과 같은 문제점들을 나타낸다. 순수한 산소의 사용과 공기를 사용할 경우에 발생하는 전압의 차이는 촉매 표면에서 산소 농도의 차이로 인한 결과이며, 어떤 전류밀도에서도 거의 일정하다. 그리고 높은 전류 밀도에서 퍼텐셜의 차이가 증가하는 것은 물질 전달 문제를 나타낸다.

17.6 연료전지 저항

연료전지의 평가 중 가장 중요한 변수는 저항인데, 특히 전해질의 저항의 영향이 크다. 제7장의 내용을 상기해보면, 이온 이동의 제한으로 인한 전압 손실을 ohmic 분극이라 하였다. PEMFC의 프로톤 교환 멤브레인이나 SOFC의 고온 이온 전도성

산화물, PAFC의 산성 매트릭스 같은 전해질들의 저항은 연료전지 내부 손실을 일으켜 성능 저하를 일으킬 수 있다[4, 7].

다른 전기화학 과정에 비해 상대적으로 연료전지의 전류 밀도가 높기 때문에 작은 ohmic 저항(mΩ)도 전체 효율에 큰 영향을 미칠 수 있다. 연료전지 내에서 발생하는 저항 손실로 인하여 열이 발생되고 이를 제거하는 것이 필수적이기 때문에, 전해질 개발과 스택 제조 과정에서 전해질의 저항이 필수적으로 고려되어야만 한다. 전해질의 저항은 운전 조건의 함수로 나타낼 수 있으므로, 연료전지가 운전되는 동안 저항을 결정하는 것이 중요하다.

전극과 고체 전해질의 경계면은 큰 축전용량(capacitance)을 가지고 있는데, 이를 분극 저항과는 별도로 전해질 저항을 확인하는 데 AC 측정법을 사용할 수 있다. 일반적으로 전해질 저항 측정에 사용되는 방법은 전류 차단(IR), AC 저항, 전기화학적 임피던스 분광학(ETS)와 고주파 저항(HFR) 법 등이 있다. 17.6.1~17.6.7절에서 이러한 방법들을 각각 비교하고 각각의 장·단점을 개략적으로 설명할 것이다[4].

17.6.1 전류 차단(current interrupt)

분극 곡선은 유용한 정보를 제공하지만 연료전지의 성능 특성을 확인하기 위해서는 부가적인 정보가 필요하다. 연료전지의 저항은 분극 곡선에서 얻을 수 없는 많은 정보를 제공하는데, 예를 들면 저항이 커지는 것은 멤브레인이 건조되고 있음을 나타낸다. 전류 차단법(current interrupt method)은 부하 릴레이 스위치를 부하와 연료전지에 직렬로 연결시켜 사용하는데, 특정 전류에서 운전하면서 릴레이를 열어 전압을 측정한다. 전압 측정은 일정 시간 동안 멤브레인의 임피던스를 측정함으로써 이루어진다. 이러한 응답 전압 값은 연료전지 구성요소들의 ohmic 저항과 관련된 기울기를 구하는 데 사용된다. 릴레이의 스위칭 속도는 밀리초 단위이고, 오실로스코프는 릴레이가 열렸을 때 파형을 기록하는 역할을 한다[7].

연료전지에서 저항을 측정하는 또 한 가지 방법은 매우 짧은 간격(몇 밀리초)동안 전류를 차단시키고 이때의 얻어지는 전압을 기록하는 방법이다. 전류 차단 전후에 측정된 전압을 전류로 나누면 저항을 알 수 있다. 이 방법은 간단해 보이지만, 정확한 전압 측정점을 찾는 것이 어렵다. 초기 전압 거동은 오실로스코프를 이용하여 실시간으로 관측하거나, 차단 시간에 따라 몇 개의 전압 값을 읽어서 얻을 수 있다. 전류 차단법은 단순한 측정 기기만 있어도 사용가능하고, 고출력 연료전지 시스템에 적용 가능하다.

평가 절차는 다음과 같다:

1. 연료전지는 사전에 고려한 운전 조건으로 설정한다.
2. 전압 측정용 리드선은 연료전지 또는 연료전지 스택의 애노드와 캐소드 단자에 연결한다.
3. 주어진 시간 동안 전류 릴레이가 열리면서 전지 전압은 오실로스코프를 이용해 3~10초 동안 계측한다.
4. 전압 응답은 전류에 대한 그래프로 그려지고 이때 곡선의 기울기는 연료전지의 전체 ohmic 저항 손실에 해당된다.

17.6.2 AC 저항법

AC 저항법은 연료전지에 고정된 단일 고주파인 사인파(일반적으로 −1 kHz)를 이용하여 그 주파수에 병렬로 연결된 부하와 연료전지의 총 임피던스 크기를 측정하는 것이다. 전해질의 ohmic 저항은 연료전지와 병렬로 연결된 부하의 임피던스를 구한 후 계산이 가능하다[4].

이러한 방법은 전류 차단법과 같이 단지 하나의 값을 제공하지만, 평가 도중에 발생할 수 있는 방해 요소가 거의 없다는 장점이 있다. 운전 조건에서 부하의 정확한 임피던스 위상차 특성 없이는 정확한 결과를 얻을 수 없는데, 실제 임피던스를 알아내는 유일한 방법은 연료전지 자체의 임피던스를 계산하기 위해 밀리옴미터(milli-ohmmeter)로 측정된 위상 데이터와 크기에 따라 측정된 부하 임피던스를 이용하는 것이다[4].

17.6.3 고주파 저항(HFR) 법(high-frequency resistance method)

HFR 법은 약한 AC 신호를 부하에 인가하여 DC 부하 전류로 변화시켜 전해질 저항을 구하는 방법이다. AC 전압과 응답 전류의 크기와 위상은 주로 1 kHz 단위의 단일 고 주파수로 주파수 응답 분석기에 의해 측정된다. 분석할 구성요소는 실수부(the real(Z) component)로 밀리옴 단위로 표시된다[4].

HFR은 연료전지의 운전에 미치는 영향이 미미하기 때문에 연료전지가 운전되는 동안 지속적으로 측정하는 데 적합하다. 하지만, 이상적인 측정 주파수는 연료전지의 종류에 따라 다를 수 있으므로 주의하여 선택한다. 적절한 주파수는 인가된 전류와 측정된 전압의 위상차를 분석함으로써 알 수 있는데, 차이가 0이면, 연료전지가 저항방식으로 운전되고 있다는 것이다. 이 주파수는 임피던스의 허수 성분이 0(Z" = 0)으로서 고주파수(작은 Z')에서 Nyquist 그래프의 임피던스 데이터가 실수 축(real axis)과 교차하는 점이다. 고주파수에서 곡선이 실수축과 교차하지 않는다면, 반원 모양의 커브에서 벗어나기 전 가장 높은 주파수를 선택하여 사용할 수 있다. HFR 주파수 범위는 500~3 kHz이고, 데이터의 비교를 위해서는 동일 주파수를 사용해야 한다. HFR 주파수를 선택하는 방법에서 필요한 것은 평가 시스템이 전기화학적 임피던스 분광학 테스트(Electrochemical Impedance Spectroscopy)가 가능해야 한다는 것이다. 대부분의 주파수 응답 분석기는 광범위한 주파수를 측정하는 것이 가능하다[4].

17.6.4 전기화학적 임피던스 분광학(EIS)

전기화학적 임피던스 분광학(EIS)은 연료전지나 연료전지 스택 내부에서 발생하는 일련의 임피던스 특성을 확인하기 위해 in-situ 평가를 할 수 있는 감도가 뛰어나고 유용한 방법이다[4, 7].

EIS 측정으로 시스템의 반응 속도, ohmic 저항, 전해질 저항, 접촉 저항, 확산 층 저항, 전달 한계(transport limitation)를 확인할 수 있다. 연료전지 스택에 하나 또는 여러 주파수의 작은 사인파형 섭동 퍼텐셜(sinusoidal perturbation potential)을 사용하면, 응답은 진폭과 위상의 변화를 가지는 같은 주파수의 교류 신호로 나타난다[7]. 몇몇의 측정 시스템에서 AC 전류는 연료전지에 의해 생성되는 DC 전류 위에 인가되고, 전류 대신에 전압이 기록되는데, 이 기록들을 수학적 기법으로 임피던스를 계산하는 데 사용한다. 이러한 실험을 반복함으로써 전기화학적 임피던스 분광학의 결과를 얻을 수 있다[4, 7].

EIS 측정은 전기 부하, 함수 발생기, 컴퓨터로 구성되고, 연료전지의 분극 곡선 또는 IV 곡선을 얻기 위한 장비구성과 동일하다.

또한, EIS는 몇 퍼센트의 동작 전류나 전압만으로도 연료전지 내의 전류를 다양하게 변화시킬 수 있기 때문에 운전에 거의 영향을 끼치지 않는다. 파동의 크기는 인가된 AC 신호의 피크-피크(peak-peak) 전류와 각 주파수별로 연료전지에서 측정된 임피던스에 의해 결정된다.

EIS는 단일 또는 다양한 범위의 주파수를 이용하기 때문에 물질 전달 현상이 빠르거나 느린 경우의 특성을 보는 데 유용할 뿐더러 제6~8장에서 설명한 바와 같이 물질 전달 저항, 전기화학 반응이 진행되는 동안의 전자 전달 저항, 멤브레인을 통과하는 이온의 전달 저항 등의 많은 현상의 특징을 확인하는 데 도움을 준다[7].

연구자들은 주로 연료전지 내부의 다양한 임피던스를 이해하기 위해 이 방법을 사용하지만, 데이터의 해석이 애매하고 어려워 숙련된 사용자조차 데이터의 해석에 어려움을 겪을 수 있다[7].

EIS는 HFR의 확장이라고 볼 수 있지만 2가지 방법에서 차이점이 존재한다. HFR은 단일 주파수를 이용해 임피던스의 실수 부(real component)에 대해서만 실험이 이루어지지만, EIS는 넓은 범위의 주파수와 연료전지 내의 전압과 전류의 상과 크기 변화를 측정하게 된다. 또한, 주파수 응답 분석기를 이용해 연료전지의 복소 임피던스(Z'과 Z")를 구할 수 있다.

이렇게 얻은 데이터를 분석과 모델링을 위해서 Nyquist나 Bode 그래프 작성이 가능하다. 특히, 모델링 전용 소프트웨어를 사용하면 연료전지의 반응속도와 물질 전달 현상을 정확하게 분석이 가능하다.

테스트 과정의 예는 다음과 같다:

1. 연료전지는 정해진 운전 조건으로 설정한다.
2. 전압 측정용 리드선은 연료전지 또는 스택의 애노드와 캐소드 단자에 연결한다. 연료전지가 부하에 연결된 후 DC를 운전 위치에 맞춘다.
3. 임피던스 측정이 가능한 주파수에 함수 발생기를 맞춘다. EIS의 경우에는 각각의 주파수에 사인파형 퍼텐셜 섭동(sinusoidal potential perturbation)을 걸어 전류 응답을 측정하거나 사인파형 전류 섭동을 걸어 전압 응답을 측정한다.
4. 부하에 따른 연료전지의 전류와 전압의 파형을 확인한다.
5. 데이터를 PC로 옮긴다.
6. 전압과 전류의 파형 데이터를 FFT화 시킨다.
7. 복소 임피던스(complex impedance)를 나타나기 위해 FFT 전압 데이터를 FFT 전류 데이터로 나눈다.
8. 복소 FFT 임피던스 데이터에서 원하는 주파수에 해당하는 측정된 임피던스 결과를 찾는다.
9. EIS 그래프를 그리기 위해 위 과정을 반복한다.

함수 발생기 주파수를 선택하는 것을 제외하고 실제 테스트를 수행하는 것은 그리 어렵지 않고 전기화학적 임피던스 기법은 연료전지 손실을 구분하는 데 가장 폭넓게 사용되는 기법이다. 임피던스는 시스템 내부의 전류의 흐름을 방해하는 정도를 확인할 수 있고, 시간에 따른 전압과 전류 사이에 비로 나타낼 수 있다.

$$Z = \frac{V(t)}{i(t)} \tag{17-1}$$

진폭과 주파수를 이용하면 신호는 다음과 같다.

$$I = I_{max}\, sin\,(\omega t) \tag{17-2}$$

여기서, $I_{\max}$는 신호의 진폭(A), $\omega = 2\pi f$이며, f는 주파수(s^{-1} 또는 Hz), t는 시간(s)이다.

응답은 다음과 같다

$$V = V_{max}\, sin(\omega t - \varphi) \tag{17-3}$$

여기서, $V_{\max}$는 응답 진폭이고, φ는 위상각이다.

시스템의 사인파형 임피던스 응답(sinusoidal impedance response)은

$$Z = \frac{V_0 \cos(\omega t)}{i_0 \cos(\omega t - \phi)} = Z_0 \frac{\cos(\omega t)}{i_0 \cos(\omega t - \phi)} \tag{17-4}$$

Nyquist 그래프에서 보면, 애노드와 캐소드의 활성화 손실의 크기에 따라 2개의 반원 크기가 달라질 수 있고, 3개의 임피던스의 크기는 η_Ω, Z_{fA}, Z_{fC}의 상대적인 크기와 관련이 있다. 그림 17-4는 ohmic 손실과 애노드 활성화 손실은 작은 반면, 캐소드 활성화 손실이 연료전지 성능을 좌우한다는 것을 분명히 보여준다[1].

17.6.5 양론비 스윕 법(Stoichiometry(utilization) sweeps)

양론비 스윕은 연료전지 내의 연료, 산화제의 유동 분포를 평가하기 위해 실시한

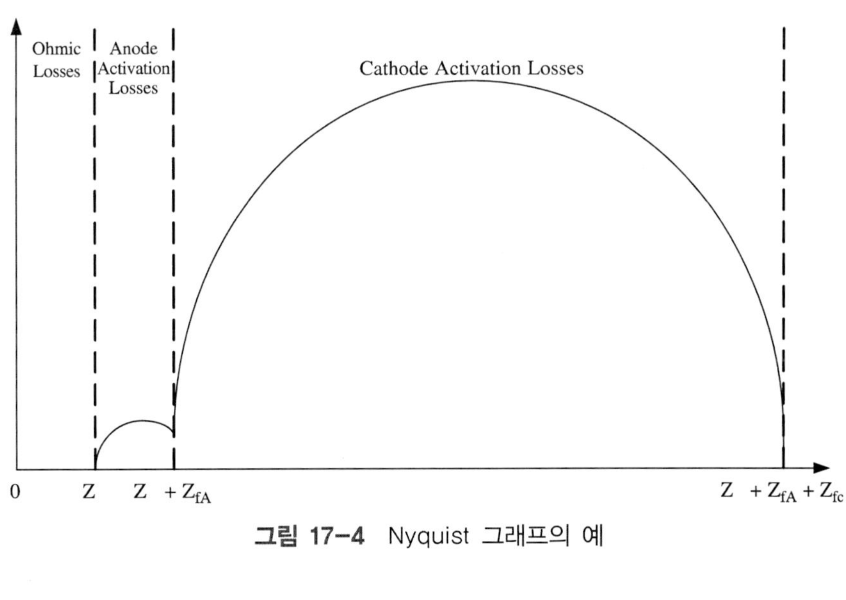

그림 17-4 Nyquist 그래프의 예

다. 배기관의 영향, 균일하지 않는 연료전지 조립 또는 기계적 오차로 인한 차이 때문에 유동의 분포가 불균일해 질 수 있다. 보통 연료는 수소를 제외한 다른 연료를 사용하며, 분리판의 형상은 주로 굴곡형(serpentine)을 제외한 다른 형상을 사용하여 실시한다[7].

일반적으로 양론비 스윕은 설정된 전류를 통해 이루어지게 되고, 양론비만 바꾸어 측정을 한다. 전체 스택과 단일전지 성능을 평가 과정 전체에 걸쳐 측정한다. 평가는 보통 다음과 같은 방법으로 수행된다 :

1. 평가에 영향을 미치지 않는다는 것을 확인하기 위해 평가하기 전의 전극에 공급하는 유량을 증가시킨다.
2. 평가 중인 전극에 흐르는 유량을 증가시킨다.
3. 평가 중인 전극에 흐르는 유량을 조금씩 감소시킨다.
4. 유량을 줄여서 처음의 유량으로 맞춘다.
5. 평가하기 전의 전극의 유량을 처음의 유량으로 맞춘다.
6. Nernst 식을 통해 계산된 수치와 전압 변화에 따른 성능을 비교해 본다.

이러한 일련의 평가 과정에서 연료가 부족해지면 단일전지나 스택에 무리를 줄 수 있기 때문에 주의를 기울여서 진행해야 하며, 고순도의 연료로 실험을 진행할 경우엔 연료가 고갈되기까지 성능 변화를 관찰할 수 없기 때문에 주의하도록 한다. 저순도의 연료의 경우엔 분압에 의한 변화를 관측할 수 있다. 데이터는 여러 점에서 얻을 수 있다. 표준 실험 방법은 5~6개의 측정 점을 선택하게 되는데, 각각의 측정 점 사이에 15분의 안정화 시간을 주게 된다. 마지막 5분 동안에 얻은 데이터를 평균하여 평균 전압 대 평균 전류의 그래프로 나타나게 된다. 측정하는 동안 연료전지가 불안정해지게 되면, 유량을 즉각적으로 증가시켜야 연료전지 자체가 손상되는 것을 막을 수 있다[7].

17.6.6 한계 전류(limiting current) 측정법

한계 전류를 측정하는 것은 연료전지(MEA) 내의 물질 전달 한계를 확인하기 위함인데, 일반적으로 potentiostat을 이용하여 전압을 조절 또는 galvanostat을 이용하여 전류를 제어하여 한계 전류를 측정하는 두 가지 방법이 있다. 보유한 장비에 따라 선택하여 측정할 수 있지만, 일반적으로 potentiostat을 이용하는 것이 연료전지(MEA)에 손상을 적게 주면서 한계 전류의 측정이 가능하다.

potentiostat을 사용하여 측정하는 방법을 예를 들면, 전압을 개회로전압(open

circuit voltage)에서 0.3 V까지 변화시키면 한계 전류값은 퍼텐셜-전류 곡선에서 기울기가 무한대로 나타나는 점에서 얻어진다. galvanostat에서는 ~0.2 V에서 측정을 멈춰야 전압을 양의 값을 유지시킬 수 있으며, 한계 전류값은 퍼텐셜-전류 곡선의 기울기가 무한대인 점이다. 측정은 보통 5번 정도 반복하게 된다. 애노드의 한계 전류는 H_2의 농도가 1~4% 정도로 낮아졌을 때로 정한다[7]. 기본 한계 전류값을 얻었다면, 불순물에 의한 효과 역시 측정할 수 있다. 전극에 흡착된 불순물들이 활성 사이트들을 감소시킴으로써 한계 전류값이 감소한다.

다공성 전극 층과 가스 확산 층의 가스 확산도나 촉매 층의 구조 역시 한계 전류에 아주 큰 영향을 미치게 된다. 그러므로 정확한 비교를 위해서는 같은 연료전지 층을 사용하여 데이터를 만들어내는 것이 필수적이라 할 수 있다. 이러한 기술은 간단하지만, 성능에 직접적 영향을 끼치지 않고, 다양한 운전 조건에서 다른 불순물들의 영향을 확인할 수 있다는 점에서 매우 유용하다고 할 수 있다. 한 가지 단점이 있다면, 종류가 다른 연료전지들의 비교가 어렵다는 점이다[7].

17.6.7 순환 전압 전류법(cyclic voltammetry)

순환 전압 전류법(CV)은 양쪽 전극의 전기화학적 면적을 평가하는 데 유용한 기법이다. 전압이 일정한 범위사이에서 순환함에 따라 전류가 측정되어 기록되며, 얻어진 데이터로부터 촉매 표면 면적을 계산할 수 있다. 전압 스윕(sweep)은 시간에

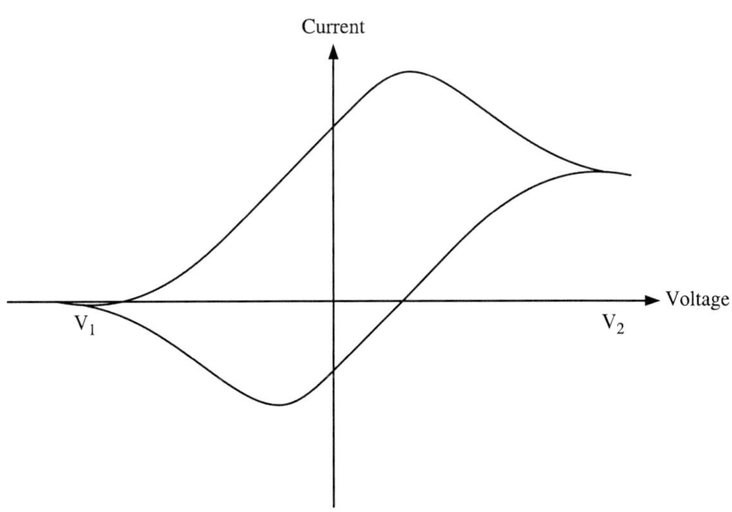

그림 17-5 순환 전압 그래프(cyclic voltammogram)의 예

비례하며, 전형적인 CV 파형은 그림 17-5에 나타나 있다.

전체 전압 범위(0~1.2 V, 연료전지에 따라 다름)에 걸쳐서 전압 스윕(sweep)을 통해 매우 중요한 정보를 얻을 수 있지만, 애노드 전압은 촉매 담지체의 부식이 일어날 수 있고 촉매 입자의 용해가 일어날 수 있기 때문에 0.7 이상으로 올리는 것은 좋지 않다. 불순물은 이러한 두 가지 촉매 열화반응 때문에 제거가 쉽지 않다. 한쪽 전극을 실험하는 동안, 반대편 전극의 전압이 크게 올라가지 않게 주의하여 진행해야 한다. 일반적인 스캔 속도(scan rate)는 50 mV/s이다. 하지만, 전극의 크기나 측정 장비의 최대 전류 부하에 따라 변경하여 진행할 수 있다. 전기화학적 표면적 계산은 수소 흡착 피크 아래의 면적에서 기준 전류 아래의 면적을 빼서 구할 수 있다[7].

17.7 전류 밀도 맵핑 (Current density mapping)

전류 밀도 분포를 맵핑(mapping)하는 것은 촉매 층과 물, 멤브레인에 걸쳐 나타나는 열 분포 등이 균일한지를 확인하는 데 도움을 준다. 연료전지의 분리판은 전도성이 뛰어난 좋은 집전체이다. 따라서 어떠한 전류라도 재빨리 집전되어 평형상태를 유지하게 된다. 전류 분포를 맵핑하기 위해서는 전류값이 평형상태가 되기 전에 측정되어야 하는데, 과거에는 이와 같은 실험을 진행하기 위해서 연료전지를 분할하거나, 집전체를 분할하거나, 몇 개의 작은 연료전지들을 이용하는 등의 방법을 사용하였다. 분할된 연료전지들은 다중채널의 potentiostat/galvanostat을 이용하여 데이터를 모아 분석할 수 있다[2].

17.8 중성자 가시화 기법 (Neutron imaging)

중성자 가시화 법은 연료전지의 물 관리부분에 대해 유용한 정보를 제공해 줄 수 있는데, 실제로 운전되는 PEMFC에서 물 분포상황을 in-situ로 가시화시켜 줄 수 있는 기술이다. 전자의 밀도가 높을수록 상호작용이 커지는 X-선과는 다르게 중성자는 다양한 물질과 규칙을 찾아 볼 수 없을 정도의 무작위 상호작용을 하고 있다. 예를 들면, 수소와 중성자의 상호작용은 알루미늄과의 상호작용에 비해서 대략 100배가 크며, 중수소와의 상호작용보다는 10배나 더 크다. 수소에 대해서 특히 감도가 좋은데(다른 많은 물질들에 대해서는 감도가 뛰어나지 않다) 이것은 연료전지의 운전 시 물의 움직임에 관해 많은 정보를 줄 수 있다는 의미가 된다. PEMFC의 특성을 파악하기 위해서 중성자 가시화 법을 사용하면 PEMFC 내의 물과 수소의 분포 차이를 눈으로 확인 가능하다. 실시간 방사선 영상(real-time radiography)은 물 관리 시스템에 대한 이미지를 실시간으로 제공해 주는 장치이다[2].

17.9 연료전지 전극층 특성 평가

지금까지 소개한 연료전지 특성 평가 기술은 연료전지의 전기적 거동을 연구하는 데 사용되었지만, 연료전지의 물성과 성능을 평가하는 또 다른 다양한 방법들이 존재한다. 이러한 기술들은 일반적으로 연료전지 성능에 가장 중요한 영향을 끼치는 요소들을 파악하기 위해 연료전지 구성요소들의 기공 구조, 촉매 표면적, 전극 미세 구조를 비롯해 전해질과 전극의 화학적 요소 등의 물리적, 화학적 구조를 평가하기 위하여 사용된다.

17.9.1 공극률 측정법(porosity determination)

물질의 전체 부피에 대한 빈 공간의 비를 그 물질의 공극률이라 한다. 연료전지의 촉매 층과 전극은 효과적인 작용을 위해 좋은 공극률을 가져야만 하는데, 이를 측정하기 위한 몇 가지 방법들이 있다. 가장 일반적인 방법은 물질의 벌크 밀도(bulk density)와 더불어 질량과 체적을 측정하는 것이다. 하지만, 이는 연료전지의 공극률을 측정하기에는 다소 부적합한 측면이 있는데, 표면에 있는 기공과 재료 내부의 기공에 대해서는 고려하고 있지 않기 때문이다. 따라서 다양한 체적 침투법이 유효 공극률을 측정하는 데 더욱 효과적이다. 한 가지 방법은 기공에 침투할 수 없는 액체에 시료를 담그는 방법이다. 낮은 압력에서 수은은 표면 장력 때문에 기공에 침투되지 않는데, 이와 같은 방법을 수은 공극률 측정법(mercury porosimetry)이라 한다.

진공 상태의 챔버에 다공성의 시료를 넣은 다음, 수은을 시료에 주입한다. 초기 압력은 매우 낮은 상태로 유지하다가 점차적으로 증가시키면서 각각의 압력에서 부피를 기록한다. 챔버의 압력이 다음과 같을 때 수은이 기공 속으로 침투하게 된다 :

$$p \geq \frac{2\gamma}{r} \cos\theta \qquad (17-5)$$

여기서, γ는 수은의 표면 장력(480 dyn/cm^2)이고, θ는 수은의 접촉각(서밋(cermet)

에서 137도), r은 원통형 기공의 침입 반경, p는 인가된 압력이다(일반적인 비율은 초당 1 bar의 속도로 1~1,800 bar이다)[9]. 실험적으로 얻은 데이터로 식 (17-5)를 이용하여 기공 크기를 계산할 수 있다.

17.9.2 BET 표면적 분석(BET surface area determination)

촉매 층이 효과적으로 사용되기 위해서는 표면적이 매우 넓어야 하기 때문에 표면적을 측정하는 방법은 연료전지 특성 평가에 있어서 매우 중요하다. 전기화학적 활성면적은 순환 전압 전류법 또는 임피던스 측정으로부터 대략적으로 확인할 수 있지만, 가장 정확한 방법은 Brunauer-Emmett-Teller(BET) 법이다.

BET는 저온에서 샘플 표면에 크립톤이나 질소, 아르곤과 같은 비활성 가스를 흡착시키는 방법을 이용하는데, 전처리 과정에서 모든 가스들의 접촉을 막은 채로 건조를 시켜 말리고, 77 K까지 냉각시키게 된다. 그 후, 낮은 압력의 챔버에서 비활성 기체를 흘려주면, 샘플 표면에 가스가 물리적으로 흡착되어 층을 이루게 된다. 샘플의 표면적은 측정된 흡착 등온선으로부터 계산할 수 있다.

17.9.3 투과 전자 현미경(TEM)

투과 전자 현미경(TEM)은 샘플 위에 전자의 빔을 집속하여 조사시켜 형상을 관찰 가능하도록 하는 영상 기술법이다. 조사된 전자 빔이 대상의 부피나 밀도에 영향을 받음에도 불구하고, 흡수되기보다는 회절을 한다는 것을 기본으로 하여 TEM 영상을 얻게 된다. 원자 평면과 전자 빔과의 상대적인 방향에 의해 회절의 강도가 결정된다. TEM은 촉매의 구조, 확산 층, 몇 가지 연료전지의 전해질의 구조 분석에 유용한 도구로 사용된다. 하지만 TEM 측정을 위한 전처리 과정의 문제점은 전자가 통과할 만큼 샘플이 얇아야 하기 때문에 시간이 다소 걸릴 수 있다는 것이다. 또한, 분석하는 영역이 매우 작기 때문에 전체를 나타내기 보다는 특정한 부분의 특징을 나타내 준다는 단점이 있다.

17.9.4 주사 전자 현미경(SEM)

주사 전자 현미경(SEM)은 빛을 사용하여 확대를 하는 것이 아니라 전자를 이용하여 고해상도의 샘플 표면 사진을 제공해 준다. 샘플은 현미경 내부의 진공에 견딜 수 있어야 하므로 주의해서 준비해야 한다. 주사 전자 현미경은 3D 구조를 볼 수 있고, 샘플의 표면 구조를 확인할 수 있다. 또한, 연료전지의 촉매의 구조, 확산 층, 전해질 등을 분석하는 데 좋은 방법이지만, TEM과 마찬가지로 매우 좁은 영역을 관찰하기 때문에 전체의 특징을 나타낸다고는 보기 어렵다.

17.9.5 X-선 회절(XRD)

X-선 회절은 결정 내부의 격자구조를 확인하기 위해 결정 내부에서 격자구조를 이루고 있는 원자들에 X-선을 조사할 때 일어나는 회절로 인해 생기는 패턴(pattern)을 보는 기법이다. 이를 통해 분석하고자 하는 재료와 분자 구조에 관한 정보를 얻을 수 있는데, 결정 격자들의 배치는 Bragg 법칙을 이용하여 결정할 수 있다. 원자핵들을 둘러싸고 있는 전자들이 조사되는 X-선 광전자들과 물리적으로 상호작용을 일으키게 되는 것이다. XRD는 연료전지 촉매 층의 입자들의 크기 분포 특성을 알아보는 데 유용하며, 측정 시간은 상당한 긴 편이지만 샘플의 양이 적더라도 분석이 가능한 특징이 있다.

17.9.6 에너지 분산 분광학(Energy Dispersive Spectroscopy, EDS)

SEM의 전자 빔을 샘플 표면을 따라 주사하면, 원자에서 X-선 형광이 방출되는데 이는 그 원자의 고유 특성을 반영하는 X-선 광자 에너지이다. 에너지 분산 분광학(EDS) 미량분석 시스템은 방출되는 X-선을 모아 분류하고 에너지 별로 표시하고, 자동으로 에너지 분포에 따라 원소 별로 확인 및 식별해준다. 출력되는 결과는 이와 같은 원소 분석결과를 나타내거나, 각각의 에너지에서 얼마만큼의 X-선이 모였는지 스펙트럼을 나타내 주거나 혹은 흥미 있는 부분의 원소 분포를 보여주게 된다. EDS는 촉매, 확산 층, 전해질의 구조를 분석하는 데 유용하게 사용될 수 있다.

17.9.7 X-선 형광법(XRF)

X-선 형광법(XRF)은 물질의 화학적 분석에 사용되는 빠르고 비파괴적인 분석 방법이며, 주로 산업용으로 사용되며 물질의 제어와 측정을 위해 사용된다. XRF는 알파 입자, 프로톤, 고에너지 전자빔이나 X-선을 광원으로 이용하는데, 샘플의 표면에 직경 2밀리미터 정도의 X-선을 입사한다.

표면과 X-선의 상호작용으로 인하여 2차 X-선이 방출된다. 각각의 원소들은 서로 다른 에너지를 가진 X-선를 생성하고 이러한 X-선들을 검출해 에너지에 따른 스펙트럼을 얻을 수 있다. 이 방법은 저농도(0.1%)를 가지는 원소를 측정하기는 불가능하지만, 빠른 속도로 합금 조성을 파악하거나 세라믹과 유리와 같은 물질을 분석하는데 유리하다. X-선 형광법이 가지는 문제점은 두께가 0.1 mm 이하의 박막 층만 분석이 가능하기 때문에 간혹 표면이 깨끗하지 않고 부식되거나 도금된 표면에서는 분석의 오류가 나타날 수 있다.

17.9.8 유도 결합 플라스마 질량 분광학(ICP-MS)

유도 결합 플라스마 질량 분광학(ICP-MS)은 대부분의 금속과 비금속의 10^{12}분의 1정도까지 분석할 수 있을 정도로 매우 감도가 높은 분석 기법이다. 이 방법은 유도 결합형 플라스마를 이용해 이온을 생성하고 감지하여 표준 원소값과 비교해 확인한다. ICP-MS는 7~250(Li~U까지)의 분자량을 가지는 성분을 분석할 수 있고, ppb 레벨까지 검출 가능하다.

단원요약

연료전지 특성 분석 기술은 연료전지 스택을 구성하는 모든 부분의 특성을 파악하고 비교할 수 있게 해 주며, 적절한 분석 기술들의 조합을 선택함으로써 연구자들이 연료전지의 거동을 파악하는 데 큰 도움이 될 수 있다. 분석의 결과는 활성화, ohmic, 농도 손실뿐만 아니라 연료 크로스오버, 물질 자체의 결함 등을 구별하는 데 유용하다. 이 장에서는 전류 차단법, 분극 곡선, AC 저항법, 고주파 저항법, 전기화학적 임피던스 분광법, 양론비 스윕(sweeps), 제한 전류 평가, 순환 전압 전류법, 압력 강하 측정법, 전류 밀도 맵핑(mapping)법을 포함한 전기적 측정법들에 대해서 설명하였다. 연료전지 층들의 특성을 확인하기 위해 필요한 중성자 가시화, 공극률 측정(porosity determination), BET 표면적 측정, 투과 전자 현미경, 주사 전자 현미경, X-선 회절, 에너지 분산 분광학, X-선 형광, 유도 결합형 플라스마 질량 분광학 등을 설명하였다. 연료전지의 운전 조건에서 in-situ 실험은 연료전지 실험에서 매우 중요한 역할을 담당하는데, 이는 연료전지의 전체 성능이 각각의 구성요소들의 특성에 의해 결정되는 것이 아니라 실제 구성요소, 구성요소 사이의 접촉 등을 통해 연료전지의 성능이 크게 변화할 수 있기 때문이다.

연습문제

1. 연료전지의 저항을 확인하기 위한 방법들을 나열하시오. 그리고 이러한 방법들을 어떻게 사용할 수 있는지 설명하시오.
2. 연료전지의 분극 곡선에서 히스테리시스가 어떻게 나타나는지 설명하시오.
3. 연료전지의 평가에서 flooding 현상은 어떻게 나타나는가?
4. 연료전지에서 I가 증가하고 V가 감소할 때 $I-V$ 곡선이 어떻게 되는지 그리시오. 그리고 전압을 증가시킬 수 있는 방법은 무엇인가?

5. Flooding 현상이 일어나고 있는 캐소드에서 Nyquist 선도를 그리시오. Flooding 현상의 해결 방안은 무엇인가?

참고문헌

[1] O'Hayre, Ryan, Suk-Won Cha, Whitney Colella, and Fritz B. Prinz. *Fuel Cell Fundamentals*. 2006. New York: John Wiley & Sons.

[2] Barbir, Frano. *PEM Fuel Cells: Theory and Practice*. 2005. Burlington, MA: Elsevier Academic Press.

[3] Raposa, Gary. "Performing AC Impedance Spectroscopy Measurements on Fuel Cells." *Fuel Cell Magazine*. February/March 2003.

[4] Smith, Matt, Kevin Cooper, Derek Johnson, and Louie Scribner. "Comparison of Fuel Cell Electrolyte Resistance Measurement Techniques." *Fuel Cell Magazine*, April/May 2005.

[5] Pekula, N., K. Heller, P.A. Chuang, A. Turhan, M.M. Mench, J.S. Brenzier, and K. Unlu. "Study of Water Distribution and Transport in a Polymer Electrolyte Fuel Cell Using Neutron Imaging." *Nuclear Instruments and Methods in Physics Research A*. Vol. 542, 2005, pp. 134-141.

[6] Turhan, A., K. Heller, J.S. Brenizer, and M.M Mench. "Quantification of Liquid Water Accumulation and Distribution in a Polymer Electrolyte Fuel Cell Using Neutron Imaging." *Journal of Power Sources*. Vol. 160, 2006, pp. 1195-1203.

[7] "Primer on Fuel Cell Component testing: Primer for Generating Test Plans." The U.S. Fuel Cell Council's Joint Hydrogen Quality Task Force. Document No. USFCC 04-003. November 29, 2004. www.usfcc.com.

[8] Lu, G.Q. and C.Y. Wang. Development of micro direct methanol fuel cells for high power applications. *Journal of Power Sources*. Vol. 144, 2005, pp. 141-145.

[9] Lane, A. M. "Interpretation of Mercury Porosimetry Data." Ph.D Thesis. University of Massachusetts. 1984, pp. 3-7

Appendix

A Useful Constants and Conversions

The following table lists constants and conversions that may be helpful for fuel cell design calculations. These constants are used in many equations throughout the book.

Physical Constants

Avogadro's number	N_A	6.02×10^{23} atoms/mol
Universal gas constant	R	0.08205 L atm/mol K
		8.314 J/mol K
		0.08314 bar m^3/mol K
		8.314 kPa m^3/mol K
Planck's constant	h	6.626×10^{-34} J *s*
		4.136×10^{-15} eV • *s*
Boltzmann's constant	k	1.38×10^{-23} J/K
		8.61×10^{-5} eV/K
Electron mass	m	9.11×10^{-31} kg
Electron charge	q	1.60×10^{-19} C
Faraday's constant	F	96,485.34 C/mol

Appendix

B
Thermodynamic Properties of Selected Substances

The following table lists enthalpy of formation, the Gibbs function of formation, and absolute entropy for selected substances at 25°C and 1 atm.

Substance	Formula	H_f (J/mol)	G_f (J/mol)	S (J/mol*K)
Acetylene	$C_2H_2(g)$	+226,730	+209,170	200.85
Ammonia	$NH_3(g)$	−46,190	−16,590	192.33
Benzene	C_6H_6 (g)	+82,930	+129,660	269.20
Carbon	C(s)	0	0	5.74
Carbon Dioxide	$CO_2(g)$	−393,522	−394,360	213.80
Carbon Monoxide	CO(g)	−110,530	−137,150	197.65
Ethane	$C_2H_6(g)$	−84,680	−32,890	229.49
Ethyl Alcohol	$C_2H_5OH(g)$	−235,310	−168,570	282.59
Ethyl Alcohol	$C_2H_5OH(l)$	−277,690	−174,891	160.70
Ethylene	C_2H_4 (g)	+52,280	+68,120	219.83
Hydrogen	H_2 (g)	0	0	130.68
Hydrogen	H(g)	+217,999	+203,290	114.72
Hydrogen Peroxide	$H_2O_2(g)$	−136,310	−105,600	232.63
Hydroxyl	OH(g)	+38,987	+34,280	183.70
Methane	$CH_4(g)$	−74,850	−50,790	186.16
Methyl Alcohol	$CH_3OH(g)$	−200,670	−162,000	239.70
Methyl Alcohol	$CH_3OH(l)$	−238,660	−166,360	126.80
n-Butane	$C_4H_{10}(g)$	−126,150	−15,710	310.12
n-Dodecane	$C_{12}H_2(g)$	−291,010	+50,150	622.83
Nitrogen	$N_2(g)$	0	0	191.61
Nitrogen	N(g)	+472,680	+455,510	153.30
n-Octane	$C_8H_{18}(g)$	−208,450	+ 16,530	466.73
n-Octane	C_8H_{18} (l)	−249.950	+6,610	360.79
Oxygen	$O_2(g)$	0	0	205.14
Oxygen	O(g)	+249,170	+231,770	161.06
Propane	$C_3H_8(g)$	−130,850	−23,490	269.91
Propylene	C_3H_6 (g)	+20,410	+62,720	266.94
Water	$H_2O(g)$	−241,826	228,590	188.83
Water	$H_2O(l)$	−285,826	237,180	69.92

Appendix

C

Molecular Weight, Gas Constant and Specific Heat for Selected Substances

The following table lists the molecular weight, gas constants and ideal gas specific heat at constant pressure for selected substances at 300 K (Adapted from Li, Xianguo. Principles of Fuel Cells. 2006. New York: Taylor & Francis Group).

Gas	Formula	Molecular weight, W, kg/kmol	Gas constant kJ/(kg K)	Specific heat, C_p, kJ/(kg K)
Air	—	28.97	0.2870	1.005
Argon	Ar	39.948	0.2081	0.5203
Butane	C_4H_{10}	58.124	0.1433	1.7164
Carbon Dioxide	CO_2	44.01	0.1889	0.846
Carbon Monoxide	CO	28.011	0.2968	1.040
Ethane	C_2H_6	30.070	0.2765	1.7662
Ethylene	C_2H_4	28.054	0.2964	1.5482
Helium	He	4.003	2.0769	5.1926
Hydrogen	H_2	2.016	4.1240	14.307
Methane	CH_4	16.043	0.5182	2.2537
Neon	Ne	20.183	0.4119	1.0299
Nitrogen	N_2	28.013	0.2968	1.039
Octane	C_8H_{18}	114.230	0.0729	1.7113
Oxygen	O_2	31.999	0.2598	0.918
Propane	C_3H_8	44.097	0.1885	1.6794
Steam	H_2O	18.015	0.4615	1.8723

Appendix

D

Gas Specific Heats at Various Temperatures

The following table lists the ideal gas specific heat at constant pressure at various temperatures (Adapted from Li, Xianguo. Principles of Fuel Cells. 2006. New York: Taylor & Francis Group).

T (K)	Air kJ/(kg K)	CO_2 kJ/(kg K)	CO kJ/(kg K)	H_2 kJ/(kg K)	H_2O(g) kJ(kmol K)	N_2 kJ/(kg K)	O_2 kJ/(kg K)
250	1.003	0.791	1.039	14.051	33.324	1.039	0.913
300	1.005	0.846	1.040	14.307	33.669	1.039	0.918
350	1.008	0.895	1.043	14.427	34.051	1.041	0.928
400	1.013	0.939	1.047	14.476	34.467	1.044	0.941
450	1,020	0.978	1.054	14.501	34.914	1.049	0.956
500	1.029	1.014	1.063	14.513	35.390	1.056	0.972
550	1.040	1.046	1.075	14.530	35.891	1.065	0.988
600	1.051	1.075	1.087	14.546	36.415	1.075	1.003
650	1.063	1.102	1.100	14.571	36.960	1.086	1.017
700	1.075	1.126	1.113	14.604	37.523	1.098	1.031
750	1.087	1.148	1.126	14.645	38.100	1.110	1.043
800	1.099	1.169	1.139	14.695	38.690	1.121	1.054
900	1.121	1.204	1.163	14.822	39.895	1.145	1.074
1000	1.142	1.234	1.185	14.983	41.118	1.167	1.090

Appendix

E

Specific Heat for Saturated Liquid Water at Various Temperatures

The following table lists specific heat at constant pressure for saturated liquid water H_2O (Adapted from Li, Xianguo. Principles of Fuel Cells. 2006. New York: Taylor & Francis Group).

Temperature (°C)	Specific heat, C_p kJI(kg K)
0	4.2178
20	4.1818
40	4.1784
60	4.1843
80	4.1964
100	4.2161
120	4.250
140	4.283
160	4.342
180	4.417

Appendix

F

Thermodynamic Data for Selected Fuel Cell Reactants at Various Temperatures

The following tables list thermodynamic data for hydrogen, oxygen, water, carbon monoxide, carbon dioxide, methane, and nitrogen for 200–1000 K.

Hydrogen Thermodynamic Data

T(K)	$\hat{g}$ (T) (kJ/mol)	$\hat{h}$ (T) (kJ/mol)	$\hat{s}$ (T) (J/mol K)	C_p(T) (J/mol K)
200	−26.66	−2.77	119.42	27.26
220	−29.07	−2.22	122.05	27.81
240	−31.54	−1.66	124.48	28.21
260	−34.05	−1.09	126.75	28.49
280	−36.61	−0.52	128.87	28.7
298.15	−38.96	0	130.68	28.84
300	−39.20	0.05	130.86	28.85
320	−41.84	0.63	132.72	28.96
340	−44.51	1.21	134.48	29.04
360	−47.22	1.79	136.14	29.1
380	−49.96	2.38	137.72	29.15
400	−52.73	2.96	139.22	29.18
420	−55.53	3.54	140.64	29.21
440	−58.35	4.13	142	29.22
460	−61.21	4.71	143.3	29.24
480	−64.08	5.3	144.54	29.25
500	−66.99	5.88	145.74	29.26
520	−69.91	6.47	146.89	29.27
540	−72.86	7.05	147.99	29.28
560	−75.83	7.64	149.06	29.3
580	−78.82	8.22	150.08	29.31
600	−81.84	8.81	151.08	29.32
620	−84.87	9.4	152.04	29.34
640	−87.92	9.98	152.97	29.36
660	−90.99	10.57	153.87	29.39
680	−94.07	11.16	154.75	29.41
700	−97.18	11.75	155.61	29.44
720	−100.30	12.34	156.44	29.47
740	−103.43	12.93	157.24	29.5
760	−106.59	13.52	158.03	29.54
780	−109.75	14.11	158.8	29.58
800	−112.94	14.7	159.55	29.62
820	−116.14	15.29	160.28	29.67
840	−119.35	15.89	161	29.72
860	−122.58	16.48	161.7	29.77
880	−125.82	17.08	162.38	29.83
900	−129.07	17.68	163.05	29.88
920	−132.34	18.27	163.71	29.94
940	−135.62	18.87	164.35	30
960	−138.91	19.47	164.99	30.07
980	−142.22	20.08	165.61	30.14
1000	−145.54	20.68	166.22	30.2

Oxygen Thermodynamic Data

T(K)	$\hat{g}$ (T) (kJ/mol)	$\hat{h}$ (T) (kJ/mol)	$\hat{s}$ (T) (J/mol K)	C_p(T) (J/mol K)
200	−41.54	−2.71	194.16	25.35
220	−45.45	−2.19	196.63	26.41
240	−49.41	−1.66	198.97	27.25
260	−53.41	−1.10	201.18	27.93
280	−57.45	−0.54	203.27	28.48
298.15	−61.12	0.00	205.00	28.91
300	−61.54	0.03	205.25	28.96
320	−65.66	0.62	207.13	29.36
340	−69.82	1.21	208.92	29.71
360	−74.02	1.81	210.63	30.02
380	−78.25	2.41	212.26	30.30
400	−82.51	3.02	213.82	30.56
420	−86.80	3.63	215.32	30.79
440	−91.12	4.25	216.75	31.00
460	−95.47	4.87	218.14	31.20
480	−99.85	5.50	219.47	31.39
500	−104.25	6.13	220.75	31.56
520	−108.68	6.76	221.99	31.73
540	−113.13	7.40	223.20	31.89
560	−117.61	8.04	224.36	32.04
580	−122.10	8.68	225.48	32.19
600	−126.62	9.32	226.58	32.32
620	−131.17	9.97	227.64	32.46
640	−135.73	10.62	228.67	32.59
660	−140.31	11.27	229.68	32.72
680	−144.92	11.93	230.66	32.84
700	−149.54	12.59	231.61	32.96
720	−154.18	13.25	232.54	33.07
740	−158.84	13.91	233.45	33.19
760	−163.52	14.58	234.33	33.30
780	−168.21	15.24	235.20	33.41
800	−172.93	15.91	236.05	33.52
820	−177.66	16.58	236.88	33.62
840	−182.40	17.26	237.69	33.72
860	−187.16	17.93	238.48	33.82
880	−191.94	18.61	239.26	33.92
900	−196.73	19.29	240.02	34.02
920	−201.54	19.97	240.77	34.12
940	−206.36	20.65	241.51	34.21
960	−211.20	21.34	242.23	34.30
980	−216.05	22.03	242.94	34.40
1000	−220.92	22.71	243.63	34.49

$H_2O(l)$ Thermodynamic Data

T(K)	$\hat{g}$ (T) (kJ/mol)	$\hat{h}$ (T) (kJ/mol)	$\hat{s}$ (T) (J/mol K)	C_p(T) (J/mol K)
273	−305.01	−287.73	63.28	76.10
280	−305.46	−287.20	65.21	75.81
298.15	−306.69	−285.83	69.95	75.37
300	−306.82	−285.69	70.42	75.35
320	−308.27	−284.18	75.28	75.27
340	−309.82	−282.68	79.85	75.41
360	−311.46	−281.17	84.16	75.72
373	−312.58	−280.18	86.85	75.99

$H_2O(g)$ Thermodynamic Data

T(K)	$\hat{g}$ (T) (kJ/mol)	$\hat{h}$ (T) (kJ/mol)	$\hat{s}$ (T) (J/mol K)	C_p(T) (J/mol K)
280	−294.72	−242.44	186.73	33.53
298.15	−298.13	−241.83	188.84	33.59
300	−298.48	−241.77	189.04	33.60
320	−302.28	−241.09	191.21	33.69
340	−306.13	−240.42	193.26	33.81
360	−310.01	−239.74	195.20	33.95
380	−313.94	−239.06	197.04	34.10
400	−317.89	−238.38	198.79	34.26
420	−321.89	−237.69	200.47	34.44
440	−325.91	−237.00	202.07	34.62
460	−329.97	−236.31	203.61	34.81
480	−334.06	−235.61	205.10	35.01
500	−338.17	−234.91	206.53	35.22
520	−342.32	−234.20	207.92	35.43
540	−346.49	−233.49	209.26	35.65
560	−350.69	−232.77	210.56	35.87
580	−354.91	−232.05	211.82	36.09
600	−359.16	−231.33	213.05	36.32
620	−363.43	−230.60	214.25	36.55
640	−367.73	−229.87	215.41	36.78
660	−372.05	−229.13	216.54	37.02
680	−376.39	−228.39	217.65	37.26
700	−380.76	−227.64	218.74	37.50
720	−385.14	−226.89	219.80	37.75
740	−389.55	−226.13	220.83	37.99
760	−393.97	−225.37	221.85	38.24
780	−398.42	−224.60	222.85	38.49
800	−402.89	−223.83	223.83	38.74
820	−407.37	−223.05	224.78	38.99
840	−411.88	−222.27	225.73	39.24
860	−416.40	−221.48	226.65	39.49
880	−420.94	−220.69	227.56	39.74
900	−425.51	−219.89	228.46	40.00
920	−430.08	−219.09	229.34	40.25
940	−434.68	−218.28	230.21	40.51
960	−439.29	−217.47	231.07	40.76
980	−443.92	−216.65	231.91	41.01
1000	−448.57	−215.83	232.74	41.27

CO Thermodynamic Data

T(K)	$\hat{g}$ (T) (kJ/mol)	$\hat{h}$ (T) (kJ/mol)	$\hat{s}$ (T) (J/mol K)	C_p(T) (J/mol K)
200	−150.60	−113.42	185.87	30.20
220	−154.34	−112.82	188.73	29.78
240	−158.14	−112.23	191.31	29.50
260	−161.99	−111.64	193.66	29.32
280	−165.89	−111.06	195.83	29.20
298.15	−169.46	−110.53	197.66	29.15
300	−169.83	−110.47	197.84	29.15
320	−173.80	−109.89	199.72	29.13
340	−177.81	−109.31	201.49	29.14
360	−181.86	−108.72	203.16	29.17
380	−185.94	−108.14	204.73	29.23
400	−190.05	−107.56	206.24	29.30
420	−194.19	−106.97	207.67	29.39
440	−198.36	−106.38	209.04	29.48
460	−202.55	−105.79	210.35	29.59
480	−206.77	−105.20	211.61	29.70
500	−211.01	−104.60	212.83	29.82
520	−215.28	−104.00	214.00	29.94
540	−219.57	−103.40	215.13	30.07
560	−223.89	−102.80	216.23	30.20
580	−228.22	−102.19	217.29	30.34
600	−232.58	−101.59	218.32	30.47
620	−236.95	−100.98	219.32	30.61
640	−241.35	−100.36	220.29	30.75
660	−245.77	−99.75	221.24	30.89
680	−250.20	−99.13	222.17	31.03
700	−254.65	−98.50	223.07	31.17
720	−259.12	−97.88	223.95	31.31
740	−263.61	−97.25	224.81	31.46
760	−268.12	−96.62	225.65	31.60
780	−272.64	−95.99	226.47	31.74
800	−277.17	−95.35	227.28	31.88
820	−281.73	−94.71	228.07	32.01
840	−286.30	−94.07	228.84	32.15
860	−290.88	−93.43	229.60	32.29
880	−295.48	−92.78	230.34	32.42
900	−300.09	−92.13	231.07	32.55
920	−304.72	−91.48	231.79	32.68
940	−309.37	−90.82	232.49	32.81
960	−314.02	−90.17	233.18	32.94
980	−318.69	−89.51	233.86	33.06
1000	−323.38	−88.84	234.53	33.18

CO_2 Thermodynamic Data

T(K)	$\hat{g}$ (T) (kJ/mol)	$\hat{h}$ (T) (kJ/mol)	$\hat{s}$ (T) (J/mol K)	C_p(T) (J/mol K)
200	–436.93	–396.90	200.1	31.33
220	–440.95	396.25	203.16	32.77
240	–445.04	–395.59	206.07	34.04
260	–449.19	–394.89	208.84	35.19
280	–453.39	–394.18	211.48	36.24
300	–457.65	–393.44	214.02	37.22
320	–461.95	–392.69	216.45	38.13
340	–466.31	–391.92	218.79	39
360	–470.71	–391.13	221.04	39.81
380	–475.15	–390.33	223.21	40.59
400	–479.63	–389.51	225.31	41.34
420	–484.16	–388.67	227.35	42.05
440	–488.73	–387.83	229.32	42.73
460	–493.33	–386.96	231.23	43.38
480	–497.98	–386.09	233.09	44.01
500	–502.66	–385.20	234.9	44.61
520	–507.37	–384.31	236.66	45.2
540	512.12	–383.40	238.38	45.76
560	–516.91	–382.48	240.05	46.3
580	–521.72	–381.54	241.69	46.82
600	526.59	–380.60	243.28	47.32
620	–531.46	–379.65	244.84	47.8
640	–536.37	–378.69	246.37	48.27
660	–541.31	–377.72	247.86	48.72
680	–546.28	–376.74	249.32	49.15
700	–551.29	–375.76	250.75	49.57
720	–556.31	–374.76	252.15	49.97
740	–561.37	–373.76	253.53	50.36
760	–566.45	–372.75	254.88	50.73
780	–571.56	–371.73	256.2	51.09
800	–576.71	–370.70	257.5	51.44
820	581.86	–369.67	258.77	51.78
840	–587.05	–368.63	260.02	52.1
860	–592.26	–367.59	261.25	52.41
880	–597.50	–366.54	262.46	52.71
900	–602.76	365.48	263.65	53
920	–608.05	–364.42	264.82	53.28
940	–613.35	–363.35	265.97	53.55
960	–618.68	–362.27	267.1	53.81
980	624.04	–361.19	268.21	54.06
1000	–629.41	–360.11	269.3	54.3

CH_4 Thermodynamic Data

T(K)	$\hat{g}$ (T) (kJ/mol)	$\hat{h}$ (T) (kJ/mol)	$\hat{s}$ (T) (J/mol K)	C_p(T) (J/mol K)
200	−112.69	−78.25	172.23	36.30
220	−116.17	−77.53	175.63	35.19
240	−119.71	−76.83	178.67	34.74
260	−123.32	−76.14	181.45	34.77
280	−126.97	−75.44	184.03	35.12
298.15	−130.33	−74.80	186.25	35.65
300	−130.68	−74.73	186.48	35.71
320	−134.43	−74.01	188.80	36.47
340	−138.23	−73.27	191.04	37.36
360	−142.07	−72.52	193.20	38.35
380	−145.95	−71.74	195.31	39.40
400	−149.88	−70.94	197.35	40.50
420	−153.85	−70.12	199.36	41.64
440	−157.86	−69.27	201.32	42.80
460	−161.90	−68.41	203.25	43.98
480	−165.99	−67.51	205.15	45.16
500	−170.11	−66.60	207.01	46.35
520	−174.27	−65.66	208.86	47.54
540	−178.46	−64.70	210.67	48.73
560	−182.69	−63.71	212.47	49.90
580	−186.96	−62.70	214.24	51.07
600	−191.26	−61.67	215.99	52.23
620	−195.60	−60.61	217.72	53.37
640	−199.97	−59.53	219.43	54.50
660	−204.38	−58.43	221.13	55.61
680	−208.82	−57.31	222.80	56.71
700	−213.29	−56.16	224.46	57.79
720	−217.79	−55.00	226.10	58.85
740	−222.33	−53.81	227.73	59.90
760	−226.90	−52.60	229.34	60.93
780	−231.51	−51.37	230.94	61.94
800	−236.14	−50.13	232.52	62.93
820	−240.81	−48.86	234.08	63.90
840	−245.50	−47.57	235.64	64.85
860	−250.23	−46.26	237.17	65.79
880	−254.99	−44.94	238.70	66.70
900	−259.78	−43.60	240.20	67.60
920	−264.60	−42.23	241.70	68.47
940	−269.45	−40.86	243.18	69.33
960	−274.33	−39.46	244.65	70.17
980	−279.23	−38.05	246.11	70.99
1000	−284.17	−36.62	247.55	71.79

N_2 Thermodynamic Data

T(K)	$\hat{g}$ (T) (kJ/mol)	$\hat{h}$ (T) (kJ/mol)	$\hat{s}$ (T) (J/mol K)	C_p(T) (J/mol K)
200	−38.85	−2.83	180.08	28.77
220	−42.48	−2.26	182.82	28.72
240	−46.16	−1.68	185.31	28.72
260	−49.89	−1.11	187.61	28.76
280	−53.66	−0.53	189.75	28.81
298.15	−57.11	0	191.56	28.87
300	−57.48	0.04	191.74	28.88
320	−61.33	0.62	193.6	28.96
340	−65.22	1.2	195.36	29.05
360	−69.15	1.78	197.02	29.14
380	−73.10	2.37	198.6	29.25
400	−77.09	2.95	200.11	29.35
420	−81.11	3.54	201.54	29.46
440	−85.15	4.13	202.91	29.57
460	−89.22	4.72	204.23	29.68
480	−93.32	5.32	205.5	29.79
500	−97.44	5.92	206.71	29.91
520	−101.59	6.51	207.89	30.02
540	−105.76	7.12	209.02	30.13
560	−109.95	7.72	210.12	30.24
580	−114.16	8.33	211.19	30.36
600	−118.40	8.93	212.22	30.47
620	−122.65	9.54	213.22	30.58
640	−126.92	10.16	214.19	30.69
660	−131.22	10.77	215.14	30.8
680	−135.53	11.39	216.06	30.91
700	−139.86	12.01	216.96	31.02
720	−144.21	12.63	217.83	31.13
740	−148.57	13.25	218.69	31.24
760	−152.96	13.88	219.52	31.34
780	−157.35	14.51	220.34	31.45
800	−161.77	15.14	221.13	31.55
820	−[66.20	15.77	221.91	31.66
840	−[70.64	16.4	222.68	31.76
860	−175.11	17.04	223.43	31.86
880	−179.58	17.68	224.16	31.96
900	−184.07	18.32	224.88	32.06
920	−188.58	18.96	225.58	32.16
940	−193.10	19.61	226.28	32.25
960	−19.63	20.25	226.96	32.35
980	−202.1	20.9	227.63	32.44
1000	−206.3	21.55	228.28	32.54

Appendix

G

Binary Diffusion Coefficients for Selected Fuel Cell Substances

The following table lists binary diffusion coefficients for relevant fuel cell substances at one atmosphere.

Substance A	Substance B	T(K)	DAB(m^2/s)
Acetone	Air	298	0.11×10^{-4}
Acetone	H_2O	298	0.13×10^{-8}
Ar	N_2	293	0.19×10^{-4}
Benzene	Air	298	0.88×10^{-5}
CO_2	Air	298	0.16×10^{-4}
CO_2	N_2	293	0.16×10^{-4}
CO_2	O_2	273	0.14×10^{-4}
CO_2	H_2O	298	0.20×10^{-8}
Ethanol	H_2O	298	0.12×10^{-8}
G	H_2O	298	0.94×10^{-9}
Glucose	H_2O	298	0.69×10^{-9}
H_2	Air	273	0.41×10^{-4}
H_2	O_2	273	0.70×10^{-4}
H_2	N_2	273	0.68×10^{-4}
H_2	CO_2	273	0.55×10^{-4}
H_2	H_2O	298	0.63×10^{-8}
H_2O	Air	298	0.26×10^{-4}
N_2	H_2O	298	0.26×10^{-8}
Naphthalene	Air	300	0.62×10^{-5}
NH_3	Air	298	0.28×10^{-4}
O_2	Air	298	0.21×10^{-4}
O2	N_2	273	0.18×10^{-4}
O_2	H_2O	298	0.24×10^{-8}

Appendix

H

Product Design Specifications

The following table lists preliminary product design specifications that need to be considered before beginning a fuel cell design. Many of these specifications require in-depth reports or studies (or entire departments) depending upon the scope of the project or company size.

Product Design Specifications

Product Title	
Purpose	
New or Special Features	
Competition	
Intended Market	
Need for Product	
Relationship to Existing Product Lines	
Market Demand	
Product Differentiation	
Costs	
Functional Performance	
Physical Requirements	
Uses/Environmental Conditions	
Issues to Be Resolved	

Appendix

I Fuel Cell Design Requirements and Parameters

The following tables list many of the important parameters and fuel cell stack components and materials that should be considered when designing a fuel cell. The requirements must first be thought about and estimated as shown in the "Stack Performance Parameters" table. From the initial requirements, estimates can be made about the stack weight and volume. There are also tables that display additional performance requirements, operating characteristics, and a detailed list of components. These tables are included as a starting point for the fuel cell design, and should be altered according to the fuel cell type, requirements, and design.

Initial Fuel Cell Design Requirements

Stack Performance Parameters

	Abbreviation	Value	Unit
Number of Cells	N_{cell}		N/A
Cell Voltage	V_{cell}		V
Active Area	A_{active}		cm^2
Stack Voltage	V_{stack}		V
Current	I		A
Current Density	i		mA/cm^2
Specific Power			(W/kg)
Power Density			(W/L)
Stack Power	P		(Watts)
Peak Power			(Watts)

Fuel Cell Weight, Volume, and Dimensions

Approximated Weight/Thickness of Fuel Cell Stack Repeating Units

Component	Thickness	Weight
Bipolar (Flowfield) Plate		
Anode Gasket		
Assembled Fuel Cell (MEA)		
Cathode Gasket		
Total Repeat Thickness/Weight		

Approximated Weight/Thickness for Non-Repeat Stack Components

Fuel Cell Part	Thickness	Weight
One Stack Housing		
Two Endplates		
Two Current Collectors		
Rods for Stack Clamping	N/A	
Total Non-Repeat Thickness/Weight		

Stack Dimensions

Assembled Fuel Cell (MEA) Active Area	
Active Assembled Fuel Cell (MEA) Dimensions	
Total Assembled Fuel Cell (MEA) Dimensions (including inactive margin)	
Gasket Dimensions	
Bipolar (Flowfield) Plate Dimensions	
End Plate Dimensions	
Total Dimensions of Stack Face	
Total Volume	
Total Dimensions of Fuel Cell	

Summary of Stack Weight and Volume

Fuel Cell Active Area	
Non-Repeat Mass	
Repeat Mass	
Total Mass	
Non-Repeat Thickness	
Repeat Thickness	
Total Thickness	
Total Volume	
Total Dimensions of Fuel Cell	
Overall Dimensions with Fuel Cell Housing	

Fuel Cell Performance

Additional Stack Perforance Parameters

	Abbreviation	Value	Unit
Stack Temperature	T_{stack}		°C
Stack Pressure	P_{stack}		Pa
Anode/Cathode Gas Mass Inlet Flow Ratio			
Stack (Voltage) Efficiency			
Fuel Utilization Efficiency			
Fuel Conversion Efficiency			
Response Speed			
Power Stability			
Start-Up Time			
Durability			
Operation Life			
Shelf Life			
Recyclability			
Vibration Tolerance			

Stack Components Performance Parameters

	Abbreviation	Value	Unit
Clamp Load			
Active Area Load			Pa
Gasket Load per Length			
Cell Operational Resistance per Active Area	$R_{cell\ operation}$		$Ohm\text{-}cm^2$
Membrane Ionic Resistance per Active Area	$R_{membrane}$		$Ohm\text{-}cm^2$
Electrode Ohmic Resistance per Active Area	$R_{electrode}$		$Ohm\text{-}cm^2$
GDL Ohmic Resistance per Active Area	R_{GDL}		$Ohm\text{-}cm^2$
MEA/Plate Contact Ohmic Resistance per Active Area	$R_{contact}$		$Ohm\text{-}cm^2$
Plate Bulk Ohmic Resistivity			Ohm-cm
Plate Bulk Ohmic Resistance per Active Area	R_{plate}		$Ohm\text{-}cm^2$

Anode Performance Parameters

	Abbreviation	Value	Unit
Pressure	p_{anode}		Pa
Mass Flow Rate	m_{anode}		kg/sec
Volumetric Flow Rate	V_{anode}		cm^3/sec
Flow Speed	v_{anode}		cm/sec
Temperature	T_{anode}		°C
Relative Humidity	RH_{anode}		%
Gas Mass Utilization Ratio	TBD		TBD

Cathode Performance Parameters

	Abbreviation	Value	Unit
Pressure	$P_{cathode}$		Pa
Mass Flow Rate	$m_{cathode}$		kg/sec
Volumetric Flow Rate	$V_{cathode}$		cm^3/sec
Flow Speed	$v_{cathode}$		cm/sec
Temperature	$T_{cathode}$		°C
Relative Humidity	$RH_{cathode}$		%
Gas Mass Utilization Ratio	TBD		TBD

Fuel Cell Stack Components

Item	Description	Dimensions
Bipolar Plates		
Gas Manifolds		
Clamping Bolts		
Gaskets		
Catalyst		
Electrolyte		
Gas Diffusion Backings		
Current Collectors		
End Plates		
Plastic Housing		
Blower/Fan/Pumps		
Thermocouples		
Hydrogen/Oxygen Sensors		
Pressure Transducers		
Carbon Monoxide Sensors		
Mass Flow Controllers		
Altitude Sensor		
Particulate Filters		
High-Flow Check Valve		
Humidifier		
Tubing		
Dot-Matrix LCD and Key Pad		
Microprocessor		
Heaters		

찾아보기

[O]

[P]

[R]

[S]

[ㅅ]

[ㅇ]

정가 29,000원

연료전지 공학

2013년 8월 20일 초판 인쇄
2013년 8월 30일 초판 발행

저 자 : Colleen S. Spiegel
역 자 : 김 용 태
발행자 : 우 명 찬 · 송 준
발행처 : 홍릉과학출판사
주 소 : ㊞ 142-885 서울시 강북구 인수동 455-60
등 록 : 1976년 10월 21일 제5-66호
전 화 : 999-2274~5, 903-7037
팩 스 : 905-6729
ISBN : 978-89-97570-94-2

hongpub@hongpub.co.kr
www.hongpub.co.kr

역자와의 협의하에 인지생략